21世纪高等学校规划教材 | 计算机科学与技术

数据仓库与数据挖掘教程

黄德才 编著

清华大学出版社
北京

内 容 简 介

本书较详细地介绍了数据仓库和数据挖掘的原理、方法及应用技术。全书共有14章,分为4篇。第1章为绪论篇,介绍数据仓库与数据挖掘的基本概念及其相互关系;第2~6章为数据仓库原理及应用篇,主要介绍数据仓库的概念模型、逻辑模型和物理模型,以及数据仓库的规划、设计、实施和OLAP应用等;第7~10章为传统数据挖掘原理及算法篇,介绍数据的属性类型与相似性度量、关联规则挖掘、分类规则挖掘、聚类分析和离群点挖掘算法等;第11~14章为数据挖掘创新篇,主要内容取自编者近年指导研究生发表的学术论文,并根据教学需要进行适当补充修改而成,包括混合属性数据、数据流和不确定数据的聚类分析,以及量子遗传聚类算法等。

本书可作为普通高等院校计算机专业与IT相关专业高年级本科生和研究生的教材,也可作为经济管理类专业同名课程的教材和参考书,还可作为电子商务、金融保险等行业数据管理与数据分析人员的培训教材或自学参考书。

图书在版编目(CIP)数据

数据仓库与数据挖掘教程/黄德才编著.—北京:清华大学出版社,2016(2022.12重印)
21世纪高等学校规划教材·计算机科学与技术
ISBN 978-7-302-43412-2

Ⅰ.①数… Ⅱ.①黄… Ⅲ.①数据库系统-高等学校-教材 ②数据采集-高等学校-教材
Ⅳ.①TP311.13 ②TP274

中国版本图书馆CIP数据核字(2016)第075232号

责任编辑:郑寅堃　李　晔
封面设计:傅瑞学
责任校对:梁　毅
责任印制:沈　露

出版发行:清华大学出版社
　　　　网　　　址:http://www.tup.com.cn,http://www.wqbook.com
　　　　地　　　址:北京清华大学学研大厦A座　　　　邮　　　编:100084
　　　　社 总 机:010-83470000　　　　邮　　　购:010-62786544
　　　　投稿与读者服务:010-62776969,c-service@tup.tsinghua.edu.cn
　　　　质量反馈:010-62772015,zhiliang@tup.tsinghua.edu.cn
　　　　课件下载:http://www.tup.com.cn,010-83470236
印 装 者:北京鑫海金澳胶印有限公司
经　　销:全国新华书店
开　　本:185mm×260mm　　　　印　张:26.5　　　　字　数:657千字
版　　次:2016年8月第1版　　　　印　次:2022年12月第9次印刷
印　　数:7201~8000
定　　价:69.00元

产品编号:066534-02

出 版 说 明

随着我国改革开放的进一步深化,高等教育也得到了快速发展,各地高校紧密结合地方经济建设发展需要,科学运用市场调节机制,加大了使用信息科学等现代科学技术提升、改造传统学科专业的投入力度,通过教育改革合理调整和配置了教育资源,优化了传统学科专业,积极为地方经济建设输送人才,为我国经济社会的快速、健康和可持续发展以及高等教育自身的改革发展做出了巨大贡献。但是,高等教育质量还需要进一步提高以适应经济社会发展的需要,不少高校的专业设置和结构不尽合理,教师队伍整体素质亟待提高,人才培养模式、教学内容和方法需要进一步转变,学生的实践能力和创新精神亟待加强。

教育部一直十分重视高等教育质量工作。2007 年 1 月,教育部下发了《关于实施高等学校本科教学质量与教学改革工程的意见》,计划实施"高等学校本科教学质量与教学改革工程"(简称"质量工程"),通过专业结构调整、课程教材建设、实践教学改革、教学团队建设等多项内容,进一步深化高等学校教学改革,提高人才培养的能力和水平,更好地满足经济社会发展对高素质人才的需要。在贯彻和落实教育部"质量工程"的过程中,各地高校发挥师资力量强、办学经验丰富、教学资源充裕等优势,对其特色专业及特色课程(群)加以规划、整理和总结,更新教学内容、改革课程体系,建设了一大批内容新、体系新、方法新、手段新的特色课程。在此基础上,经教育部相关教学指导委员会专家的指导和建议,清华大学出版社在多个领域精选各高校的特色课程,分别规划出版系列教材,以配合"质量工程"的实施,满足各高校教学质量和教学改革的需要。

为了深入贯彻落实教育部《关于加强高等学校本科教学工作,提高教学质量的若干意见》精神,紧密配合教育部已经启动的"高等学校教学质量与教学改革工程精品课程建设工作",在有关专家、教授的倡议和有关部门的大力支持下,我们组织并成立了"清华大学出版社教材编审委员会"(以下简称"编委会"),旨在配合教育部制定精品课程教材的出版规划,讨论并实施精品课程教材的编写与出版工作。"编委会"成员皆来自全国各类高等学校教学与科研第一线的骨干教师,其中许多教师为各校相关院、系主管教学的院长或系主任。

按照教育部的要求,"编委会"一致认为,精品课程的建设工作从开始就要坚持高标准、严要求,处于一个比较高的起点上。精品课程教材应该能够反映各高校教学改革与课程建设的需要,要有特色风格、有创新性(新体系、新内容、新手段、新思路,教材的内容体系有较高的科学创新、技术创新和理念创新的含量)、先进性(对原有的学科体系有实质性的改革和发展,顺应并符合 21 世纪教学发展的规律,代表并引领课程发展的趋势和方向)、示范性(教材所体现的课程体系具有较广泛的辐射性和示范性)和一定的前瞻性。教材由个人申报或各校推荐(通过所在高校的"编委会"成员推荐),经"编委会"认真评审,最后由清华大学出版社审定出版。

目前,针对计算机类和电子信息类相关专业成立了两个"编委会",即"清华大学出版社计算机教材编审委员会"和"清华大学出版社电子信息教材编审委员会"。推出的特色精品教材包括:

(1) 21世纪高等学校规划教材·计算机应用——高等学校各类专业,特别是非计算机专业的计算机应用类教材。

(2) 21世纪高等学校规划教材·计算机科学与技术——高等学校计算机相关专业的教材。

(3) 21世纪高等学校规划教材·电子信息——高等学校电子信息相关专业的教材。

(4) 21世纪高等学校规划教材·软件工程——高等学校软件工程相关专业的教材。

(5) 21世纪高等学校规划教材·信息管理与信息系统。

(6) 21世纪高等学校规划教材·财经管理与应用。

(7) 21世纪高等学校规划教材·电子商务。

(8) 21世纪高等学校规划教材·物联网。

清华大学出版社经过三十多年的努力,在教材尤其是计算机和电子信息类专业教材出版方面树立了权威品牌,为我国的高等教育事业做出了重要贡献。清华版教材形成了技术准确、内容严谨的独特风格,这种风格将延续并反映在特色精品教材的建设中。

清华大学出版社教材编审委员会
联系人:魏江江
E-mail:weijj@tup.tsinghua.edu.cn

前　言

　　随着计算机、网络和通信等信息技术的发展,数据采集的方法越来越丰富,存储设备的容量不断提升而成本逐年下降,特别是数据库技术在各行各业的普及应用,使人类积累了海量的数据,步入了大数据时代却陷入了"数据丰富、知识贫乏"的困境。人们迫切希望从所拥有的数据中获取有用的知识,以帮助其更好地进行有效决策。数据仓库与数据挖掘就是20世纪90年代兴起的两项独立的决策支持新技术,并在商业零售、金融保险、银行、电信等行业得到成功应用,"数据仓库与数据挖掘"已成为普通高等院校计算机、经贸管理和信息类相关专业研究生和高年级本科生的学位课程或选修科目。

　　笔者所在学校计算机学院从2005年开始讲授"数据仓库与数据挖掘"课程,但每学期的教材选择一直都是一件困难的事情。因为这是一门涉及交叉学科的新课程,并且由两个相对独立的知识体系构成,加之当时国内只有很少从国外引进的数据仓库或数据挖掘专著译本,如William H. Inmon于1993年出版的《建立数据仓库》,Jiawei Han等于2001年出版的《数据挖掘——概念与技术》等,作为教学参考书。虽然此后又陆续有一些国外专著通过翻译或以影印的方式在国内出版,但也因知识内容过多,叙述过于简练,加之涉及过多研究前沿,原则上都不太适宜当作该领域的入门教材。此后国内许多学者也相继编写了数据仓库与数据挖掘方面的教材,但受到我国高等教育长期以学术理论培养为主的教学模式影响,其数据仓库部分大多偏重概念和原理的叙述,缺乏建立数据仓库的实例,而数据挖掘算法则偏重算法结构的描述,缺少计算实例演示,常常让初学者感到理解困难。

　　基于笔者十余年"数据仓库与数据挖掘"的教学实践,按照教育部关于高等学校本科教育以培养更多应用型人才为目标的教学改革方向,以及全日制研究生以学术型和专业型两大类进行有差别培养的要求,我们迫切需要一本在教学时数限制严格的条件下,理论叙述深入浅出、实际应用具体完整;算法描述自然易懂,计算实例详略得当的数据仓库与数据挖掘方面的教材。

　　本教程正是在这种社会需求背景和实际教学需要的情况下,在总结十余年教学改革与实践经验所编写的讲义基础上修改而成的。教程兼顾了应用型人才与学术型人才培养的需求,并以一个完整具体的警务数据仓库实例,介绍数据仓库原理、数据仓库设计和实现方法,为读者真正架起了理论与实践的桥梁;还以大量的计算实例来增加读者对数据挖掘原理及其各种挖掘算法的理解深度。教学实践表明,这种以实际应用需求和计算实例驱动的教学组织方法,可提高学生阅读的"幸福指数",激发学生的学习兴趣,增强学生的实际应用能力,促进学生对理论知识的理解和掌握,并总体上提高教学质量和教学效果。如果把早期出版的数据仓库、数据挖掘专著和教材比作"鲜牛奶"的话,作者更希望本书呈现给读者的是一份营养丰富且易于消化吸收的"酸牛奶"。

　　全书共14章,分为4篇,其主要内容的教学时数可以控制在32～48学时之间,另有15%左右的篇幅作为学生课外阅读内容。第1章为绪论篇,内容包括数据仓库概述、数据挖掘概述、数据仓库与数据挖掘的联系与区别等；第 2～6 章为数据仓库原理及应用篇，内容包括数据预处理技术、数据仓库的概念模型、逻辑模型、物理模型，数据仓库的规划、数据仓库设计、数据仓库实施、数据仓库系统开发和 OLAP 技术等，并特别介绍了一个警务数据仓库的实现过程与 OLAP 应用实例；第 7～10 章为传统数据挖掘原理及算法篇，内容包括数据的属性类型、相似性与相异性度量、关联规则的 Apriori 算法、FP-增长算法、关联规则的评价和序列模式发现算法；分类问题的 k-最近邻算法、决策树方法和贝叶斯方法；聚类分析的划分聚类算法、层次聚类方法、密度聚类方法、聚类的质量评价和离群点挖掘算法等；第 11～14 章为数据挖掘创新篇，内容包括混合属性数据集的聚类算法、数据流挖掘的聚类算法、不确定数据的聚类算法、量子计算与量子遗传聚类算法等。它们都取材于作者近年指导研究生发表的学术论文，因此在保留一些学术论文写作风格的同时，还根据教学需要进行了较多的补充和修改。

　　本书的编写得到了清华大学出版社和作者的同事及研究生的大力支持；杨良怀教授、陆亿红副教授和范玉雷博士对本书的出版给予了很大的帮助，他们分别参与了部分章节的讨论，杨教授还提供了一些有价值的参考资料；温州大学城市学院沈良忠副教授和笔者指导的博士生刘世华讲师为教程提供了警务数据仓库和 OLAP 应用的实例；笔者指导的博士生郑祺讲师、已经毕业的钱国红、钱潮恺和潘冬明硕士，以及在读硕士生夏聪、翁纯佳、周海松、张振宁、王骏、谷宗昌、吕存伟、任胜亮和魏方圆等都分别参与了部分章节的校对工作，在此一并向他们表示衷心感谢。此外，教程中还参考或引用了许多文献资料的部分内容，谨向这些文献的作者表示衷心的感谢和深深的敬意，对于那些没能在此一一提到名字的同事和研究生给予的支持，也表示深深的谢意。

　　限于作者水平，加之数据仓库与数据挖掘理论技术的内容十分丰富，且发展非常迅速，疏漏和不当之处在所难免，殷切希望广大师生和读者批评指正。

　　作者的电子邮件地址是：hdc@zjut.edu.cn。

黄德才

2015 年 12 月于杭州

目 录

第1章

绪 论

本章简述数据仓库与数据挖掘相关的基本概念和引导性知识,其目的是为后续章节的学习做好基础知识的储备,并起到穿针引线的作用。

1.1节介绍传统数据库与事务处理、决策支持与分析处理之间的关系,特别是当事务处理与分析处理共享一个数据库系统时带来的读写冲突等问题,从而导出数据仓库的概念与特征。随后介绍数据仓库系统及其基本体系结构,以及数据仓库数据的逻辑组织方式。

1.2节介绍数据挖掘技术产生的背景,数据挖掘与知识发现概念的同一性、数据挖掘的数据来源、数据挖掘的任务和挖掘步骤,然后介绍数据挖掘技术的常见应用领域。

1.3节不仅分析了决策支持是数据仓库与数据挖掘的共同任务,而且分析比较了它们之间的不同点。虽然说数据仓库不是为数据挖掘而生的,数据挖掘也不是为数据仓库而活的,即它们是两个相对独立的知识体系,但两者都是为决策支持这一中心服务的,并具有"富矿金山"与"开采工具"之间的互补关系,即它们是决策支持这个中心的两个基本点。这就使我们能够充分利用数据仓库与数据挖掘技术的互补性,再加上其他数据分析技术来构造一个完美的决策支持系统环境。

1.4节简要介绍教程后续章节所涉及的主要知识点,并给出了教学时数分配的建议。

1.1 数据仓库概述

一般来说,计算机数据处理主要有两种方式:操作型处理和分析型处理。

1.1.1 从传统数据库到数据仓库

1. 传统数据库与操作型处理

数据库(DataBase,DB)是长期存储在计算机内的、有组织的、可共享的数据集合。其理论产生于20世纪60年代。在20世纪70年代之前的数据库技术称为第一代,支持层次数据模型和网状数据模型。20世纪70年代开始出现了关系数据库理论和关系数据库管理系统[1]。由于有严格的数学理论支持,关系数据库管理系统迅速取代了层次和网状数据库管理系统,并在商业领域得到普及应用,长盛不衰,至今枝繁叶茂。为了与数据仓库相区别,人们把现在普遍使用的关系数据库称为传统数据库,或操作型数据库。

从20世纪80年代开始,随着信息技术的发展,特别是数据库技术的成熟和个人计算机(PC)的诞生,基于数据库技术的数据收集、存储管理和检索利用的数据库应用系统,比如财务管理系统、超市管理系统、户籍管理系统、宾馆住宿管理系统等,在企事业单位得到了广泛应用,20 世纪 90 年代时就取得了巨大的成功。

按照现在计算机数据处理方式的分类,像财务管理和超市管理这类数据库应用系统都称为联机事务处理(On-Line Transaction Processing)系统,简称 OLTP 系统,其数据存储在传统数据库中。它的核心任务是对传统数据库(也称为事务处理数据库或 OLTP 数据库)进行联机的日常操作,因此称为操作型处理,它们通常是对一个或一组记录进行查询或修改操作,主要为企事业单位的特定数据管理和应用服务。用户希望在保证数据安全性和完整性的前提下,每次操作能够实时响应。

2. 传统决策支持与分析处理

随着时间的推移,事务处理数据库中的数据不断地积累增长,其数据量也从 20 世纪 80 年代的兆(M)字节或千兆字节(GB)级别跃升到兆兆字节(TB)级别,并且分布在不同的系统平台上,还具有多种存储形式,而这些数据却承载着企业生产和经营管理的大量信息。由于经济全球化导致市场竞争更加激烈,用户(即管理决策人员)已经不满足于企业仅仅用计算机去处理每天所产生的事务数据,而是希望通过对自身已经积累的大量数据进行分析,提取能够支持决策的关键信息。因此,能否从企事业单位这些纷繁复杂、大量历史数据环境中得到有用的决策支持信息,已成为企业生存、发展和壮大的重要任务,也成为社会管理和公共服务的必备手段。

比如,为了确保社会公共安全,特别是重大节假日期间,公安局、派出所等公共安全部门就需要知道历史上,特别是最近一段时间内,辖区内所有宾馆登记入住人员的情况,比如入住人次、住宿天数,哪些地方来的人多,哪个宾馆有多少前科人员入住等,以提前做好公共安全防护预案和警力部署。

这种对当前和大量历史数据的统计分析,并从中提取管理决策所需重要信息的数据处理方法,称为数据的分析处理或分析型处理,并将能够完成这种分析处理任务的计算机系统称为决策支持系统(Decision Support System,DSS),而将决策支持系统分析所得到数据信息,提供给企事业单位董事会或主管领导决策参考的过程称为决策支持。鉴于分析处理的结果就是用于决策支持,因此,决策支持系统有时也称为分析型处理系统或分析处理系统,它通常需要对大量历史数据进行长时间的分析处理。用户对分析处理的时间长短并不十分在意,而对数据分析的深度和广度,以及分析结果的使用价值非常重视。

早期的分析处理系统都是在联机事务处理系统中,直接增加一些统计分析软件或决策支持程序来实现的(见图 1-1)。

从图 1-1 可以看出,分析型处理的传统方法,就是在事务处理(OLTP)的数据库系统环境中,直接增加分析型处理软件或程序来构成的分析型处理系统,它是一种"事务处理"+"分析处理"的"2 合 1(two in one)"系统,其明显的优点是投资少,见效快。但随着企业的快速发展,特别是那些全球化跨国经营的企业,不仅事务处理的数据量增长迅速,而且对决策分析处理的方法以及分析的深度都提出了更高的要求,常常导致两种不同的处理方式产生读写等冲突,比如分析处理锁住了一张表且正在进行统计分析,而事务处理希望立即对表中的部分数据进行修改,严重时根本无法满足企业管理和决策分析的实际需要。

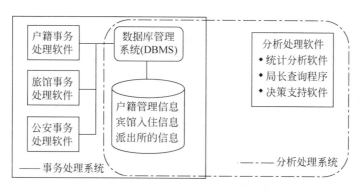

图 1-1 事务数据库的分析处理功能

3. 传统分析处理的问题

由于传统数据库的事务处理方式和决策支持的分析处理方式对数据管理的需求有明显的冲突，导致传统数据库无法很好地支持决策分析活动。人们已逐渐认识到事务处理和分析处理具有完全不同的特点，直接使用事务处理环境来支持分析处理是行不通的。其主要原因体现在以下几个方面。

1）分析处理的系统响应问题

在传统的事务处理系统中，用户对数据库系统的响应要求是实时性，即数据存取频率高，处理时间短。用户的业务操作请求往往希望在很短的时间内完成，这就要求系统在多用户的情况下，也可以保持较短的系统响应时间。

在决策分析的数据处理中，用户对系统的处理要求则发生了很大的变化。有些决策问题的分析处理请求，可能会导致系统长达数小时的运行；有些决策问题的解决，则需要遍历数据库中大部分甚至全部数据。这些分析处理过程必然消耗大量的系统资源，严重影响事务处理的实时性要求，这是联机事务处理系统无法忍受的。

2）分析处理的数据需求问题

（1）外部数据需求问题。在进行决策问题的分析处理时，需要全面、正确地集成数据。这些集成的数据不仅包含企业内部的数据，而且还包含企业外部的，甚至竞争对手的相关数据。但传统数据库中只存储了本部门的事务处理数据，却没有与决策问题相关的集成数据，更没有企业外部的数据。如果将数据的集成运算也交给分析处理程序完成，将进一步增加分析处理的时间，影响事务处理的实时性要求，联机事务处理的用户更加难以接受。

（2）系统平台差异问题。在决策问题分析处理的数据集成过程中，还必须解决不同数据处理系统的差异性问题。导致企业联机事务处理系统差异的原因是多种多样的。比如企业在发展中兼并了其他企业，而被兼并企业的数据库系统平台与兼并企业的数据库系统平台完全不同，数据无法共享。还有，在企业发展的早期因为资金缺乏，开始时可能只开发了部分关键部门的数据库系统，企业发展后又补充开发了其他部门的数据库系统，但其系统平台更为先进，导致前后系统的数据集成困难。

（3）数据不一致性问题。数据的不一致性有很多种，下面简单介绍几种常见情况。

- 相同属性的类型不一致。同一个实体的属性在不同的应用系统中，可能有不同的数据类型。例如，一个人的性别在暂住人口系统中可能用字符 1 和 0 表示，而在旅馆登记系统中可能用逻辑值 T 和 F 表示。

- 相同属性的长度不一致。同一个实体的属性在不同的应用系统中,可能有不同的数据长度。例如,一个人的性别在常住人口系统中可能用字符"男"和"女"表示,长度为 2,但在暂住人口系统中可能用字符 1 和 0 表示,长度为 1。
- 相同属性的命名不一致。同一个实体的属性在不同的应用系统中使用了不同的名称。比如一个人居住地的派出所,在常住人口系统中字段名称为 PCS,而在暂住人口管理系统中使用 ZZPCS 来命名。
- 名称相同的属性含义不一致。同名的字段在不同的应用中表示了不同实体的不同属性,其含义完全不同。例如,名称为"GH"的字段名,在人事系统中表示为职工的"工号",但是在销售管理系统中却表示为"购货号"。

因此,在使用这些数据进行决策问题的分析处理之前,必须对这些数据进行比较分析,确认其真实含义,才能正确地实现数据集成。

(4) 非结构化数据问题。在决策问题分析处理的数据集成过程中,不仅涉及传统数据库系统中的数据,还涉及其他非结构化数据的集成问题。例如,行业的统计报告、咨询公司的市场调查分析数据,其格式可能是 Excel、Word 或者 Web 页面等。这些数据必须经过格式、类型的转换,才能被正确地集成并用于分析处理。

(5) 历史数据需求问题。利用历史数据可以对未来的发展进行正确的预测,因此,对决策问题的分析处理而言,较长时期的历史数据具有重要的意义。而为保证事务处理的实时性需要,传统数据库中的数据一般只保留当前或近期的数据,没有长期保留大量的历史数据。

(6) 数据动态更新问题。在决策问题的分析处理中,最近几个月或最近一年的数据显然更能体现企业的经营状况,但传统的分析处理系统在对数据进行一次集成以后,往往就与原来的数据源断绝了联系。导致在分析处理中使用的数据可能是几个月前,甚至是一年以前的,其分析结果必然导致决策的失误。

因此,分析处理系统要具有数据的动态集成更新能力,即数据能够进行定期的、及时的集成更新,其更新周期可以是一天,也可以是一周,而传统分析处理系统缺乏这种集成更新能力。

3) 分析处理的多样性问题

传统的事务处理系统基本上是一种典型的固定结构系统,用户只能使用系统所提供的参数进行数据操作,数据访问权限受到很大的限制,且只能以单一固定的报表方式为用户提供信息,用户很难理解信息的内涵,更难用于支持管理决策。

决策分析人员则希望以专业用户的权限而不是普通用户的身份对数据进行处理。他们希望能够利用各种工具对数据进行多种方式的处理,并希望数据处理的结果能以商业智能的方式表达出来,不仅要便于理解,而且能有力地支持决策。

4. 操作处理与分析处理

1) 操作型数据与分析型数据的区别

综上可知,无论是数据描述的对象,还是数据的来源和处理方法,操作型数据与分析型数据都有较大区别(见表 1-1)。

表 1-1　操作型数据与分析型数据的区别

对比内容	操作型数据(原始的) ⟹	分析型数据(导出的)
数据粒度	实时细节	综合集成
数据内容	当前的、近期的数据	历史的、汇总的数据
数据特性	可以修改，随时添加	不可修改，定时添加
数据组织	面向事务操作	面向主题分析
数据用量	一次操作数据量小	一次处理数据量大

2）操作型系统与分析型系统的区别

操作型处理与分析型处理除了数据上存在明显差别之外，其数据处理系统在系统目标、系统设计和开发方面也有很大的区别（见表 1-2）。

表 1-2　操作型系统与分析型系统的区别

对比内容	操作型系统	分析型系统
系统目标	支持日常事务操作	支持管理决策分析
设计特性	操作处理需求驱动	决策分析需求驱动
开发周期	符合系统生命周期 SDLC	相反的螺旋周期 CLDS
使用频率	高	中或低
响应时间	以秒计时，实时响应	以分、小时或天计时

其中，开发周期 SDLC 为 Systems Development Life Cycle 的缩写，即操作型系统遵循"需求调查→需求分析→设计 & 编程→系统测试→系统集成→系统实施"的系统开发生命周期。数据仓库之父 Inmon 早期认为，分析型系统开发周期 CLDS（Reverse of SDLC）是 SDLC 逆过程，即采用"数据仓库实施→数据集成→偏差测试→针对数据编程→设计 DSS 系统→结果分析→理解需求"的螺旋式开发过程。但我们在数据仓库开发和应用的实践中发现，分析型系统的开发也要进行一定的前期需求调查和系统设计工作，才能开始第一轮数据仓库的实施（见第 3 章）。

3）操作型系统与分析型系统的分离

正是分析处理系统在响应时间、数据需求、处理方式等方面与事务处理系统有很大的不同，甚至相互冲突，导致企业无法在事务处理系统上，通过增加分析处理功能来彻底解决企业的决策分析问题。人们逐渐认识到，应该将事务处理系统的数据抽取出来，构建一个不受传统事务处理约束、独立而高效率的数据分析处理系统（见图 1-2）。

对于这种独立于事务处理的分析处理系统，其集成数据如何抽取，抽取得到的数据如何存储，由谁负责分析数据的管理（暂且称为分析数据管理系统），分析处理软件有什么特殊要求等问题，都是后续数据仓库原理、OLAP(On Line Analytic Processing，联机分析处理)技术和数据挖掘技术等相关章节将要介绍的内容。

5. 数据仓库的定义

在数据仓库的发展过程中，许多人对此做出了贡献。比如，Devlin 和 Murphy 就在 1991 年发表过论述数据仓库方面的文章，但美国的著名信息工程学家 William H. Inmon 教授，因 1993 年出版的专著《建立数据仓库》而成为系统阐述数据仓库概念和相关理论的第一

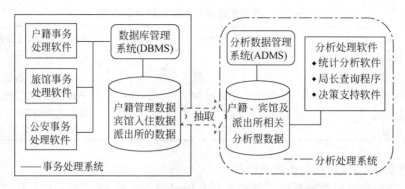

图 1-2　从事务处理系统独立出来的分析处理系统

人,被誉为数据仓库之父,他给出的数据仓库为定义 1-1。

定义 1-1　数据仓库(Data Warehouse,DW)是一个面向主题的(Subject Oriented)、集成的(Integrated)、相对稳定的(Non-Volatile)、反映历史变化(Time Variant)的、支持管理决策(Decision Making Support)的数据集合。

由于 Inmon 给出的以上数据仓库定义被许多其他文献引用,因此成为一个相对权威的定义。但因 Non-Volatile 和 Time Variant 按照上述方法翻译成中文后,其含义并不是十分明确,常常让初学者感到困惑。因此,结合我们在数据仓库应用开发的实践,下面给出一个更为简明易懂的定义。

定义 1-2　数据仓库是一个面向主题的、集成的、不可修改的、随时间变化的,支持管理决策的数据集合。

我们将以上定义与本节开始介绍的数据库概念进行对比可以发现,数据仓库也是长期存储在计算机内的、有组织的、可共享的数据集合,因此,数据仓库也是数据库,只不过它是一种特殊的数据库。其特殊性体现在它的数据具有面向主题、集成、不可修改和随时间变化4 个特征,其目的是支持企业的管理决策而不是支持事务管理。

1.1.2　数据仓库的 4 个特征

本节将对数据仓库数据的 4 个特征予以详细的分析说明。

1. 数据仓库的数据是面向主题的

传统数据库是面向操作应用的,即面对每个具体业务的操作应用,比如户籍管理、宾馆管理或流动人口登记等业务操作来组织数据,而数据仓库中的数据则是面向主题进行组织的。面向主题是数据仓库组织数据的基本原则。

那什么是主题呢? 我们可以从以下几个方面来理解。

定义 1-3　主题是宏观决策问题的一个分析对象,它由决策分析问题的要求来确定,并用一个在较高管理层次上的综合数据集来描述。

(1) 从信息管理的角度看,主题是在一个较高管理层次上对数据库系统中数据,按照具体的管理要求重新综合、集成和归类的分析对象。

(2) 从数据组织的角度看,主题就是一个数据集合,这些数据对分析对象进行了比较完整、一致的描述,不仅描述了数据自身,还描述了数据之间的不同角度和层次关系。

定义 1-4 主题是一个在较高管理层次上描述决策分析问题的综合数据集合。

例如,"销售情况"就是超市管理者的一个决策分析对象,因此"销售情况"或"销售"就是超市数据仓库的一个主题。显然,必须用一个数据集合来描述超市的"销售情况"这个主题。

同理,"旅馆入住人次"就是警务数据分析管理者的一个决策分析对象,因此,"旅馆入住人次"就是警务数据仓库的一个主题,同样也需要一个数据集合来描述"旅馆入住人次"这个主题。

通俗地说,主题就是决策者需要的,可以从多个角度、不同层次查看的某种统计数据,而面向主题是指数据仓库的数据必须按照决策分析的主题进行集成综合。

数据仓库的创建和使用都是围绕主题来实现的。因此,其数据必须按主题来组织,即在较高层次上对分析对象的数据进行一个完整、一致的描述,统一地刻画各个分析对象所涉及的各项数据,以及数据之间的角度和层次关系。

例如,警务信息管理的决策者最需要了解的是,哪些季节、什么地区来的人员(包括是否有前科),在哪个区县等多个角度观察的宾馆入住人次数据或入住天数信息。根据以上管理决策分析的要求,我们就可以提炼出"宾馆入住"的主题。

2. 数据仓库的数据是集成的

数据仓库中的数据主要用于分析决策,而为了保证决策的正确性,就需要掌握尽可能全面的数据,因此必须把与决策问题相关的所有数据都收集起来存放在一起。所谓数据集成,就是根据决策分析的主题需要,把原先分散的事务数据库、数据文件、Excel 文件、XML 文件等多个异种数据源中的数据,收集并汇总起来形成一个统一并且一致的数据集合的过程。

然而,数据仓库的每一个主题所对应的数据源存放在原有各自分散的数据库或数据文件中,不仅数据格式不统一,而且还可能存在许多重复数据,或者数据不一致的地方。另外,数据仓库中的综合数据不可能从数据源中直接得到。因此,在数据进入数据仓库之前,还必须应用数据清理、转换等数据预处理技术,确保数据仓库数据在属性名称、属性值量纲等方面完全一致性的情况下,才能够将数据加载到数据仓库之中。这一步称为数据的 ETL(Extract-Transform-Load,抽取-转换-加载)工作,是数据仓库建设中最为关键,也是最复杂的一步,所要完成的主要任务包括两个方面。

(1) 要消除数据源中所有矛盾之处,如字段的同名异义、异名同义、量纲不统一、字长不一致等。这个工作可以先将所有数据源复制出来形成新的统一数据源后再进行,也可以在从数据源抽取数据过程中完成。

(2) 进行数据综合计算。数据仓库中的数据综合工作可以在从数据源抽取数据过程中生成,也可以在数据进入数据仓库以后再进行综合生成。在 SQL Server 环境中进行 ETL 的数据仓库应用常常使用后者。

关于 ETL 的详细设计和配置过程,将在第 4 章中专门介绍。

3. 数据仓库的数据是不可修改的

数据仓库的数据都是从事务处理数据源中抽取过来的历史数据,它反映的是企业过去相当长的一段时间内的历史经营状况,它记录了不同历史时间点上所发生的事实,也是基于这些事实数据进行统计和重组的导出数据,因而是不可修改的。

数据仓库的数据主要供企业决策分析之用,其数据处理主要是数据查询和相关的统计分析,因此,基于数据仓库的决策分析处理本身不涉及数据的修改操作。

4. 数据仓库的数据是随时间变化的

数据仓库中的数据不可修改性是针对应用来说的,即数据仓库的用户在进行分析处理时不对数据进行修改的更新操作。但这并不是说,在从数据集成加载到数据仓库开始,直到整个数据仓库最终被新系统取代的整个生存周期中,数据仓库中的数据永远都没有变化。

数据仓库的数据是随时间变化的,主要体现在以下3方面。

(1) 数据仓库随时间变化不断增加新的数据内容。数据仓库系统必须不断地捕捉OLTP数据库中变化的数据,并将其追加到数据仓库之中,也就是要不断地生成OLTP数据库的快照,经ETL统一集成后添加到数据仓库中,而不会对数据仓库中原有的数据库快照进行修改,这就是所谓的增量式添加。

(2) 数据仓库随时间变化不断删去旧的数据内容。数据仓库的数据也有存储期限,一旦超过了这一期限,过期的数据就要被删除。只是数据仓库内的数据时限要远远长于操作型环境中的数据时限。在大多数操作型环境中一般只保存最近60~90天的数据,或至多一年的数据,而在数据仓库中则需要保存较长时限的数据(如5~10年),以满足进行趋势分析等决策支持的需求。

(3) 数据仓库中包含有大量的综合数据。数据仓库中的数据经常要按照时间进行综合或者按时间进行抽样分析,如数据经常按照时间段进行综合(某月1~10日发生的数据综合成为该月上旬的数据),或隔一定的时间片进行抽样(比如查看1~3月中每天的数据)等。这些综合或抽样的数据是随着时间要求的变化而不断变化的。

因此,可以用一句话来总结数据仓库定义的内涵,即"1个集合,4个特征,1个中心"。

1.1.3 数据仓库系统

学习过"数据库原理及其应用"课程的读者都知道,数据库(DataBase,DB)、数据库管理系统(DataBase Management System,DBMS)和数据库系统(DataBase System,DBS)是三个相互联系,但其内涵又有所区别的三个概念。类似地,数据仓库、数据仓库管理系统和数据仓库系统也是如此。

通过1.1.2节的学习,我们知道了数据仓库的概念,即面向主题的、集成的、不可修改的、随时间变化的数据集合。此外,我们还需要理解与之相关的另外两个概念,数据仓库管理系统和数据仓库系统。

定义 1-5 数据仓库管理系统(Data Warehouse Management System,DWMS)是位于用户与操作系统(OS)之间的一层数据分析管理软件(见图1-3),负责对数据仓库数据进行统一管理、更新和使用控制,为用户和应用程序提供访问数据仓库的方法或接口软件的集合。

现今主流的关系数据库管理系统供应商,比如,微软、IBM和Oracle等公司已经在自己的商品化数据库管理系统(DBMS)产品中增加并集成了与DW相关的管理控制软件,即DBMS⊂DWMS。为了方便,我们把这类数据仓库管理系统记作RDWMS,因此RDBMS⊂

RDWMS。

定义 1-6　数据仓库系统(Data Warehouse System,DWS)是计算机系统、DW、DWMS、应用软件、数据库管理员和用户的集合(见图 1-3)。即数据仓库系统一般由硬件、软件(包括开发工具)、数据仓库、数据仓库管理员等构成。

图 1-3　数据仓库系统(DWS)的构成

1.1.4　数据仓库系统体系结构

数据仓库系统的基本体系结构如图 1-4 所示。它不仅描述了数据仓库系统的所有组成部分,还描述了包括从数据源中抽取数据、转换并加载到数据仓库中进行存储管理,用各种工具对数据进行分析从而支持用户决策等组成部分之间的相互关系。它为数据仓库系统的开发和部署提供了一个整体的框架结构和实施路线图。

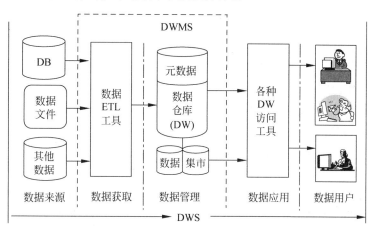

图 1-4　数据仓库系统(DWS)的基本体系结构

从图 1-4 可以发现,一个典型的数据仓库系统通常包含数据来源、数据获取、数据管理,数据应用和数据用户 5 个部分。图 1-4 同时也描述了数据仓库系统的数据从数据源到决策支持的运动变化过程。

1. 数据来源

数据来源也称为数据仓库系统的数据源,通常包含企业(或事业单位)内部各个部门的数据和企事业单位外部的数据。内部数据包括存在于 OLTP 数据库中的各种业务数据和办公自动化系统中的各类文档数据;外部数据包括各种法律法规、市场信息、竞争对手的信息,以及各级政府发布的统计数据和其他有关文档。因此,数据仓库系统设计的首要任务,就是根据企业决策分析的各个主题需要,确定将以上所述的哪些数据来源作为数据仓库的数据源。

2. 数据获取

数据仓库是一个独立于 OLTP 数据库的数据环境,但它的数据来源于 OLTP 数据库环境、外部数据源以及脱机数据存储介质中的数据,以及其他多种数据文档。数据获取就是要从这些选定的数据源中抽取数据,并进行集成,经预处理(详见 2.2 节)并转换成数据仓库对应的数据格式,最后将其加载到数据仓库之中,成为联机分析处理和数据挖掘的对象。

商业工具,如微软公司提供的商业智能开发平台(Business Intelligence Development Studio),允许用户通过图形界面来定义和描述数据获取中的数据抽取、集成、清洗、转换、加载操作。为便于数据仓库的创建,通常的做法是将已进行过预处理的数据集合作为数据仓库的数据源,即在实际应用中通过编写一些程序预先完成数据的预处理工作,然后使数据获取阶段的任务主要集中在数据的"抽取-转换-装载"(Extract-Transform-Load,ETL)方面。

SQL Server 在其商业智能服务系统中提供了一套 ETL 工具,主要包括消除噪声、补充缺损值数据、消除重复记录、转换数据类型等控件,并由此构成一个 SSIS 包来完成 ETL 任务(详见第 4 章)。由于数据仓库系统中数据不要求与 OLTP 数据库中的数据实时同步增加,所以 ETL 还可以定时感知 OLTP 数据的变化,并实现向数据仓库定时增量添加数据的操作。

3. 数据管理

数据管理就是对数据仓库数据,元数据和数据集市的存储管理,并为用户的数据查询检索提供支持,是整个数据仓库系统的环境支持部分。数据仓库管理系统(DWMS)对数据仓库数据的管理功能,相当于数据库管理系统(DBMS)对数据库数据的管理,通常包括数据存储、数据的安全性、一致性和并发控制管理以及数据的维护、备份和恢复等管理工作。

1) 企业级数据仓库

企业级数据仓库包含从企业所有可能的数据源抽取得到的明细数据和汇总数据。

2) 数据集市

数据集市(Data Mart,DMt)是企业级数据仓库的一个子集,通常称为部门级数据仓库,因为它主要面向部门级业务的决策分析,并且通常只面向某个特定的主题。

数据集市存储的是为特定部门预先计算好的数据,以满足部门用户对分析处理的性能需求,在一定程度上缓解了访问数据仓库的压力。

3) 元数据的概念

元数据(Meta Data)是"关于数据的数据",即描述其他数据的基础数据。传统数据库中的数据字典就是一种元数据,但在数据仓库中,元数据的内容比数据库中的数据字典内容更加丰富、关系更为复杂。元数据作为描述其他数据的基础数据,可对数据仓库中的各种数据进行详细的描述与说明,除了描述数据来源、类型、长度、是否主键和外键等基本信息外,还要描述数据结构、数据转换规则、加载方法和环境,使每个数据具有符合现实的真实含义,使最终用户了解这些数据及其相互之间的关系。

按照元数据的用途,可将其分为两种类型:技术元数据和商业元数据。

(1) 技术元数据(Technical Metadata)是关于数据源、数据转换和数据仓库的描述,包括数据仓库中对象和数据结构的定义、数据清理和数据更新的规则、元数据到目的数据的映射、用户访问权限等。它主要供数据仓库设计和管理人员使用,因此也称为管理元数据(Administrative Metadata)。

(2) 商业元数据(Business Metadata)是从商业应用的角度,使用业务术语描述数据仓库中的数据,包括对业务主题、数据来源和数据访问规则,各种分析方法及报表展示形式的描述,以便使数据仓库管理人员和用户更好地理解和使用数据仓库。因此,也被称为用户元数据(User Metadata)。

4) 元数据的作用

(1) 为决策支持系统分析员和高层决策人员提供便利。数据仓库元数据的广义索引(详见 2.6.2 节)中存有每次数据装载时产生的有关决策的汇总数据项,在做决策时,可以先查询该部分数据,再决定是否进行下一步的搜索。

(2) 解决面向应用的操作型环境和数据仓库的复杂关系。从面向应用的操作型环境到数据仓库的转换是复杂的、多方面的,元数据包括对这种转换的描述,即包含了所有数据源的对象名、属性及其在数据仓库中的转换。

5) 元数据的使用

(1) 元数据在数据仓库开发期间的使用。数据仓库的开发过程是一个构造工程,必须提供清晰的文档。在此过程产生的元数据主要描述 DW 目录表及其运作模式,如数据的转化、净化、转移、概括和综合的规则与处理规则。

(2) 元数据在数据源抽取中使用。元数据对多个来源的数据集成发挥着关键作用。利用元数据可以确定将数据源的哪些资源加载到 DW 中;跟踪历史数据结构变化过程;描述属性到属性的映射、属性转换等。

(3) 元数据在数据清理与综合中的使用。数据清理与综合负责净化资源中的数据、增加资源戳和时间戳,将数据转换为符合数据仓库的数据格式,计算综合数据的值。元数据在这个过程中作为清理和综合数据的依据。

4. 数据应用

数据分析人员或决策者可以通过各种工具来访问和使用数据仓库的数据,这些工具包括数据分析工具(如第 5 章介绍的 OLAP 工具)、数据挖掘工具(详见 1.2 节以及第 8~14 章)以及各种针对数据仓库或数据集市而开发的应用程序等,可以支持用户对数据仓库进行数据分析、报表查询和数据挖掘等多种形式的数据应用。但数据仓库本身并不提供对数据仓库进行分析的技术和工具,用户一般可以根据需要,自行开发或委托软件公司开发合适的数据仓库应用与决策分析工具。

5. 数据用户

显然,数据仓库就是为它的用户而存在的,正是因为有了使用它的用户,数据仓库才真正体现出它的价值。数据仓库的用户就是企业中高层管理者和决策分析人员。

1.1.5　数据仓库数据的粒度与组织

1. 数据的粒度

数据的粒度是指数据仓库的数据单元中所保存数据的综合程度。数据的综合程度越高,其粒度也就越粗。反之,数据的综合程度越低,其粒度也就越细。比如,某个数据单元 A 存放的是某个旅馆一天的入住人次,而数据单元 B 存放的是该旅馆某一个月的入住人次,因此,我们说 A 的粒度比 B 的粒度细,或者说 A 的综合程度比 B 的综合程度低。

数据的粒度设计问题是数据仓库设计的一个重要方面。数据仓库存储的数据粒度越细,则占用的存储空间越大,但可以提供丰富的细节查询,反之,占用存储空间小,却只能提供粗略的查询。因此,数据的粒度选择是否恰当,不仅对数据仓库中数据量的大小有直接影响,同时还影响数据仓库所能回答的查询类型和查询深度。因此,在数据仓库设计时,数据粒度的大小应根据数据量的大小与查询需要的详细程度做出权衡。

2. 双重粒度

双重粒度是指数据仓库中仅存放真实细节数据(最低粒度)和轻度的综合数据。

在很多情况下,数据仓库既希望占用尽可能少的存储空间,拥有较高的数据查询效率,又希望能提供非常详细的数据分析能力。为了使数据仓库在费用、效率、访问便利性,以及回答任何可能的查询方面得到较好的平衡。双重粒度成了许多机构在数据仓库粒度设计时的默认选择。当然,我们应该根据实际应用需要,在数据仓库的细节部分考虑选择单一粒度或多重粒度级别。

3. 数据仓库数据的粒度层级

在数据仓库设计时,通常可以将数据按照 3 重粒度级别 4 个层次的方式存储(见图 1-5),即将数据分为早期细节层、当前细节层、轻度综合层、高度综合层 4 个层级。数据源经过最低粒度级别的综合,首先进入当前细节层,并根据具体需要进行更高一层的综合,从而形成轻度综合层乃至高度综合层的数据。另外,按照迁移周期,将当前细节层的过期数据迁移到早期细节层存储,同时还要删除超过保存期的早期细节数据。

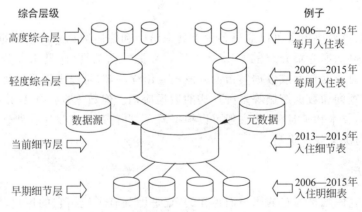

图 1-5　数据仓库数据的粒度层级示例

4. 数据仓库的数据组织

数据仓库主要有简单堆积文件、轮转综合文件、简单直接文件和连续数据文件 4 种数据组织方式。

(1) 简单堆积文件。它将每日从 OLTP 数据库中提取转换加工得到的数据逐天积累存储起来形成一个数据文件(见图 1-6(a))。

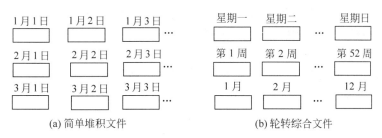

(a) 简单堆积文件　　　　　　　　(b) 轮转综合文件

图 1-6　数据仓库的数据组织形式

(2) 轮转综合文件。数据存储单位被分为日、周、月、年等几个粒度级别(见图 1-6(b))。在一个星期的七天中,数据被逐一记录在每日数据集中;然后,7 天的数据被综合为周的数据,并记录在周数据集中;接下去的一个星期,日数据集被重新覆盖,以记录新的日数据。同理,当周数据集达到 4 或 5 个记录后,数据再一次被综合并记入月数据集,以此类推;轮转综合结构十分简洁,数据量比简单堆积结构大大减少。当然,它是以损失数据细节为代价的,越久远的数据,细节损失越多。

(3) 简单直接文件。它把操作型环境的数据直接拖入数据仓库环境中存放较长的时间,且不做任何累积或综合计算,因此,它本质上是操作型数据在某个时间段的一个全真快照。

(4) 连续数据文件。它是依据两个或更多的简单直接文件快照进行合并创建或追加形成的数据组织方法。

1.2　数据挖掘概述

1.2.1　数据挖掘产生的背景

20 世纪 80 年代后期,因为网络和通信技术的快速发展,数据库技术和个人计算机在各个行业的普及应用,商业贸易电子化,企业和政府事务电子化得到迅速普及,并由此产生出海量的数据,形成大规模甚至超大规模数据库,其容量远超 GB 级,并达到 TB 级。毫无疑问,这些庞大的海量数据就像一座蕴藏大量"黄金白银"的矿山,是极其宝贵的数据和信息资源。

虽然日益成熟的数据库技术为这些海量数据的存储和管理提供了技术保证,但因为信息提取和分析处理技术的相对落后,使世界陷入了"数据丰富、知识贫乏"的境地。然而,由于经济全球化导致国际商业竞争更加激烈,商业企业对数据的充分利用和深入分析提出了更高的需求。他们迫切希望从大量已有的数据中发现企业经营中存在的问题,以及对企业发展有用的决策支持信息,以便赢得未来的竞争。

正当人们面对浩瀚的海量数据感到束手无策之时,一门新兴的自动信息提取技术:数据挖掘和知识发现应运而生并得到迅速发展。它的出现为自动地把海量数据转化成有用的决策信息和知识提供了一种新的智能手段。

1989 年,在美国底特律召开的第十一届国际联合人工智能学术会议上首次提到数据库中的知识发现(Knowledge Discovery in Database,KDD)的概念。由于"数据挖掘(Data Mining,DM)"是知识发现过程中的一个关键步骤,且人们把数据库中的"数据"形象地比喻为蕴藏"黄金白银"的矿山,因此,"数据挖掘"一词很快流传开来,并逐渐成为信息技术领域的研究热点。

数据挖掘和知识发现作为一门新兴的研究领域,涉及诸如机器学习、模式识别、统计学、数据库和人工智能等众多学科领域,还得益于计算机技术、网络技术和并行处理技术的发展,它们使管理者有时间和能力对数据进行深层次的分析,并获得决策有用的信息和知识。

1.2.2　数据挖掘与知识发现

定义 1-7　知识发现(KDD)就是采用有效算法从大量的、不完全的、有噪声的、模糊和随机的数据中识别出有效的、新颖的、潜在有用乃至最终可理解的模式(Pattern)的非平凡过程。

知识发现的过程一般包括数据采集、数据预处理、数据挖掘、知识评价和知识应用等主要步骤。

由 KDD 的定义可知,数据挖掘是知识发现过程中一个特定而关键的步骤,但现今的文献大多对这两个术语不加区分地使用,并且在大多数场合都用数据挖掘术语代替知识发现,因此,本书后续章节也仅仅使用数据挖掘这一术语,并认为数据挖掘的步骤等同于知识发现的步骤。此外,数据挖掘的对象除传统数据库和数据仓库以外,还扩展到 Internet 环境下的 Web 数据挖掘等许多其他方面。

在操作型数据库中通过数据查询和报表统计等方式获取信息的过程就是平凡的,因为所用的方法通常是简单的计数、求总和、求平均值等传统统计方法。

下面通过一个啤酒与尿布的例子来说明数据挖掘过程的非平凡性。它所获得的信息的确是有效的、新颖的(先前未知的),而且是潜在有用和可理解的,并为企业带来实实在在的效益。

例 1-1　在 20 世纪 90 年代的某一天,美国加州一个超级连锁店通过数据挖掘,从记录着每天销售和顾客基本情况的数据库中发现,下班以后来购买婴儿尿布的顾客多数是男性,他们往往也同时购买啤酒。于是这个连锁店的经理当机立断,立即重新布置商场货架,把啤酒类商品布置在婴儿尿布货架附近,并在啤酒附件放上开心果、土豆片之类的佐酒小食品,同时把男士们需要的日常生活用品也就近布置。这样一来,使上述多种商品的销量几乎马上成倍增长。

通过这个例子可以看出,DM 是一种决策支持过程,它主要基于人工智能、机器学习等技术,高度自动化地分析企业原有的数据,并做出归纳性的推理,从中挖掘出潜在的且可理解的模式来预测客户的行为,帮助企业的决策者调整市场策略,做出正确的决策并减少风险。因此,SQL Server、Oracle 等数据库厂商都把支持数据仓库和数据挖掘等商业智能的功能加入到自己的数据库产品之中,并在产品推销过程中大力宣传。

1.2.3　数据挖掘的数据来源

从宏观上说,数据挖掘的数据来源主要是数据库和非数据库两个方面。

1. 数据库类型的数据

（1）传统数据库（DB）。自从 20 世纪 60 年数据库管理系统诞生以来，已在各行各业得到广泛应用。比如超市销售管理、企业 ERP 管理、户籍管理、旅馆住宿管理、银行储蓄管理、电信客户管理等数据库系统，其数据都采用传统数据库技术存储。因此，数据库是数据挖掘最常见、最丰富的数据来源之一。

（2）数据仓库（DW）。虽然数据仓库的数据基本上也存储在传统数据库之中，但它是从多个数据源，经过抽取-转化-集成（ETL）以后加载到数据库中，用于支持管理决策的数据集合。因此，这里将其作为传统数据库之外的一种数据源予以介绍。例如银行、电信等服务类行业，都在传统数据库管理系统基础之上，建立了数据仓库系统，并定时将业务数据集成到数据仓库之中。

（3）空间数据库（Spatial Database）。空间数据库存储了包括对象的空间拓扑特征、非空间属性特征、对象在时间上的状态变化等。空间数据库具有数据量庞大、数据模型复杂、属性数据和空间数据相互作用等特点。常见的空间数据库数据类型包括地理信息数据、遥感图像数据等。

（4）时态数据库和时间序列数据库（Temporal Database and Time-Series Database）。时态数据库通常存放与时间相关的属性值，如个人简历信息中与时间相关的职务、工资等个人信息。时间序列数据库存放随时间变化值的序列，如股票交易数据、气象观测数据等。通过对时态数据库和时间序列数据库的挖掘，可以研究事物的发生和发展过程，揭示事物发展的本质规律，发现数据对象的演变特征或对象变化趋势。

（5）多媒体数据库（Multimedia Database）。利用数据库技术存储和管理复杂的多媒体数据，如图形（Graphics）、图像（Image）、音频（Audio）、视频（Video）等，称为多媒体数据库。它是多媒体技术与数据库技术相结合的产物，但不是对现有的数据进行简单的界面上包装，而是从多媒体数据和信息本身的特性出发来组织、存储的多媒体数据集。

（6）文本数据库（Text Database）。文本数据库也是一种常用而简单的数据库，它存储的内容是对象的文字性描述。文本数据类型包括无结构类型（大部分的文本资料和网页）、半结构类型（XML 数据）、结构类型（传统关系数据库）。办公自动化系统通常使用文本数据库。

2. 非数据库类型数据

1）数据流（Data Stream）

它与传统数据库中的静态数据不同，数据流是大量、高速、连续到达的，潜在无限的数据序列。主要来源于网络监控、网页点击流、股票交易、流媒体和传感器网络等。

数据处理的特点：数据一经处理，除非特意保存，否则不能被再次读取处理，或者再次读取数据的代价十分昂贵。

数据流处理的实时性要求，是它与传统数据库在存储、查询、访问等方面的最大区别。

2）Web 数据

Web 数据，即互联网上的数据。随着 Internet 应用的普及，互联网成为世界上数据最丰富、结构最复杂的异构数据发源地。虽然互联网上有一部分数据存储在数据库之中，但更多的数据并不是存储在数据库之中,因此,我们将 Web 数据作为非数据库类型的数据来介绍。

1.2.4　数据挖掘的任务

数据挖掘的任务一般可分为预测型任务和描述型任务。预测型任务就是利用其他属性的值来预测某些指定的属性值,比如分类分析和离群点检测等。描述型任务就是通过对数据集的深度分析,寻找出概括数据相互联系的模式或规则,如聚类分析、关联分析和序列模式等。传统的数据挖掘任务主要有以下几种。

1. 分类分析

分类分析(Classification Analysis)就是通过分析已知类别标记的样本集合中的数据对象(也称为记录),为每个类别做出准确的描述,或建立分类模型,或提取出分类规则(Classification Rules),然后用这个分类模型或规则对样本集合以外的其他记录进行分类。

分类分析已广泛应用于银行、通信等行业,用于客户信用等级预测或商业促销,它包含两个基本步骤,首先从现有已知类别的客户信息中提取分类规则,然后应用分类规则去判断新客户可能的类别。

例 1-2　设有 3 个属性 4 条记录的数据库,它记录了顾客前来商店咨询电脑事宜,以及顾客身份和年龄的信息(见表 1-3),其中"电脑"属性称为类别属性,它标记了一个顾客在咨询结束后,在本店是否真的买了电脑。

表 1-3　电脑商店顾客消费信息

样本 id	学生	年龄	收入	电脑
X_1	否	31～40 岁	一般	没买
X_2	是	≤30 岁	一般	买了
X_3	是	31～40 岁	较高	买了
X_4	否	≥41 岁	一般	买了

(1) 分类分析:假设利用某种分类算法对表 1-3 中数据进行分析,挖掘出两条分类规则。

① If 学生=是 或者 年龄≥41 岁 then 买了电脑;

② If 学生=否 而且 年龄=31～40 岁 then 没买电脑;

(2) 规则应用:假设商店来了一个新顾客咨询电脑事宜,老板也询问他是不是学生、年龄和收入情况,得知此人基本信息为(学生=否,年龄=44 岁,收入=一般)。

由此,老板应用规则①预测此人是诚心买电脑的顾客,就会在接待和介绍产品过程中有更多些的耐心和关心,并可能最终促成顾客购买电脑。

2. 聚类分析

聚类分析(Clustering Analysis)就是根据给定的某种相似性度量标准,将没有类别标记的数据库记录,划分成若干个不相交的子集(簇),使每个簇内部记录之间相似度很高,而不同簇的记录之间相似度很低。

聚类分析可以帮助我们判断,数据库中记录划分成什么样的簇更有实际意义。聚类分析已广泛应用于客户细分、定向营销、信息检索等领域。

例 1-3 设有 3 个属性 4 条记录的数据库,它记录了顾客的基本信息。

表 1-4 电脑商店顾客信息

顾客 id	学生	年龄段	收入	类别
X_1	否	31～40 岁	一般	?
X_2	是	≤30 岁	一般	?
X_3	是	31～40 岁	较高	?
X_4	否	≥41 岁	一般	?

试用某种相似性度量标准,对记录进行聚类分析。

解: 由于这个例题没有指定具体的相似度标准,因此,我们可以根据表 1-4 中的属性来选择几种不同的相似性度量标准,对其进行聚类分析,并对其结果进行简单比较。

(1) 若以顾客身份是否为"学生"作为相似性度量标准,则 4 条记录可聚成 2 个簇 $A_{学生} = \{X_2, X_3\}$,$B_{非学生} = \{X_1, X_4\}$;

(2) 若以顾客的年龄作为相似度标准,则 4 条记录可聚成 3 个簇 $A_{\leqslant30岁} = \{X_2\}$,$B_{31～40岁} = \{X_1, X_3\}$,$C_{\geqslant41岁} = \{X_4\}$;

(3) 若以收入水平作为相似性度量标准,则 4 条记录可聚成 2 个簇 $A_{一般} = \{X_1, X_2, X_4\}$,$B_{较好} = \{X_3\}$。

从此例可以发现,对顾客记录的聚类分析就是对顾客集合进行一个恰当的划分。对同一个顾客信息数据库,如果使用不同的相似性度量标准,则可以得到不同的划分结果,即聚类算法对相似性度量标准是敏感的,但这也从一个侧面告诉我们,可以选择不同的度量标准对数据库记录进行聚类分析,以期得到更加符合实际工作需要的聚类结果。

聚类与分类是容易混淆的两个概念。从例 1-2 和例 1-3 可以看出,分类问题是有指导的示例式学习,即每个记录预先给定了类别标记,分类分析就是找出每个类别标记的描述,即满足什么条件的记录就一定是什么类别的判断规则。而聚类是一种无指导的观察式学习。每个记录没有预先定义的类别标记,聚类分析的目的就是给每个记录指定一个类别标记或标号。

3. 关联分析

关联分析(Association Analysis)最初是针对购物篮分析问题而提出的,其目的是发现交易数据库中商品之间的相互联系的规则,即关联规则(Association Rule)。

关联分析主要用于市场营销、事务分析等领域。比如,在超市交易数据库中发现了"啤酒与尿布"之间的关联规则(见例 1-1),就是关联分析成功的一个典型例子。

4. 序列模式

序列模式(Sequential Patterns)挖掘是指分析数据间的前后序列关系,包括相似模式发现、周期模式发现等,主要应用于客户购买行为模式预测、疾病诊断、防灾救灾、Web 访问模式预测和网络入侵检测等领域。比如,"顾客今天购买了商品 A,则隔不了几天他就会来购买商品 B",就是顾客购物方面的一种序列模式。

5. 离群点检测

离群点(Outlier)是一个数据集中过分偏离其他绝大部分数据的特殊数据。离群点检测(Outlier Detection)就是希望从数据集中发现这种与众不同的数据,已在银行、保险、电信、电子商务等行业的欺诈行为检测中得到广泛应用,比如银行的反洗钱检测系统、互联网的入侵检测系统等。

6. 统计分析

统计分析(Statistical Analysis)就是运用统计方法,结合事物相关的专业知识,从描述事物的数据上去推断该事物可能存在的内在规律。

常见的统计分析有聚集统计,如计数、求和、求平均值、求最大值和最小值等;回归分析,比如线性回归分析、非线性回归分析、多元线性和非线性回归分析等;判别分析,如贝叶斯判别(见第 9 章)、费歇尔判别、非参数判别等;还有探索性分析,如主元分析、相关分析等等。

随着互联网应用的普及和大众化发展,以及物联网、传感网络,特别是卫星通信和 GPS 导航系统的普及应用,涌现出许多新的数据类型和数据形式,加之量子计算等新理论的出现,由此产生出许多新型数据挖掘问题,比如文本数据挖掘、Web 数据挖掘、微博数据挖掘、空间数据挖掘、数据流挖掘(详见第 12 章)、不确定性数据挖掘(详见第 13 章)和数据挖掘量子算法(详见第 14 章)等。

1.2.5　数据挖掘的步骤

一般地说,数据挖掘过程包括问题定义、数据准备、挖掘实施、评估解释、知识应用 5 个基本步骤(见图 1-7)。

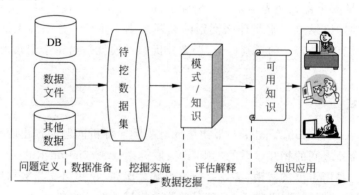

图 1-7　数据挖掘的 5 个基本步骤

1. 问题定义

数据挖掘的任务是要从大量的数据中发现令人感兴趣的信息,即所谓知识或模式。因此,挖掘问题的定义,即弄清楚我们可以获得哪些方面的数据(也称为数据选择)以及希望挖掘出什么样的知识等,就是数据挖掘过程中第一重要的步骤。

在挖掘问题定义的过程中,除了弄清楚数据的来源以外,数据挖掘人员还必须和应用领域专家以及最终用户紧密协作,了解应用领域的有关情况,熟悉业务背景知识,分析用户需求,确定数据挖掘任务,比如究竟是分类分析,还是聚类分析或者是关联分析等。数据挖掘人员还要根据数据挖掘的任务,对可能完成这个挖掘任务的各种挖掘算法进行适应性比较分析,进而确定可用的挖掘算法,作为数据准备和实施挖掘等后续步骤的指南。

2. 数据准备

数据准备就是要根据问题定义阶段确定的数据挖掘任务,从各种数据源中抽取与挖掘任务相关的数据,并将其转换为挖掘算法所需要的组织形式存储起来,形成待挖数据集,这个待挖数据集也称为数据挖掘对象。

数据准备阶段需要完成的工作与数据仓库的 ETL 过程类似,主要包括:

(1) 数据抽取,从各种可用数据源中抽取与挖掘任务相关的数据。

(2) 数据预处理,即对已经抽取的数据进行再加工,以保证数据的完整性和一致性。主要工作包括消除噪声、补充缺损值数据、消除重复记录、转换数据类型(连续型数据转换为离散型数据)等(详见 2.2 节)。

(3) 数据存储,即把经过预处理的数据,按照数据挖掘任务和挖掘算法的要求集成起来,重新组织并以数据库或数据文件等恰当的方式存储(可以用数据库,或文本,或其他方式存储),作为待挖数据集,即数据挖掘对象。

当数据挖掘对象是数据仓库时,一般来说就不需要数据准备阶段的工作了,因为数据预处理已经在数据仓库生成时由 ETL 完成了。

一般情况下,数据挖掘的数据源有多种类型,比如关系数据库、XML 数据库、Web 页面和文本数据文件等,因此,数据准备是数据挖掘中十分重要,也是最费时的一个步骤,可以占到整个数据挖掘过程 70% 左右的时间。因为数据源的数据结构差异很大,即使都是关系数据库的数据,也可能因为属性的差异(名字不同、含义不同、数据类型不同等),给数据准备工作带来困难。

3. 挖掘实施

根据选定的数据挖掘算法,编写数据挖掘应用程序或者集成商品化挖掘工具中相应的功能模块,从数据挖掘对象中挖掘出用户可能需要的知识或模式,并将这些知识或模式用一种特定的方式,比如表格、图形等可视化方法表示。因为数据挖掘结果最终是面向用户的,挖掘结果可视化就是用户最容易理解的知识表示方法之一。

4. 评估解释

数据挖掘人员应邀请企业高管和领域专家,对挖掘实施阶段发现的知识或模式进行评估,其目的是为了剔除冗余或无关的模式,并对余下的知识或模式进行解释,以便发现并理解其中有实际应用价值的知识。

如果挖掘出来的知识经评估解释都无法满足用户的要求,就需要开始新一轮的数据挖掘过程,或者回到前面的某一步重新开始。比如重新进行问题定义,补充选取新的数据,采用新的数据转换方法、设定新的算法参数值,甚至选用新的挖掘算法等,挖掘出新的知识并进行评估解释,直至最终获得可用的、有价值的知识。

5. 知识应用

知识应用就是把经过评估解释,且最终能够被用户理解的知识,用于商业决策之中。比如,当超市发现并理解"尿布与啤酒"销量的关联规则后,改变商场商品布局,使顾客方便选购,并使两种商品以及相关商品销量都得到提升的过程,就是知识应用的一个经典案例。

1.2.6　数据挖掘的应用

某些特定的应用问题和具有特定应用背景的领域,最能体现数据挖掘作用。例如在金融业和保险业,人们已经认识到数据挖掘技术可能带来有利可图的应用前景。同时,数据挖掘工具也可以扩展到其他一些潜在的应用领域,如在医疗保健、交通运输、行政司法等社会部门,甚至在科学和工程研究单位也具有广阔的应用前景。

下面简单列出数据挖掘技术在一些行业内的应用问题,了解这些问题将会有助于人们对数据挖掘技术的进一步理解。

1. 在金融行业的应用

(1) 对账户进行信用等级的评估。金融业风险与效益并存,分析账户的信用等级对于降低风险、增加收益是非常重要的。利用数据挖掘的分类分析工具进行信用评估分为两个步骤:先从已有的数据中分析得到信用评估等级的规则或标准,即得到"满足什么样条件的账户属于哪一类信用等级",然后将得到的规则或评估标准应用于对新账户的信用评估预测,这就是一个获取分类知识并应用知识的过程。

(2) 对庞大的数据进行主成分分析,剔除无关甚至是错误的、相互矛盾的数据"杂质",以便更有效地进行金融市场分析和预测。

(3) 分析信用卡的使用模式。通过数据挖掘的关联分析工具,人们可以得到这样的规则:"什么样的人使用信用卡属于什么样的模式",而且一个人在相当长的一段时间内,其使用信用卡的习惯往往较为固定。因此,一方面,通过判别信用卡的使用模式,可以监测到信用卡的恶性透支行为;另一方面,根据信用卡的使用模式可用于识别"合法"用户。

(4) 从股票交易的历史数据中得到股票交易的规则或规律。

(5) 探测金融政策与金融行情的相互影响的关联关系。数据挖掘可以从大量的历史记录中发现或挖掘出这种关联关系的更深层次、更详尽的一面。

2. 在保险行业的应用

(1) 保险金额度的确定。对受险人员的分类将有助于确定适当的保险金额度。通过数据挖掘可以得到,对不同行业的人、不同年龄段的人、处于不同社会层次的人,他们的保险金额度应该如何确定。

(2) 险种关联分析。分析购买了某种保险的人是否会同时购买另一种保险。

(3) 预测什么样的顾客将会购买什么样的新险种。

3．在零售业中的应用

（1）分析顾客的购买行为和习惯。如"男性顾客在购买尿布的同时购买啤酒"、"顾客一般购买了野营帐篷后,过了一段时间就会购买睡袋和背包"、"顾客的品牌爱好"等,这些看似很小、微不足道的信息,对商家却是非常有价值的。

（2）分析销售商品的构成。将商品分成"畅销且单位赢利高"、"畅销但单位赢利低"、"畅销但无赢利"、"不畅销但单位赢利高"、"不畅销且单位赢利低"、"滞销"等多个类别（当然这种类别可以划分得更详细一些）,然后看看属于同一类别的商品都有什么共同特征,即"满足什么条件的商品属于哪一种情况",这就是规则。这些规则将有助于商场的市场定位、商品定价等决策问题。而且在确定"要不要采购某一新商品"这样的决策问题时,这些规则将显得非常有意义。

4．在客户关系管理中的应用

（1）客户细分。利用数据挖掘技术可对大量的客户分类,提供针对性的产品和服务。这种一对一的关系从客户的角度来看是个性化的,甚至让客户觉得是针对他本人设计的独特服务。事实上,对于电子商务企业来说,一对一营销是互联网使得大规模定制成为可能之后的一种针对同类客户的网络营销方式。

（2）客户流失和保持分析。在客户流失和保持分析系统中,数据挖掘技术根据以前拥有的客户流失数据建立客户属性,服务属性和客户消费数据与客户流失可能性关联的数学模型,找出客户属性,服务属性和客户消费数据与客户流失的最终状态关系。

（3）价值客户判断。在管理客户组合时,理想状况是拥有多层面的,具有不同利润贡献的客户群体。也就是说,第一层面的客户群体处于成熟期,在目前能够贡献丰富的利润;而第二层面的客户群体处于成长期,在目前的利润贡献很低,甚至没有,但该层面的客户群体是企业未来的盈利引擎;第三层面的客户群体还处于开拓期,在目前没有利润贡献.但该层面的客户群体是企业永续经营的增长引擎。

（4）客户满意度分析。客户满意度与客户忠诚度密切相关,随着客户满意度的增加,客户忠诚度也随之增加。所以,企业与客户交往的目标就是尽可能地提高客户满意度。

5．在信息领域中的应用

（1）网络信息安全保障。利用数据挖掘技术对网络的入侵检测数据进行分析,可从海量的安全事件数据中提取出尽可能多的潜在威胁信息特征,从而发现未知的入侵行为。数据挖掘技术也可以分析垃圾邮件与正常邮件的差异性特征,建立垃圾邮件过滤模型,以便过滤掉那些用户不希望收到的无聊电子邮件和商业广告邮件等。

（2）互联网信息挖掘。互联网信息挖掘就是利用数据挖掘技术,从与 Web 相关的资源和行为中抽取用户感兴趣的、有用的模式和隐含信息。主要包括 Web 结构挖掘、Web 使用挖掘、Web 内容挖掘等。

① Web 结构挖掘。Web 文档之间的超链接结构反映了文档之间的包含、引用或者从属关系。Web 结构挖掘就是利用挖掘算法,分析 Web 页面之间的链接引用关系,识别出权威页面和安全隐患（非法链接）等。

② Web 使用挖掘。因为 Web 服务器上的日志(log)文件记录了包括 URL 请求、IP 地址和时间等用户网络访问的有关信息,所以,利用数据挖掘算法对网络日志文件和用户浏览等 Web 使用行为的分析,可以深层次挖掘出用户的兴趣爱好,并建立用户兴趣模型,以便为用户提供个性化服务,如智能搜索、网页或个性化商品推荐等。

③ Web 内容挖掘。对 Web 页面内容以及后台交易数据库进行挖掘,从中获取有用知识或模式。文本分类、文本聚类、文档自动摘要,以及音频、视频的搜索等都属于 Web 内容挖掘的范畴。

6. 在其他行业中的应用

1) 生物信息或基因数据挖掘

大规模的生物信息给数据挖掘提出了新的应用领域,并需要引入新的思想和新的挖掘方法。由于生物系统的复杂性及缺乏在分子层上建立的完备的生命组织理论,虽然常规方法仍可以应用于生物数据的挖掘分析,但已越来越不适用于分子序列的分析问题。机器学习使得利用计算机从海量生物信息中提取有用的知识成为可能。

2) 数据挖掘在医学中的应用

(1) 疾病种类的诊断。利用数据挖掘的分类分析方法,可以提高一些复杂体征疾病的诊断准确率,对于指导病人的用药及康复十分关键。

(2) 疾病相关因素分析。对病案信息库中现有大量的关于病人的病情和病人的个人信息进行关联规则分析,可以发现疾病的发病危险因素,便于指导患者如何预防该疾病。

(3) 疾病预测。利用数据挖掘方法,通过对以往病例数据的挖掘,可以归纳出疾病的诊断规则,确定某些疾病的发展模式,从而有针对性地预防新疾病的发生。

3) 其他高科技研究领域

因为高科技研究的特点就是探索人类未知的秘密,而这正是数据挖掘的特长所在。想要从大量的、漫无头绪而且真伪难辨的科学数据和资料中,提炼出对人类科学研究方向和方法有用的信息,不借助于数据挖掘技术是非常困难的。数据挖掘工具在科研工作的作用往往表现在处理大批量的数据,得出一些信息来激发或梳理科研工作者的思路。

4) 社会科学研究领域

社会科学的特点是从历史看未来,如从社会发展的历史进程中得出社会发展的规律,预测社会发展的趋势;或从人类发展的进程和人类社会行为的变化中寻求人类行为规律的答案。因此将数据挖掘应用于各种各样的社会问题研究,可以发挥其独特的作用。

1.3　数据仓库与数据挖掘

1.3.1　数据仓库与数据挖掘的区别

数据仓库和数据挖掘的概念都是在 20 世纪 90 年代前后,为支持企业决策问题这一中心任务而提出,这也是二者的唯一相同之处。然而,它们却是两个相对独立的知识体系构成。二者不仅在概念提出的时间、提出的地点和提出的学者(团体)等方面完全不同,关键是二者在内涵上也有着本质的区别:数据仓库相当于一座蕴藏"黄金白银"的矿山,而数据挖掘就是可以开采这座矿山的一系列工具。这主要体现在以下几个方面。

1. 概念的内涵不同

根据定义,数据仓库是一个综合的历史数据集合,其核心是数据;数据挖掘则是对大量数据进行深入分析的一个过程,其核心是发现知识的算法,即数据挖掘工具。因此,数据仓库是数据挖掘的一个对象,但数据挖掘的对象又不局限于数据仓库,还可以是其他数据对象,比如数据文件、XML 文档、Excel 工作表等。反过来,数据仓库的分析工具也不仅仅限于数据挖掘工具,还有 OLAP 多维分析工具,以及其他统计分析工具。

2. 解决的问题不同

数据仓库概念是为了解决数据集成、数据组织和存储管理问题而提出的,因为数据仓库的数据其实是传统数据库中已经存在的冗余数据,只是为了支持决策而将其从传统数据库中分离出来,经抽取、转换和集成后加载到数据仓库之中的。而数据挖掘概念是为了对数据进行深入分析而提出来的,它要解决的问题是怎样自动地发现数据中隐含的知识。

3. 使用的技术不同

数据仓库的数据组织和存储管理主要使用数据库及其相关技术,而数据挖掘发现数据中隐含的知识主要使用机器学习、模式识别等人工智能技术。

通俗地说,数据仓库不是为数据挖掘而生的,反过来数据挖掘也不是为数据仓库而活的。表 1-5 汇集了它们的主要不同之处。

表 1-5 数据仓库和数据挖掘的不同之处

序号	主要不同点	数据仓库	数据挖掘
1	提出的时间	1991 年	1989 年
2	提出的学者	W. H. Inmon(恩门)	第 11 届国际人工智能联合会
3	概念的内涵	综合集成的历史数据	挖掘数据中隐藏知识的算法或工具
4	解决的问题	数据本身的存储管理问题	数据中隐藏知识的自动发现问题
5	使用的技术	数据库及其相关技术	机器学习、模式识别等人工智能技术

1.3.2 数据仓库与数据挖掘的关系

数据仓库与数据挖掘都是为支持企业的管理决策这一中心,即共同目标而提出的。因此,我们可以用"一个中心、两个基本点"来形容它们之间的关系,即 DW 与 DM 是决策支持这个中心的两个基本点。

作为决策支持的新技术,在二十多年来相互影响,相互促进,得到了飞速的发展,并取得丰硕的成果,以至于大部分的教材都取名《数据仓库与数据挖掘》,足见二者的关系是十分紧密的。作为数据挖掘的对象,数据仓库的产生和发展为数据挖掘技术开辟了新的数据对象,同样,数据挖掘技术的发展,也为数据仓库提出了新的要求和挑战。二者为支持决策而结合,并互为补充,相得益彰。

数据仓库(DW)和数据挖掘(DM)的关系可以概括为以下几个方面。

（1）DW 为 DM 提供了更好的、更广泛的数据源。有来自企业内部和外部的异质数据源，且时间长达 5～10 年，不仅可以进行数据长期趋势的分析，为企业的长期决策需求提供支持，也为在时间维度上的深层次数据挖掘提供了新的发展方向。

（2）DW 为 DM 提供了新的数据支持平台。DW 被设计成只读方式，它的集成更新也有专门的机制（ETL）保证，因此，它对数据查询有强大的支持能力，不仅使 DM 效率更高，更能做到实时交互，使决策者的思维保持连续，挖掘出更深入、更有价值的知识。

（3）DW 为 DM 提供了方便。数据仓库已经为数据挖掘集成了企业内外的、全面的综合数据，并为 DM 节约了数据准备的大量时间，使数据挖掘的注意力能够更集中于核心处理、知识评估和应用阶段。此外，数据仓库存储了不同粒度的综合集成数据，可以更有效地支持多层次和多种知识的挖掘。

（4）DM 为 DW 提供了更好的决策支持工具。建立数据仓库的目的就是为了决策支持，而数据挖掘能对数据仓库中的数据进行深入的分析，发现隐藏在数据之中的，先前未知的，但潜在有用的知识和模式，为企业领导提供更高层次的决策辅助信息，而这正是数据仓库本身所不能提供的。

（5）DM 为 DW 的数据组织提出了更高的要求。当把数据仓库作为数据挖掘对象时，为了提供更好、更丰富的数据，数据仓库的设计和数据组织方法，不仅要满足查询和 OLAP 等分析需求，还必须考虑到数据挖掘的一些特别要求。

（6）DM 为 DW 提供了广泛的技术支持。数据挖掘的可视化技术、统计分析技术等都为数据仓库提供了强有力的决策支持技术。

总之，数据仓库在纵向和横向上都为数据挖掘提供了更广阔的活动空间。数据仓库完成数据的收集、集成、存储、管理等工作，数据挖掘面对的是经过初步加工集成的数据，使数据挖掘能够更专注于知识的发现过程；数据仓库所具有的面向主题、集成、时间和稳定等特点，对数据挖掘技术提出了新的要求，而数据挖掘与数据仓库的结合，为企业提供了更好的决策支持，并促进了数据仓库和数据挖掘理论的发展。

1.4　教程章节组织与学时建议

本书共有 14 章，分为 4 篇。第 1 章为绪论篇；第 2～6 章为数据仓库原理及应用篇；第 7～10 章为传统数据挖掘原理及算法篇；第 11 章至第 14 章为数据挖掘创新篇，是为研究生教学或有意开展数据挖掘研究工作的读者编写的，其内容来自作者近年指导研究生发表的学术论文，并根据教学需要进行适当补充修改而成；其主要内容的教学时数可以控制在 32～48 学时之间，另有 15％左右的篇幅作为学生课外阅读内容。

第 1 章为绪论篇，包括数据仓库概述、数据挖掘概述、数据仓库与数据挖掘的关系 3 个部分。建议教学时数：2～4 学时。

第 2 章介绍数据仓库原理，主要包括多数据源问题、数据预处理技术、数据仓库的概念模型、逻辑模型和物理模型等内容，是数据仓库设计、开发和应用的必备理论基础知识。建议教学时数：2～4 学时。

第 3 章介绍数据仓库设计开发应用的相关知识，包括数据仓库设计的特点，数据仓库系统规划、数据仓库设计、数据仓库实施、数据仓库系统开发和应用等各个时期的工作目标、任务和方法等,其中的例题就是完整的警务数据仓库设计结果,并作为第4章警务数据仓库实现的设计文档。建议教学时数:2~4学时。

第4章介绍警务数据仓库的实现方法,即使用SQL Server 2008 R2的集成服务功能,完成警务信息数据仓库SSIS包的配置,实现将数据源OLTPHotel中的数据,经抽取转化后加载到数据仓库HuangDW_Hotel的过程。本章可作为实验教学环节安排在计算机实验室进行,并让学生在实验室或作为课外作业实现这个警务数据仓库。建议教学时数:4~6学时。

第5章介绍联机分析处理技术,包括OLAP概述、多维分析操作方法(下钻、上卷、切片、切块)、OLAP系统的分类,以及DOLAM决策支持系统等内容。建议教学时数:2学时。

第6章介绍警务数据仓库的OLAP应用,即利用SQL Server提供的分析服务(SSAS)功能,为第4章建成的警务数据仓库创建一个分析服务项目,定义多维数据集的数据源、维度层次及其层次结构设置等,最后介绍多维数据的下钻、切片、切块等浏览方法。本章也可作为实验教学环节安排在计算机实验室进行,并让学生在实验室或作为课外作业实现警务数据仓库的OLAP应用,建议教学时数:2~4学时。

第7章介绍数据的属性与相似性度量,包括二维表与数据矩阵,数据集的连续属性与离散属性(二元属性、分类属性、序数属性),混合属性数据集等概念,以及各种属性数据的相异性或相似性度量方法,它们都是数据挖掘,特别是聚类分析必备的基础知识。建议教学时数:2学时。

第8章介绍关联规则挖掘方法,主要包括关联规则的概念,挖掘关联规则的Apriori算法和FP-增长算法、关联规则的评价及其序列模式发现算法等。关联规则挖掘的其他算法(8.4节)是供读者课外阅读的扩展性知识。建议教学时数:2~4学时。

第9章介绍分类规则挖掘方法,包括分类的概念、k-最近邻分类,决策树分类和贝叶斯分类等常见的分类方法。最后一节也是供读者课外阅读的扩展性知识。建议教学时数:2~4学时。

第10章介绍聚类分析和离群点挖掘方法,包括聚类的数学定义、簇内距离和簇间距离;k-平均聚类算法和k-中心点算法;层次聚类方法和基于密度的聚类方法——DBSCAN;聚类的质量和离群点挖掘算法等。与前两章一样,最后一节也是供读者课外阅读的扩展性知识。建议教学时数:4~6学时。

第11章讨论混合属性数据的聚类分析,包括传统k-prototypes算法,改进的k-prototypes算法、强连通聚类融合算法和聚类融合优化算法。可选作研究生的教学内容之一。建议教学时数:2学时。

第12章讨论数据流挖掘与聚类分析问题,包括数据流的概念、数据流挖掘的任务和数据流处理技术,传统二层数据流聚类框架和三层数据流聚类框架,以及基于三层数据流聚类框架的最优$2k$-近邻聚类算法。可选作研究生的教学内容之一。建议教学时数:2学时。

第13章讨论不确定性数据的聚类分析问题,包括不确定数据性的概念、不确定性数据聚类研究现状,基于相对密度的不确定性数据聚类算法和计算实例,是研究生教学的可选内容之一。建议教学时数:2学时。

第14章讨论量子计算与量子遗传聚类算法,包括量子计算原理,基于广义加权

Minkovski 距离的量子遗传聚类算法,也是研究生教学的可选内容之一。建议教学时数:2学时。

习题 1

1. 给出下列英文短语或缩写的中文名称,并简述其含义。

(1) DataBase

(2) On-Line Transaction Processing (OLTP)

(3) Decision Support System (DSS)

(4) Systems Development Life Cycle (SDLC)

(5) Extract-Transform-Load (ETL)

(6) Data Warehouse (DW)

(7) Data Warehouse Management System (DWMS)

(8) Data Warehouse System (DWS)

(9) Knowledge Discovery in database (KDD)

(10) Data Mining (DM)

(11) On-Line Analytic Processing (OLAP)

2. 简述操作型数据与分析型数据的主要区别。

3. 简述操作型系统与分析型系统的主要区别。

4. 简述数据仓库的定义。

5. 简述数据库与数据仓库的关系。

6. 简述数据仓库的特征。

7. 简述主题的定义。

8. 简述元数据的概念。

9. 简述知识发现与数据挖掘的关系。

10. 简述数据挖掘的主要任务。

11. 简述数据挖掘的主要步骤。

12. 下列活动是否属于数据挖掘任务,并简述其理由。

(1) 根据性别划分超市的顾客。

(2) 根据可赢利性划分超市的顾客。

(3) 预测投一对骰子的结果。

(4) 使用历史记录预测某超市股票明天的价格。

13. 简述数据仓库与数据挖掘的区别。

14. 简述数据仓库与数据挖掘的关系。

第 2 章

数据仓库原理

数据仓库也是一种数据库,因此传统数据库的原理,比如数据独立性、数据安全性和完整性、并发控制技术等都是数据仓库原理的一部分。本章主要介绍数据仓库本身所特有的基本原理知识,包括多数据源问题、数据预处理技术、数据仓库的概念模型、逻辑模型和物理模型(位图索引、广义索引、连接索引和 RAID 存储结构)等。它们都是数据仓库设计、开发和应用过程中必备的基本原理和基础知识。

2.1 多数据源问题

无论是数据仓库还是数据挖掘,它们所使用的数据通常来自于多种数据库或其他计算机应用系统,有的甚至来源于某个数据文件或 Web 页面,即来自多个数据源。这些数据源(其中的数据也称为原始数据)不仅可能是异构的,还可能存在数据不一致和数据重复等诸多问题。归纳起来主要表现在以下几个方面。

1. 数据不一致

数据的不一致性主要指数据之间存在的矛盾性和不相容性。例如,企业某职工因为职务升迁,人事处已将该职工的工资数据改为月薪 8000 元,而该职工在财务处的工资数据却没有改变,仍然是以前的 6000 元,这时就产生了工资数据不一致的问题。当我们从多个数据源抽取并集成数据时,这种不一致性问题就可能经常发生。

2. 数据属性差异

数据属性差异是指同样含义的数据,在不同的数据源中采用了不同的类型、长度或量纲来描述。

3. 数据重复

数据重复主要指数据库中存在两条或多条完全相同的记录,或者同一个数据冗余地存在多个数据源中。比如,某人的身份信息同时存在于常住人口和暂住人口数据库中。又如,某人的个人信息在某医院存在多条记录,因为先前的就诊卡丢失,他再次到同一家医院看病时又领取就诊卡,并重新填写了个人信息。

另一种数据重复是指一个数据可以通过其他若干数据计算得到,因此称为冗余数据。

比如工资单中的实发工资,就可以通过基本工资、奖金之和,减去养老金、住房公积金等计算出来。因此,实发工资在数据库中就是冗余数据,对应的属性就是冗余属性,也称为关联属性。

4. 数据不完整

在实际应用系统中,由于系统设计的不合理或者使用过程中认识与管理不到位,致使某些属性的值出现缺失甚至错误。比如,负责数据录入的人员认为某些属性值不重要而在数据输入时忽略了就会产生空值。又如,在一些非实名制的网站,用户在登记注册时通常输入昵称等作为姓名,其他数据干脆不填写,甚至随意输入出生日期等。

5. 噪声数据

噪声是指测量数据时遇到的随机或其他不确定性干扰因素,它导致被测量的数据产生了偏差或错误,这种含有偏差或错误的数据称为噪声数据。噪声产生的原因除了技术和设备之外,还有人为的原因。

6. 高维数据

为较全面地描述实体,原始数据通常都使用了较多属性。比如,在常住人口数据库中,描述公民的基本信息就有 128 个属性。但在支持决策主题的数据仓库中,或者某次数据挖掘中,通常只需要其中一部分属性就可以得到满意的分析结果或挖掘出需要的知识,而那些多余的属性,不仅对决策支持无用,还可能把挖掘结果引向错误的结论。

7. 模式不统一

如果即将集成为单一数据集的两个或多个数据源的模式不同,就称为模式不统一。比如,在警务数据仓库的建设中,其人员的数据源就有"常住人口数据"和"暂住人口数据"两张表,前者有 128 个属性,后者有 98 个属性,而用于决策分析的警务数据仓库"人员"表只需要10 个属性。因此,必须从"常住人口数据"和"暂住人口数据"两张表中抽取对应的属性,使其符合"人员"表的统一模式(详见 3.4 节)。

8. 数据不平衡

在一个数据集中,若某一类样本的数量明显少于其他类型样本的数量,则该数据集称为不平衡数据集。比如,常住人口数据集合就是一个不平衡数据集,因为有犯罪前科的人数远远小于没有犯罪前科的人数。

多数据源问题,即原始数据中存在的问题,在事务处理系统中也许问题不大,但要将其集成为一个统一数据集并用于决策分析或深度挖掘分析时,问题就显得非常严重,所以必须通过数据预处理技术予以解决。因为,如果把这问题数据的分析结果用于决策,必将导致错误的决策。

2.2 数据预处理

数据预处理(data preprocessing)就是在多数据源集成为统一的数据集合之前,对其进行的数据清洗、数据变换、数据规约等数据处理过程,其目的是要为数据仓库或数据挖掘提供一个完整、正确、一致、可靠的数据集合,以便更好地支持决策分析主题,或在数据挖掘时减少算法的计算量,提高数据挖掘效率,以及知识的准确度。

2.2.1 数据清洗

数据清洗(data cleaning)是数据预处理中最重要的一个步骤,其主要工作包括消除多数据源数据中的不一致性,或填补缺损值(空值),或去除噪声数据以及那些不符合实际需求的数据等。

1. 属性的处理

属性的处理主要涉及以下几项任务。

(1)重命名属性。在实际应用中,有一些数据库系统的设计者因为自己的习惯,在给属性命名时使用了只有数据库设计人员熟悉并方便理解和记忆的方法,而数据仓库或数据挖掘的数据获取人员却很难理解或记忆。因此,在数据预处理阶段,就要对数据仓库或数据挖掘需要的属性进行处理,重新赋给它们含义明确,且便于理解记忆和使用的属性名称。

例如,在常住人口数据库中,原先的设计者使用了 WHCD 和 CSRQ 分别作为公民"文化程度"和"出生日期"的属性名,而在数据仓库设计阶段,我们选用 Education 和 Birthday 来代替,不仅含义明确、可读性强,且使用方便。

(2)统一属性。当数据抽取涉及多个数据源的多张基本表时,就需要确保在各个数据源中对同一实体特征的描述是统一的,包括属性的长度、类型,还有属性的值域。

例如,在数据源常住人口表中描述性别的属性名为 XB,类型为字符串,长度为 2,属性的值域为{"男"、"女"},而在暂住人口表中虽然属性名仍为 XB,但却用了长度为 1 的字符来描述性别,其属性的值域为{"1"、"0"}。为了将其合并为人口表,我们在数据仓库中进行了统一设计:属性名改为 Sex,类型仍为字符,长度为 1,其属性的值域为{"1"、"0"}。

(3)处理主键属性。原始数据中的关键字或主键属性对数据挖掘通常是无用的,因为它们仅仅用作记录的唯一性标识,并不会出现在规则或模式之中,故可以将其剔除。但是,如果需要建立挖掘结果和原始数据之间的直接对应关系的话,就要保留主键属性。但在数据仓库中,由于事实表与维度表要进行多个层次的联系,不仅要保留原始数据的主键属性,通常还要引进一些代理关键字,即人工引入或派生出来的关键字(详见 3.4 节)。

(4)派生新属性。数据仓库或数据挖掘经常需要在年、季、月、周、日等多个时间层次上来分析处理数据,而原始数据中通常只用一个日期属性来描述。比如,公民的出生日期,旅客入住宾馆的日期等。因此,为了让数据仓库或数据挖掘能够从时间维度的多个层次上分析或挖掘数据,就需要从原始数据中记录的日期属性,派生(构造)出年、季、月、周、日等数据仓库或数据挖掘需要的新属性。

(5)选择相关属性。如果属性 A 的值可以由另外一个或多个属性值计算出来,称属性 A 和这些属性是相关的,比如顾客购物的总价格 X,与他购买的商品单价和数量是相关的。属性 A 和它的相关属性对决策分析或数据挖掘的作用是相同的,因此,在数据准备时只选择其中之一,即要么选择属性 A,要么选择与它相关的属性。

2. 空值的处理

如果原始数据中一些有用的属性因某种原因,没有登记或输入而成为空值,那么必须在数据预处理中对这些空缺值进行处理。常用的处理的方法有以下几种。

(1) 人工填补。以某些背景资料为依据,人工计算并填补空值,即为记录中的空值属性填上实际较为可信的数据值。这种方法的优点是能够得到比较真实的数据,但通常人力耗费很大,而且速度较慢。因此,人工填补空值的方法只适合数据记录较少且属性空值不多的数据集。

(2) 忽略记录。当一个记录中有许多属性为空值,特别是关键属性为空值时,即使采用某种方法填补了所有的属性空值,但该记录也很难反映实体的真实情况,对于支持决策的数据仓库或数据挖掘算法来说,这样的数据可信度很差,应该忽略这样的记录。

(3) 忽略属性。当原始数据某个属性值缺失非常严重,只有极少数值保存下来时,该属性就失去了统计分析的意义,也很难形成有意义的知识或模式,因此,可忽略该属性,即不将其作为数据仓库或数据挖掘对象集的属性。

(4) 使用默认值。对于某个取离散值的属性,可以考虑用一个固定的常数 unknown 或者 * 来填补空值,以表示该属性值是未知的。这种方法的优点是简单易行,但对于空缺较多的属性,所有空缺都用这个默认值代替时,不仅可能导致统计分析结果没有实际意义,而且可能导致数据挖掘的结果无用,甚至是错误的知识或模式。

(5) 使用平均值。对于连续属性,可以用所有记录该属性上非空值的平均值来填补空值,也可以用该记录同类样本集中其他记录该属性上非空值的平均值来填补空值。

(6) 使用预测值。根据数据集中具有完整数据的记录,使用一定的预测方法,计算得到一个记录空值属性最有可能的取值,称为该属性的预测值。利用预测值来填补空值是目前数据预处理工作中最常用的方法,特别适用于数据记录很多而属性空值较多的数据集。比如,陈欢和黄德才于 2011 年在参考文献[3]中提出的基于广义马氏距离的缺损数据补值算法,就有不错的补值效果,理论上可对任意数据集合的缺损数据进行补值。

3. 数据噪声处理

为了去除或者减少噪声对数据的影响,可以采用下面一些方法使噪声数据更接近其真实值。

(1) 分箱(binning)。一个实数区间称为一个箱子(bin),它通常是连续型数据集中最小值和最大值所包含的子区间。如果一个实数属于某个子区间,就称把该实数放进了这个子区间所代表的箱子。把数据集中所有数据放入不同箱子的过程称为分箱。

分箱技术是一种简单而常用的数据预处理方法,也是一种连续型数值的离散化方法。它通常把待处理的数据集(某个属性列的值)按照一定的规则放进若干个箱子中,分别考查每一个箱子中数据的分布情况,然后采用某种方法对该箱子中的数据进行单独的处理并重新赋值。

对一个数据集采用分箱技术,一般需要三个步骤:一是对数据集的数据进行排序;二是确定箱子个数 k、选定数据分箱的方法并对数据集中数据进行分箱;三是选定处理箱子数据的方法,并对其重新赋值。

常用的分箱方法有等深分箱、等宽分箱、自定义区间和最小熵分箱法四种。

为了叙述方便,假设箱子数为 k,数据集共有 $n(n \geqslant k)$ 个数据且按非减方式排序为 a_1, $a_2, \cdots, a_n$,即 $a_i \in [a_1, a_n]$。

① 等深分箱法。它把数据集中的数据按照排列顺序分配到 k 个箱子中。

- 当 k 整除 n 时,令 $p = n/k$,则每个箱子都有 p 个数据,即

  第 1 个箱子的数据为:$a_1, a_2, \cdots, a_p$;

  第 2 个箱子的数据为:$a_{p+1}, a_{p+2}, \cdots, a_{2p}$;

  $\vdots$

  第 k 个箱子的数据为:$a_{n-p+1}, a_{n-p+2}, \cdots, a_n$。

- 当 k 不能整除 n 时,令 $p = \lfloor n/k \rfloor$,$q = n - k \times p$,则可让前面 q 个箱子有 $p+1$ 个数据,后面 $k-q$ 个箱子有 p 个数据,即

  第 1 个箱子的数据为:$a_1, a_2, \cdots, a_{p+1}$;

  第 2 个箱子的数据为:$a_{p+2}, a_{p+3}, \cdots, a_{2p+2}$;

  $\vdots$

  第 k 个箱子的数据为:$a_{n-p+1}, a_{n-p+2}, \cdots, a_n$。

当然,也可让前面 $k-q$ 个箱子有 p 个数据,后面 q 个箱子有 $p+1$ 个数据,或者随机选择 q 个箱子放 $p+1$ 个数据。

例 2-1 设数据集 $A = \{1, 2, 3, 3, 4, 4, 5, 6, 6, 7, 7, 8, 9, 11\}$ 共 14 个数据,请用等深分箱法将其分放在 $k=4$ 个箱子中。

解: 因为 $k=4$,$n=14$,所以 $p = \lfloor n/k \rfloor = \lfloor 14/4 \rfloor = 3$,$q = 14 - 3*4 = 2$。因此前面两个箱子放 4 个数据,最后两个箱子放 3 个数据。注意到数据集 A 已经排序,因此 4 个箱子的数据分别是:

$B_1 = \{1, 2, 3, 3\}$,$B_2 = \{4, 4, 5, 6, \}$,$B_3 = \{6, 7, 7\}$,$B_4 = \{8, 9, 11\}$。

② 等宽分箱法。把数据集最小值和最大值形成的区间分为 k 个长度相等、左闭右开的子区间(最后一个除外)$I_1, I_2, \cdots, I_k$。如果 $a_i \in I_j$ 就把数据 a_i 放入第 j 个箱子。

例 2-2 设数据集 $A = \{1, 2, 3, 3, 4, 4, 5, 6, 6, 7, 7, 8, 9, 11\}$ 共 14 个数据,请用等宽分箱法将其分放在 $k=4$ 个箱子中。

解: 因为数据集最小值和最大值形成的区间为 $[1, 11]$,而 $k=4$,所以子区间的平均长度为 $(11-1)/4 = 2.5$,可得 4 个区间 $I_1 = [1, 3.5)$,$I_2 = [3.5, 6)$,$I_3 = [6, 8.5)$,$I_4 = [8.5, 11]$。

所以,按照等宽分箱法,

$B_1 = \{1, 2, 3, 3\}$,$B_2 = \{4, 4, 5\}$,$B_3 = \{6, 6, 7, 7, 8\}$,$B_4 = \{9, 11\}$。

③ 用户自定义区间。当用户明确希望观察某些区间范围内的数据分布时,可以根据实际需要自定义区间,方便地帮助用户达到预期目的。

例 2-3 设数据集 $A = \{1, 2, 3, 3, 4, 4, 5, 6, 6, 7, 7, 8, 9, 11\}$ 共 14 个数据,用户希望的 4 个数据子区间分别为 $I_1 = [0, 3)$,$I_2 = [3, 6)$,$I_3 = [6, 10)$,$I_4 = [10, 13]$,试求出每个箱子包含的数据。

按照自定义区间方法,4 个箱子的数据分别是

$B_1 = \{1, 2, 3, 3\}$,$B_2 = \{4, 4, 5\}$,$B_3 = \{6, 6, 7, 7, 8, 9\}$,$B_4 = \{11\}$。

当完成数据集的分箱工作之后,就要选择一种方法对每个箱子中数据进行单独处理,并

重新赋值,使得数据尽可能接近实际或用户认为合理的值。这一赋值过程称为数据平滑。

对数据集的数据进行平滑的方法主要有按平均值、按边界值和按中值平滑三种。

① 按平均值平滑。对同一个箱子中的数据求平均值,并用这个平均值替代该箱子中的所有数据。

对于例 2-3 所得 4 个箱子中的数据,其平滑情况如下:

$B_1 = \{1,2,3,3\}$ 的平滑结果为 $\{2.25,2.25,2.25,2.25\}$

$B_2 = \{4,4,5\}$ 的平滑结果为 $\{4.33,4.33,4.33\}$

$B_3 = \{6,6,7,7,8,9\}$ 的平滑结果为 $\{7.17,7.17,7.17,7.17,7.17,7.17\}$

$B_4 = \{11\}$ 的平滑结果为 $\{11\}$。

② 按边界值平滑。对同一个箱子中的每一个数据,观察它和箱子两个边界值的距离,并用距离较小的那个边界值替代该数据。

对于例 2-3 所得 4 个箱子中的数据,其平滑情况如下:

$B_1 = \{1,2,3,3\}$ 的平滑结果为 $\{1,1,3,3\}$ 或者 $\{1,3,3,3\}$,因为 2 到 1 和 3 的距离相同,所以可任选一个边界代替它,也可以规定这种情况以左端边界为准。

$B_2 = \{4,4,5\}$ 的平滑结果为 $\{4,4,5\}$

$B_3 = \{6,6,7,7,8,9\}$ 的平滑结果为 $\{6,6,6,6,9,9\}$

$B_4 = \{11\}$ 的平滑结果为 $\{11\}$。

③ 按中值平滑。用箱子的中间值,即中数来替代箱子中的所有数据。将数据集的数据排序之后,如果数据的个数是奇数,中数就是位于最中间位置的那一个;如果数据的个数为偶数,中数就是位于最中间那两个数的平均值。

对于例 2-3 所得 4 个箱子中的数据,其平滑情况如下:

$B_1 = \{1,2,3,3\}$ 的平滑结果为 $\{2.5,2.5,2.5,2.5\}$

$B_2 = \{4,4,5\}$ 的平滑结果为 $\{4,4,4\}$

$B_3 = \{6,6,7,7,8,9\}$ 的平滑结果为 $\{7,7,7,7,7,7\}$

$B_4 = \{11\}$ 的平滑结果为 $\{11\}$。

分箱方法也常用于连续型数据集的离散化。

例 2-4　设数据集 $A = \{1,2,3,3,4,4,5,6,6,7,7,8,9,11\}$ 共 14 个数据,请用等深分箱法将其离散化为 $k = 4$ 个类型。

解:首先按等深分箱法将其分为 4 个箱子的数据,结果分别为

$B_1 = \{1,2,3,3\}, B_2 = \{4,4,5,6,\}, B_3 = \{6,7,7\}, B_4 = \{8,9,11\}$。

因此,数据 A 离散化的结果为

$\{1,1,1,1,2,2,2,2,3,3,3,4,4,4\}$,即用箱子的标号作为数据离散化后的所属类型。

此外,也可以用字母 a,b,c,d 代替箱子的标号,这样数据集 A 离散化的结果为

$\{a,a,a,a,b,b,b,b,c,c,c,d,d,d\}$。

此外,噪声数据的处理方法还有聚类方法(第 10 章)、线性回归和非线性回归等方法。因篇幅所限不予赘述,有兴趣的读者请参阅文献[4]和[5]。

4. 不平衡数据处理

不平衡数据的处理通常采用抽样技术,其基本思想是通过改变训练数据的分布来消

除或减小数据的不平衡。在数据挖掘中用于处理不平衡数据的抽样技术主要有以下两种。

1) 过抽样(oversampling)

在样本集中通过增加少数类的样本来提高少数类样本的数量,最简单的办法是复制少数类样本。这种方法的缺点是引入了额外的训练数据,会延长构建分类器所需要的时间,没有给少数类增加任何新的信息,而且可能会导致过度拟合。

2) 欠抽样(undersampling)

该方法通过减少多数类样本的数量来提高少数类样本在样本集中的比例。最简单的方法是通过随机方法,去掉一些多数类样本来减小多数类的规模。这种方法对已有的信息利用得不够充分,还可能丢失多数类样本的一些重要信息。

2.2.2　数据变换

通常,原始数据表中的数据不适合直接用于数据挖掘或无法加载到数据仓库之中,因而需要对它们进行变换之后才能使用。数据变换涉及多个方面,除了常见的长度、类型转换之外,还有数据聚集、数据概化、数据规范化等主要内容。

1. 数据聚集

聚集就是对数据进行汇总。例如,如果想分析客户的经济背景情况对购买能力的影响,只需要关心客户消费的金额,而不需要了解客户购买了什么商品以及商品的数量、价格等信息。聚集常常用来构造数据立方体。

2. 数据概化

用较高维度层次的数据代替较低维度层次的数据称为数据概化(data generalization),也翻译为数据概括。

通常,从数据源集成得到的数据,有些是对低层概念的描述数据,比如,宾馆登记旅客入住的时间包括年月日时分秒,而在数据仓库决策分析或者数据挖掘中通常并不需要细化到分秒这些低层时间概念,让其存在会使数据仓库数据量暴增,也让数据挖掘过程花费更多的时间,还可能得不到理想的分析结果。一般可用它的高层概念,比如用“时”或“日”的汇总数据来替换“分”和“秒”的数据。

为了分析每天旅客的入住人次,在数据仓库中可用“日”来替换旅客入住宾馆的时间;为了分析哪些年龄段的人喜欢旅游,还可以用“年”,甚至“年代”(每10年算作1个年代)来替换旅客的出生日期。

3. 数据规范化

将原始数据按一定的比例缩放,使之落入某个特定区间的方法称为数据规范化(normalization)或者标准化。如果规范化结果落入的区间为[0,1],就称为无量纲化。下面讨论几种常用的数据规范化方法。

1) 最小-最大规范化

最小-最大规范化(MIN-MAX normalization)假设数据的取值区间为[OldMin,OldMax],

并把这个区间映射到新的取值区间[NewMin,NewMax]。

对于原来区间中的任意一个值 x,在新的区间中都有唯一的值 x' 与它对应,这是一个线性变换过程,变量 x 被映射到新区间的值通过下面的公式计算得出。

对任意的 $x \in [\text{OldMin}, \text{OldMax}]$,存在唯一的 $x' \in [\text{NewMin}, \text{NewMax}]$,即

$$x' = \frac{x - \text{OldMin}}{\text{OldMax} - \text{OldMin}}(\text{NewMax} - \text{NewMin}) + \text{NewMin} \qquad (2\text{-}1)$$

显然,如果令 NewMin＝0,NewMax＝1,则公式(2-1)就是对原始数据的无量纲化处理。

例 2-5 设区间[5,10],请将 $x=8 \in [5,10]$ 变换为 $x' \in [15,45]$。

解:设 $x=8 \in [5,10]$,因为要将其变换为 $x' \in [15,45]$,则根据公式(2-1)有

$$x' = \frac{8-5}{10-5}(45-15) + 15 = 23$$

2) 零-均值规范化

零-均值规范化(z-score normalization)是根据样本集 A 的平均值和标准差进行规范化,即

$$x' = \frac{x - \overline{A}}{\sigma_A} \qquad (2\text{-}2)$$

其中,$\overline{A}$ 为样本集 A 的平均值,而 σ_A 为样本集的标准差。当某个属性 A 的取值区间未知的时候,可以使用此方法进行规范化。

例 2-6 对于样本集 $A=\{1,2,4,5,7,8,9\}$,试用零-均值规范化方法进行规范化。

解:因为样本集有 7 个样本数据,其平均值

$$\overline{A} = \frac{\sum_{i=1}^{7} x_i}{7} = 5.14$$

样本的标准差 σ_A

$$\sigma_A = \sqrt{\frac{\sum_{i=1}^{n}(x_i - \overline{A})^2}{7-1}} = \sqrt{\frac{68.86}{6}} = 3.39$$

对样本集中的数据 $x=7$ 进行零-均值规范化的结果是

$$x' = \frac{x - \overline{A}}{\sigma_A} = \frac{7 - 5.14}{3.39} = 0.55$$

利用公式(2-2)可以对 A 中其他数据进行零-均值规范化。

3) 小数定标规范化

小数定标规范化(decimal scaling normalization)通过移动属性值的小数点位置进行规范化。此方法也需要在属性取值区间已知的条件下使用。小数点移动的位数根据属性的最大绝对值确定。对于样本集中的任一数据点 x,其小数定标规范化的计算公式为

$$x' = \frac{x}{10^a} \qquad (2\text{-}3)$$

其中,a 是使 $\text{Max}(|x'|) < 1$ 的最小整数。

例 2-7 对于样本集 $A=\{11,22,44,55,66,77,88\}$,试用小数定标规范化方法进行规范化。

解:样本数据取值区间为 $[11,88]$,最大绝对值为 88。

对于 A 中任一个 x,使

$$\max\left(\left|\frac{x}{10^\alpha}\right|\right)=\left|\frac{88}{10^\alpha}\right|<1$$

成立的 α 为 2。因此,最大值 $x=88$ 规范化后的值为 $x'=0.88$。

2.2.3 数据归约

从原始数据集成得到的数据,其数据量可能非常大,甚至在其上进行数据分析或挖掘都变得非常困难。数据归约(data reduction),也称为数据约简,是用精简数据表示原始数据的一种方法,且归约后的数据量通常比原始数据小很多,但具有接近甚至等价于原始数据的信息表达能力。因此,在归约后的数据集上进行分析或者挖掘,不仅效率会更高而且仍然能够产生相同或几乎相同的分析结果。

数据归约技术可分为维归约、数量归约和数据压缩三大类。

1. 维归约

维归约(dimensionality reduction)的目标是减少描述问题的随机变量个数或者数据集的属性个数,后者又称属性约简(attributes reduction)。

维归约方法包括小波变换和主成分分析等,它们把原数据变换或投影到较小的空间。属性约简通过计算属性的重要性,检测冗余或不重要的属性并将其删除,保留核属性及其不可约简的属性,使其表达能力与原始数据等价。

2. 数量归约

数量归约(numerosity reduction)就是用较少的数据表示形式替换原始数据。这些技术可以是参数的或非参数的。对于参数方法而言,可以使用模型估计数据,这样仅需要存放模型参数,而不是实际数据(离群点可能也要存放)。回归和对数-线性模型都是这类方法的例子。存放数据归约表示的非参数方法包括直方图、聚类、抽样和数据立方体聚集等。

3. 数据压缩

数据压缩(data compression)使用变换方法,以便得到原始数据的归约或“压缩”表示。如果原始数据能够从压缩后的数据重构,而不损失信息,则该数据归约称为无损的或者等价的。如果我们只能近似重构原始数据,则该数据归约称为有损的。维归约和数量归约也可以视为某种形式的数据压缩。

此外,还可以用其他方法来实现数据归约,但花费在数据归约上的计算时间不应该超过或“抵消”在归约后的数据上挖掘所节省的时间。因篇幅所限,此处不予赘述,有兴趣的读者可参阅文献[4]或[6]等。

2.3 E-R 模型

E-R 模型是实体-联系模型(Entity- Relationship Model)的简称,它用 E-R 图来抽象表示现实世界中实体及其联系的特征,因此也称为 E-R 图。E-R 模型主要涉及实体、联系和属性等基本概念,是一种语义表达能力强且易于理解的概念数据模型,在传统数据库,即操作型数据库的概念设计中得到广泛而成功的应用。虽然 E-R 模型并不适于面向主题的数据仓库概念结构设计,但了解并熟悉 E-R 模型的概念,为数据仓库设计人员或数据挖掘人员深入理解数据源中数据之间的联系,合理选择数据预处理方法,顺利完成数据转换和数据集成等任务都有极大的帮助。因此,下面简要地介绍 E-R 模型涉及的概念和 E-R 图的基本要素。如果需要了解 E-R 模型的其他细节,有兴趣的读者请阅读参考文献[1]的第 2 章和第 6 章相关内容。

1. E-R 模型中的基本概念

1) 实体

客观存在并可相互区别的事物都称为实体(Entity)。实体可以是具体的人、事、物,也可以是抽象的概念或联系。例如,张山、王涛、计算机系、离散数学、教材、教学楼等都是实体。实体不能严格地精确定义,就像几何学中的“点”和“线”等概念一样。理解这个概念的关键之处是一个实体能和其他实体相互区别。实体的可区分性非常类似于面向对象模型中对象具有可标识性的特点,因此,也有人将 E-R 模型归结为一种简化的面向对象数据模型。

2) 属性

实体通常具有若干特征,每个特征称为实体的一个属性(Attribute)。属性是相对实体而言的,是实体所具有的特征,它与记录型或基本表结构中的属性相对应。例如,每个公民实体都具有身份证号、姓名、出生日期、性别、文化程度、籍贯等属性(姓名、性别等分别称为实体的属性名),每个属性赋予确定的值,如(510202199812022120,王芳,19981202,女,本科,重庆)就用数据抽象地表示了一个确定的公民实体。

3) 关键字

能唯一地标识实体集中每个实体的属性集合称为关键字(Key)或者码。例如,身份证号就是公民实体集的关键字。

4) 联系

在现实世界中,事物内部以及事物之间是有联系的,这些联系(Relationship)在 E-R 模型中反映为实体之间的联系。实体之间的联系分为实体集内部的联系和实体集之间的联系两类。实体集内部的联系是指其内部实体之间的联系。实体集之间的联系是指一个实体集的实体与另一个实体集中实体之间的关联。两个实体集之间的联系可以分为三类:

(1) 一对一联系(1:1)。如果对于实体集 A 中的每一个实体,实体集 B 中至多有一个实体(也可以没有)与之联系,反之亦然,则称实体集 A 与实体集 B 具有一对一联系,记为 $1:1$。

(2) 一对多联系(1:n)。如果对于实体集 A 中的每一个实体,实体集 B 中有 n 个实体($n \geqslant 0$)与之联系,反之,对于实体集 B 中的每一个实体,实体集 A 中至多有一个实体与之联系,则称实体集 A 与实体集 B 具有一对多联系,记为 $1:n$。

（3）多对多联系（$m:n$）。如果对于实体集 A 中的每一个实体,实体集 B 中有 n 个实体（$n \geqslant 0$）与之联系,反之,对于实体集 B 中的每一个实体,实体集 A 中也有 m 个实体（$m \geqslant 0$）与之联系,则称实体集 A 与实体集 B 具有多对多联系,记为 $m:n$。

2. E-R 图的要素

E-R 图主要由如下 4 个基本要素组成。

1) 实体（集、型）

实体用矩形表示,矩形框内写明实体名。

2) 属性

属性用椭圆形表示,并用无向边将其与相应的实体连接起来。

3) 联系

联系用菱形表示,菱形框内写明联系名,并用无向边分别与有关的实体连接起来。如果一个联系具有属性,则这些属性也要用无向边与该联系连接起来。

4) 联系的类型

在联系的两端分别用数字 1 或字母 m、n 等表明两个实体的联系类型（$1:1$）或（$1:n$）或（$m:n$）。

例 2-8 图 2-1 给出了公民实体集与旅馆实体集及其联系的 E-R 图。其中公民实体具有身份证号、姓名、性别和出生日期等属性,旅馆实体有旅馆号、旅馆名和地址等属性。这里的联系"入住"具有"入住时间"、"离店时间"等属性。

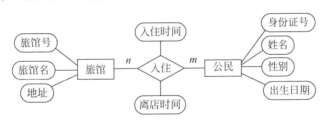

图 2-1 一个简单的 E-R 图

2.4 数据仓库的概念模型

数据仓库的概念数据模型（Conceptual Data Model,简称概念模型）是对现实管理决策中各个主题及其特征的数据抽象表示。它应该具有如下特点:

（1）能够比较真实地模拟或抽象表示用户的决策主题;

（2）表示方法简单直观且易于用户理解;

（3）不受计算机系统支持的具体数据模型限制;

（4）易于向数据仓库的逻辑数据模型转换。

因此,概念模型不仅要比较真实地表示决策主题及其特征,而且要易于用户理解,才能成为数据仓库设计员与用户之间进行交流的语言。正是概念模型具有表示方法简单直观且易于用户理解的特点,才能使数据仓库设计人员能够与用户进行充分的交流,确保数据仓库的设计满足用户需求并成功实施。因为数据仓库设计人员通常对企业的实际决策情况并不十分了解,如果没有用户的参与,所设计的数据仓库一般难于反映企业决策的实际需求。

在 2.3 节介绍的 E-R 模型是描述实体及其联系的概念模型,即描述实体属性及其联系的细节数据模型,虽然在操作型数据库的概念设计中得到成功应用,但在以面向主题的数据仓库概念设计中应用却显得十分困难,因为 E-R 模型很难描述集成的、面向主题的数据集合,更无法满足人们从不同角度和多层次展示同一数据的决策需求。因此,E-R 模型已不适用于数据仓库的概念设计。

自从数据仓库概念提出以来,不管是学术界还是工程应用领域的人们都一直在研究数据仓库的设计方法问题,特别是数据仓库的概念模型及其概念设计问题。参考文献[7]总结介绍了国内外学者提出的数据锥体(Data Cube)模型、维事实模型 DFM(Dimensional Fact Model),StarER 模型,多维模式 CMS (Conceptual Multidimensional Schema),扩展 ER 模型和 DWER 模型等数据仓库的概念模型,并在对这些数据模型分析比较中发现,虽然它们对数据仓库的主题都有一定的概念表达能力,但都还不能算作完全的概念数据模型。因此,关于数据仓库的概念设计问题,目前还没有一个比较成熟,并为学术界和工程领域普遍接受和使用的数据仓库概念模型。

综合比较起来,多维数据模型(Multi-Dimensional Data Model,MDDM,简称多维模型)虽然表达力不够完善,但仍然不失为一种相对简单实用的数据仓库概念数据模型,它不受具体数据仓库管理系统的限制,且易于数据仓库的用户,如决策分析人员和决策者理解,可以作为数据仓库设计员与用户之间进行交流的语言。

2.4.1　多维数据模型

多维数据模型由若干变量和多个维度构成,主要涉及以下基本概念。

定义 2-1　称 $A(维度_1,维度_2,\cdots,维度_n;变量_1,\cdots,变量_k)$ 是一个名称为 A 的 n 维数组,也称 A 为 n 维超立方体(Hypercube)或多维数据模型。

多维数据模型是为便于决策者或非计算机专业人士理解多维数据而构造的一个虚拟几何形象,即概念数据模型。

1. 变量

变量是决策分析的度量指标,一个描述数据实际意义的名称。它描述数据"是什么",也就是已经发生过的事实(Fact)。变量的取值为连续型实数。如企业的"销售收入"、"管理成本",或者一个地区旅客入住宾馆的"入住人次""人均天数"等都是变量,它的每一种取值都是决策者希望观察分析的数据。

2. 维度

决策分析人员观察变量(度量指标、事实)的一个特定角度称为维度,也简称维。例如,时间、地理就是两个不同的维度。

例 2-9　某市公安局为保障城市社会治安安全,拟建立警务数据仓库,需要从入住时间、旅客来源和宾馆辖区三个不同的角度,统计分析来该市城区登记入住宾馆的人次,其多维数据模型为:

Hotel(入住时间,旅客来源,宾馆辖区;入住人次)。

这里的入住时间、旅客来源和宾馆辖区分别称为时间维、地理维和治安维,入住人次就是变量,即决策分析需要查看的度量指标,它反映了入住宾馆的人员中,来自不同地区、入住不同宾馆的人次分别是多少这样的事实。

(1)时间维,就是警务分析人员希望从入住时间这个角度,观察在某个指定的时间范围内(2014年2月)来本辖区宾馆的入住人次(度量指标)。

(2)地理维,就是警务分析人员希望从旅客来源地的角度,观察某个指定地区来本辖区内的宾馆入住人次(度量指标)。

(3)治安维,就是警务分析人员希望从宾馆所属派出所或公安局负责区域的角度,观察某个指定的辖区(如鹿城区)内宾馆的入住人次(度量指标)。

3. 维的层次

决策分析人员在某个维度上观察数据时需要的细节程度称为维的层次,也称作维的级别。

(1)时间维的层次可以有日、周、旬、月、季、年等不同的维层次,即决策分析人员可以观察宾馆每日的入住人次,也可以观察每周、每月或每年的入住人次。

(2)辖区维的层次可以为公安部、某省公安厅、某市公安局、某县公安分局、某乡镇派出所等不同的层次。即决策分析人员可以观察某个公安厅管辖的宾馆有多少人次入住,也可以观察某个派出所管辖的旅馆有多少人次入住。

(3)地理维的层次可以有全国、省份、地市、区县、乡镇等不同的层次(见图2-2)。即决策分析人员可以观察某个省有多少人次来入住宾馆,也可以观察某个市或县有多少人次来入住宾馆。

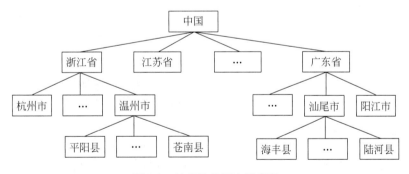

图 2-2 地理维的层次示意图

4. 维成员

维成员就是一个维度在某个维层次上的一个具体取值。比如,在日期维度,2014年1月和2014年2月就是在时间维的"月"层次上的两个维成员,而2014年3月1日,2014年3月2日等都是时间维度"日"层次上的两个维成员。而福建省,泉州市,安溪县等都是地理维上的成员,它们的维层次分别是省、市、县。

5. 多维数据集

当多维模型,即多维数组的每个维度都指定了确定的维成员,且每个变量对应于每个给定的维成员都赋予了具体的数值,它就构成一个多维数据集。

6. 数据单元

多维数据集每个维的维成员对应变量的一个取值称为一个数据单元或单元格。因此,每个单元格描述了一个确定的事实。

例 2-10　如图 2-3 所示的 Hotel-01 就是一个多维数据集。

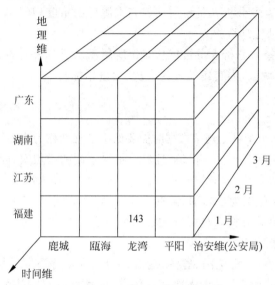

图 2-3　描述宾馆入住人次的多维数据集 Hotel-01

多维数据集 Hotel-01 是多维数据模型 Hotel(入住时间,旅客来源,宾馆辖区;入住人次)在时间维指定月成员(1、2、3),地理维指定省份成员(广东、湖南、江苏、福建),辖区维指定区县成员(鹿城、瓯海、龙湾、平阳)后构成的多维数据集。

它一共有 48 个单元格,其中(2014 年 1 月,福建,龙湾;143)对应的数据单元格描述了这样一个事实:在 2014 年 1 月份,福建省有 143 人次入住龙湾公安分局辖区内的宾馆。

7. 多维数据集的两种结构

(1) 超立方体结构(Hypercube):描述一个决策主题的三维或更多维数组,且每个维彼此垂直,数据空间的各个单元格都取定了相同层次维成员对应的值。

例 2-11　对如图 2-3 所示的三维数组,它共有 48 个单元格,它可以描述 2014 年 1～3 月的统计数据,即旅客入住宾馆的事实。显然,这 48 个单元格的数据可以用 3 个矩阵二维来表示,分别存放 1 月、2 月、3 月的入住人次数据,并假设每个单元格的取值如图 2-4 所示。

$$
\begin{bmatrix} 0 & 0 & 0 & 0 \\ 0 & 0 & 0 & 0 \\ 0 & 0 & 133 & 134 \\ 0 & 0 & 143 & 144 \end{bmatrix} \quad
\begin{bmatrix} 211 & 212 & 0 & 214 \\ 221 & 222 & 0 & 224 \\ 0 & 0 & 0 & 0 \\ 0 & 0 & 0 & 0 \end{bmatrix} \quad
\begin{bmatrix} 311 & 312 & 0 & 314 \\ 321 & 322 & 0 & 324 \\ 0 & 0 & 0 & 0 \\ 0 & 0 & 0 & 0 \end{bmatrix}
$$
$$
\text{2014 年 1 月} \qquad\qquad \text{2014 年 2 月} \qquad\qquad \text{2014 年 3 月}
$$

图 2-4　多维数据集的超立方体结构

从图 2-4 的实例可以发现，当多维数据集中仅有少数个单元格的值非 0，大多数单元格取值为 0 时，这就是所谓的"稀疏矩阵"，即多维数据集的稀疏性。显然，如果按照超立方体形式来存储这个主题数据，则许多存储 0 值的单元就是一种浪费。因此，人们提出一种称为"多立方"的结构来表示具有稀疏性的多维数据集。

（2）多立方体（Multicube）结构：用若干个较小的超立方体结构，来表示一个大的超立方体结构，以降低多维数据集的稀疏性。

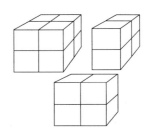

例 2-12　对于如图 2-3 所示的超立方体，如果其单元格取值如图 2-4 所示，则可以用多立方体结构来表示，即用 2 个 2×2 的超立方体（二维），1 个 2×2×2 的超立方体（三维），共 16 个单元格来存储非 0 数据，其他数值为 0 单元格都无须存储（见图 2-5），实现降低多维数据集稀疏性的目的。

图 2-5　多维数据集的多立方体结构示意图

具体的数据单元如图 2-6 所示。

$$\begin{pmatrix} 133 & 134 \\ 143 & 144 \end{pmatrix} \quad \begin{pmatrix} 214 & 314 \\ 224 & 324 \end{pmatrix} \quad \begin{pmatrix} 211 & 212 \\ 221 & 222 \end{pmatrix} \quad \begin{pmatrix} 311 & 312 \\ 321 & 322 \end{pmatrix}$$

图 2-6　多维数据集的多立方体单元格

在图 2-6 中，左边的 2 个矩阵对应于图 2-5 中的 2 个二维超立方体结构，右边的 2 个矩阵对应于图 2-5 中的三维超立方体结构。

此例表明，如果多维数据集的绝大多数单元格都取非 0 数值时，则适宜直接采用超立方体结构来描述；如果取 0 值的单元格远远超过非 0 值的单元格，则可考虑采用多立方体结构来表示多维数据集，以降低稀疏性。

2.4.2　维度与粒度

在 1.1.5 节我们已掌握了数据粒度的概念，即数据的粒度是指数据仓库的数据单元中所保存数据的综合程度。数据的综合程度越高，其粒度也就越粗。反之，数据的综合程度越低，其粒度也就越细。

通过前面的学习，我们掌握了多维数据模型及其维度层次的概念。通过比较维度层次和粒度的概念可以发现，多维数据集中数据的粒度与维的层次是两个联系密切，而且含义一致的概念，即维的层次刻画了数据的粒度，维的层次越低，数据的粒度也就越小；反之，维的层次越高，数据的粒度就越大。

当从单一维度观察数据的时候，维的层次与数据的粒度是完全一致的概念，即维的一个层次对应数据的一个粒度。因此，在数据仓库开发过程中，一般是通过选择恰当的维层次来实现数据粒度的设计目标。

例 2-13　假设一个数据单元格（2014 年 1 月，湖南，龙湾；123）与另一个数据单元格（2014 年 3 月上旬，湖南，龙湾；123）的度量指标值都是 123，但因为前者 123 表示的是 1 个月内湖南人去龙湾所辖宾馆的入住人次，后者 123 表示的是 10 天内湖南人去龙湾所辖宾馆的入住人次,因此,前者的粒度比后者的粒度粗。

数据粒度设计和选择是数据仓库设计过程中十分重要的方面,它不仅深刻地影响存放在数据仓库中数据占用存储空间的大小,同时也影响数据仓库所能回答的查询类型。数据粒度小,可以回答许多细节的查询需求,但粒度过小可能导致数据仓库占用过多的存储空间。如果数据仓库决策分析需要较小的粒度,我们就按照较底层的维度集成主题数据。反之,如果需要较粗的粒度,我们就按照较高层次的维度集成主题数据。

对于宾馆入住人次这一分析主题,由于一个月的住宿数据必须由每一天的住宿数据累加起来,每天的住宿数据又必须从每个旅客的住宿登记信息累加起来。所以,描述旅客入住宾馆人次的多维数据模型,应该从人员、时间和宾馆三个维度来分析,且时间维的最低层次以小时为佳。

2.5　数据仓库的逻辑模型

逻辑数据模型(Logical Data Model)是用户从数据仓库管理系统中所看到的数据模型,是具体的 DWMS 所支持的数据模型,即逻辑模型与用户选择的 DWMS 有关。它既要面向用户,也要面向系统,一般由概念数据模型转换得到。

目前,在商品化的数据仓库管理系统(DWMS)产品中,主要有两大类可供用户选择。

(1) 基于关系模型的数据仓库管理系统(Relational DWMS,RDWMS),如 SQL Server、Oracle、DB2 等。它们是目前企事业单位数据仓库实施中用得最多的一类数据仓库管理系统,相信读者已经非常熟悉这类产品。为了实现对数据仓库的多维数据进行有效存储和管理控制,这些产品都在它们以前的版本基础上,增加了多维数据存储管理和控制相关的功能。

(2) 基于多维模型的数据仓库管理系统,称为多维数据库管理系统(Multi-Dimensional DataBase Management System,MDDBMS),也有文献将其称为纯多维数据库管理系统(Native MDDBMS)。它具有直接支持多维数据模型的特点,数据仓库的概念模型(多维数据模型)无须特殊的转换,即可得到数据仓库的逻辑模型。

鉴于类似 SQL Server 的数据仓库管理系统读者都比较熟悉,而对所谓纯多维数据库管理系统(NMDDBMS)可能比较陌生,因此,我们先简要介绍纯多维数据库管理系统的相关概念及其典型产品。

2.5.1　多维数据库系统

如果用户选择纯多维数据库管理系统作为数据仓库的管理平台,则 2.4.1 节定义的多维数据模型既是数据仓库的概念模型,也是数据仓库的逻辑模型,而多维数据集都存储在多维数据库中。因此,多维数据库和多维数据库管理系统是两个相互联系又相互区别的概念,下面简要介绍它们的概念及其相互关系。

1. 多维数据库

多维数据库(Multi-Dimesional DataBase,MDDB)是长期存储在计算机内的、可共享的多维数据集合。多维数据库将所有数据都以 n 维数组的形式存放在多维数据库中,而不是像关系数据库那样以记录的形式存放。因此,人们可以通过各种不同维度组合的视图来观察数据。

2. 多维数据库管理系统

多维数据库管理系统是位于用户与操作系统之间的一层数据管理软件,负责对多维数据库进行统一的管理和控制,并为用户和应用程序提供访问多维数据库的方法等。

3. 纯多维数据库管理系统 Caché

Caché 是美国 Intersystems 公司推出的一款纯多维数据库管理系统,是一种面向对象的多维数据库管理系统,并支持 SQL 的访问方式。该系统具有以下特点。

1)速度快

Caché 的多维数据库在同等条件下查询相同数据比 Oracle 等传统数据库要快。查询时直接读取多维数据集,无须连接操作等复杂运算。另外,Caché 独特的动态位图索引技术,可以实现多维数据库在更新的同时做查询和分析,而不影响其使用性能。

2)使用简单

Caché 支持标准 SQL 语句,因此不太熟悉 M 语言的用户依然可以轻易对多维数据库中的数据进行操作。

3)接口容易

Caché 的多维数据库支持 ODBC 标准接口,因此在与其他系统进行数据交换时非常容易。同时 Caché 亦可以将数据输出成文本文件格式以供其他系统访问调用。

4)真正的 3 层结构

Caché 能够真正意义上实现 C/S 的 3 层结构,实现真正的分布式服务。

5)对象型编辑

Caché 是真正的对象型多维数据库,开发时用户可直接定义自己想要的对象,然后再在其他开发工具中调用该对象的方法和属性即可完成开发工作,非常方便。

6)灵活性

该系统可以在多种操作系统平台上(如 Windows 98/NT、各种 UNIX 和 Linux)运行,也可以部署在两层或三层的 C/S 结构,即客户机/服务器环境中,或者 B/S 结构,即浏览器/服务器环境中运行。

7)支持 Web 开发

Caché 多维数据库管理系统提供自带的 Web 开发工具,使用维护非常方便,符合当今软件业发展的趋势。

8)价格便宜

Caché 多维数据库管理系统的价格比 Oracle 要便宜许多。

由于多维数据库增加了一个时间维,与关系数据库相比,它的优势在于可以提高数据处理速度,缩短反应时间,提高查询效率。

此外,存储在 MDDB 中的数据比在关系数据库中的数据具有更详细的索引,且可以常驻内存,它可以在不影响索引的情况下更新数据,因此,MDDB 非常适合于对数据单元格进行读写的应用,为用户提供优良的查询性能。

在美国和欧洲的 HIS 系统(Hospital Information System)中,Caché 多维数据库管理系统所占的比例是最大的,被医疗界公认为首选数据库。2004 年,Intersystems 公司进军中国大陆市场。哈尔滨医科大学第一临床医学院 2007 年实施了基于 Caché 的 HIS 系统,成为我国最早使用 Caché 的医疗机构之一。

4. 多维数据库存储

由于多维数据集的数据模型采用超立方体结构,或多立方体结构表示,且多立方体结构中的每个小立方体原则上也是一个超立方体结构。因此,采用纯多维数据库管理系统(MDDBMS)来存储和管理多维数据集是一个比较理想的方法。

例 2-14 对于图 2-3 所示多维数据集,多维数据库把单元格中的数据存放在数据文件(Data File)中,比如 FactHotel 文件中,其数据放置的顺序要求与多维立方体按 X、Y、Z 坐标展开的顺序一致(见表 2-1)。为了方便说明,这里假设所有单元格的值都是大于零的整数,且百位数用 1、2、3 分别表示 1 月、2 月、3 月的数据。

为了数据查找方便,多维数据库需要预先建立维度的索引,这个索引被放置在概要文件(Outline)中,如 Dimension 文件(见表 2-2)。

表 2-1　FactHotel 文件

111	112	113	114
121	122	123	124
131	**132**	**133**	**134**
141	142	143	144
211	212	213	214
221	222	223	224
231	**232**	**233**	**234**
241	242	243	244
311	312	313	314
321	322	323	324
331	**332**	**333**	**334**
341	342	343	344

表 2-2　存放维度的概要文件 Dimensions

时间维	一月	二月	三月	
治安维	鹿城	瓯海	龙湾	平阳
地理维	广东	湖南	江苏	福建

例 2-15 试给出鹿城、瓯海、龙湾第 1 季度来自广东、湖南的二维数据集及其汇总数据。

解:将来自广东、湖南两省人员在 1 月、2 月、3 月分别入住鹿城、瓯海、龙湾辖区宾馆的人次数求和,即得所需二维数据集(见表 2-3)。有汇总数据的第 1 季度两省入住 3 区县的二维数据集如表 2-4 所示。

表 2-3 第 1 季度两省入住 3 区县的二维数据集

广东	633	636	639
湖南	663	666	669
	鹿城	瓯海	龙湾

表 2-4 有汇总数据的第 1 季度两省入住 3 区县的二维数据集

汇总	1296	1302	1308	3906
广东	633	636	639	1908
湖南	663	666	669	1998
	鹿城	瓯海	龙湾	汇总

此例还说明,采用多维数据库存储多维数据集,其数据显示直观、计算处理效率高,特别便于汇总,但也存在如下缺点:

(1) 增加维度操作麻烦:超立方体(三维)建立前必须确定各个维度及其层次关系。但建立后若要增加一个新的维度,就要重建新的超立方体(四维)。

(2) 维度增多引起灾难:超立方体随着维度的增多,其数据量呈指数增长,有可能导致数据文件超过操作系统文件空间上限。

(3) 实时细节数据缺乏:超立方体存储的都是前期抽取的汇总级别数据。

2.5.2 星形模型

如果用户选择类似 SQL Server 这样的 RDWMS 产品,多维数据集就必须使用关系模式来组织数据,并存放在关系,即基本表中。

例 2-16 对如表 2-3 和表 2-4 所示的两个二维数据集,试给出其关系数据库的存储逻辑表示,即用基本表的存储格式。

解: 显然,每个单元格的数据应该对应基本表的一个记录,即一行。由于每个数据的含义由省份名称和辖区地名定义,所以,基本表应该包括省份、辖区、人次三个属性。因此,如表 2-3 和表 2-4 所示的二维数据集可分别由表 2-5、表 2-6 表示。

表 2-5 基本表存放表 2-3 的数据

序号	省份	辖区	人次
1	广东	鹿城	633
2	广东	瓯海	636
3	广东	龙湾	639
4	湖南	鹿城	663
5	湖南	瓯海	666
6	湖南	龙湾	669

表 2-6 基本表存放表 2-4 的数据

序号	省份	辖区	人次
1	广东	鹿城	633
2	广东	瓯海	636
3	广东	龙湾	639
4	湖南	鹿城	663
5	湖南	瓯海	666
6	湖南	龙湾	669
7	广东	汇总	1908
8	湖南	汇总	1998
9	鹿城	汇总	1296
10	瓯海	汇总	1302
11	龙湾	汇总	1308
12	汇总	汇总	3906

观察表 2-5 发现,基本表还是较好地表达了多维数据集所描述的信息。但再仔细观察表 2-6 后发现,基本表在表达多维数据集的汇总数据时就显得不够直观,甚至有点别扭。特别是最后一行的汇总数据,它完全违背了关系模型的规定:每一列的数据必须来自相同的值域,但"汇总"既不是省份的名称,也不是辖区的名称。

此例说明,不能随便地将多维数据集用基本表存储了事,必须思考和建立多维数据集在关系数据库中的表示方法,本节介绍的星形模型和下节将要介绍的雪花模型就是这种思考的结果。

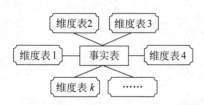

图 2-7　星形模型结构示意图

数据仓库是基于主题的多维数据集,其概念模型是多维数据模型。星形模型由一个事实表和多个维度表的连接表示多维数据模型(见图 2-7),其中矩形表示事实表,凹圆角矩形表示维度表,并用直线表示其间的主键-外键联系。

星形模型是多维数据模型在关系数据库中的组织和存储结构描述,是多维数据模型的关系模型表示方法。因此,星形模型是多维数据模型的一种逻辑模型。

1. 事实表

事实表是星形模型结构的核心,它至少应包含两个部分:一是多维数据模型的事实,也就是度量指标值;二是主键和若干外键。事实表可以通过外键与维度表中的主键连接,帮助用户理解度量指标值的实际意义,还可以按照维度表中维度层次进行各种统计和分析。

例 2-17　试给出旅客住宿事实表的关系模式。

解:经需求分析、概念设计和逻辑设计(详见 3.4.1 节至 3.4.3 节),旅客住宿事实表可用如下的关系模式表示:

住宿事实(事实 ID,人员 ID,宾馆 ID,时间 ID,入住天数)

注意到事实表的入住天数,其取值是实数值且具有可加性。但如果某些实际问题的度量指标值仅代表某种强度,则这些度量值可能就不具备完全可加性,而仅仅具有半可加性。

例如,一个人在支付宝账户的余额,反映的是该账户在某个时间结点(每一次存款或付款结束后)的事实。但它不能在时间维度上进行求和计算。因为将一年中每次存款或付款后的账户余额累加的结果是毫无意义的。

事实表是数据仓库中数据量最大的表,因为它包含了所有刻画基本业务度量指标的元组,所以事实表也称为大表。

2. 维度表

顾名思义,维度表就是存放多维数据模型维度信息的基本表,它也包括两个部分:一个是主键,并作为外键存放在事实表中;另一个是维度名称和维层次等细节信息,它为事实表中的每个事实提供了详细的描述信息。

例 2-18　试给出住宿的关系模式。

解:经需求分析、概念设计和逻辑设计(详见 3.4.1 节至 3.4.3 节),旅客住宿的人员维度表、时间维度表和旅馆维度表可用如下关系模式表示。

（1）人员维度表（人员 ID，姓名，性别，出生日期，…，户口地址）；

（2）时间维度表（时间 ID，原始时间，公历年，公历月，公历日，日历季，…，北京时）

（3）宾馆维度表（宾馆 ID，宾馆名称，星级，负责人，所属派出所）

维度表有时也称为小表，因为它与事实表相比，其元组要少很多，有的维度表甚至可以存放在高速缓存中。因此，它们与事实表进行连接操作时其速度较快。

正是因为有了维度表，才使我们更方便地理解多维数据，并可以快速地对多维数据集进行各种层次的统计分析。例如，当时间维度表包含年、季、月、周、日等时间维层次描述，这为统计宾馆每日、每月、每季旅客入住人次提供了方便。

至此，我们可以将住宿事实表、人员维度表、时间维度表和宾馆维度表 4 个关系模式描述的住宿多维数据模型，用如图 2-8 所示的星形模型表示。

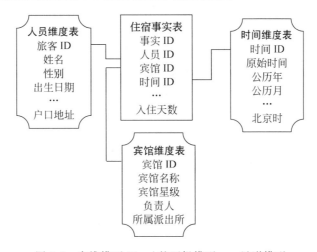

图 2-8　多维模型 Hotel 的逻辑模型——星形模型

3．星形模型的优势

（1）星形模型围绕一个确定的主题，体现了数据仓库对数据结构和组织的要求。

（2）星形模型表达直观，易于理解且设计相对容易。

（3）星形模型维度表包含了用户经常查询和分析的属性，优化了对数据库的浏览，在维度表和事实表之间没有任何"迷宫"，使查询的过程变得简单而直接。

（4）星形模型为 OLAP 提供了良好的工作条件，使 OLAP 能通过星形连接和星形索引，显著提高查询性能。

（5）逻辑设计相对简单，因为不用考虑关系模式规范化问题。

4．星形模型的不足

（1）维度表通常是非规范化的，造成很大的数据冗余。

（2）由星形模型中各个维度表主键组合构成事实表的主键，导致维度的变化非常复杂、费时。

（3）处理维的层次关系比较困难，特别是维的属性复杂时。

（4）无法表达"多对多"的联系。

2.5.3　雪花模型

1. 雪花模型的概念

雪花模型是星形模型按照关系数据库规范化理论对维度表进行分解的结果。其目的是消除数据冗余,同时增加更多对事实进行细节描述的信息,提高查询分析的灵活性。

由于雪花模型在查询操作时需要更多的连接运算,也就增加了许多查询时间。因此,一个雪花模型表示的多维数据集,其查询效率通常比星形模型表示的多维数据集要低一些。

例 2-19　由于每个旅客的来源省份,比如广东,其实就是地理位置对应的省份名称,即地理维的一个省级维成员。同样,负责每个宾馆的治安管辖单位,比如温州市鹿城公安分局,本质上也是城市名称鹿城,即地理维的一个区县维成员。因此,我们可以将旅客来源地,治安维中辖区名称从两个维度表中分解出来,另外创建一张地址表,并在表中增加一些描述地址的细节信息,如省份的编号、省份名称、地市编号、地市名称等。

从维度表分解出来描述地址的详细类别表用折角矩形表示,即可得到如图 2-8 所示多维数据集的雪花模型(见图 2-9)。

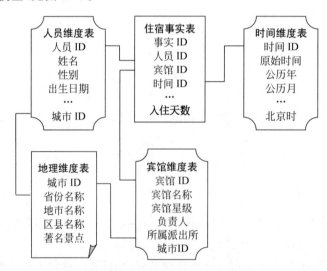

图 2-9　多维模型 Hotel 的雪花模型结构

2. 雪花模型优势

因为雪花模型是对星形模型维度表进行分解和规范化的结果,因此具有如下优势:
(1) 减少了一定的数据冗余量,节约了许多存储空间;
(2) 处理复杂维度和更新维度更加容易;
(3) 表示“多对多”的联系方便;
(4) 查询分析更具灵活性。

3. 雪花模型的不足

(1) 事实表与维度表、详细类别表联系比较复杂,用户不易理解;

(2) 浏览查询多维数据内容时相对困难；

(3) 额外的详细类别连接操作导致查询性能下降。

2.6　数据仓库的物理模型

物理数据模型(Physical Data Model)，是描述数据在存储介质上组织结构的数据模型，它不但与具体的 DBWS 有关，而且还与操作系统和硬件有关，是机器世界物理层次的数据模型。每一种结构数据模型在实现时都有其对应的物理数据模型。为了保证数据的独立性和可移植性，现在商品化的 DWMS 自动完成大部分物理数据模型的实现工作，因此，本章仅介绍数据仓库涉及的位图索引、广义索引、连接索引等特殊索引结构和 RAID 存储技术。

2.6.1　位图索引模型

在数据仓库的存储结构中，位图索引是一项非常重要且实用的索引模型。对于那种只取少量几个离散值的属性列来说，位图索引就用一个二进制串来代替基本表中某一列的取值。这样，我们可以在不触及数据记录的情况下，直接通过位图索引来快速地获得查询结果。为了便于理解，下面以一个简单的实际例子予以说明。

例 2-20　某市公安局所在地有 200 万人口，其户籍登记信息包括姓名、性别、婚姻状况、籍贯等 128 个属性。不失一般性，表 2-7 仅列出 6 条记录作为例子。

表 2-7　某市户籍登记信息

记录序号	姓名	性别	婚姻状况	…
1	张平萍	男	已婚	…
2	李芬芳	女	已婚	…
3	王洪焘	男	未婚	…
4	赵杰玉	女	离异	…
5	刘蓓芳	女	已婚	…
6	孙宏雷	男	未婚	…

现在希望快速地查找出满足条件：性别＝"男"and 婚姻状况＝"未婚"的所有记录。

1. 不用索引查询

如果不使用索引，就必须从数据库中逐一读出每一条记录到内存，然后判断该记录是否满足查询条件。鉴于户籍信息登记表的属性较多，且登记表中有 200 万条记录，因此这样的查询过程需要花费较长的时间。

2. 用位图索引查询

显然，户籍信息登记表的性别属性只有"男"、"女"两种取值，而婚姻状况有"未婚"、"已婚"、"离异"三种取值，即它们属于只取少量几个离散值的属性，因此可以为其分别创建位图索引。

对于性别这个属性列，由于它只有"男"、"女"两种取值，因此，可以为性别属性列创建两个位图索引,即两个二进制串。性别取"男"时对应的位图索引,用二进制串 101001 表示,其中每一个位表示对应行的性别是否为"男"。如果是则该位取 1,否则为 0。同理,性别取"女"时对应的位图索引为 010110。这样就得到性别属性的所有位图索引,如表 2-8 所示。

表 2-8 性别属性的两个位图索引

记 录 序 号	1	2	3	4	5	6
"男"的位图索引	1	0	1	0	0	1
"女"的位图索引	0	1	0	1	1	0

对于婚姻状况这一个属性列,由于它有 3 种取值,因此,应该建立 3 个位图索引,"已婚"的位图索引为 110010,"未婚"的为 001000,"离异"的为 000100。同理,可得到婚姻状况属性的所有位图索引,如表 2-9 所示。

表 2-9 婚姻状况属性的三个位图索引

记 录 序 号	1	2	3	4	5	6
"未婚"的位图索引	0	0	1	0	0	1
"已婚"的位图索引	1	1	0	0	1	0
"离异"的位图索引	0	0	0	1	0	0

为了快速地查找出满足条件:性别="男"and 婚姻状况="未婚"的所有记录。我们先取出性别"男"的位图索引 101001,然后取出婚姻状况"未婚"的位图索引 001001。由于它们都是二进制串,对其进行合取运算(如表 2-10 所示),得到新的二进制串 001001。

表 2-10 "男"的位图索引与"未婚"的位图索引运算

记 录 序 号	1	2	3	4	5	6
"男"的位图索引	1	0	1	0	0	1
合取运算(and)	∧	∧	∧	∧	∧	∧
"未婚"的位图索引	0	0	1	0	0	1
合取运算结果	0	0	1	0	0	1

因为 001001 的第 3 位和第 6 位是 1,从户籍登记表中读出的第 3 和第 6 条记录就是我们需要查询的结果。

由于位图索引为二进制串,占用空间少且仅仅涉及位的逻辑运算,在内存中可实现快速运算,从而提高查询效率。

位图索引用于类别统计也非常的高效,比如,在户籍登记表中要统计已婚人员数量,只需要统计"已婚"位图索引中 1 的个数即可,而不需要读取登记表的每一条记录来逐一判断累加。

3. 位图索引的适用条件

前面已经提到,只取少量几种离散值的属性列可以建立位图索引,但属性的离散取值究竟有几种才算作少量呢?一般认为,属性取值种类占总记录数的 1% 以下就比较适合创建位图索引。在户籍、人事等基本信息登记表中的性别、婚姻状况、籍贯、职称等,都适合创建位图索引,而像身份证号码这种每条记录都取不同值的属性列就不适合建位图索引。另外,有时即使取值的种类数超过1%,但用户对其查询操作次数比其他列多,也可以考虑为其建立位图索引。

2.6.2 广义索引模型

"广义索引"是决策分析人员最关心而且经常需要查询的、关于数据仓库的一些统计数据,目的是提高数据的查询速度。

从操作型数据环境抽取数据并向数据仓库中装载的同时,可以根据用户的需要建立各种广义索引,而每一次向数据仓库追加数据时,就重新生成或更新这些广义索引的内容。这样就无须为建"广义索引"而重新去扫描数据仓库。

对于一些经常性的统计数据查询,如果预先建立了"广义索引",就可通过直接查询广义索引来代替对事实表的查询,其查询速度显然要比直接查询事实表快很多。

例如,在宾馆住宿数据加入到警务数据仓库时,就可以考虑对以下用户关心的统计查询问题建立相应的广义索引。

(1) 哪个旅馆/辖区当天的入住人数最多?

(2) 每个旅馆每月前科人员的入住量?

(3) 各类前科人员在不同旅馆的居住时间长短?

(4) 各类前科人员入住、离开的高峰时间在哪个时间段?

(5) 哪些时间段旅馆入住率高?或者某个时间段哪个旅馆入住率最高?

广义索引一般以元数据方式存放在数据仓库系统中。虽然它与传统的索引有很大的区别,但它却可以帮助用户快速完成统计数据的查询,这与传统索引的目标是完全一致的。

2.6.3 连接索引模型

对于数据仓库的查询,不管是星形模型或雪花模型表示的多维数据集,通常需要事实表与多个维度表的连接,其计算量非常巨大。连接索引就是为提高多表连接性能而提出的一种索引技术。

连接索引是事实表和维度表中满足连接条件的元组主键形成的索引项,并保留在数据仓库系统之中。此后,每当需要将事实表和维度表进行连接运算时,就直接利用连接索引项的指针进行连接运算。由于索引项要比记录全部内容的连接记录少得多,有利于将连接索引载入内存进行连接操作。

例如,设有关系 $R(\text{Rid}, A, B, C, D)$ 和 $S(\text{Sid}, W, X, Y, Z)$,它们分别各有 1000 条记录,其中 Rid 和 Sid 分别是主键。

它们的全连接结果为 $RS(\text{Rid}, \text{Sid}, A, B, C, D, W, X, Y, Z)$,是一个有 10 个属性,100 万条记录的大表,而其连接索引则是由两个主键属性形成的索引项 (Rid, Sid) 构成,虽然也有 100 万条记录,但显然比全连接结果要小得多。

对于经常使用的条件查询,连接索引更能显示其优越性。

假设需要 R 和 S 在属性 A 和 W 上进行等值连接的查询结果,即查询所有 $R.A = S.W$

的连接记录。不失一般性假设满足 $R.A=S.W$ 的记录总数为 2000 条。

1. 不用连接索引

查询满足 $R.A=S.W$ 的记录,必须从 $RS(Rid,Sid,A,B,C,D,W,X,Y,Z)$ 这个笛卡儿积的全连接关系(共有 100 万条记录)中,筛选出其中满足条件的 2000 条记录。

2. 使用连接索引

如果事先建立了 $R.A=S.W$ 的连接索引表 $RS(Rid,Sid)$,根据前面分析它仅有 2000 条记录。

查询时将连接索引表 $RS(Rid,Sid)$ 读入内存,并从第 1 条记录开始,根据 Rid、Sid 的值分别从 R 和 S 中找到相应记录完成连接运算,直到第 2000 条记录完成连接后结束。

显然,使用连接索引的查询方法,不仅占用空间大大减少,其查询速度更有明显提高。

2.6.4　RAID 存储结构

数据存储结构是数据仓库物理模型设计中的重要问题。对于像数据仓库这种大数据的存储问题,可以选用 RAID(Redundant Array of Inexpensive Disk)技术支持的廉价冗余磁盘阵列。

从 RAID 英文短语字面意思就可知晓磁盘阵列的基本含义:廉价和冗余。廉价就是价格便宜,因为成本因素是计算机用户不得不考虑的问题,所以廉价的磁盘阵列是吸引顾客的必要手段;冗余即数据冗余,因为数据安全性和完整性是计算机用户特别关注的重要问题之一,数据冗余将在一定程度上保证数据的安全性和完整性。

虽然 RAID 磁盘阵列包含多块磁盘,甚至几百块磁盘,但是在操作系统下是作为一个独立的大型存储设备进行管理的,这就保证了在类似数据仓库存储这种特定应用领域中不断扩大磁盘容量的需求。

RAID 技术分为 RAID 0、RAID 1、RAID 2、RAID 3、RAID 4、RAID 5、RAID 6、RAID 7 等几个不同的等级标准,RAID 0 又可以配合后面几种进行更多的功能组合,形成 RAID 10、RAID 30、RAID 50 等工作方式。这些等级标准分别为用户提供了速度、价格、容量和安全性不相同的磁盘阵列的多种选择。

RAID 0,又称为磁盘条带化(Striping)工作方式。工作状态是几个磁盘同时工作,系统传输来的数据,经过 RAID 控制器将数据平均分配到磁盘阵列的各个磁盘中。当用户需要数据时再将数据聚集起来,而这一切工作都是计算机系统自动完成的。RAID 0 的主要工作目的是获得更大的"单个"磁盘容量,同时获得更高的并行存取速度。

RAID 1,又称为镜像(Mirroring)工作方式。它的出现完全是出于数据安全性方面的考虑,因为在磁盘阵列中,只有一半的磁盘容量是有效的,而另一半用来存放前一半磁盘的镜像数据,也就是冗余数据。与 RAID 0 相比,RAID 1 是另一个极端。RAID 0 首要考虑的是磁盘的读写速度和容量,忽略安全性,而 RAID 1 则首要考虑数据的安全性,磁盘容量可以减半而速度可以不变。

若要达到相对高速又安全的目的,则 RAID 10(或者叫 RAID 0+1)就可以解决。RAID 10 也可以简单地理解成两个分别由多个磁盘组成的 RAID 0 阵列再进行镜像,但至少需要四块硬盘才可以实现 RAID 10 这个级别。

由于 RAID 2 是一种比较特殊的专用 RAID 模式,与现有的磁盘驱动器不兼容,因实现成本比较高,目前还没有实际应用。

RAID 3 是在 RAID 2 基础上发展而来的,采用并行传输及校验工作方式(Parallel transfer with parity)。主要的变化是用相对简单的异或逻辑运算(XOR,eXclusive OR)校验代替了相对复杂的汉明码校验,从而大幅降低了成本。RAID 3 在 RAID 2 基础上成功地进行结构与运算的简化,曾受到广泛的欢迎,并大量应用。

RAID 4 采用带奇偶的条块化工作方式,它是 RAID 0 和 RAID 3 工作方式的结合,也称为具有共享校验硬盘的独立数据硬盘(Independent Data disks with shared Parity disk),I/O 传输率比 RAID 3 高,但磁盘空间利用率比 RAID 0 低。与 RAID 3 相比,其关键之处是把条带改成了"块"。即 RAID 4 是按数据块为单位存储的。一个数据块是一个完整的数据集合,比如一个文件就是一个典型的数据块。RAID 4 这样按块存储可以保证块的完整,不受因分条带存储在其他硬盘上而可能产生的不利影响(比如当其他多个硬盘损坏时,数据就无法读出了)。

RAID 5 是目前应用最广泛的 RAID 技术。各块独立硬盘进行条带化分割,相同的条带区进行奇偶校验(异或运算),校验数据平均分布在每块硬盘上。以 n 块硬盘构建的 RAID 5 阵列可以有 $n-1$ 块硬盘的容量,存储空间利用率也非常高。而且任何一块硬盘上的数据丢失,均可以通过校验数据推算出来。RAID 5 具有数据安全,读写速度快,空间利用率高等优点,应用非常广泛。但不足之处是,如果 1 块硬盘出现故障以后,整个系统的性能将大大降低。

经过多年的发展,RAID 技术级别虽然种类众多,但一个突出的局限性就是,无法容忍两块硬盘同时故障的情况发生。一旦系统中两块硬盘同时损坏,其数据就无法读出了。

RAID 6 正是为了解决这个问题而诞生的。RAID 6 是由一些大型企业提出来的私有 RAID 级别标准,称为带有两个独立分布式校验方案的独立数据磁盘(Independent Data disks with two independent distributed parity schemes),简称阵列双保险。这种 RAID 级别是在 RAID 5 的基础上发展而成,因此它的工作模式与 RAID 5 有异曲同工之妙,不同的是 RAID 5 将校验码写入到一个驱动器里面,而 RAID 6 将校验码写入到两个驱动器里面,这样就增强了磁盘的容错能力,允许出现故障的磁盘数也就达到了两个,但相应的阵列磁盘数量最少也要 4 个。当然,RAID 6 的应用还比较少,相信随着 RAID 6 技术的不断完善,RAID 6 将得到广泛应用。

RAID 7 称为最优的异步高 I/O 速率和高数据传输率磁盘(Optimized Asynchrony for High I/O Rates as well as High Data Transfer Rates),它与以前的 RAID 级别具有明显的区别,即总体上说,RAID 7 是一个整体的系统,它有自己的操作系统,有自己的处理器,有自己的总线,而不是通过简单的插卡就可以实现的。因此,RAID 7 完全可以理解为一个独立存储计算机,因自身带有操作系统和管理工具,完全可以独立地运行,被认为是至今为止,理论上性能最高的 RAID 模式,其优点很多,但缺点也非常明显,那就是价格非常高,目前对于普通企业用户并不实用。

随着 RAID 技术的成熟,新的技术标准也不断出现,比如还有 RAID 5E、RAID 5EE、RAID 1E、RAID DP 和 RAID ADG 等新的标准,它们都试图采用各种新的技术,从不同的侧面来保护数据仓库。RAID x 系列的磁盘阵列容量不断增大,但价格总体上说是越来越便宜,许多单位都喜欢使用 RAID 5 磁盘阵列的数据仓库服务器。对于一般中小企业,由于缺乏计算机系统管理人才,使用 RAID 1 磁盘阵列的数据仓库服务器会有更高的可靠性、且易于管理。

在数据仓库的物理模型设计中,确定数据的存储结构时可以根据数据存储的要求和 RAID 不同级别的特点,选择合适的存储结构。

习题 2

1. 给出下列英文短语或缩写的中文名称,并简述其含义。

(1) data preprocessing

(2) data cleaning

(3) data noise

(4) binning

(5) data generalization

(6) data reduction

(7) conceptual data model

(8) hypercube

(9) multicube

(10) logical data model

(11) multi-dimesional database

(12) redundant array of inexpensive disk

2. 试简述并举例说明与多数据源相关的以下概念。

(1) 数据不一致

(2) 数据属性差异

(3) 数据重复

(4) 数据不完整

(5) 高维数据

(6) 模式不统一

(7) 数据不平衡

3. 什么是数据清洗?

4. 什么是派生新属性?

5. 试述对一个数据集采用分箱技术包含的主要步骤。

6. 设数据集 $A=\{1,1,3,3,4,5,5,5,6,7,7,7,9,10,12,15\}$,请用等深分箱法将其分成 $k=4$ 个箱子。

7. 设数据集 $A=\{1,1,3,3,4,5,5,5,6,7,7,7,9,10,12,15\}$,请用等宽分箱法将其分成 $k=4$ 个箱子。

8. 设数据集 $A=\{1,1,3,3,4,5,5,5,6,7,7,7,9,10,12,15\}$,用户希望的 4 个数据子区

间分别为 $I_1=[0,4),I_2=[4,8),I_3=[8,11),I_4=[11,15]$,试求出每个箱子包含的数据。

9. 什么叫数据平滑?

10. 设数据集 $A=\{1,1,3,3,4,5,5,5,6,7,7,7,9,10,12,15\}$,请用等深分箱法将其离散化为 4 个类型。

11. 简述数据概化的含义。

12. 设有实数区间[15,30],请用最小-最大规范化方法将 $x=22\in[15,30]$ 变换为 $x'\in[50,95]$。

13. 设有数据集 $A=\{1,5,6,7,9,10,12,15\}$,试用零-均值规范化方法对其进行规范化。

14. 试述多维数据模型的定义。

15. 请给出时间维在月层次上的一个维成员。

16. 数据仓库有哪几种逻辑模型?

17. 位图索引是数据仓库的什么模型?

18. 简述 RAID 10 标准的工作方式。

第3章

数据仓库的设计开发应用

数据仓库的数据主要来源于 OLTP 数据库,后者的数据库管理系统(DBMS)主要是 SQL Server、ORACLE、DB2 等关系型数据库管理系统(RDBMS),而当前的数据仓库也基本上建立在 RDBMS 扩充数据仓库管理功能的 RDWMS 之中。因此,数据仓库的设计与传统数据库的设计有着类似的方法和生命周期。但数据仓库是一个支持管理决策的数据集合,并具有面向主题、数据集成、不可修改和随时间变化等特征,所以,数据仓库的设计与传统数据库的设计也有着很大的差别。

本章在介绍数据仓库设计特点的基础上,重点围绕数据仓库系统的开发过程,分别介绍数据仓库系统规划、设计、实施、系统开发和应用共 5 个重要时期的工作目标、任务和方法。

3.1 数据仓库设计的特点

数据仓库的数据是从数据源抽取、转换而来,面向主题,支持决策的数据集合,它的设计方法不再像 OLTP 数据库那种面向事务处理,以事务的操作处理需求为出发点的设计,即数据仓库的设计有以下几个特点。

1."数据驱动"的设计

数据仓库的创建工作是在原有事务数据库基础上进行的,即数据仓库的数据是事务数据库中数据的另一种存在形式。因此,数据仓库设计必须从面向事务处理环境的数据出发,将其转换为数据仓库面向分析环境的数据,并使其提高决策支持效果。这种从已有数据出发的数据仓库设计方法称为"数据驱动"的设计方法。

"数据驱动"的设计方法以数据为基础,即在进行数据仓库设计之前,就要清楚地知道数据源系统中已经有什么数据,它们与数据仓库设计的对应关系等。同时还要尽可能地利用已有数据和编码等,而不能"无中生有"地产生数据和编码。

2."决策驱动"的设计

"决策驱动"的设计方法不再是面向事务处理过程,而是从决策分析需求出发的设计。因此,数据仓库的设计是从已有的数据源出发,按照决策分析主题对数据源中数据及它们之间的联系重新考察,并重新组织形成数据仓库决策分析需要的主题数据。

3. "需求模糊"的设计

面向事务的数据库设计往往有一系列较为明确的事务处理需求,它们是数据库设计和开发的出发点和基础。而在数据仓库的设计中,一般都不存在类似事务处理环境中那些固定且比较确定的数据处理流程和处理方法。数据的分析处理需求更加灵活,也没有固定的模式,有时用户自己对所要进行的分析处理也不能事先确定。因此,数据仓库的分析需求在设计初期往往是模糊的或不明确的,通常只有在数据仓库设计的过程中,以及后来数据仓库的决策支持过程中才逐渐明确。

4. "螺旋周期"的设计

数据仓库系统的开发是一个动态反馈的启发式循环过程,也称为螺旋上升的周期性开发过程,简称为"螺旋周期"。一方面,数据仓库的数据内容、结构、粒度、分割以及其他物理设计,需要根据用户使用数据仓库所反馈的意见和建议进行调整,以提高系统的效率和性能;另一方面,用户在使用数据仓库进行辅助决策的过程中,又会不断地提出新的决策分析需求,必须增加新的决策主题,这样使数据仓库进入新一轮的设计周期,使数据仓库得到进一步的完善,为用户提供更加准确、更加有效的决策信息。

3.2 数据仓库系统开发过程

数据仓库系统(DWS)的开发涉及各种数据源相关的应用系统和数据仓库管理系统(DWMS),以及数据分析和报表程序等诸多决策支持应用工具。将数据从原有的操作型业务环境抽取到数据仓库环境是一项复杂而艰巨的工作,因此,数据仓库系统的开发不是一蹴而就的,而是一个复杂甚至漫长的设计开发过程。

数据仓库系统的开发过程究竟有哪些时期或阶段,虽然学术界目前尚无完全统一的划分标准,但通常都将其分为5个时期,即规划时期、设计时期(需求分析、概念设计、逻辑设计、物理设计)、实施时期、开发时期和应用时期(见图3-1)。也有部分教材将其分为3个阶段,即把规划和设计时期称为"规划设计阶段",实施和开发时期称为"实施开发阶段",应用时期称为"使用维护阶段"。

当我们完成了数据仓库设计与开发的5个阶段任务后,并不意味着数据仓库开发任务的终止,而是数据仓库开发应向更高阶段发展应用的一个转变。一方面,通过这5个阶段的数据仓库开发应用过程,实现了前期规定的数据仓库主题建设和应用开发任务,为决策者提供了基本的决策分析工具,同时也积累了数据仓库开发和应用的经验,可以转向其他主题的数据仓库开发应用;另一方面,通过对前期数据仓库的开发和应用经验积累,又对前期建设的数据仓库提出修改建议或者新的决策需求,使其数据仓库得到进一步的改进和完善,以便为决策者提供更加丰富、准确和有用的决策信息。这正是数据仓库设计特点之一,即数据仓库设计过程具有"螺旋周期"性。

下面简要介绍数据仓库系统开发过程各时期的主要任务,其详细内容将在后续章节中介绍。

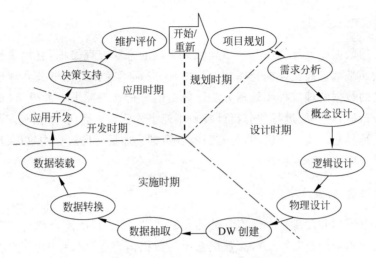

图 3-1   数据仓库系统的开发过程

1. 规划时期

这个时期的工作内容是对建立数据仓库系统进行必要性、可行性,甚至不可行性分析。对不可行的项目提出取消数据仓库建设的建议,对可行的数据仓库项目提出全面的开发规划。

2. 设计时期

这个时期的工作内容主要包括决策需求调查、数据仓库环境分析、数据仓库开发需求确定和各种模型的建立(包括多维数据模型、星形模型、雪花模型和物理模型等),还要确定数据源的属性列与数据仓库目标列的映射关系,并根据选择的数据仓库管理系统,完成相应的物理设计。

3. 实施时期

这个时期的工作内容主要包括:根据逻辑阶段设计结果创建一个数据仓库文件,有关的事实表和维度表;为数据仓库中的每一个目标列确认数据抽取、转换与加载的规则;开发或者购买用于数据抽取、数据转换以及数据合并的中间件;将数据从现有系统(数据源)中装载到数据仓库之中并对数据仓库进行测试。

4. 开发时期

这个时期的工作内容是开发一系列对数据仓库数据进行查询、分析和挖掘的决策支持工具,建立基于数据仓库的决策支持应用平台。

5. 应用时期

这个时期的主要工作包括:对数据仓库的用户进行培训、指导;将数据仓库投入实际应用,充分发挥数据仓库在决策中的支持效果;在应用中不断改进和维护数据仓库;对数据仓库进行评价,提出新的决策主题需求,为数据仓库下一循环的设计开发提供依据。

3.3　数据仓库系统的规划

数据仓库系统的规划工作,对于建立数据仓库系统,特别是大型数据仓库系统是非常必要的。数据仓库系统规划的好坏不仅直接关系到整个数据仓库系统建设的成败,而且对一个企业或部门的发展都可能产生深远的影响。

数据仓库系统的规划工作主要由系统的建设单位(投资方)和用户合作完成,也可以聘请数据仓库系统设计开发方面的专家来指导建设单位完成,还可以将整个规划任务委托给数据仓库系统设计和开发方面有资质的咨询公司负责完成(政府部门和事业单位常用这种方式)。但不管采用哪一种方式开展数据仓库系统的规划工作,数据仓库投资人和用户的参与都是规划结果满足用户决策需求的基本保证,是不可或缺的。

这个时期需要进行建立数据仓库系统的必要性、可行性,甚至不可行性分析。如果是可行的,则要确定建立数据仓库系统的总体目标,包括可靠性和安全性等方面的需求,并制定数据仓库设计与实施计划。通过评审的可行性分析报告是这个时期的结束标记。这个时期的作用和意义与软件工程中的可行性研究基本一致。

1. 确定开发目标和实现范围

数据仓库是面向主题的、支持决策的数据集合,因此,数据仓库的开发目标就是数据仓库的服务对象,即使用数据仓库的部门、人员和决策支持。

数据仓库开发目标确定之后,就可以通过解决一系列与实现目标相关的问题来逐步确定数据仓库的实现范围,即确定数据仓库在为用户提供决策支持时,其决策主题需要哪些数据源以及需要什么工具来访问。

例如,先从用户角度分析哪些部门最先使用数据仓库;这些部门的哪些人员为了什么目的使用数据仓库以及数据仓库首先要满足哪些决策查询以及查询的格式。数据仓库的用户是用统计分析,还是多维分析,还是数据挖掘工具来获得数据仓库中的决策信息等。因为这些问题的解决,不仅可以获得决策需要的主题以及所需要的数据源,而且还确定了对来自数据源数据的聚集、概括、集成和重构等技术要求,以及数据维度和报表种类等。查询的格式越具体就越容易提供数据仓库的维度、聚集和概括的规划说明。此外,还应进一步分析事务数据库或外界数据提供者能否持续提供决策主题需要的数据,即当数据源的数据变化后,数据仓库能否及时获得变化了的数据。

此外,还要考虑数据仓库项目开发的起止时间和财务预算等。

2. 确定数据仓库系统体系结构

在数据仓库的设计中,通常有虚拟数据仓库、单纯数据仓库、单纯数据集市、数据仓库加数据集市 4 种体系结构可供选择。数据仓库的不同体系结构,不仅体现在实现的难易程度、实现所需的时间和费用上各不相同,而且实现的决策分析方式也不相同,从简单的统计分析、到多维分析,再到深度挖掘。因此,我们必须根据数据仓库的目标和实现范围来选择合适的体系结构。

1）虚拟数据仓库

数据仓库决策支持功能直接在事务处理数据库上实现，这就是第 1 章介绍的"2 合 1"系统（见图 1-1）。数据仓库的应用程序对 OLTP 数据库中的数据进行只读操作，在事务数据库的元数据指导下，从 OLTP 数据库中随时抽取数据，完成简单的查询和分析处理功能。但这种在 OLTP 数据库中直接增加决策支持功能的虚拟数据仓库，有可能影响事务处理系统的正常运行。

2）单纯数据仓库

从数据源中将数据抽取、转换和加载到统一的数据仓库之中，各部门的查询和分析功能都在这个统一的数据仓库中实现。即从图 1-4 中去掉数据集市的存储部分。这种结构比较适合管理部门较多，但使用数据仓库的用户较少的情况。

3）单纯数据集市

数据集市是指仅仅在部门中使用的数据仓库，即从图 1-4 中去掉数据仓库（DW）的存储部分，相当于数据源数据经 ETL 后直接存储到数据集市中。因为企业中的每个职能部门都有自己的特殊管理决策需要，而统一的数据仓库可能无法同时满足每个部门的特殊要求。这种体系结构适合企业个别部门对数据仓库的应用感兴趣，而其他部门对数据仓库的应用十分冷漠之时，即率先在热心部门开发该部门使用的数据仓库。

4）数据仓库加数据集市

企业各部门拥有满足自己特殊需要的数据集市，其数据从企业数据仓库中获取，而数据仓库则从企业各种数据源中收集和分配数据。这种体系结构是一种较为完善的数据仓库体系结构（见图 1-4），特别适合各个部门都对数据仓库的应用感兴趣的企业采用。

3. 确定数据仓库系统应用结构

从普通用户的角度来看，一个数据仓库系统的功能大致可以分为前端显示和后端处理两个部分，但从软件开发人员的角度来看，则系统功能应该将其分为数据管理、事务控制、应用服务和用户界面（表达逻辑）四大功能。这四大功能可以在客户端和服务器之间进行多种划分，且每一种功能划分都称为一种应用结构（Application Architecture）。根据功能划分的不同，数据仓库系统一般可分为集中结构、两层结构、三层结构和多层结构四种应用结构。

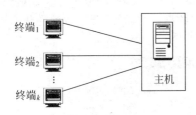

图 3-2　数据仓库系统的
集中式应用结构

1）集中结构

集中结构是一个主机带多个终端的多用户数据仓库系统应用结构（见图 3-2），但在互联网时代已经很少有人使用这种结构。在这种结构中，数据仓库系统的数据管理、事务控制和应用服务三大功能，包括与用户终端进行通信的软件等都全部集中在一台称为主机的计算机上运行，仅将表达逻辑，即用户界面放在终端上显示，它使用户可以通过本地终端或远程终端与主机上执行的各种应用程序进行交互、访问数据仓库。这里的用户终端一般是非智能的，本身不具备独立的计算和数据处理能力，而只是负责处理用户的输入、输出等简单功能，也称为哑终端。因此，在这种结构中，数据仓库系统的数据源、ETL、数据仓库、数据集市、DWMS、应用工具及其客户端程序全部在主机上运行,终端仅具备基本的输入和输出功能。

集中结构的主要优点是管理维护方便、运行效率较高;其主要缺点是主机易成为瓶颈,且可靠性不够高。

2) 两层结构

两层结构中最早使用的是客户机/服务器结构(Client/Server),简称 C/S 结构,即将数据仓库系统的计算机分为客户机和服务器两部分(见图 3-3),也称为客户层/服务层。系统的功能在客户机和服务器之间进行重新划分,即客户机主要负责应用服务、用户界面的处理和显示,通过网络连接与服务器交互;服务器负责向客户机提供数据服务,实现数据管理和事务控制,有时也完成有限的应用服务。

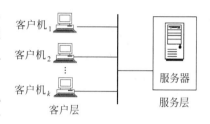

在两层 C/S 结构中,数据仓库系统的数据源、ETL、数据仓库、数据集市、DWMS 等集中在主机上运行,客户机负责应用工具、客户端程序以及数据的输入输出功能。

两层 C/S 结构的主要优点是可以充分利用客户机的硬件资源,降低通信开销;缺点是添加/更新应用时需要在所有客户机上安装/升级客户端应用程序,应用程序的维护和升级成本较高。

图 3-3　数据仓库系统的两层 C/S 应用结构

随着 Internet 技术的发展,为克服 C/S 结构因应用增加而不断增加客户端程序导致系统维护困难的缺点,人们提出了浏览器/服务器结构(Browser/Server),简称 B/S 结构。这种结构统一了客户端,即所有客户机都只需安装一个标准浏览器即可实现表达逻辑功能,而数据管理、事务控制和应用服务等功能都放在服务器上运行。

在两层 B/S 结构中,数据仓库系统的数据源、ETL、数据仓库、数据集市、DWMS 以及应用工具等集中在服务器上运行,客户机通过向由 URL(Uniform Resource Locator,统一资源定位器)所指定的 Web 服务器提出服务请求,Web 服务器将服务内容或结构传送给客户机,并显示在浏览器上。

3) 三层结构

三层结构是在两层结构基础之上发展起来的一种新的网络计算模式。鉴于三层 C/S 结构仍然存在两层 C/S 结构的部分缺点,实际应用中主要采用三层 B/S 结构(见图 3-4)。

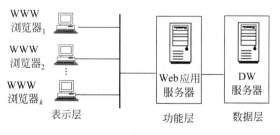

图 3-4　数据仓库系统的三层 B/S 应用结构

三层 B/S 结构把数据仓库系统的四大功能分为数据层(数据管理、事务逻辑)、功能层(应用服务)和表示层(表达逻辑)三个层次。

（1）表示层：客户机的浏览器负责表达逻辑并与用户交互（客户机）。

（2）功能层：Web 服务器及其应用扩展，实现应用服务，因此又称为应用层。

（3）数据层：数据仓库服务器，负责数据管理和事务控制。

在三层 B/S 结构中，数据仓库系统的数据源、ETL、数据仓库、数据集市、DWMS 等集中在 DW 服务器上运行，应用工具则在 Web 服务器上运行，客户机通过向由 URL 所指定的 Web 服务器提出服务请求，Web 服务器将数据需求发送到 DW 服务器，DW 服务器将有关数据传送给 Web 服务器，Web 服务器处理后再传送给客户机，并显示在浏览器上。

由于这种结构把三个层次的功能分别放在不同的计算机上运行，具有很高的灵活性，能够适应客户机数目的增加和处理负荷的变动，且系统应用的增加和更新对客户没有影响。因此，系统规模越大这种结构的优点就越显著。

4）多层结构

多层结构是在三层结构基础之上发展起来的数据仓库系统应用结构。在这种结构中，一般是根据系统应用规模，将如图 3-4 所示的功能层分为两层（见图 3-5）或者更多层。

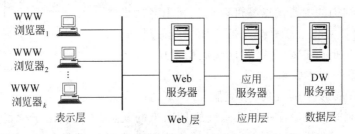

图 3-5   数据仓库系统的多层 B/S 应用结构

因此，如图 3-5 所示的多层结构就是将功能层 Web 服务器中的应用服务功能分离出来放在不同的服务器上运行，可以使 Web 服务器专注于响应用户的 Web 服务请求，而应用服务器专注于应用服务功能的实现，并进一步增加系统的灵活性和适应性。

4. 确定数据仓库项目预算

虽然数据仓库的设计开发具有需求模糊、螺旋周期的特点，但还是可以根据决策使用部门、使用人数、基础软件和硬件平台以及数据仓库设计开发等所需费用，对数据仓库系统的开发成本进行宏观的粗略估计。

在完成数据仓库规划后，应写出详尽的可行性分析报告，编制数据仓库系统规划纲要，内容包括数据来源、数据范围、人力资源、设备资源、软件工具资源、开发成本估算、开发进度计划等。

可行性分析报告和数据仓库系统规划纲要等资料应送交决策部门的领导，由他们组织召开有数据仓库专家、决策部门负责人、决策分析人员以及其他行政领导参加的评审会，对其进行评价。如果评审结果认为该系统规划是可行的，应立即成立由企业主要领导负责的数据仓库设计开发领导小组，以便协调各个部门在数据仓库系统建设中的关系，保证系统开发所需的人力、物力和财力，保证设计开发工作的顺利进行。如果需要，应同时对外发表项目招标公告。

3.4　数据仓库的设计

这个时期包括需求分析、概念设计、逻辑设计和物理设计四个阶段,其设计工作一般由项目中标的软件企业负责完成。项目的投资方和用户通常需要密切配合软件企业的需求调查和设计工作,以确保设计结果符合投资方和用户的决策支持需求。

3.4.1　需求分析

需求分析的任务可分解为需求调查、分析整理和报告评审三个步骤。

1. 需求调查

需求调查的目的就是要了解企业决策的主题需求以及支持这些主题的数据来源,其调查对象主要是企业或事业单位的中高层管理者以及决策分析人员。

调查过程需要围绕数据仓库的开发目标和实施范围,询问或征集他们在管理决策中最关心的问题。比如,对警务数据仓库的领导,我们可以询问他们每天、每周或每月最需要知道辖区宾馆入住登记中的哪些统计数据,除了关心从时间方面的统计数据以外,是否还关心旅客来源地等其他方面的统计数据;此外,还要询问他们在工作中经常参阅或使用的统计分析图表有哪些,每张图表通常在什么时间使用,所有这些统计图表需要哪些部门的数据等,同时把企业工作中使用的这些统计分析图表收集起来,作为需求分析的原始资料。

调查的方法可以是个别交谈,也可以是小型会议,还可以预先设计一份调查问卷,并分发给有关人员填写后收回。

2. 分析整理

为了把需求调查阶段收集到的企业决策方面的需求信息(调查笔记、统计图表、调查问卷等)转化为下一阶段设计工作可用的规范信息,必须对需求信息做深入细致的分析和整理工作,并写出需求说明书或需求分析报告。

分析整理的工作主要包括如下几个方面:

1) 明确主题

明确对于企业决策最有价值的主题,用户观察每一个主题的角度(维度),每个维度的维层次,每个维层次包含的维成员,以及各个地区制定决策所需要的信息。

2) 确定数据源

确定与决策主题有关的操作型数据源,与决策主题有关的数据列,决策主题需要的数据细节程度。

3) 估计数据量

根据主题需要的数据源行数、属性列数来估计数据仓库的数据总量。

4) 确定抽取频率

确定决策支持所需的数据增量抽取的频率(小时、天或周),数据仓库中保留数据的时间区间(5 年或 10 年),以及如何处理过期数据(转储或删除)。

5）确定关键性能指标

确定数据仓库查询分析关键的性能指标，明确评价和监控这些关键指标的方法，确定数据仓库的预期用途，对规划中的数据仓库进行重点分析。

6）撰写需求说明书

依据一定的规范撰写需求分析说明书，也称需求分析报告。数据仓库的需求分析说明书一般用自然语言并辅以一定图形和表格书写。需求分析说明书应该包括以下主要内容。

（1）确定数据源，包括数据源的数据结构，数据源的位置，数据源的计算机环境，可用的历史数据，数据抽取方案等；

（2）确定数据转换方法，即描述如何正确地将数据源数据转换成适合数据仓库数据的方法；

（3）确定数据层次，即数据仓库所需数据的详细程度，也就是数据所在维的最低层次，以便估计数据仓库需要存储的历史数据量。

3. 报告评审

对需求分析报告进行评审的目的在于确认这一阶段的任务是否完成，以保证需求分析的质量，避免重大的疏漏或错误。通过评审的需求分析报告不仅作为需求分析阶段的结束标志，也作为设计阶段的输入，还作为项目验收和鉴定的依据。

评审一定要有项目组以外的专家和主管部门负责人参加，以保证评审工作的客观性和高质量。评审常常导致设计过程的回溯与反复，即需要根据评审意见补充需求调查内容或扩大需求调查范围，对前期所提交的需求分析报告进行修改，然后再进行评审，直至达到系统的预期目标为止。

例 3-1　为了后续章节的需要，本节以"某市警务数据仓库系统"实例为背景，简单介绍需求分析所做的主要工作。

需求调查：

通过与公安派出所等有关领导、治安管理负责人等进行需求调查后发现，他们经常，特别是在重大节假日期间，希望了解并掌握如下一些与决策主题相关的统计分析数据。

（1）最近几天或一周，在指定派出所或公安分局辖区内宾馆住宿的旅客主要从哪些地区而来；

（2）最近几天或一周，在指定派出所或公安分局辖区内宾馆住宿的人中有没有犯罪前科人员，如果有，他们所犯前科类型是什么（大类、小类还是子类）？

（3）最近几天或一周，在指定派出所辖区宾馆住宿的人次，平均住宿天数等；

（4）以上问题还可能是以小时为单位的查询，比如周六晚上 11 点至凌晨 2 点之间辖区内的宾馆入住人员数量等。

另外，从市公安信息管理处了解到，以上需求所涉及的数据来源于 6 个不同的数据库应用管理系统，比如户籍管理系统（常住人口）、暂住人口管理系统、酒店客房管理系统、治安管理应用系统、辖区宾馆基本信息管理系统等。

分析整理：

（1）确定主题。

综合以上决策需求调查信息并仔细分析发现，决策者关心的所有统计查询数据都与旅客入住宾馆有关，由此，我们可以确定警务数据仓库的首个主题，将其命名为"入住"，并用

Hotel 作为别名。该主题涉及的事实有"入住人次"和"入住天数"等。相关的维度主要是入住宾馆的"人员""时间"和所入住的"宾馆"。至于旅客的来源地,可以从人员的户口所在地或籍贯信息获得,而宾馆所属治安管理的辖区可以从宾馆基本信息中所属派出所的地址信息中找到。

(2)确定数据源。

根据已经确定的主题和警务信息管理处提供的可用原始数据库,我们确定了主题所需的数据源有 8 张基本表。虽然它们分别来自不同的应用系统,但为了教学方便,我们将它们统一放在一个名为 OLTPHotel 的数据库中。

① 宾馆数据源表 LGXX,共有 65 个属性描述宾馆的名称、电话、地址等基本信息。

② 常住人口数据源表 CZRK,共有 128 个属性描述常住人口的身份证号、姓名、性别等公民基本信息。

③ 宾馆入住数据源表 LGRZ,共有 34 个属性描述旅客身份证号、姓名、性别、入住时间、离店时间等入住宾馆的基本信息。

④ 暂住人口数据源表 ZZRK,共有 98 个属性描述暂住人口的暂住证号、身份证号、姓名、性别等暂住人员基本信息。

⑤ 犯罪类型数据源表 FZLX,共有 18 个属性描述我国刑法规定的犯罪类型,有大类、小类、子类和具体罪行名称等犯罪类型基本信息。

⑥ 所属辖区数据源表 SSXQ,共有 12 个属性描述了旅客或暂住人口户口所在的省市县名称等基本信息。

⑦ 派出所数据源表 PCS,共有 10 个属性描述了派出所的名称、编码、地址等基本信息。

⑧ 人员前科数据源表 RYQK,共有 8 个属性描述了犯罪人员的身份证号、犯罪类型和时间等基本信息。

由此可知,事务处理数据库系统中记录的宾馆信息、人员信息非常细致,比如宾馆数据源表有 65 个属性,常住人口数据源表有 128 个属性,暂住人口数据源表也有 98 个属性,但许多属性并不是决策分析需要的数据属性或观察数据的维度,因此,我们从各个数据源表中筛选出与主题可能有关的属性,并分别用表 3-1 至表 3-4 表示。

表 3-1　宾馆和常住人口数据源

① 宾馆数据源表 LGXX				② 常住人口数据源表 CZRK			
序号	属性	数据类型	中文说明	序号	属性	数据类型	中文说明
1	LGDM	nchar(10)	宾馆代码	1	SFZH	nchar(18)	身份证号
2	LGMC	nvarchar(50)	宾馆名称	2	XM	nvarchar(30)	姓名
3	LGXJ	nchar(1)	宾馆星级	3	XB	nchar(2)	性别
4	FZR	nvarchar(30)	负责人	4	MZ	nchar(2)	民族
5	DZ	nvarchar(50)	地址	5	WHCD	nvarchar(10)	文化程度
6	FJS	int	房间数	6	HYZK	nvarchar(10)	婚姻状况
7	CWS	Int	床位数	7	CSRQ	date	出生日期
8	SSPCS	nchar(9)	所属派出所	8	PCS	nchar(9)	派出所
9	…	…	…	9	SSXQ	nchar(6)	省市县

表 3-2　宾馆入住和暂住人口数据源

③ 宾馆入住数据源表 LGRZ				④ 暂住人口数据源表 ZZRK			
序号	属性	数据类型	中文说明	序号	属性	数据类型	中文说明
1	ZKLSH	nchar(22)	流水号	1	ZZZH	nvarchar(20)	暂住证号
2	SFZH	nchar(18)	身份证号	2	SFZH	nchar(18)	身份证号
3	XM	nvarchar(30)	姓名	3	XM	nvarchar(30)	姓名
4	RZFH	nvarchar(10)	房号	4	XB	nchar(1)	性别
5	RZSJ	smalldatetime	入住时间	5	CSRQ	date	出生日期
6	LDSJ	smalldatetime	离店时间	6	MZ	nchar(2)	民族
7	XB	nchar(1)	性别	7	HKSX	nchar(6)	户口属辖
8	MZ	nchar(2)	民族	8	HKXZ	nvarchar(50)	户口详址
9	CSRQ	date	出生日期	9	ZZDZ	nvarchar(50)	暂住地址
10	JG	nchar(6)	籍贯	10	ZZSSXQ	nchar(6)	暂住省市县
11	LGDM	nchar(10)	宾馆代码	11	ZZPCS	nchar(9)	暂住派出所
12	LGMC	nvarchar(50)	宾馆名称	12	…	…	…
13	RZSY	nvarhar(50)	入住事由	13	…	…	…

表 3-3　犯罪类型与所属辖区数据源

⑤ 犯罪类型数据源表 FZLX				⑥ 所属辖区数据源表 SSXQ			
序号	属性	数据类型	中文说明	序号	属性	数据类型	中文说明
1	CrimeKey	varchar(6)	犯罪编号	1	AddressKey	nchar(9)	地址编号
2	LargeClassKey	varchar(2)	犯罪大类号	2	ProvinceKey	varchar(2)	省编号
3	LargeClassName	varchar(100)	犯罪大类名	3	Province	varchar(25)	省名
4	SmallClassKey	varchar(4)	犯罪小类号	4	CityKey	varchar(4)	城市编号
5	SmallClassName	varchar(100)	犯罪小类名	5	City	varchar(25)	城市
6	SubClassKey	varchar(10)	犯罪子类号	6	Area	varchar(50)	地域
7	SubClassName	varchar(100)	犯罪子类名	7	…	…	…

表 3-4　派出所与人员前科数据源

⑦ 派出所数据源表 PCS				⑧ 人员前科数据源表 RYQK			
序号	属性	数据类型	中文说明	序号	属性	数据类型	中文说明
1	PoliceKey	nchar(9)	派出所编号	1	SFZH	nchar(18)	身份证号
2	PoliceName	varchar(50)	派出所名字	2	QKDM	nchar(6)	前科代码
3	AddressKey	nchar(6)	地址编号	3	QKSJ	smalldatetime	前科时间

（3）确定抽取频率。

由于决策分析查询经常需要最近几天或一周的统计数据，因此，我们将旅客宾馆入住数据的抽取工作，设计为每天执行一次抽取。

3.4.2　概念设计

概念模型设计是数据仓库设计的一个重要阶段，它的任务是将需求分析阶段确定的各个主题,转换为概念数据模型表示,并为这些主题的逻辑数据模型设计奠定基础。

由2.4节的相关知识可知,本教程使用多维数据模型作为数据仓库的概念数据模型。因此,其概念设计主要有如下3个步骤。

(1) 设计每个主题的多维数据模型,包括事实和维度名称;

(2) 设计每个维的层次及其名称;

(3) 设计每个主题的元数据,包括事实、维度等的类型、长度等。

例3-2 请根据例3-1的需求分析结果,完成警务数据仓库"入住"主题的概念设计。

解:按照概念设计的步骤分别设计如下。

1. 设计多维数据模型

根据例3-1的需求调查和分析结果,我们可以设计"入住"主题的多维数据模型如下:

$$入住(人员,时间,宾馆;入住人次,入住天数)$$

即"入住"主题有人员、时间和宾馆3个维度,有入住人次和入住天数两个宾馆入住的事实。由于入住人次数据可以通过入住天数计算获得,即只要入住天数非零,入住人次的计数为1。因此,"入住"主题的多维数据模型最终确定为:

$$入住(人员,时间,宾馆;入住天数)$$

2. 确定维度层次

1) 人员维的层次

人员维度本质上是户口所辖这个地址维度上的最底层次,即维的层次关系设计为:

$$人员→区县→地市→省份→国家$$

2) 时间维的层次

由于警务查询有时候需要指定几个小时内的入住统计信息,因此时间维度最底层的维以小时为单位比较合适。这样,时间维度的层次有两种情况:

(1) 小时→天→月→季→年

(2) 小时→天→周

3) 宾馆维的层次

宾馆维度是地址所属辖区这个治安维度的最底层次,因此,宾馆维度的层次为:

$$宾馆→区县→地市→省份→国家$$

由于宾馆维是治安管理的对象,因此,宾馆维也称为治安维。另外,宾馆本质上是一个地理位置上的具体单位,所以宾馆维也是一种地理维度。

3. 元数据设计

多维数据模型的元数据,主要是多维数据模型中描述维度和事实的属性类型、长度以及取值范围等。

在设计维度和事实的属性类型、长度和取值范围时,应尽可能地参照数据源中对应属性的类型、长度和取值范围。一般情况下直接使用数据源中对应数据的属性类型、长度最方便可靠,但在一些特别情况下,就需要重新确定属性的类型或长度。

例如,多维数据模型中涉及人员的性别,它的数据源包括常住人口中的性别(长度为2,

取值{男,女})和暂住人口(长度为1,取值{1,0})和其他地方来本市辖区旅行的人员。虽然它们都是字符型,但因为长度不一致,我们最后将多维数据模型中人员的性别属性设计为字符型,且统一规定长度为1,取值范围{1,0}。

3.4.3　逻辑设计

数据库逻辑设计的主要工作是将数据仓库的逻辑模型转化成具体计算机系统能够支持的逻辑模型,它是用户从计算机系统中所看到的数据模型,是具体的 DWMS 所支持的数据模型,比如关系数据模型和面向对象数据模型等。概念数据模型表示的数据一般可以方便地转换为逻辑数据模型表示。

鉴于当前数据仓库都是建立在关系数据仓库管理系统(RDWMS,如 SQL Server 等)之上,因此,下面介绍在 RDWMS 中的数据仓库逻辑设计步骤。

1. 选定逻辑模型

在概念设计阶段,我们已经为每个主题设计了一个多维数据集,而多维数据集在关系数据库管理系统中可用星形模型或雪花模型表示。因此,逻辑模型设计的第一步就是为数据仓库的每个主题选择一个恰当的逻辑模型,即确定该主题是采用星形模型还是雪花模型。

2. 设计维度表的关系模式

不管选定的是星形模型还是雪花模型,维度表的关系模式设计都是逻辑设计的关键步骤之一。它的任务是设计每个维度表需要的属性(包括主键、外键),属性的类型、长度和取值范围等。如果采用雪花模型,还要增加详细类别表的设计,包括该表的属性(含主键),属性的类型、长度和取值范围等。此外,还要设计这些维度表、详细类别表中的属性与数据源中对应表的属性之间的对应关系,特别是属性之间的转换方法。

3. 设计事实表的关系模式

这一步的任务是设计事实表需要的属性(包括主键、外键),属性的类型、长度和取值范围等,特别是这些属性与数据源中对应表的属性之间的对应关系和转换方法。

4. 设计详细类别表

如果某个主题的逻辑模型选用雪花模型,则还需要设计详细类别表需要的属性(包括主键),属性的类型、长度和取值范围等,也包括这些属性与数据源中对应表的属性之间的对应关系和转换方法。

例 3-3　试根据例 3-2 的概念设计结果,完成"入住"主题的逻辑设计工作。

解:在例 3-2 中已经完成了"入住"主题的概念设计,因此,下面根据逻辑设计的步骤要求,完成该主题的逻辑设计任务。

(1) 选定逻辑模型。

由于"入住"主题的概念模型为如下的三维数组,即

入住(宾馆,人员,时间;入住天数)

因此,其对应的逻辑模型有 1 个事实:入住天数;3 个维度:宾馆、人员、时间。即"入

住"主题需要一个事实表,至少需要宾馆、人员和时间 3 个维度表。

考虑到人员维度表的户口属辖是地址信息,宾馆的治安所辖地由派出所的地址信息决定,因此应该将其从人员维度表和派出所信息表中分解出来形成一个详细类别表,即地址表,并通过"主键-外键"实现地址表与人员维度表的联系,而宾馆则通过派出所信息表与地址表联系起来。

通过以上分析讨论可知,我们应选择雪花模型作为"入住"主题的逻辑模型。

（2）设计维度表。

① 宾馆维度表 DimHotel。该表的属性应该包括宾馆代码、宾馆名称、宾馆星级、负责人和所属派出所等属性,其属性的类型、长度以及与宾馆数据源表属性的对应关系如表 3-5 所示。

表 3-5　宾馆数据源表与宾馆维度表之间的属性对应关系

宾馆数据源表 LGXX				宾馆维度表 DimHotel		
属性	数据类型	中文说明		属性	数据类型	中文说明
LGDM	nchar(10)	宾馆代码		HotelKey	nchar(10)	宾馆代码
LGMC	nvarchar(50)	宾馆名称		HotelName	nvarchar(50)	宾馆名称
LGXJ	nchar(1)	宾馆星级		StarClass	nchar(1)	星级
FZR	nvarchar(30)	负责人		Manager	nvarchar(30)	负责人
DZ	nvarchar(50)	地址		PoliceKey	nchar(9)	所属派出所
FJS	int	房间数				
CWS	int	床位数				
SSPCS	nchar(9)	所属派出所				

② 人员维度表 DimPeople。该表的属性应该包括身份证号、姓名、性别、出生日期、民族等属性,其属性的类型、长度以及与暂住人口、常住人口数据源表属性的对应关系如表 3-6 和表 3-7 所示。

表 3-6　暂住人口数据源表与人员维度表之间的属性对应关系

暂住人口信息表 ZZRK				人员维表 DimPeople		
属性	数据类型	中文说明		属性	数据类型	中文说明
ZZZH	nvarchar(20)	暂住证号		PeopleKey	nchar(18)	人员键
SFZH	nchar(18)	身份证号		Name	nvarchar(30)	姓名
XM	nvarchar(30)	姓名		Sex	nchar(1)	性别
XB	nchar(1)	性别		Birthday	date	出生年月
CSRQ	date	出生日期		Ethnic	nchar(2)	民族
MZ	nchar(2)	民族		Education	nvarchar(10)	文化程度
HKSX	nchar(6)	户口属辖		Marriage	nvarchar(10)	婚姻状况
HKXZ	nvarchar(50)	户口详址		NativeID	nchar(9)	籍贯
ZZDZ	nvarchar(50)	暂住地址		NowAddressID	nchar(9)	现住址
ZZSSXQ	nchar(6)	暂住省市县		CrimeType	nchar(6)	前科类型
ZZPCS	nchar(9)	暂住派出所				

表 3-7　常住人口数据源表与人员维度表之间的属性对应关系

常住人口信息表 CZRQ			人员维表 DimPeople		
属性	数据类型	中文说明	属性	数据类型	中文说明
SFZH	nchar(18)	身份证号	PeopleKey	nchar(18)	人员键
XM	nvarchar(30)	姓名	Name	nvarchar(30)	姓名
XB	nchar(2)	性别	Sex	nchar(1)	性别
MZ	nchar(2)	民族	Ethnic	nchar(2)	民族
WHCD	nvarchar(10)	文化程度	Marriage	nvarchar(10)	婚姻状况
HYZK	nvarchar(10)	婚姻状况	Education	nvarchar(10)	文化程度
CSRQ	date	出生日期	Birthday	date	出生年月
PCS	nchar(9)	派出所	NativeID	nchar(9)	籍贯
SSXQ	nchar(6)	省市县	NowAddressID	nchar(9)	现住址
			CrimeType	nchar(6)	前科类型

③ 时间维度表 DimDate。该表的属性包括时间键、原始时间、公历年、公历月、公历日、公历季、公历周、北京时等,其属性的对应关系如表 3-8 所示。

从表 3-8 可知,时间维度表只有原始时间属性与宾馆入住数据源表的入住时间和离店时间有对应关系,其他属性都由入住时间和离店时间派生而得。其派生方法就是利用函数 DATEPART("Year", RZSJ)从入住时间 RZSJ 中取出年(Year)作为 CYear 属性,同理取出季(Quarter)、月(Month)、周(Week)、日(Day)、时(Hour)等,分别作为 CQuarter、CMonth、CWeek、CDay、CHour 属性。

同时将 CQuarter、CMonth、CWeek、CDay、CHour 分别存入 T_CQuarter、T_CMonth、T_CWeek、T_CDay、T_CHour 变量,并由它们派生出

$$DateKey = T\_CYear + RIGHT("0" + T\_Month, 2) + RIGHT("0" + T\_Day, 2) + RIGHT("0" + T\_Hour, 2)$$

表 3-8　宾馆入住数据源表与时间维度表之间的属性对应关系

宾馆入住数据源表 LGRZ			时间维度表 DimDate		
属性	数据类型	中文说明	属性	数据类型	中文说明
ZKLSH	nchar(22)	流水号	DateKey	nchar(10)	时间键
SFZH	nchar(18)	身份证号	FullDateTime	smalldatetime	原始时间
XM	nvarchar(30)	姓名	CYear	Smallint	公历年
RZFH	nvarchar(10)	房号	CMonth	tinyint	公历月
RZSJ	smalldatetime	入住时间	CDay	tinyint	公历日
LDSJ	smalldatetime	离店时间	CQuarter	tinyint	公历季
XB	nchar(1)	性别	Cweek	tinyint	公历周
MZ	nchar(2)	民族	CHour	tinyint	北京时

(3) 设计住宿事实表 FactHotel。

住宿事实表的属性包括流水号、入住人员、宾馆代码、入住时间键、离店时间键、入住时

间、离店时间、居住天数等属性,其属性的类型、长度以及与暂住人口、常住人口数据源表属性的对应关系如表 3-9 所示。

其中的居住天数可由入住时间、离店时间计算得到,而入住时间键和离店时间键分别由入住时间、离店时间派生而得。

```
InDateKey = RZ_CYearB + RIGHT("0" + RZ_CMonthB,2) + RIGHT("0" + RZ_CDayB,2) + RIGHT("0" + RZ_
CHourB,2)
OutDateKey = LD_CYearB + RIGHT("0" + LD_CMonthB,2) + RIGHT("0" + LD_CDayB,2)++RIGHT("0" + LD_
CHourB,2)
```

表 3-9 宾馆入住数据源表与住宿事实表之间的属性对应关系

宾馆入住数据源表 LGRZ				入住事实表 FactHotel		
属性	数据类型	中文说明		属性	数据类型	中文说明
ZKLSH	nchar(22)	流水号		FactHotelKey	nvarchar(22)	流水号
SFZH	nchar(18)	身份证号		PeopleKey	nchar(18)	入住人员
…	…	…		HotelKey	nchar(10)	宾馆代码
LGDM	nchar(10)	宾馆代码		InDateKey	nchar(10)	入住时间
LGMC	varchar(50)	宾馆名称		OutDateKey	nchar(10)	离店时间
RZSJ	smalldatetime	入住时间		RZSJ	smallDatetime	入住时间
LDSJ	smalldatetime	离店时间		LDSJ	smalldatetime	离店时间
RZFH	nvarchar(10)	入住房号		HotelDays	int	居住天数
RZSY	nvarchar(50)	入住事由				

(4) 设计详细类别表。

① 犯罪类型维度表 DimCaseType。该表的属性包括犯罪号、犯罪大类名、犯罪小类名、犯罪子类名等,其属性与犯罪类型数据源表中属性的对应关系如表 3-10 所示,其数据无须处理即可直接导入。

表 3-10 犯罪类型数据源表与犯罪类型维度表之间的属性对应关系

犯罪类型数据源表 FZLX				犯罪类型维度表 DimCaseType		
属性	数据类型	中文说明		属性	数据类型	中文说明
CrimeKey	varchar(6)	犯罪编号		CrimeKey	nchar(6)	犯罪号
LargeClassKey	varchar(2)	犯罪大类号		LargeClassName	nvarchar(100)	犯罪大类名
LargeClassName	varchar(100)	犯罪大类名		SmallClassName	nvarchar(100)	犯罪小类名
SmallClassKey	varchar(4)	犯罪小类号		SubClassName	nvarchar(100)	犯罪子类名
SmallClassName	varchar(100)	犯罪小类名				
SubClassKey	varchar(10)	犯罪子类号				
SubClassName	varchar(100)	犯罪子类名				

② 派出所维表 DimPolice。该表的属性包括派出所编号、派出所名称、地址编号等,其属性与派出所数据源表中属性的对应关系如表 3-11 所示,其数据无须处理即可直接导入。

表 3-11　派出所数据源表与派出所维度表之间的属性对应关系

派出所数据源表 PCS			派出所维度表 DimPolice		
属性	数据类型	中文说明	属性	数据类型	中文说明
PoliceKey	nchar(9)	派出所编号	PoliceKey	nchar(9)	派出所编号
PoliceName	varchar(50)	派出所名字	PoliceName	nvarchar(50)	派出所名称
AddressKey	nchar(6)	地址号	AddressName	nchar(6)	地址编号

③ 地址维度表 imAddress。该表的属性包括地址编号、省编号、省名、城市编号、城市、地域等，其属性与地址数据源表中属性的对应关系如表 3-12 所示，其数据无须处理即可直接导入。

表 3-12　地址数据源表与地址维度表之间的属性对应关系

地址数据源表 SSXQ			地址维度表 DimAddress		
属性	数据类型	中文说明	属性	数据类型	中文说明
AddressKey	nchar(9)	地址编号	AddressKey	nchar(9)	地址编号
ProvinceKey	varchar(2)	省编号	ProvinceKey	nvarchar(2)	省编号
Province	varchar(25)	省名	Province	nvarchar(25)	省名
CityKey	varchar(4)	城市编号	CityKey	nvarchar(4)	城市编号
City	varchar(25)	城市	City	nvarchar(25)	城市
Area	varchar(50)	地域	Area	nvarchar(50)	地域

根据前面维度表、事实表和详细类别表的设计，我们可以得到"入住"主题的逻辑模型——雪花模型表示（图 3-6）。它是在 3.5.1 节完成数据仓库创建后在 SQL Server 中看到的基本表联系图。

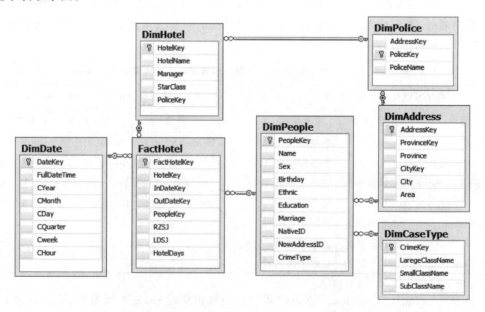

图 3-6　"入住"主题的逻辑模型——雪花模型

3.4.4　物理设计

数据仓库最终是要存储在物理设备上的。数据仓库在物理设备上的存储结构和存取方法就称为数据仓库的物理结构或物理数据模型（Physical Data Model），它是描述数据仓库在存储介质上组织结构的数据模型，不但与具体的 DWMS 有关，而且还与操作系统和硬件有关。每一种逻辑数据模型在实现时都有其对应的物理数据模型。

数据仓库的物理结构设计（简称物理设计），是在充分考虑由 DWMS 提供的特定访问结构基础上，给数据仓库的逻辑结构选取一个最适合应用环境的物理存储结构和存取方法的过程，其目的是为了提高数据仓库的访问速度并有效地利用存储空间。因此，数据仓库的物理设计要求设计人员必须全面了解所选用的数据仓库管理系统特性，特别是存储结构和存取方法，了解数据环境，数据的使用频度、使用方式、数据规模以及响应时间等要求，它们都是对时间和空间效率进行平衡和优化的重要依据。此外，设计人员还要了解外部存储设备的特性，如分块原则、块大小的规定、设备的 I/O 特性等。

鉴于我们选择目前流行的商品化关系数据仓库管理系统（RDWMS）作为数据仓库的管理平台，数据仓库的大量内部物理结构都由 RDBMS 自动完成，只留有少量的、用户可参与的物理结构设计内容。因此，我们主要介绍如下几种物理设计内容。

1. 数据存储结构设计

通常，一个数据仓库管理系统都会提供多种存储结构供设计人员选用，不同的存储结构有不同的实现方式，各有各的适用范围和优缺点，设计人员应该在综合考虑存取时间、存储空间和维护代价等因素的基础上，确定并选择合适的存储结构。

2. 数据索引策略设计

数据仓库的数据量很大，因而需要对数据的存取路径进行仔细的设计和选择。设计人员可以考虑对各个数据存储建立专用的、复杂的索引（比如位图索引、广义索引、链接索引等），以获得最高的存取效率，因为在数据仓库中的数据都是很少更新的，也就是说每个索引结构都是比较稳定的，虽然在建立专用的、复杂的索引时有一定的代价，而一旦建立就几乎不需要再对这些索引进行维护。

数据仓库是个只读的数据环境，建立索引可以获得更好的灵活性，对提高查询性能极为有利。但若对一张表建立了过多的索引，就会导致数据加载时间的延长。因此，建立索引的数量也需要进行综合的权衡。

在建立索引的过程中，可以按照索引使用的频率由高到低的顺序逐步建立，直到某一索引建立后反而使数据加载的时间更长时，就结束索引的添加，即不再建立新的索引。

刚开始一般是对主键和外键建立索引（SQL Server 在创建基本表时自动对主键创建聚簇索引），通常不需要添加更多的其他索引。在数据仓库使用过程中如果发现响应时间太长，则按照实际需要逐步建立其他索引，这样就会避免一次建立大量索引带来的不利后果。

如果某个事实表占用空间过大，而且又需要另外增加索引，则可以考虑将该表进行分割处理。

如果一个事实表中所用到的属性都在索引文件中，就不必访问事实表，只要访问索引就可以达到访问数据的目的,以此来减少 I/O 操作。如果事实表太大,并且经常要对它进行长时间的扫描查询,那么就要考虑添加一张概括表(粒度粗一些的表)以减少数据的扫描任务。

3. 数据存放位置设计

数据仓库中,同一个主题的数据并不要求存放在相同的介质上。在考虑数据存储位置时,常常需要按照数据的重要性、使用频率以及对响应时间的要求进行分类,并将不同类型的数据分别存储在不同的存储设备中。

一般来说,重要性高、经常存取并对响应时间要求较高的数据存放在高速存储设备上(硬盘);存取频率较低或对存取响应时间要求不高的数据,则可以存放在低速存储设备上(磁带、光盘)。

此外,数据存放位置的确定还可以考虑其他一些方法,如:决定是否进行表的合并;是否对一些经常性的应用建立数据序列,以便按照该数据序列的顺序访问并处理对应的数据记录。对常用的表或属性是否允许冗余存储,以提高访问效率。

总的来说,在确定数据存放位置时一般应遵循以下几个原则。

(1) 应该把经常需要连接操作的几张表存放在不同的存储设备上,这样可以利用存储设备的并行操作功能加快数据查询的速度。

(2) 如果几台服务器之间的连接可能造成严重的网络数据传输负担,则可以考虑在服务器之间复制表格,以减少不同服务器之间因数据连接导致的网络数据传输负担。

(3) 考虑把整个企业共享的细节数据放在主机或其他集中式服务器上,以提高这些共享数据的使用速度。

(4) 不要把表格和它们的索引放在同一设备上。一般将索引存放在高速存储设备上,而表格则存放在一般存储设备上,以加快数据的查询速度。

4. 数据存储分配设计

数据的物理存储以文件、块和记录方式来实现。一个文件包括很多块,一个块包括若干条记录。因此,块是数据仓库的数据与内存之间 I/O 传输的基本单位,并在块中对数据进行处理操作。

现在的商品化数据仓库管理系统一般都提供了一些存储分配的参数供设计者进行物理优化处理,比如块的尺寸、缓冲区的大小和个数等,数据仓库设计人员在物理设计阶段必须设计并事先确定这些参数。

例 3-4 请考虑例 3-1、例 3-2 和例 3-3 对应警务数据仓库的物理结构设计。

解: 对于教学示范的警务数据仓库,我们仅仅创建基于主键的聚簇索引,且这个索引由 SQL Server 自动完成。而存储结构、存储位置和存储分配等其他物理结构暂不考虑,直接使用系统默认值。

3.5 数据仓库的实施

数据仓库实施时期的任务包括 DW 创建、数据抽取、数据转换和数据装载四个阶段。

3.5.1 数据仓库的创建

这个阶段的任务就是根据逻辑设计阶段的结果,创建一个数据库文件,并在其中创建事实表、维度表以及详细类别表结构,但没有任何数据记录。同时根据物理结构设计结果完成存储位置、存储分配等物理参数设置,等待数据抽取、数据转换直到完成数据的装载。

例 3-5 试根据例 3-3 和例 3-4 的设计结果创建警务数据仓库。

解:根据例 3-3 和例 3-4 的设计结果,以 Windows 身份验证登录 SQL Server 2008 R2 的数据库引擎服务器,并在 SSMS 环境中创建数据仓库 HuangDW_Hotel,具体创建步骤如下。

1.创建数据仓库名称

1)打开快捷菜单

在"对象资源管理器"中右击"数据库"对象,弹出关于"数据库"对象相关的快捷菜单(见图 3-7)。

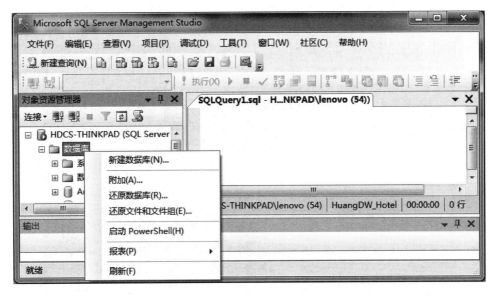

图 3-7 "新建数据库"快捷菜单命令

2)输入数据仓库名称

在如图 3-7 所示的快捷菜单中选择"新建数据库"菜单命令,出现"新建数据库"窗口,并在右边区域"数据库名称"文本框中输入 HuangDW_Hotel(见图 3-8),单击"确定"按钮完成数据仓库名的创建,并返回 SSMS 环境(见图 3-7)。

3)查看数据仓库名称

在图 3-7 中右击"数据库"对象,并在快捷菜单中选择"刷新"菜单命令。然后适当调整窗口的大小,则在"对象资源管理器"区域下方,可以看见刚刚创建的数据仓库名称 HuangDW_Hotel(见图 3-9)。

图 3-8　在"新建数据库"窗口文本框输入 HuangDW_Hotel

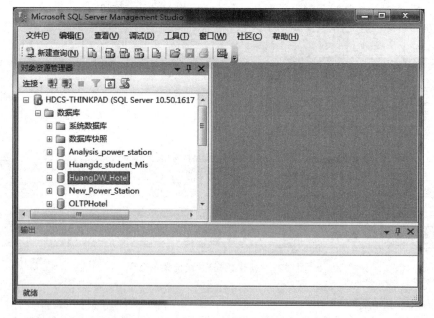

图 3-9　创建的数据仓库名称 HuangDW_Hotel

2. 创建维度表

按照以下顺序分别创建 DimDate、DimCaseType、DimAddress、DimPolice、Dimpeople 和 DimHotel 共 6 张维度表,其属性名称、类型和长度由 3.3.3 节设计规定(详见表 3-5 至表 3-8 的右边)。我们可以在 SSMS 环境中采用可视化方法创建所有维度表,也可以在 SSMS 环境中使用 SQL 命令完成维度表的创建。

例 3-6 试写出创建 DimDate 等 6 个维度表的 SQL 命令。

解：只要在图 3-9 右边 SQL 查询区域输入以下 SQL 命令，即可完成 DimDate 等 6 个维度表创建工作。对本节图 3-7 至图 3-9 的操作以及 SQL 命令不熟悉的读者，请仔细阅读参考文献[1]中第 1 章的相关内容。

（1）创建时间维度表 DimDate 维度表的 SQL 命令。

```
CREATE TABLE DimDate (
 DateKey nchar(10) PRIMARY KEY,
     FullDateTime smalldatetime NULL,
     CYear smallint NULL,
     CMonth tinyint NULL,
     CDay tinyint NULL,
     CQuarter tinyint NULL,
     Cweek tinyint NULL,
     CHour tinyint NULL
 )
```

（2）创建前科类型表 DimCaseType 维度表的 SQL 命令。

```
CREATE TABLE DimCaseType(
  CrimeKey nchar(6) PRIMARY KEY,
  LargeClassName nvarchar(100) NULL,
  SmallClassName nvarchar(100) NULL,
  SubClassName nvarchar(100) NULL
 )
```

（3）创建地址表 DimAddress 维度表的 SQL 命令。

```
CREATE TABLE DimAddress(
  AddressKey nchar(9) PRIMARY KEY,
  ProvinceKey nvarchar(2) NULL,
  Province nvarchar(25) NULL,
  CityKey nvarchar(4) NULL,
  City nvarchar(25) NULL,
  Area nvarchar(50) NULL
 )
```

（4）创建派出所表 DimPolice 维度表的 SQL 命令。

```
CREATE TABLE DimPolice(
  AddressKey nchar(9) NULL,
  PoliceKey nchar(9) PRIMARY KEY,
  PoliceName nvarchar(50) NULL,
  CONSTRAINT DimPolice_DimAddress FOREIGN KEY(AddressKey) REFERENCES DimAddress
      )
```

（5）创建人员表 Dimpeople 维度表的 SQL 命令。

```
CREATE TABLE DimPeople(
PeopleKey nchar(18) PRIMARY KEY,
Name nvarchar(30) NULL,
Sex nchar(1) NULL,
```

```
Birthday date NULL,
Ethnic nchar(2) NULL,
Education nvarchar(10) NULL,
    Marriage nvarchar(10) NULL,
    NativeID nchar(9) NULL,
NowAddressID nchar(9) NULL,
CrimeType nchar(6) NULL,
CONSTRAINT DimPeople_DimAddress1 FOREIGN KEY(NowAddressID) REFERENCES DimAddress,
CONSTRAINT DimPeople_DimAddress2 FOREIGN KEY(NativeID) REFERENCES DimAddress,
CONSTRAINT DimPeople_DimCaseType FOREIGN KEY(CrimeType) REFERENCES DimCaseType
        )
```

（6）创建宾馆维度表 DimHotel 维度表的 SQL 命令。

```
CREATE TABLE DimHotel(
    HotelKey nchar(10) PRIMARY KEY,
    HotelName nvarchar(50) NULL,
    Manager nvarchar(30) NULL,
    StarClass nchar(1) NULL,
    PoliceKey nchar(9) NULL,
    CONSTRAINT DimHotel_DimPolice FOREIGN KEY(PoliceKey) REFERENCES DimPolice
    )
```

3. 创建事实表

在顺利完成 6 张维度表创建之后，在图 3-9 右边 SQL 查询区域输入以下 SQL 命令，就可以完成事实表 FactHotel 的创建工作。

```
CREATE TABLE FactHotel (
    FactHotelKey nvarchar(22) PRIMARY KEY,
    HotelKey nchar(10) NULL,
    InDateKey nchar(10) NULL,
    OutDateKey nchar(10) NULL,
    PeopleKey nchar(18) NULL,
    RZSJ smalldatetime NULL,
    LDSJ smalldatetime NULL,
    HotelDays int NULL,
    CONSTRAINT FactHotel_DimDate1 FOREIGN KEY(InDateKey) REFERENCES DimDate,
    CONSTRAINT FactHotel_DimDate2 FOREIGN KEY(OutDateKey) REFERENCES DimDate,
    CONSTRAINT FactHotel_DimHotel FOREIGN KEY(HotelKey) REFERENCES DimHotel,
    CONSTRAINT FactHotel_DimPeople FOREIGN KEY(PeopleKey) REFERENCES DimPeople
    )
```

至此，我们已成功完成数据仓库名称及其维度表和事实表的创建，并为数据抽取-转换-加载做好了一切准备。

3.5.2　数据的抽取、转换和加载

在图 3-9 中单击数据仓库名称 HuangDW_Hotel 前面的"＋"号并逐层展开，我们可以看到已经创建的 6 张维度表和 1 张事实表（见图 3-10），只是这 7 张表中还没有任何记录。

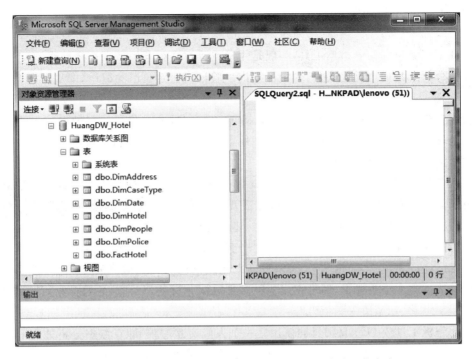

图 3-10　数据仓库名称 HuangDW_Hotel 中的维度表和事实表

接下来的工作就是配置数据抽取、转换和装载（Extraction-Loading-Transformation，ETL）包，也称为 SSIS 包或 ETL 包，使其能够完成从事务数据库 OLTPHotel 中抽取数据，并将其转换后加载到数据仓库 HuangDW_Hotel 之中。

鉴于使用 SQL Server 的商业智能工具配置 SSIS 包的方法应用性很强，配置过程比较复杂且篇幅较长，因此，我们将其放在第 4 章详细介绍。

3.6　数据仓库系统的开发

3.6.1　开发任务

数据仓库系统开发时期的任务就是要开发查询类、验证型和发掘型三大类型的数据仓库访问工具，统称为决策支持工具。

1. 查询类工具

数据仓库的工具虽然是以分析工具为主，但查询类工具（Query Tool，QT）仍然是其重要组成部分。不过，数据仓库的查询工具很少是对记录级数据的查询，而几乎都是对分析结果（如广义索引中的统计数据）、发展趋势、模式总结等的查询，其主要用户为企业中高层领导或决策者。因此，查询类工具应该具有友好的查询界面和结果表述方式，一般采用各种图形和报表工具来简化查询，并展示复杂的查询结果。

2. 验证型工具

验证型工具也称为分析型工具，一般是用户自己对数据仓库数据有某种假设或期待，再利用各种分析工具通过反复、递归的统计查询以验证或否定自己的假设，即从数据仓库中发现某种事实。

多维分析工具就是一种验证型多维分析工具。它通过对数据的多种可能的观察角度（时间、地域和业务等）进行快速、一致、交互地存取，从而使分析人员、行政人员和决策者能够对数据进行深入的分析和观察。

联机分析处理（On Line Analysis Processing，OLAP）是一种基于多维数据模型的数据处理技术。基于 OLAP 技术的数据分析程序就是一种多维分析工具，也称为联机分析处理工具或 OLAP 工具。它通过 OLAP 服务器，将来源于关系型数据库或其他应用系统的数据抽取和转换为多维数据集，并对其进行切片、切块、旋转、下钻、上卷等多维分析处理。如果数据仓库已经成功建立，则意味着 OLAP 再也无须自己劳神抽取和转换数据，只要围绕数据仓库直接创建多维数据集，即可完成各种多维数据分析处理功能，并为企业领导提供决策支持。

多维分析工具或 OLAP 工具的使用是一个人机交互过程，即在数据分析处理的每一步都需要用户的"指导"，或者输入分析参数，或者做出某种选择后才能进行下一步的分析处理。OLAP 技术的相关知识将在第 5 章介绍。

3. 发掘型工具

发掘型工具可以在没有用户指导或只有少量指导的情况下，从大量的数据中发现潜在而新颖的模式，预测趋势和经营行为，因此也称为预测型工具。

数据挖掘（Data Mining）是典型的发掘型工具，它是从大型数据库中提取隐藏的预测性信息的一种技术。与验证型工具不同，数据挖掘是一种展望和预测型工具，它能挖掘出数据间潜在的模式，为企业提出具有前瞻性的、基于知识的决策信息。

数据挖掘工具都依赖于某种数据挖掘算法，比如关联规则挖掘算法、分类规则挖掘算法、聚类分析算法、时序规则挖掘算法以及离群点挖掘算法等，有关知识将从第 9 章开始介绍。

查询工具、验证型工具、发掘型工具是数据仓库应用工具的三个重要方面，它们各自具有不同的侧重点，因此适用的范围和针对的用户也各不相同。从工具对数据分析的深度来看，查询工具属于表面层次的工具，验证型工具处于较浅的层次，发掘型工具属于深层次分析挖掘工具。

在数据仓库的实际应用中，查询工具、验证型工具和发掘型工具是相互补充的，只有将三者与数据仓库进行完美的结合，才能使数据仓库更好地发挥决策支持功能，为企业谋划当下和未来的发展提供全面、深入的决策支持信息。

3.6.2　开发方法

数据仓库访问工具的开发一般有三种途径。

1. 使用商品化开发平台

比如,使用 SQL Server 的分析服务等开发平台配置数据仓库访问工具。在此情况下,开发人员只要做少量的配置工作或者少量的开发工作,即可让用户访问已经建成的数据仓库。但这种商品化的开发平台,缺乏灵活性,通常只能完成一些常规的数据仓库访问工具,而对一些复杂分析工具的开发,就显得能力不足,甚至难以实现。

2. 使用程序设计语言

利用某种高级语言或 Web 程序设计语言,开发用户访问数据仓库的程序或应用工具,如报表工具、OLAP 分析工具或者数据挖掘工具等,具有相当的灵活性和较强的应变能力。所开发的数据仓库访问工具能让用户方便地通过鼠标操作,或输入少量参数,即可实现对数据仓库的访问,完成查询、分析和挖掘等数据分析任务。

3. 综合使用两种途径

因为商品化开发平台可能无法完成一些复杂的访问工具,这时就需要结合程序设计语言来开发部分复杂的功能,并集成为一个完整的数据仓库访问工具。

3.6.3　系统测试

在完成数据仓库的创建和访问工具开发工作之后,需要对数据仓库系统进行全面的测试,其测试工作主要包括单元测试和系统集成测试两个方面。

1. 单元测试

当数据仓库系统访问工具的每个独立单元模块完成后,需要立即对它们进行单元测试。其目的是查找存在于每个单元模块程序中的错误。在测试过程中不仅要求每个程序单元能够处理正常的查询输入和访问,而且还要求单元程序能够处理各种错误输入数据,保证在用户出现误操作的情况下系统也能够正常运行。

2. 集成测试

在完成数据仓库系统各个单元的测试之后,需要进行数据仓库的集成测试。测试的目的是检查每个单元模块与数据仓库系统和子系统之间的接口是否完好,是否能够正常传递数据和完成系统的整体功能。系统的集成测试需要对数据仓库所有组件进行大量的功能测试和回归测试。

数据仓库访问工具的开发本质上属于软件的开发问题。有关软件的设计、开发、测试、管理等方面的知识,请参阅文献[14]等软件工程方面的教材或书籍。

3.7　数据仓库系统的应用

当数据仓库部署完成并通过访问工具集成测试之后,就可以提交给用户试用。在用户的使用过程中还需要对数据仓库的质量、可用性和性能等方面进行评估。

3.7.1　用户培训

数据仓库系统在交付用户正式使用之前,必须对用户进行系统的培训,才能使他们熟练地应用数据仓库系统并为企业管理决策提供支持。

参加培训的人员,应该具有一定的计算机使用技能。对于不具备计算机使用能力或计算机使用能力较弱的人员,直接让他们参加数据仓库系统操作方法的培训,很难达到预期目的。

在进行培训工作之前,最好选择一个完整的数据仓库主题数据作为培训案例。通过案例向用户演示数据仓库系统的统计报表、OLAP 分析以及数据挖掘等功能的使用方法,理解统计报表和 OLAP 分析结果对管理决策的支持作用。

在用户培训过程中应该向用户较详细地介绍数据仓库的概念、多维分析概念和数据仓库的数据源;培训应该让用户了解数据仓库中所有查询工具、分析工具与挖掘工具的类型,以及利用这些工具获得报表以及分析结果的方法。

3.7.2　决策支持

所谓决策支持,就是用户利用数据仓库系统开发时期完成的决策支持工具,对数据仓库进行查询统计、OLAP 分析和数据挖掘,并将其统计分析或挖掘结果提供给企业高层领导作为决策参考的过程。

1. 决策的查询支持

以警务数据仓库系统为例,通过使用查询类工具,可以回答决策者关心的如下问题。

(1) 哪个宾馆/辖区当天的入住人数最多?

(2) 每个宾馆每月前科人员的入住数量?

(3) 各类前科人员在不同宾馆的入住时间长短?

(4) 各类前科人员入住、离开宾馆的高峰时间是哪个时间段?

(5) 某个时间段哪个宾馆入住率最高?(下半夜入住率高的宾馆有可能是犯罪分子聚集地)

(6) 哪个宾馆前科人员入住率有上升趋势?

2. 决策的多维分析支持

利用 OLAP 多维分析工具,可以对数据仓库历史的或当前细节的数据,按照多个维度进行不同粒度的统计分析。

以警务数据仓库为例,多维分析可以得到许多粒度的分析结果。

(1) 对于时间(月)、来源(省)、辖区(地市)的三维数据,可以回答"某个月某个省份在某个市辖宾馆的入住人次"。

(2) 如果按来源将其进行下钻分析处理,可得到"某个月某个地市在某个辖区宾馆的入住人次"。

(3) 如果按时间将其进行下钻分析处理,可以得到"某一旬某个省份在某个辖区宾馆的入住人次"或者"某一日某个区县在某个辖区宾馆的入住人次"。

有关 OLAP 多维分析的应用将在第 6 章详细介绍。

3．决策的预测性支持

决策的预测性支持，是利用数据仓库开发时期完成的发掘型工具，从数据仓库数据中发现潜在而新颖的模式，比如发现企业经营的问题并找出其原因，为企业提出具有预测性的、基于知识的决策信息。

利用某种发掘型工具，如利用离群点检测工具，可以检测出某个酒店某天有异常人员入住（需要重点排查），或根据某地区或某宾馆某时段的异常人员入住情况，预测该地区某类案件可能发生；利用关联规则挖掘和分类规则工具，可以分析案发地点和宾馆入住地点的关联关系，预测某宾馆有某类前科人员入住时，可能发生某类案件的范围。

3.7.3　维护评估

当数据仓库投入使用后，随着时间的推移，数据仓库的数据会迅速增长，而随着用户的增加，用户的查询需求也越来越多。因此，在数据仓库应用时期，不仅要适应数据仓库不断增长的数据和应用需求，而且还要对数据仓库进行评估和维护。

1．数据仓库评估

数据仓库系统的评估主要包括投资回报分析、数据质量评估、系统性能评定和系统功能评估。

（1）投资回报分析主要包括定量分析和定性分析。定量分析主要指计算投资的回报率，即收益与成本的比率。定性分析主要指企业与客户之间关系状态是否有所改善，也就是对外界变化的反应能力是否得以提高，企业管理能力是否有所增强等。

（2）数据质量评估，就是要对数据仓库数据的准确性、完整性和一致性进行评估。比如，数据是否符合它的类型要求和取值要求，数据是否具有完整性和一致性，数据是否清晰且符合商业规则，数据是否保持其时效性并且没有出现异常。

（3）系统性能评定主要包括硬件平台是否能够支持大数据量的工作和多类用户、多种工具的大量访问需求，软件平台能否用一个高效或优化的方式来组织和管理数据，整个系统是否适应数据和处理的扩展需求。

（4）系统功能评估主要包括两个方面：一是系统现有的功能是否达到项目规划时的预期目标；二是系统能否满足当前的决策支持需要。

2．数据仓库维护

数据仓库系统的维护主要包括日常性维护、适应性维护和增强性维护三个方面。

1）日常性维护

主要是数据仓库的备份和恢复工作。数据仓库的备份是数据仓库存放在其他存储介质上的冗余数据。一旦系统出现故障或灾难，利用备份数据可以很快地将数据仓库恢复到正常的状态。

此外，随着时间的推移，数据不断地增长，不仅要定期地将数据源中新增的数据添加到数据仓库中来,还要不失时机地删除时间过于久远的、没有分析利用价值的历史数据。

2）适应性维护

主要针对数据仓库数据质量、功能评估和系统性能结果对其进行适应性维护。比如,根据用户的使用情况,系统开发或维护人员根据用户在数据仓库使用过程中反映的情况进行详细分析,对数据仓库数据进行规范整理以提高数据质量;取消某些细节数据和无用的汇总数据查询功能,并增加实用的汇总数据查询功能;找出影响数据仓库性能的来源(究竟是服务器、网络通信、应用程序,或是数据仓库管理系统设置?),并对数据仓库进行调整以提升系统的性能。

3）增强性维护

数据仓库是按照决策分析主题设计的,因此,在数据仓库建设初期可能存在尚未完成的决策分析主题。此外,用户在数据仓库的使用过程中,由于对数据仓库的决策价值有了更深的理解,又提出了更多的决策分析主题。

因此,仅仅通过适应性维护,数据仓库系统已无法满足企业当前的决策需求,这就需要进行增强性维护,即进入数据仓库新一轮的生命周期,完成对新决策主题的规划、设计、实施、开发和应用等任务。

习题 3

1. 数据仓库设计有哪几个特点?
2. 什么是数据驱动的设计?
3. 什么是决策驱动的设计?
4. 数据仓库系统开发需要经历哪几个时期?
5. 简述数据仓库设计时期的主要工作内容。
6. 什么是虚拟数据仓库?
7. 什么是单纯数据集市?
8. 数据仓库系统开发有哪几项任务?

第4章
警务数据仓库的实现

本章旨在第 3 章警务信息数据仓库分析与设计(见 3.4 节和 3.5 节)的基础上,应用 Microsoft SQL Server 2008 R2 的集成服务(SQL Server Integration Services,SSIS)功能,完成警务信息数据仓库 SSIS 包的配置任务,并最终实现将数据源 OLTPHotel 中的数据,抽取转化后加载到数据仓库 HuangDW_Hotel 之中。

4.1 SQL Server 2008 R2

Microsoft SQL Server 是微软公司推出的一款商品化关系型数据库管理系统(RDBMS),因其中包括了数据仓库的管理功能,所以也是一款关系数据仓库管理系统(RDWMS)。它不仅具有用户喜欢的易用性、适合分布式组织的可伸缩性、支持商业智能和 XML 技术等特点,还具有与其他服务器软件紧密关联的集成性,以及良好的性价比等许多优点,是一款在国际上应用广泛的数据库管理系统。

Microsoft SQL Server 2008 R2 在 SQL Server 2008 基础上增加了许多新的功能,不仅能为用户的关键商业应用提供可信赖的、高效的、智能的开发平台,支持策略管理和审核、大规模数据仓库、空间数据、高级报告与分析服务等功能,还增强了应用开发能力,提高了可管理性,强化了对商业智能及数据仓库的支持。

虽然 2012 年、2014 年微软公司分别发布了 SQL Server 2012 和 SQL Server 2014,但鉴于我们的警务信息数据仓库是在 SQL Server 2008 R2 平台上实现的,因此,我们还是先简单介绍 SQL Server 2008 R2 中与警务信息数据仓库实现有关的服务功能。为叙述方便且不会引起误解,在后续章节中我们经常使用 SQL Server 2008,甚至 SQL Server 来代指 SQL Server 2008 R2。

4.1.1 SQL Server 的服务功能

SQL Server 由 5 个被称为服务的主要功能模块组成。这些服务分别是数据库引擎(SQL Server Database Engine,SSDE)、分析服务(SQL Server Analysis Services,SSAS)、报表服务(SQL Server Reporting Services,SSRS)和集成服务(SQL Server Integration Services,SSIS),外加一个微软公司为开发人员提供的免费嵌入式数据库 SQL Server Compact (SSC)。SSC 是一款适用于嵌入式移动设备的紧凑型数据库管理系统。

(1) 数据库引擎(SSDE)是 Microsoft SQL Server 系统的核心服务,包括传统数据库管理系统(DBMS)和数据仓库管理系统(DWMS)的功能。它主要提供数据库、数据仓库和基本表的创建,数据的增加、修改和删除,各种数据查询、数据库访问等操作功能,以及数据库的安全性、一致性和并发控制管理功能。

(2) 集成服务(SSIS)是一个功能强大的数据集成平台,可以完成有关数据的"提取-转换-加载(ETL)"功能。

本章后面几节将专门介绍利用集成服务(SSIS)工具配置 SSIS 包,以及借助 SSIS 包来实现将警务信息事务数据库 OLTPHotel 中的数据加载到数据仓库 HuangDW_Hotel 的方法。尤其重要的是,SSIS 服务不仅可以高效地集成 Microsoft SQL Server 的数据,还可以方便地集成其他多种数据源,比如 Oracle、Excel、XML 文档和文本文件等数据源中的数据。

(3) 分析服务(SSAS)提供了 OLAP 多维分析和数据挖掘功能,支持用户对所建立的数据仓库进行商业智能分析。通过 SSAS 服务,用户可以设计、创建和管理来自数据仓库以及其他数据源的多维数据集,并对多维数据进行多个角度的分析,以支持管理人员对业务数据更加深入全面的理解。此外,用户可以通过 SSAS 服务完成数据挖掘模型的构造和应用,实现知识发现、知识表示、知识管理和知识共享等功能。

分析服务(SSAS)功能的使用方法,将在第 6 章通过"警务数据仓库 OLAP 应用"来介绍,内容包括如何使用 SSAS 服务创建分析服务项目,配置数据视图、创建多维数据集 HuangDW_HotelM 并对其进行 OLAP 多维分析。

(4) 报表服务(SSRS)为用户提供了支持企业级的 Web 报表功能。通过使用 SSRS 服务,用户可以方便地定义和发布满足自己需求的报表,即用户可以轻松地实现 Word、PDF、Excel、XML 等格式的报表。因此,SSRS 极大地便利了企业的管理工作,满足了管理人员高效、规范的管理需求。

4.1.2 SQL Server Management Studio

SQL Server Management Studio(SSMS)是一个集成的数据库/数据仓库管理环境,用于访问、配置、管理和创建 SQL Server 数据库/数据仓库有关的所有组件。它将 SQL Server 早期版本中所包含的企业管理器、查询分析器和 Analysis Manager 功能整合到一个统一的环境之中。因此,SQL Server Management Studio 能够使 SQL Server 的所有服务组件,如数据库引擎(SSDE)、分析服务(SSAS)、报表服务(SSRS)、集成服务(SSIS)和嵌入式数据库(SSC)协同工作。

SQL Server 2008 R2 安装成功以后,在 Windows 的"开始"|"所有程序"| Microsoft SQL Server 2008 R2 菜单下选择 SQL Server Management Studio 菜单命令,可见如图 4-1 所示的登录窗口,在其"服务器类型"下拉列表框内有"数据库引擎"、Analysis Services、Reporting Services、Integration Services 和 SQL Server Compact 共 5 个选项,对应 4.1.1 节介绍的 5 个服务功能。

在图 4-1 的"服务器类型"下拉列表框选择"数据库引擎",单击"连接"命令即可登录 Microsoft SQL Server Management Studio 开发管理环境(见图 4-2)。

在图 4-2 的"对象资源管理器"区域用矩形框标记的对象 OLTPHotel(相关基本表结构已在 3.4.1 节介绍),即警务信息系统的数据库名称,也是本教程建立数据仓库的数据源,它有常住人口模拟数据 14 504 条,暂住人口有 659 条,旅客宾馆入住记录 780 条,可以较好地

图 4-1　"连接到服务器"的登录窗口

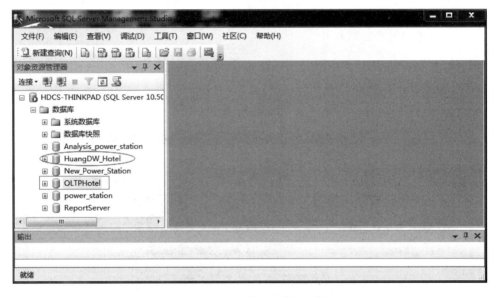

图 4-2　SSMS 的开发管理环境

模拟数据仓库的创建和 OLAP 分析过程。

椭圆形标记的对象 HuangDW_Hotel,就是按照 3.4.3 节警务数据仓库设计的结果,也是 3.5.1 节创建的数据仓库名称。在 SQL Server 数据库引擎服务器环境下,仍然将 HuangDW_Hotel 作为一个数据库来进行管理和控制。因此,数据仓库 HuangDW_Hotel 在 4.1.3 节开始的数据流任务配置过程中统称为"目的数据库",其中的基本表称为"目的表"。

4.1.3　Microsoft Visual Studio

1. 商业智能开发平台简介

Microsoft Visual Studio(MVS)是微软公司推出的一个软件集成开发环境,称为商业智能开发平台(SQL Server Business Intelligence Development Studio),是目前最为流行的
Windows 应用程序开发环境之一。它对每个应用项目的开发,都提供了用于创建商业智能
解决方案所需对象的模板,并提供了用于处理这些对象的各种设计器、工具和向导。在这个
商业智能开发平台之上,用户不仅可以应用 C♯.NET 等开发应用程序,而且可以利用 SQL
Server Integration Services(集成服务,简称 SSIS)工具,完成对数据源的数据抽取、转换并
装载到数据仓库的集成项目开发,包括控制流、数据流任务参数配置,还可以利用 SQL
Server Analysis Services(分析服务,SSAS)工具,完成对数据仓库数据的各种多维数据集重
构,为 OLAP 分析提供支持(第 6 章介绍其使用方法)。

　　SSIS 是 SQL Server 为用户提供的主要智能服务功能之一,是一个可视化的高性能数
据"抽取-转换-装载"(ETL)集成解决方案的配置和调试平台。对每一个实际应用问题,可
利用 SSIS 为其开发一个数据集成方案(称为一个 SSIS 包)。SSIS 提供了一系列支持应用
开发的内置任务和容器,数据源、数据查找、数据转换、数据目的等配置控件。用户只要配置
数据流中各种控件的参数,无须编写一行代码,就可以创建 SSIS 包来解决 ETL 等复杂的商
业智能数据集成问题。

2. 进入商业智能开发平台

　　依次单击 Windows 的"开始"|"所有程序"| Microsoft SQL Server 2008 R2 | SQL
Server Business Intelligence Development Studio 菜单命令,进入 SQL Server 商业智能开发
平台 Microsoft Visual Studio(MVS)的"起始页"窗口(见图 4-3)。

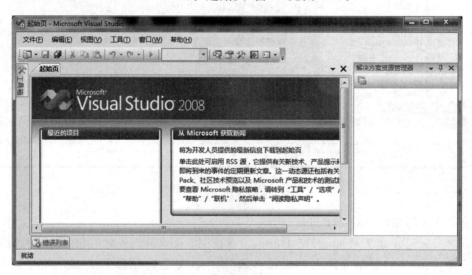

图 4-3　Microsoft Visual Studio"起始页"窗口

3. 本章后续内容

　　本章后面几节将要介绍的内容,就是在 MVS 平台上完成如下两项工作。

1) 创建集成服务项目与 SSIS 包

　　集成服务项目 HuangDC_ETL 的创建方法将在 4.2 节介绍。因为每一个集成服务项
目至少有一个 SSIS 包,所以,当 HuangDC_ETL 成功创建后,它有一个默认的、名为

Package.dtsx 的 SSIS 包。读者在上机实验的时候可以用自己喜欢的名称为其重命名,比如 HuangDCpkg.dtsx。

2) 配置数据流任务

一个 SSIS 包通常由若干个数据流任务连接起来的控制流组成,它们是从数据源中抽取数据,并将其清理、合并转换后加载到数据仓库的一个集成解决方案。图 4-4 显示的是已经完成配置的教程实例 SSIS 包,它由 7 个数据流任务组成,其中的箭头表明了它们的执行顺序。因此,4.3 节一直到 4.9 节的任务就是为这个 SSIS 包 Package.dtsx 配置这 7 个具体的数据流任务。

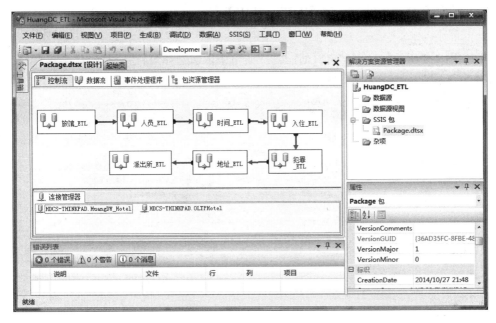

图 4-4　在项目 HuangDC_ETL 的 SSIS 包中已配置的 7 个数据流任务

(1) 旅馆_ETL。负责将数据源 OLTPHotel 中旅馆信息表 LGXX 的数据抽取出来,经过转换后,加载到数据仓库 HuangDW_Hotel 目的表 DimHotel(旅馆维度表)之中。

(2) 人员_ETL,负责将数据源 OLTPHotel 中常住人口表 CZRK、暂住人口表 ZZRK 和人员前科表 RYQK 的数据抽取出来,经过转换、合并等处理后,加载到数据仓库 HuangDW_Hotel 目的表 DimPeople(人员维度表)之中。

(3) 时间_ETL,负责将数据源 OLTPHotel 中旅馆入住表 LGRZ 的入住时间 RZSJ 和离店时间 LDSJ 两个数据抽取出来,经过派生得到年、月、日、时等新列,再经过转换、合并等处理后,加载到数据仓库 HuangDW_Hotel 目的表 DimDate(时间维度表)之中。

(4) 入住_ETL,负责将数据源 OLTPHotel 中旅馆入住表 LGRZ 的数据抽取出来,经过派生得到年、月、日、时等新列,再经过转换等处理后,加载到数据仓库 HuangDW_Hotel 目的表 FactHotel(旅馆事实表)之中。

(5) 犯罪_ETL,负责将数据源 OLTPHotel 中犯罪类型表 FZLX 的数据抽取出来,经过转换后,加载到数据仓库 HuangDW_Hotel 目的表 DimCaseType(犯罪类型维度表)之中。

(6) 地址_ETL,负责将数据源 OLTPHotel 中所属辖区表 SSXQ 的数据抽取出来,经过转换后,加载到数据仓库 HuangDW_Hotel 目的表 DimAddress(地址维度表)之中。

(7) 派出所_ETL,负责将数据源 OLTPHotel 中派出所表 PCS 的数据抽取出来,经过转换后,加载到数据仓库 HuangDW_Hotel 目的表 DimPolice(派出所维度表)之中。

3) 部署 SSIS 包 package

把 SSIS 包 package.dtsx 部署到 SQL Server 的 SSIS 服务器中,使其能够根据指定的时间结点自动运行这个包,完成从 OLTPHotel 不断抽取数据并追加到数据仓库 HuangDW_Hotel 的任务。

4.2 创建集成服务项目与 SSIS 包

在如图 4-3 所示"起始页"窗口的"文件"菜单中依次选择"新建"|"项目"菜单命令,弹出如图 4-5 所示的"新建项目"窗口。

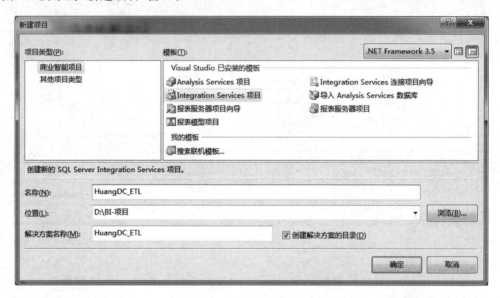

图 4-5 "新建项目"窗口

从图 4-5 的"模板"区域可以看到,与左边区域中"商业智能项目"对应,在 MVS 的"新建项目"右边窗口中有"Analysis Services 项目"、"Integration Services 项目"等 4 种模板,还有"报表服务器项目向导"等两个向导模板,以及执行"导入 Analysis Services"的功能模板。

本章的任务就是创建一个集成服务项目,因此,我们在图 4-5 左边"项目类型"区域中选择"商业智能项目",在右边"模板"区域中选择"Integration Services 项目",并在下面的"名称"文本框中输入"HuangDC_ETL","位置"文本框中输入"D:\BI-项目"文件夹。单击"确定"按钮就成功地创建了一个名为 HuangDC_ETL 的智能项目,并进入如图 4-6 所示 SSIS 包的配置窗口。

观察图 4-6 可知,SSIS 包的设计窗口主要有 4 个区域。

(1) 菜单命令及其快捷按钮区域,分布在窗口的第一行和第二行;

(2) 功能设计区域,分布在窗口的正中央。它包括"控制流"、"数据流"、"事件处理程

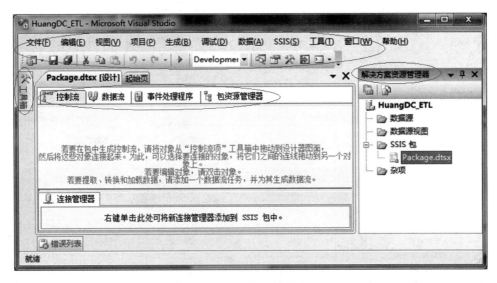

图 4-6　SSIS 包的设计窗口

序"和"包资源管理器"等功能选项卡,是配置 SSIS 包的操作和显示区域。本教程实例仅需要使用"控制流"和"数据流"选项卡。

(3)"工具箱"区域位于"控制流"选项卡的左边,是一个可折叠/展开的控件选择窗口。SSIS 包要想完成从数据源抽取数据,并将其转换和加载到数据仓库等各种操作步骤,都需要借助工具箱中的特定控件来实现。多个控件组成的一个执行顺序就构成一个数据流任务,多个数据流任务按照执行顺序连接起来称为一个控制流。

(4)"解决方案资源管理器"区域分布在窗口的右边,显示了整个项目拥有的对象,如数据源,数据源视图、SSIS 包和杂项等,以方便用户随时查看和引用。

说明:在 SSIS 包的配置实验过程中,读者随时都可以停止配置并退出 SQL Server 商业智能开发平台(MVS)。只要按照 4.1 节重新启动商业智能开发环境(见图 4-3),就会在"起始页"窗口的"最近的项目"区域内显示 HuangDC_ETL。读者只要单击项目名称 HuangDC_ETL 即可进入 SSIS 包的设计窗口(见图 4-4 和图 4-6)。

4.3　配置"旅馆_ETL"数据流任务

配置"旅馆_ETL"数据流任务,就是要配置将数据源 OLTPHotel 中旅馆信息表 LGXX 的数据,抽取、转化并加载到数据仓库 HuangDW_Hotel 目的表 DimHotel 之中所需要的操作控件、操作顺序和相关参数。比如数据源 LGXX 所在的服务器名称、数据库名称,还有目的表 DimHotel 所属数据库名称,以及数据库所在的服务器名称等。

4.3.1　创建"旅馆_ETL"对象

1. 添加一个数据流任务

在图 4-6 所示的窗口中,单击"工具箱"并在展开的控件窗口上移动滚动条,选择其中的

"数据流任务"控件(见图 4-7),并将其拖入"控制流"选项卡窗口之中(见图 4-8)。

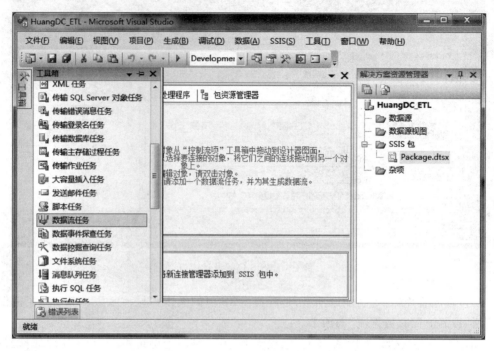

图 4-7 在工具箱中找到"数据流任务"控件

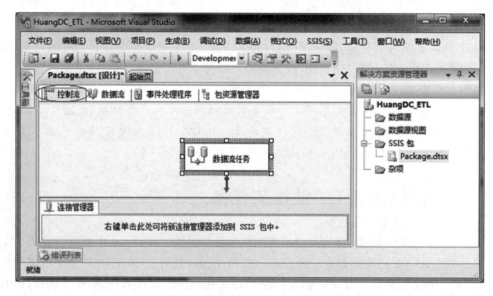

图 4-8 "数据流任务"控件被拖入"控制流"选项卡

说明:在后面的配置过程中,经常需要从工具箱中选择某种控件,并将其拖入"控制流"或"数据流"选项卡中,其操作方法与此类似。故以后只简单叙述"从工具箱中将 XX 控件拖入 YY 窗口",而不再给出相应的操作窗口或界面截图。

2. 重命名"数据流任务"

右击图 4-8 中的"数据流任务"控件,在弹出的快捷菜单中选择"重命名"菜单命令,将"数据流任务"控件重命名为"旅馆_ETL"(见图 4-9),这样就创建了一个抽取旅馆信息的数据流任务对象。

图 4-9 将数据流任务命名为"旅馆_ETL"

在本章 SSIS 包应用实例的配置过程中,常用到以下几种控件。

(1)"数据流任务"控件:可完成一个独立数据抽取任务的容器控件,它一般由若干个具有单一处理功能的其他控件顺序连接组成。

(2)"ADO. NET 源"控件:用于配置数据源所在的服务器、数据库名称、基本表名称等相关参数。

(3) ADO. NET Destination 控件,简称"目的表"控件:用于配置、管理"目的表"所在的服务器、数据库名称、基本表名称等参数。

(4)"查找"控件:对从数据源抽取过来的新数据,该控件负责将新数据与目的表中已有的数据进行查找比较,只把目的表中没有的新数据追加到目的表中。

(5)"数据转换"控件:实现把数据源中数据类型或长度,转换为目的数据需要的类型或长度。比如,把数值型转换为字符型,日期型转换为字符型,长度为 2 的数据转换为长度为 1 的数据等。

(6)"排序"控件:对从数据源抽取的数据,能够根据指定的列名对数据进行排序,并可以删除具有重复排序键值的行。

(7)"合并"控件:将列属性完全相同的两个数据集合并为一个数据集,即数据记录的合并。

(8)"合并联接":完成将一个数据源的属性列与另一个数据源的属性列连接成具有更多列属性的数据源,即属性列的合并联接。

(9)"派生列"控件:将数据集中的某些列,经过计算或其他转换操作后重新命名,并作为新列添加到这个数据集中。

4.3.2 配置"旅馆_ETL"参数

1. 配置"ADO.NET 源"控件

1) 打开"数据流"选项卡

在图 4-9 中单击"数据流"选项卡,进入"数据流"选项卡窗口(见图 4-10)。

图 4-10 "数据流"选项卡

2) 添加"ADO.NET 源"控件

在图 4-10 所示窗口的"工具箱"中把"ADO.NET 源"控件拖入该窗口,并将其重命名为"旅馆 ADO.NET 源"(见图 4-11)。

图 4-11 "旅馆_ETL"的"旅馆 ADO.NET 源"控件

3）配置"ADO. NET 源编辑器"参数

（1）打开"ADO. NET 源编辑器"窗口。在如图 4-11 所示的窗口中双击"旅馆 ADO. NET 源"控件左边的小图标，出现"ADO. NET 源编辑器"窗口（见图 4-12）。

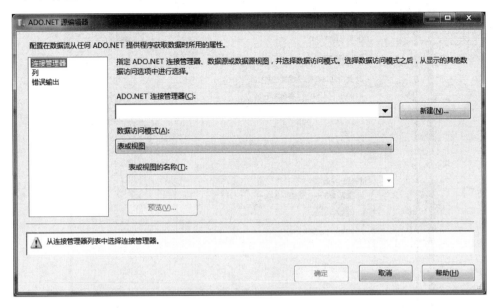

图 4-12　"ADO. NET 源编辑器"窗口

（2）选择"连接管理器"选项。在图 4-12 左边区域选择"连接管理器"属性，单击右边的"新建"按钮，出现"配置 ADO. NET 连接管理器"窗口（见图 4-13）。

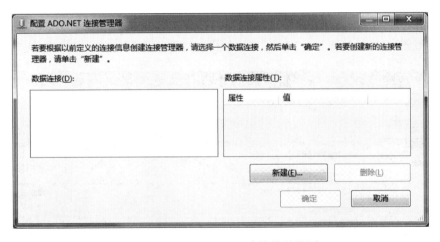

图 4-13　"配置 ADO. NET 连接管理器"窗口

（3）配置"服务器名"和"数据库名"。在如图 4-13 所示窗口单击"新建"按钮后，出现"连接管理器"窗口（见图 4-14），并在"服务器名"下拉列表框中选择数据源所在的服务器名称（此处为教程实验环境的数据库服务器名 HDCS-THINKPAD），另外在"选择或输入一个数据库名"下拉列表框中选择数据源对应的数据库名（此处为教程实验使用的警务数据库 OLTPHotel）。

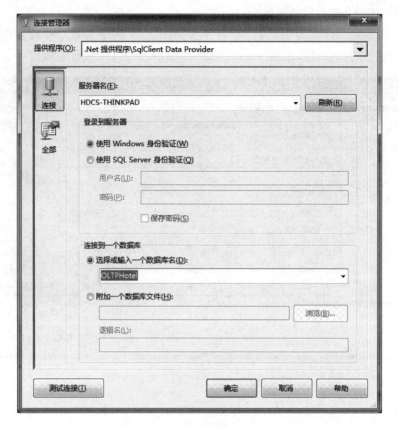

图 4-14 "连接管理器"配置窗口

（4）返回"ADO. NET 源编辑器"配置窗口。在图 4-14 中单击"确定"按钮，并在其后出现的窗口（类似图 4-13）中继续单击"确定"按钮，返回"ADO. NET 源编辑器"窗口（见图 4-15）。

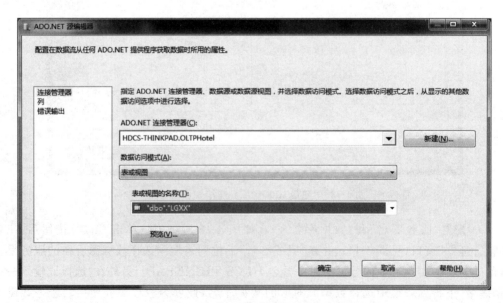

图 4-15 "表或视图的名称"配置为 LGXX

（5）配置"表或视图的名称"。在图 4-15 中的"数据访问模式"下拉列表框中选择"表或视图"，在"表或视图的名称"下拉列表框中选择"dbo"."LGXX"，即将旅馆信息表 LGXX 作为"旅馆_ETL"数据流任务的数据源。单击"确定"按钮后回到"旅馆_ETL"的"旅馆 ADO. NET 源"配置窗口（见图 4-11）。

说明：在 4.4 节及其以后配置"ADO. NET 源"控件的"连接管理器"参数时，只需在图 4-12 的"ADO. NET 连接管理器"文本框中选择"HDCS-THINKPAD. OLTPHotel"（再不需要单击"新建"按钮来完成（2）～（4）步的配置工作），并在"表或视图的名称"文本框中选择对应的数据源表即可。

2. 配置"查找"控件

1）添加"查找"控件

从工具箱中将"查找"控件拖入"数据流"选项卡窗口（见图 4-16）。

图 4-16 "数据流"配置窗口中拖入了"查找"控件

2）连接"查找"控件

在如图 4-16 所示的窗口中单击"旅馆 ADO. NET 源"控件，并将其左下的绿色箭头拉到"查找"控件上，使其箭头与"查找"控件相连（见图 4-17）。

3）配置"查找转换编辑器"参数

（1）配置"常规"属性。在图 4-17 所示窗口中双击"查找"控件左边小图标，出现图 4-18 所示窗口。在其左边区域选"常规"，在右边区域"指定如何处理无匹配项的行"对应的下拉列表框中选择"将行重定向到无匹配输出"。

（2）选择"连接"属性。在图 4-18 所示窗口的左边区域选择"连接"属性，出现图 4-19 所示窗口。

（3）配置"连接管理器"。在如图 4-19 所示的窗口中单击"新建"按钮，在出现的新窗口中再次单击"新建"按钮（类似图 4-12 至图 4-14 的操作），可得到如图 4-20 所示的"连接管理器"配置窗口，并在"服务器名"下拉列表框中选择 HDCS-THINKPAD，在"选择或输入一个

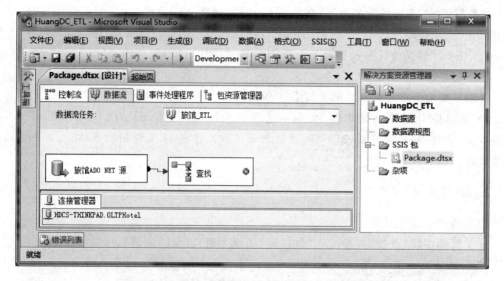

图 4-17　"旅馆 ADO. NET 源"控件与"查找"控件相连

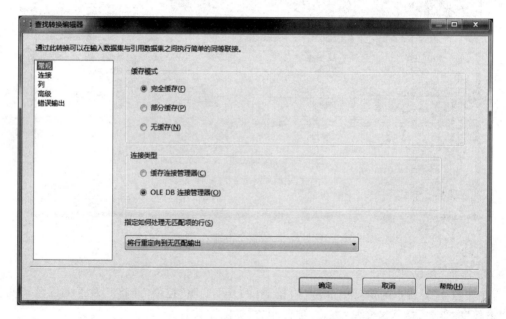

图 4-18　配置"查找转换编辑器"的"常规"属性

数据库名"下拉列表框中选择 HuangDW_Hotel。

（4）配置"使用表或视图"。在如图 4-20 所示窗口单击"确定"按钮,在出现的窗口再单击"确定"按钮回到"查找转换编辑器"窗口（见图 4-21）,并在"使用表或视图"对应的下拉列表框中选择[dbo].[DimHotel],即查找的对象是旅馆维度表 DimHotel。

说明:在 4.4 节及其以后配置"查找"控件的"连接"参数时,只需在图 4-19 的"OLE DB连接管理器"下拉列表框中选择 HDCS-THINKPAD. HuangDW_Hotel 选项,然后在"使用表或视图"文本框中选择对应的表名（此处是 DimHotel）即可,而不要单击"新建"按钮来完成配置工作。

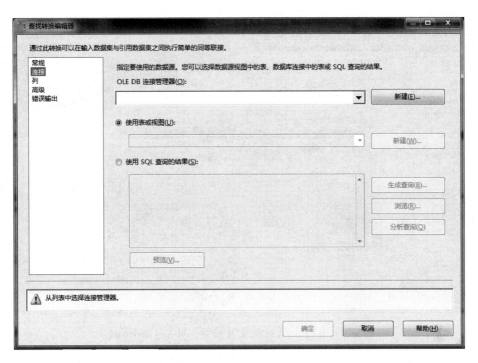

图 4-19 "查找转换编辑器"的"连接"属性窗口

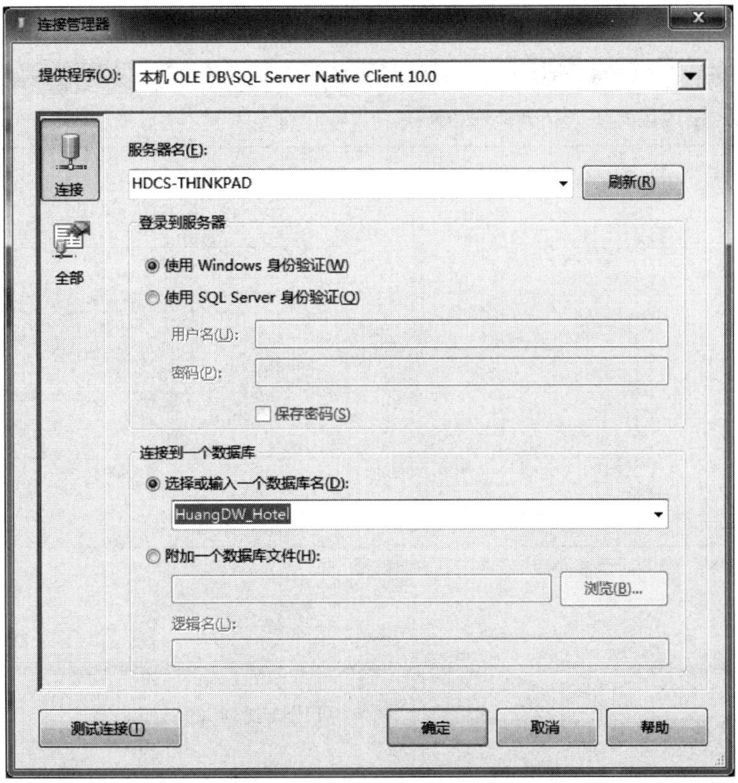

图 4-20 "查找"控件的"连接管理器"配置窗口

图 4-21　在"使用表或视图"中选择[dbo].[DimHotel]

（5）选择"列"属性。在如图 4-21 所示窗口的左边区域选择"列"属性，出现如图 4-22 所示窗口。其中，"可用输入列"显示的是数据源数据库 OLTPHotel 中旅馆信息表 LGXX 的列名，"可用查找列"显示的是数据仓库 HuangDW_Hotel 中目的表 DimHotel 的列名。

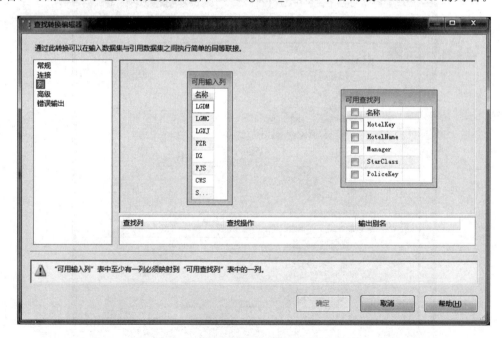

图 4-22　"可用输出列"与"可用查找列"的对照

（6）显示快捷菜单。在图 4-22 所示的窗口中，右击"可用输入列"对象显示快捷菜单（见图 4-23）。

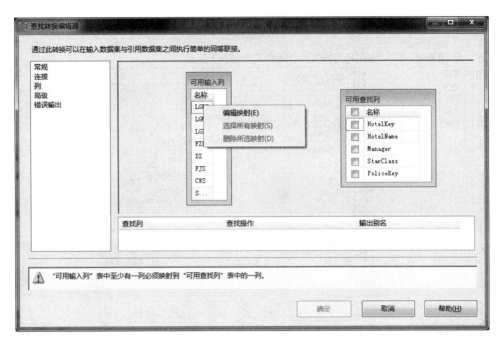

图 4-23　显示"编辑映射"快捷菜单命令

（7）打开"创建关系"窗口。在如图 4-23 所示的快捷菜单中选择"编辑映射"菜单命令，得到"创建关系"窗口（见图 4-24）。

图 4-24　让 LGDM 与 HotelKey 建立 1-1 对应关系

（8）创建 1-1 对应关系。在图 4-24 窗口左边的"输入列"下拉列表框中选择 LGDM，在右边的"查找列"下拉列表框中选择 HotelKey，使数据源 LGXX 表和目的表 DimHotel 之间通过 LGDM 与 HotelKey 建立 1-1 对应关系，再单击"确定"按钮得到如图 4-25 所示窗口。

如图 4-25 所示的窗口表明"查找"控件配置完成。其中连线标明，应该按照 LGDM 与 HotelKey 的 1-1 对应关系，将数据源 LGXX 表中抽取的数据与目的表 DimHotel 已存在的数据进行对比。单击"确定"按钮，回到"数据流"配置窗口（见图 4-26）。

3. 配置 ADO.NET Destination 控件

1）添加 ADO.NET Destination 控件并重命名

从工具箱中把 ADO.NET Destination 控件拖入如图 4-27 所示窗口，并将其重命名为

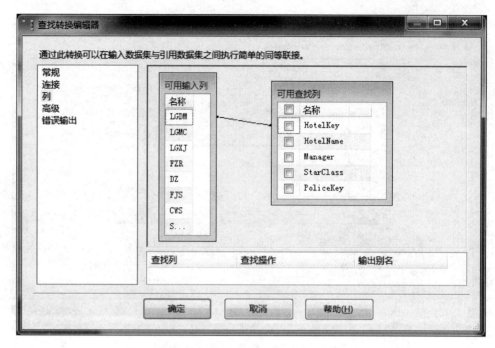

图 4-25　LGDM 与 HotelKey 建立了 1-1 对应关系

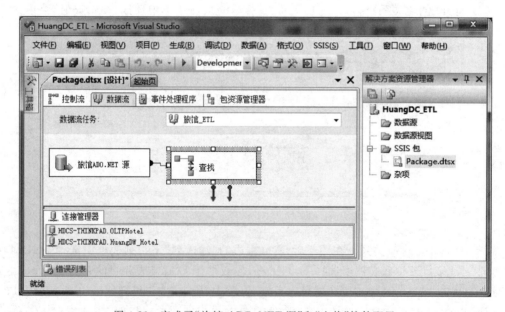

图 4-26　完成了"旅馆 ADO.NET 源"和"查找"控件配置

"旅馆 ADO.NET 输出目的"（见图 4-27）。

2）配置"选择输入输出"

将"查找"控件下面的绿色箭头连接到"旅馆 ADO.NET 输出目的"控件上，在弹出的窗口"输出"下拉列表框中选择"查找无匹配输出"（见图 4-28），然后返回如图 4-29 所示的窗口。

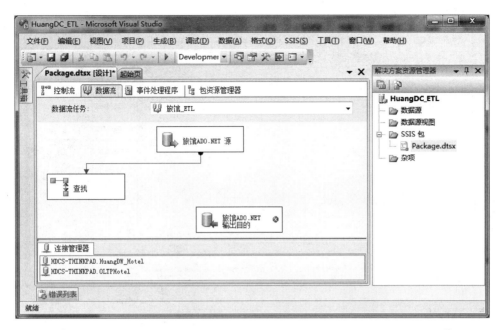

图 4-27 加入 ADO.NET Destination 控件并重命名

图 4-28 "选择输入输出"对话框

3) 配置"ADO.NET 目标编辑器"参数

(1) 进入"ADO.NET 目标编辑器"窗口。在如图 4-29 所示窗口中双击"旅馆 ADO .NET 输出目的"控件左边小图标,并出现如图 4-30 所示的窗口(此时"连接管理器"和"使用表或视图"对应的文本框为空白)。

(2) 配置"连接管理器"属性。在图 4-30 左边区域选择"连接管理器"后单击右边的"新建"按钮,在出现的窗口中仍单击"新建"按钮(类似于图 4-12 至图 4-14 的操作),在新的窗口"服务器名"下拉列表框中选择 HDCS-THINKPAD,在"选择或输入一个数据库名"文本框中选择 HuangDW_Hotel 后单击"确定"按钮,在其后的窗口中仍单击"确定"按钮,返回如图 4-30 所示的窗口(特别注意"连接管理器"文本框中自动显示为"HDCS-THINKPAD.HuangDW_Hotel1")。

说明:在 4.4 节及其以后配置 ADO.NET Destination 控件的"连接管理器"参数时,只

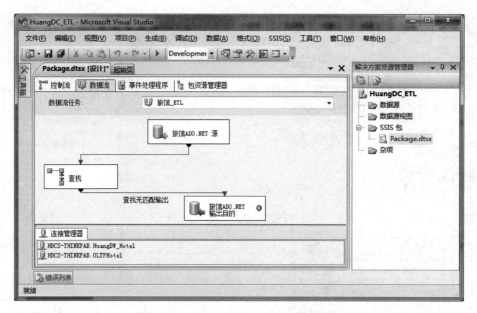

图 4-29 "查找"控件与"旅馆 ADO. NET 输出目的"控件连接

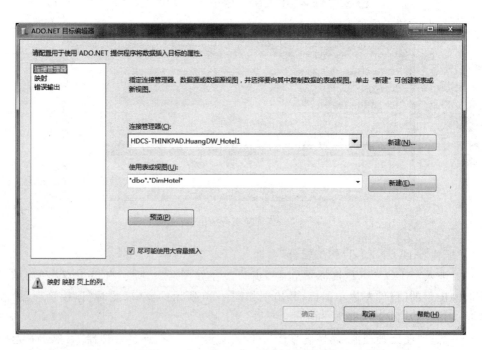

图 4-30 "ADO. NET 目标编辑器"窗口

需在如图 4-30 所示的窗口的"连接管理器"文本框中选择 HDCS-THINKPAD. HuangDW_ Hotel1，然后在"使用表或视图"文本框中选择对应的表名（此时为 DimHotel）即可，而不要再单击"新建"按钮来完成配置工作。

虽然"查找"控件和 ADO. NET Destination 控件使用的数据库都是 HuangDW_Hotel，但前者使用"OLE DB 连接管理器"，后者使用 ADO. NET"连接管理器"，因此，在后续数据流任务配置的过程中,"查找"控件的"OLE DB连接管理器"文本框必须选择 HDCS-THINKPAD. HuangDW_Hotel,而"ADO. NET Destination"控件的"连接管理器"必须选择 HDCS-THINKPAD. HuangDW_Hotel1。

(3) 配置"映射"属性。在如图4-30所示窗口左边区域选择"映射"属性,得到如图4-31所示窗口。按照如表3-5所示的设计结果,在其右边区域的下面完成输入列与目标列的映射配置工作:将输入列 LGDM 映射到目标列 HotelKey;…;将输入列 SSPCS 映射到目标列 PoliceKey。然后单击"确定"按钮重新回到"数据流"配置窗口(见图4-29)。

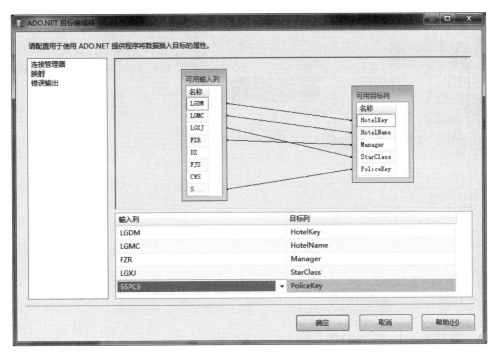

图4-31 "ADO. NET 目标编辑器"的映射配置窗口

4. 调试"旅馆_ETL"数据流任务

在图4-29所示窗口选择"调试"菜单下的"启动调试"命令,开始调试执行数据流任务。待系统运行数秒之后,所有控件变成绿色,其控件之间的连线标有数字,表明数据流任务设计正确,并成功将3403行旅馆数据从数据源 LGXX 中抽取、转换并加载到输出目的表 DimHotel 之中,且 DimHotel 表中也是3403行(见图4-32)。

最后,在"调试"菜单下选择"停止调试"命令返回"数据流"选项卡,结束"旅馆_ETL"数据流任务的配置工作,返回与图4-29类似的窗口,并可开始新的数据流任务创建和配置工作。

图4-32的3个控件及其顺序描述了如下的数据抽取和加载过程:

(1) "旅馆 ADO. NET 源"控件负责从 HDCS-THINKPAD 服务器的数据库 OLTPHotel 数据源表 LGXX 抽取数据,并将其作为输入送给"查找"控件。

(2) "查找"控件将得到的数据与目的表 DimHotel 中已经存在的数据按照 LGDM 与 HotelKey 的1-1对应关系进行比较,并把 LGXX 表中存在但在 DimHotel 表中没有的数据作为输入送给"旅馆 ADO. NET 输出目的"控件。

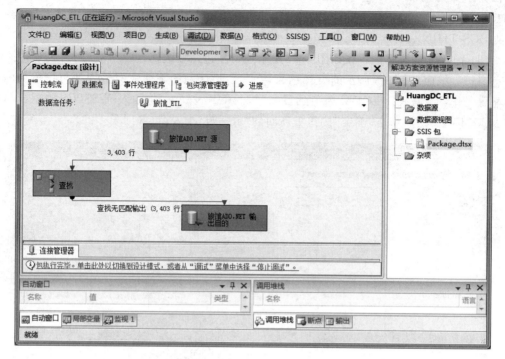

图 4-32 已调试成功的"旅馆_ETL"数据流任务

（3）"旅馆 ADO. NET 输出目的"控件将得到的数据，直接存入 HDCS-THINKPAD 服务器的数据仓库 HuangDW_Hotel 的目的表 DimHotel 之中。

4.4 配置"人员_ETL"数据流任务

配置"人员_ETL"数据流任务，就是将数据源常住人口表 CZRQ，暂住人口表 ZZRQ 和人员前科表 RYQK 中的数据，抽取到数据仓库目的表 DimPeople 之中所需要配置的操作控件、操作顺序和相关参数。

4.4.1 创建"人员_ETL"对象

1. 重新进入"起始页"窗口

按照 4.1.3 节介绍的方法和步骤，进入 SQL Server 商业智能开发平台 Microsoft Visual Studio"起始页"窗口（见图 4-33），它与图 4-3 的区别在于"最近的项目"区域有名为 HuangDC_ETL 的项目。

说明：如果读者刚刚结束图 4-32 的调试工作，则无须从这一步开始，而直接单击"控制流"选项卡即可进入如图 4-34 所示的"控制流"窗口。由于我们在学习配置数据流任务的过程中经常会因为其他事情而停止工作，甚至关闭计算机，因此，对于第一次学习数据流任务配置的读者，学会重新进入"起始页"窗口是必要的。

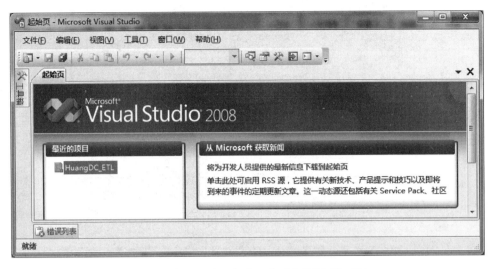

图 4-33　重新进入商业智能开发平台的"起始页"窗口

2. 再次进入"控制流"选项卡窗口

在如图 4-33 所示窗口的"最近的项目"区域单击项目名称 HuangDC_ETL,进入 SSIS
包的"控制流"选项卡窗口(见图 4-34),并且显示了在 4.3 节已经创建的"旅馆_ETL"数据流
任务。

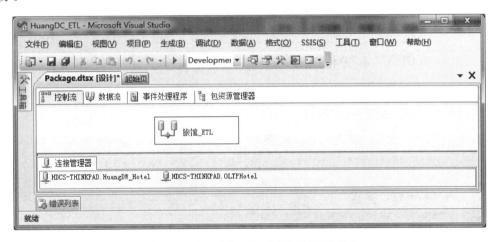

图 4-34　再次进入 SSIS 包"控制流"选项卡

说明:将图 4-34 与图 4-9 比较后发现,在这里没有显示右边"解决方案资源管理器"浏
览窗口。如果需要显示这个浏览窗口,可以在"视图"菜单中选择"解决方案资源管理器"菜
单命令来打开它。如果窗口显示的样式与图 4-9 不完全相同,在"窗口"菜单中选择"重置窗
口布局"即可。

3. 添加"数据流任务"并重命名

在如图 4-34 所示窗口工具箱中将"数据流任务"控件拖入"控制流"选项卡之中,并将其

重命名为"人员_ETL"(见图 4-35)。

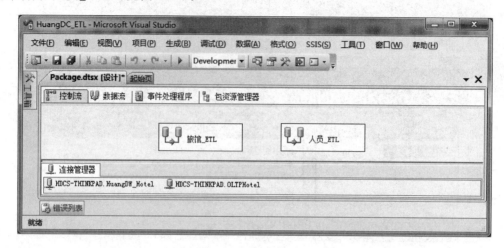

图 4-35 在"控制流"选项卡增加了名为"人员_ETL"的控件

至此,我们又向 HuangDC_ETL 项目的 SSIS 包 Package.dtsx 中增加了一个名为"人员_ETL"的数据流任务控件。下面将完成它所需全部控件的配置工作。

4.4.2 配置"人员_ETL"参数

"人员_ETL"对象由"ADO.NET 源"、"数据转换"、"派生列"、"查找"、"排序"、"合并"、"合并联接"和"ADO.NET Destination"等多种控件组成。以下分别叙述其详细配置过程。

1. 配置"ADO.NET 源"控件(常住人口)

在图 4-35 中单击"数据流"选项卡,并在"数据流任务"对应的下拉列表框中选择"人员_ETL",进入"数据流"配置窗口(见图 4-36)。

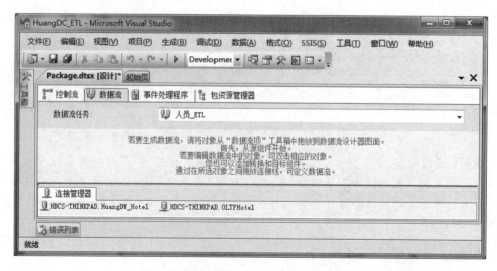

图 4-36 数据流任务"人员_ETL"设计窗口

1) 添加"ADO. NET 源"控件并重命名

在如图 4-36 所示窗口的工具箱中把"ADO. NET 源"控件拖入该窗口,并将其重命名为"常住人口_源"(见图 4-37)。

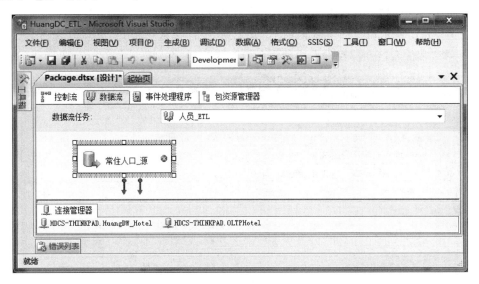

图 4-37 数据流任务"人员_ETL"的"常住人口_源"控件

2) 配置"ADO. NET 源编辑器"参数

(1) 打开"ADO. NET 源编辑器"窗口。在如图 4-37 所示的窗口中双击"常住人口_源"控件左边的小图标,出现"ADO. NET 源编辑器"窗口(见图 4-38)。

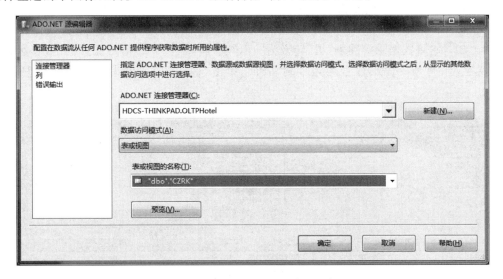

图 4-38 "ADO. NET 源编辑器"窗口

(2) 配置"连接管理器"属性。在如图 4-38 所示窗口的"ADO. NET 连接管理器"下拉列表框中选择 HDCS-THINKPAD. OLTPHotel,在"表或视图的名称"下拉列表框中选择"dbo". "CZRK"选项,即将常住人口信息表 CZRK 作为"人员_ETL"数据流任务的一个数据源。单击"确定"按钮返回图 4-37。

2．配置"派生列"控件

1）添加"派生列"控件并重命名

在如图 4-37 所示窗口的工具箱中把"派生列"控件拖入该窗口，并将其重命名为"性别转换"，再将"常住人口_源"控件左边的绿色箭头连接到"性别转换"控件上（见图 4-39）。

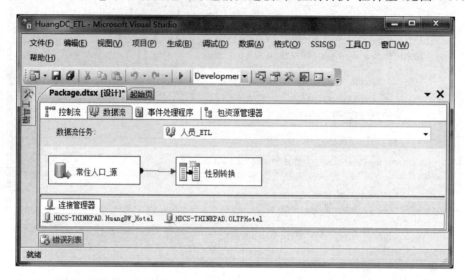

图 4-39　增加"派生列"控件并重命名为"性别转换"

2）配置性别取值转换方法

在如图 4-39 所示的窗口中双击"性别转换"左边小图标，进入性别转换公式设置窗口（见图 4-40），它将数据源中性别"男"转换为"1"，"女"转换为"0"。值得注意的是，表达式中的英文字母、问号、引号、冒号均为半角字符。单击"确定"按钮就返回如图 4-39 所示的窗口。

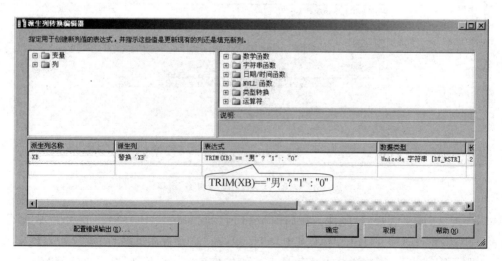

图 4-40　实现"性别转换"的"派生列"控件配置

3．配置"数据转换"控件

1）添加"数据转换"控件

在图4-39所示窗口的工具箱中把"数据转换"控件拖入该窗口，并将其重命名为"性别数据长度转换"，再将"性别转换"控件左边的绿色箭头连接到"性别数据长度转换"控件上（见图4-41）。

图4-41 增加"数据转换"控件并重命名为"性别数据长度转换"

说明：数据流任务的配置过程，就是不断地将需要的控件拖入如图4-37所示的窗口中，并对其进行参数配置的过程。因此，为了节省篇幅，我们通常仅截取配置窗口的数据流控件放在教材之中，但一点也不会影响可读性和读者对问题的理解。图4-41就是在图4-37中增加了"性别转换"和"性别数据长度转换"两个控件的局部截图。

2）将输出列XB的长度定义为1

在图4-41所示窗口双击"性别数据长度转换"左边小图标，进入"数据转换编辑器"窗口。将输出列XB的长度定义为1（见图4-42）。单击"确定"按钮返回如图4-41所示的窗口。

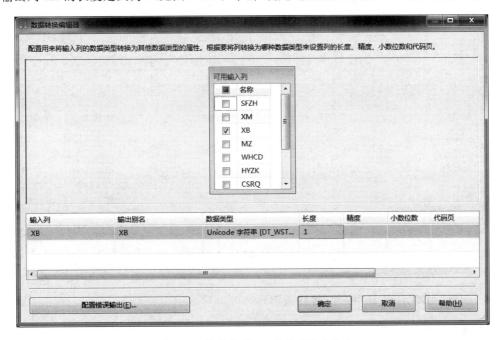

图4-42 将输出列XB的长度定义为1

4．配置"排序"控件（常住人口）

1）添加"排序"控件并重命名

在图4-41所示窗口的工具箱中将"排序"控件拖入该窗口，并将其重命名为"删除重复

常住人口",再将"性别数据长度转换"控件左边的绿色箭头连接到"删除重复常住人口"控件
上(见图 4-43)。

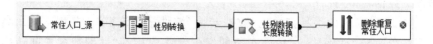

图 4-43　增加"排序"控件并重命名为"删除重复常住人口"

2) 指定"排序"的列名

在如图 4-43 所示窗口双击"删除重复常住人口"左边小图标,进入"排序转换编辑器"窗
口(见图 4-44)。在"可用输入列"区域选中 SFZH(身份证号)复选框,并特别注意要同时在
窗口左下角选中"删除具有重复排序值的行"复选框。单击"确定"按钮返回与图 4-43 类似
的窗口,其唯一区别仅是最右边控件的红色叉号消失了,表明"排序"配置正确。

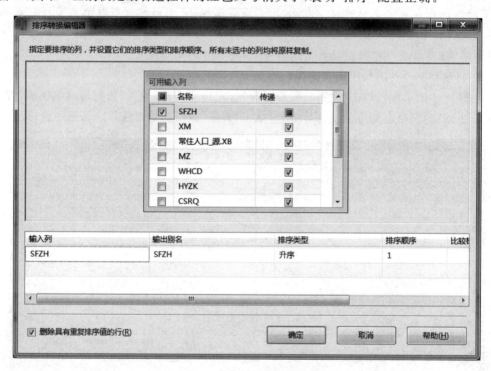

图 4-44　"排序转换编辑器"配置窗口

5. 配置"ADO.NET 源"控件(暂住人口)

1) 添加"ADO.NET 源"控件并重命名

在如图 4-43 所示窗口的工具箱中把"ADO.NET 源"控件拖入数据流设计窗口,并将其
重命名为"暂住人口_源"(见图 4-45)。

2) 配置"ADO.NET 源编辑器"参数

在如图 4-45 所示的窗口中双击"暂住人口_源"控件左边的小图标,出现"ADO.NET 源
管理器"窗口(见图 4-46),其完整的窗口类似于图 4-38,区别仅在于"表或视图的名称"下拉

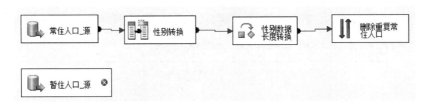

图 4-45 增加了"暂住人口_源"的数据流配置窗口

列表框中选择了"dbo". "ZZRK"选项,即将暂住人口信息表 ZZRK 作为"人员_ETL"数据流任务的另一个数据源。单击"确定"按钮返回数据流配置窗口(见图 4-45)。

ADO.NET 连接管理器(C):
HDCS-THINKPAD.OLTPHotel [新建(N)...]

数据访问模式(A):
表或视图

表或视图的名称(T):
"dbo"."ZZRK"

图 4-46 暂住人口"ADO. NET 源编辑器"的配置结果

6. 配置"排序"控件(暂住人口)

1) 添加"排序"控件并重命名

在如图 4-45 所示窗口的工具箱中将"排序"控件拖入该窗口,并将其重命名为"删除重复暂住人口",再将"暂住人口_源"控件左边的绿色箭头连接到"删除重复暂住人口"控件上(见图 4-47)。

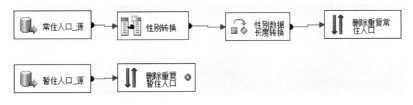

图 4-47 增加了"删除重复暂住人口"控件的数据流

2) 指定"排序"的列名

在如图 4-47 所示的窗口双击"删除重复暂住人口"左边小图标,进入"排序转换编辑器"窗口(见图 4-48),并在"可用输入列"区域选中 SFZH(身份证号)复选框,且特别注意在窗口左下角选中"删除具有重复排序值的行"复选框。单击"确定"按钮返回与图 4-47 类似的窗口。

7. 配置"合并"控件

1) 将"删除重复暂住人口"作为"合并 输入 1"

在图 4-47 所示窗口的工具箱中将"合并"控件拖入该窗口,并将"删除重复暂住人口"控件下面的箭头连接到"合并"控件上,立即弹出如图 4-49 所示的"选择输入输出"窗口,在"输入"下拉列表框中选择"合并 输入 1"选项。

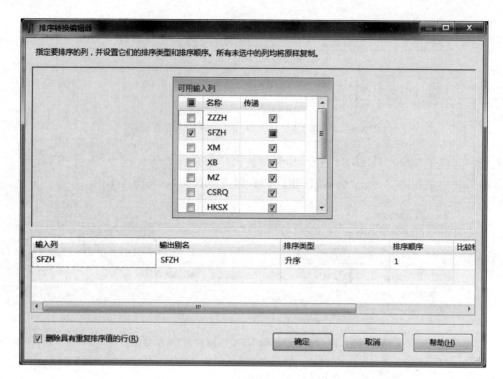

图 4-48　配置"排序转换编辑器"窗口

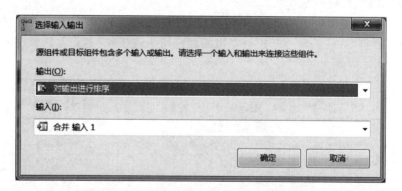

图 4-49　"选择输入输出"窗口的配置结果

2）将"删除重复常住人口"作为"合并 输入 2"

在如图 4-49 所示窗口中单击"确定"按钮,回到类似图 4-50 的窗口(仅"合并"控件上少了一个从"删除常住人口"过来的箭头连接线)。将"删除重复常住人口"控件下面的箭头连接到"合并"控件上即得如图 4-50 所示窗口,这时系统自动将"删除重复常住人口"设置为"合并 输入 2"。

3）指定"合并"控件的输出列名

在图 4-50 所示窗口中双击"合并"控件,并在出现的"合并转换编辑器"(见图 4-51)中配置好"输出列的名称",以及与"合并 输入 1"和"合并 输入 2"的列名之间的"1-1"对应关系,单击"确定"按钮返回图 4-50。

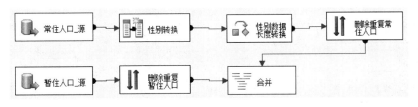

图 4-50　将"删除重复暂住人口"和"删除重复常住人口"控件连接到"合并"控件

　　说明：由于"常住人口_源"和"暂住人口_源"列数不同（前者有文化程度 WHCD、婚姻状况 HYZK 两个列，而后者却没有），有些相同含义的列名也不相同（前者的派出所 PCS 列名对应后者的暂住派出所 ZZPCS 等）。因此，需将"输出列的名称"中的 ZZSSXQ 改为 SSXQ，ZZPCS 改为 PCS，并在下面增加 WHCD、HYZK 两个列名，在"合并 输入 2"各个下拉列表框中选择对应的列名，特别注意选择"性别数据长度转换.XB"，即用常住人口长度转换后的 XB 作为输入列值。

输出列的名称	合并 输入 1	合并 输入 2
ZZZH	ZZZH	<忽略>
SFZH (排序键: 1)	SFZH (排序键: 1)	SFZH (排序键: 1)
XM	XM	XM
XB	XB	性别数据长度转换.XB
MZ	MZ	MZ
CSRQ	CSRQ	CSRQ
HKSX	HKSX	<忽略>
HKXZ	HKXZ	<忽略>
ZZDZ	ZZDZ	<忽略>
SSXQ	ZZSSXQ	SSXQ
PCS	ZZPCS	PCS
WHCD	<忽略>	WHCD
HYZK	<忽略>	HYZK

图 4-51　"合并转换编辑器"配置结果

8．配置"排序"控件（对合并控件的输出排序）

　　1）添加"排序"控件并重命名

　　在如图 4-50 所示窗口的工具箱中将"排序"控件拖入该窗口，并将其重命名为"删除重复人口"，再将"合并"控件左边的绿色箭头连接到"删除重复人口"控件上（见图 4-52）。

　　2）指定"排序"的列名

　　在如图 4-52 所示的窗口双击"删除重复人口"左边小图标，进入"排序转换编辑器"窗口（见图 4-53），并在"可用输入列"区域选中 SFZH（身份证号）复选框，在窗口左下角选中"删除具有重复排序值的行"复选框。单击"确定"按钮返回与图 4-52 类似窗口。

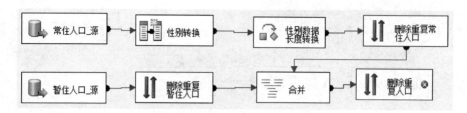

图 4-52 增加"排序"控件并重命名为"删除重复人口"

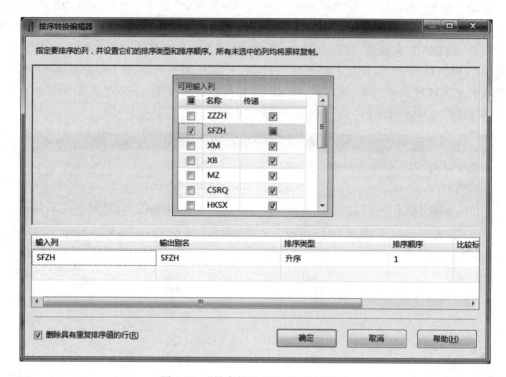

图 4-53 "排序转换编辑器"配置结果

9. 配置"ADO.NET 源"控件（前科人员）

1）添加"ADO.NET 源"控件并重命名

在如图 4-52 所示窗口的工具箱中将"ADO.NET 源"控件拖入数据流配置窗口，并将其重命名为"前科数据_源"，重新调整各个控件的位置，得到如图 4-54 所示结果。

2）配置"ADO.NET 源编辑器"参数

在如图 4-54 所示窗口中双击"前科数据_源"控件左边的小图标，出现"ADO.NET 源编辑器"窗口（见图 4-55）。该窗口类似于图 4-38，区别仅在于此处"表或视图的名称"下拉列表框中选择了"dbo"."RYQK"选项，即已经将前科信息表 RYQK 选作"人员_ETL"数据流任务的第 3 个数据源。单击"确定"按钮返回如图 4-54 所示窗口。

10. 配置"排序"控件（删除重复的前科数据行）

在如图 4-54 所示窗口的工具箱中将"排序"控件拖入该窗口，并将其重命名为"删除重

复前科数据行",并将"前科数据_源"绿色箭头连接过来。在弹出的"排序转换编辑器"窗口
(见图 4-56)中"可用输入列"区域选中 SFZH(身份证号)复选框,并在窗口左下角选中"删除
具有重复排序值的行"复选框。单击"确定"按钮返回如图 4-57 所示窗口。

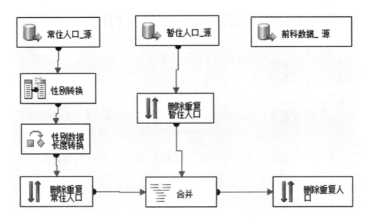

图 4-54　添加"ADO. NET 源"控件并重命名为"前科数据_源"

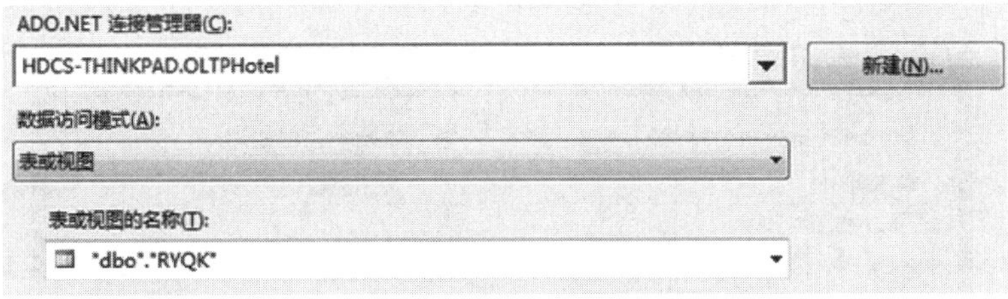

图 4-55　"前科数据_源"的"连接管理器"配置结果

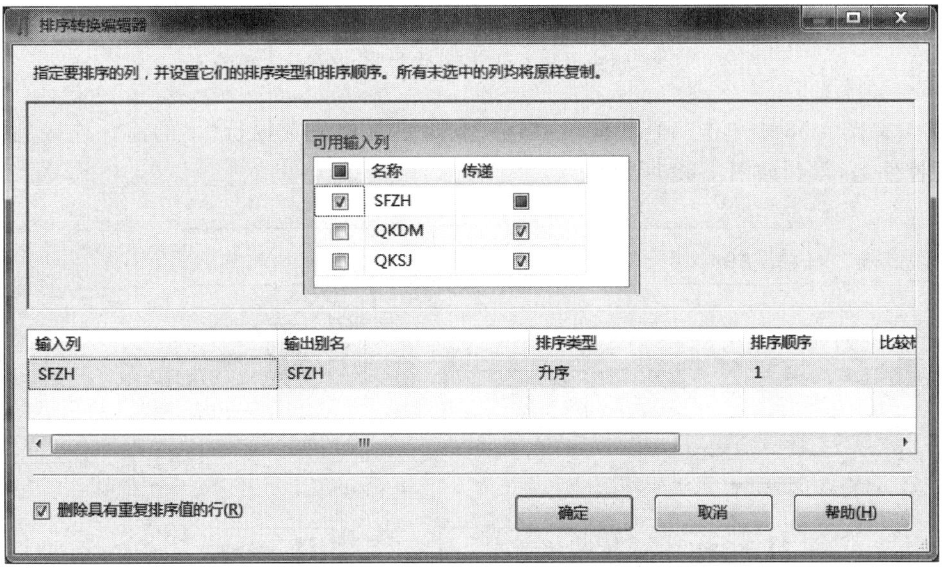

图 4-56　指定"前科数据"排序的列名 SFZH

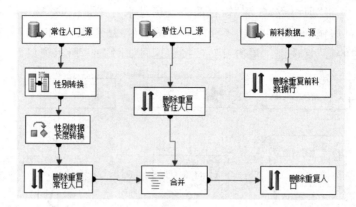

图 4-57　添加"排序"控件并重命名为"删除重复前科数据行"

11. 配置"合并联接"控件

（1）在如图 4-57 所示窗口的工具箱中将"合并联接"控件拖入该窗口，并将"删除重复人口"控件的箭头连接到"合并联接"控件上，且在弹出窗口（见图 4-58）的"输入"下拉列表框中选择"合并联接左侧输入"。

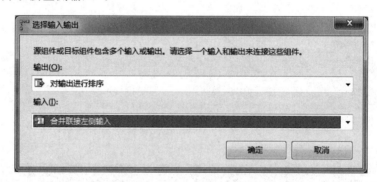

图 4-58　将"删除重复人口"控件作为"合并联接左侧输入"

（2）在图 4-58 中单击"确定"按钮，再将"删除重复前科数据行"下的箭头连接到"合并联接"控件上，得到如图 4-59 所示窗口。

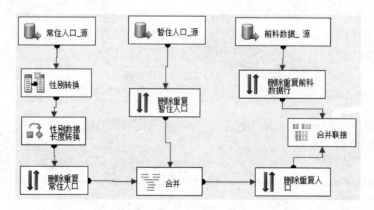

图 4-59　"删除重复人口"和"删除重复前科数据行"控件已连接到"合并联接"控件

（3）配置"合并联接"输出。

在如图 4-59 所示的窗口，双击"合并联接"控件左边小图标，进入"合并联接转换编辑窗口"（见图 4-60），并完成以下配置后单击"确定"按钮，返回如图 4-59 所示窗口。

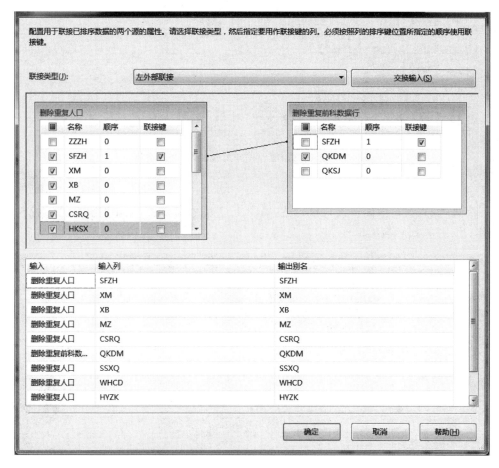

图 4-60 "合并联接"控件配置结果

① 在"联接类型"下拉列表框中选择"左外部联接"选项。

② 选中"删除重复人口"中除 ZZZH、HKXZ、ZZDZ 和 PCS 以外的所有列名。

③ 选中"删除重复前科数据行"中 QKDM 列名。

④ 保证"输入列"和"输出别名"1-1 对应，且列名相同。

说明："合并联接"配置的结果，就是在"人口"数据中增加一个列名叫 QKDM（前科代码）的列。

12. 配置"查找"控件

1）添加"查找"控件并重命名

在如图 4-59 所示窗口的工具箱中将"查找"控件拖入该窗口，并将其重命名为"查找增量"，再将"合并联接"控件的箭头连接到"查找增量"控件上（见图 4-61）。

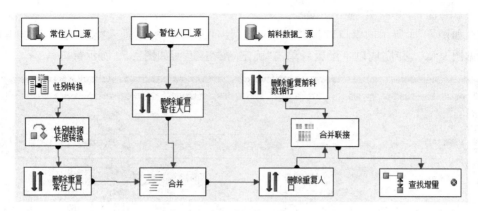

图 4-61　添加"查找"控件并重命名为"查找增量"

2）配置"查找转换编辑器"参数

（1）进入"查找转换编辑器"窗口。在如图 4-61 所示窗口中，双击"查找增量"控件左边小图标，出现"查找转换编辑器"窗口（见图 4-62）。

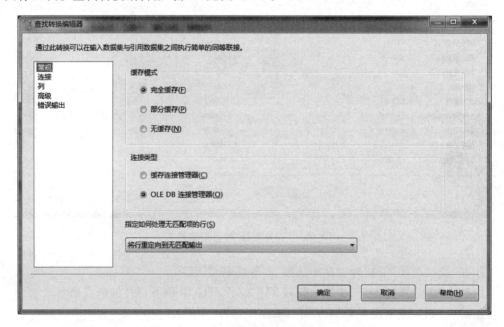

图 4-62　"查找转换编辑器"的"常规"属性窗口

（2）配置"常规"属性。在图 4-62 中左边区域选择"常规"属性，在右下方"指定如何处理无匹配项的行"的下拉列表框中选择"将行重定向到无匹配输出"选项。

（3）配置"连接"属性。在如图 4-62 所示窗口的左边区域选择"连接"属性可得图 4-63，并在其"OLE DB 连接管理器"下拉列表框中选择 HDCS-THINKPAD. HuangDW_Hotel 选项，在"使用表或视图"下拉列表框中选择[dbo].[DimPeople]选项。

（4）配置"列"属性。在如图 4-63 所示窗口的左边区域选择"列"属性可得图 4-64，使用从图 4-23 至图 4-25 类似的方法，使 SFZH 与 PeopleKey 建立 1-1 对应联系。

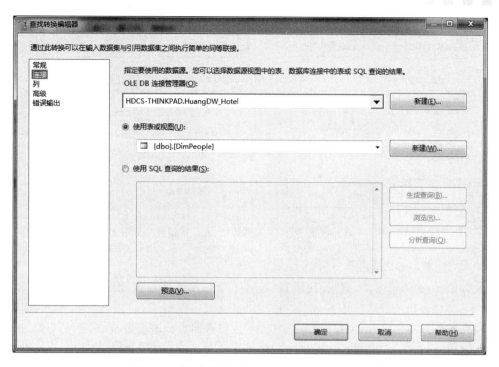

图 4-63 "查找转换编辑器"的"连接"属性窗口

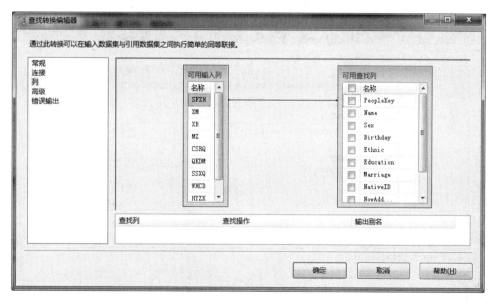

图 4-64 配置"列"属性

13. 配置 ADO.NET Destination 控件(人员维度表)

1) 添加 ADO.NET Destination 控件并重命名

将 ADO.NET Destination 控件从工具箱中拖入如图 4-61 所示窗口,并重命名为"人口数据到人员维度表"(类似图 4-65,只是"查找增量"控件此时还没连接到"人口数据到人员维度表"控件上)。

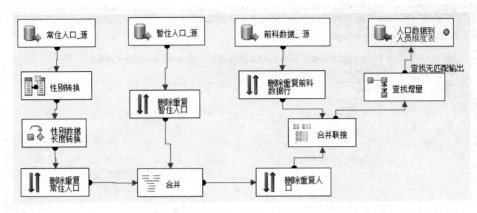

图 4-65　"查找增量"控件连接到新增"人口数据到人员维度表"

2）配置"选择输入输出"

在如图 4-65 所示窗口，把"查找增量"控件上绿色箭头线连接到"人口数据到人员维度表"控件，并在弹出的对话框中配置"输出"为"查找无匹配输出"，"输入"为"ADO.NET 目标输入"，配置结果与图 4-28 相同，单击"确定"按钮返回数据流配置窗口（见图 4-65）。

3）配置"ADO.NET 目标编辑器"参数

（1）打开"ADO.NET 目标编辑器"。在图 4-65 中双击"人口数据到人员维度表"控件左边小图标，进入"ADO.NET 目标编辑器"配置窗口（见图 4-66）。

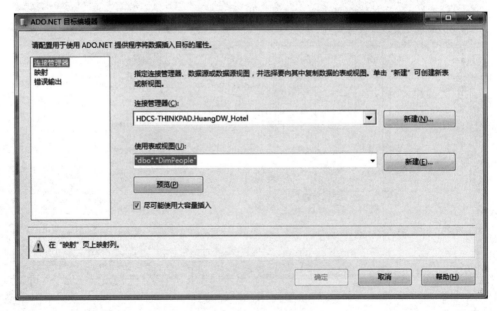

图 4-66　"连接管理器"配置窗口

（2）配置"连接管理器"。在图 4-66 左边区域选择"连接管理器"属性，并在"连接管理器"下拉列表框中选择 HDCS-THINKPAD.HuangDW_Hotel 选项，在"使用表或视图"下拉列表框中选择"dbo"."DimPeople"选项，即人员维度表。

（3）配置"映射"属性。在如图 4-66 所示窗口选择"映射"属性得图 4-67，按照 3.4.3 节常住人口、暂住人口数据源与人员维度表的映射关系设计结果，在其右边区域的下面，通过下拉列表框中条目的选择，完成"输入列"与"目标列"的映射配置任务：将输入列 LGDM 映射到 HotelKey；……将输入列 QKDM 映射到目标列 CrimeType，然后单击"确定"按钮返回图 4-68 所示窗口。

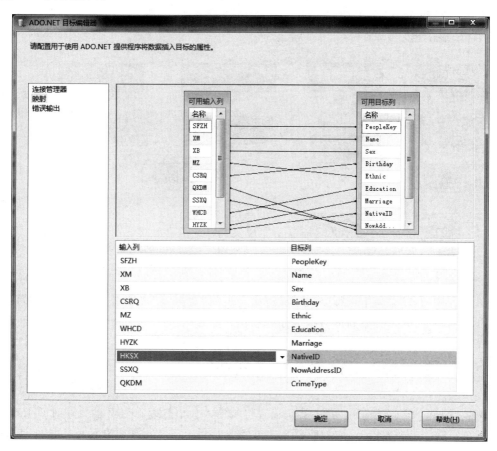

图 4-67　"输入列"与"输出列"映射配置窗口

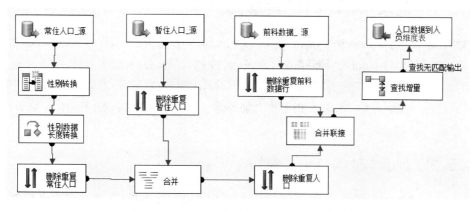

图 4-68　数据流任务"人员_ETL"的数据流配置结果

14. 调试"人员_ETL"数据流任务

在图 4-68 中选择"调试"菜单下的"启动调试"命令,开始调试执行数据流任务。待系统运行数秒之后得到如图 4-69 所示窗口。结果表明,已成功将 15 163 行人口数据从数据源 CZRK、ZZRK 和 RYQK 表成功抽取、转换并加载到输出目的表 DimPeople 之中,且 DimPeople 表中也是 15163 行。

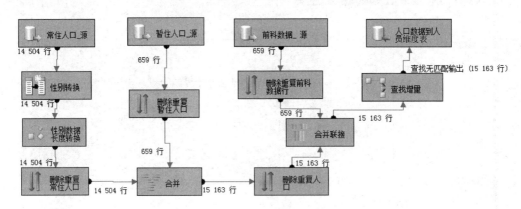

图 4-69　调试成功的"人员_ETL"数据流任务

最后,在"调试"菜单下选择"停止调试"命令返回"数据流"选项卡,结束"人员_ETL"数据流任务的配置,并可开始新的数据流任务创建和配置工作。

4.5　配置"时间_ETL"数据流任务

配置"时间_ETL"数据流任务,就是配置将旅馆入住信息表 LGRZ 的入住时间 RZSJ 和离店时间 LDSJ 两个数据,抽取到数据仓库目的表 DimDate 之中所需要的操作控件、操作顺序和相关参数。

4.5.1　创建"时间_ETL"对象

"时间_ETL"对象的创建步骤和操作方法与 4.4.1 节完全相同,即重新进入"起始页"窗口,然后启动项目"HuangDC_ETL"并再次进入"控制流"选项卡,或者在图 4-69 中选择"停止调试"菜单命令后,直接单击"控制流"选项卡(见图 4-35),进入 SSIS 包的"控制流"选项卡窗口并创建的"时间_ETL"对象。相信读者能够像 4.4.1 节创建"人员_ETL"对象那样轻松完成整个创建过程。

4.5.2　配置"时间_ETL"参数

通过 4.3 节和 4.4 节的学习,我们已经掌握了常用控件的拖入、重命名以及配置方法,因此,在介绍"时间_ETL"数据流任务配置的过程时,对前面已经熟悉的一些控件配置方法仅介绍其步骤,不再赘述其配置细节。

"时间_ETL"的数据流（见图 4-70）以旅馆入住信息表 LGRZ 的入住时间 RZSJ 和离店时间 LDSJ 两个列作为数据源，然后派生出年、季、月、日、时等描述时间细节的列，经过转换、排序、合并等操作，最后将时间数据加载到数据仓库目的表 DimDate 之中。

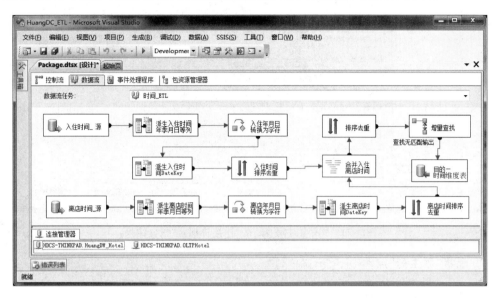

图 4-70 "时间_ETL"的数据流配置结果

下面介绍的配置过程，就是在类似于图 4-36 的窗口（只是"数据流任务"选择为"时间_ETL"）中，从增加一个"ADO. NET 源"控件，命名为"入住时间_源"，并进行参数配置开始，每一步增加一个控件，如派生列、数据转换、排序等，直到完成"目的-时间维度表"控件的配置结束（见图 4-70）。由于每一个控件配置结束标志就是单击"确定"按钮返回类似图 4-70 的窗口，其差别仅是控件数目逐渐增多。所以，在以后的配置过程中叙述为返回如图 4-70 所示的窗口。

1. 配置"ADO. NET 源"控件（入住时间）

1）进入"数据流"配置窗口

在"数据流"选项卡的"数据流任务"对应的下拉列表框中选择"时间_ETL"选项，进入"数据流"配置窗口（类似图 4-70），因为现在刚开始，因此图中还没有任何控件。

2）添加"ADO. NET 源"并重命名

从工具箱中把"ADO. NET 源"控件拖入该窗口，并将其重命名为"入住时间_源"（见图 4-70）。

3）配置"ADO. NET 源编辑器"参数

双击"入住时间_源"控件左边的小图标，出现"ADO. NET 源编辑器"窗口，在左边区域选择"连接管理器"（见图 4-71）。

然后在"ADO. NET 连接管理器"下拉列表框中选择 HDCS-THINKPAD. OLTPHotel 选项，在"数据访问模式"下拉列表框中选择"SQL 命令"选项，并在"SQL 命名文本"框中输入 SELECT RZSJ FROM LGRZ 后，返回图 4-70 类似窗口。

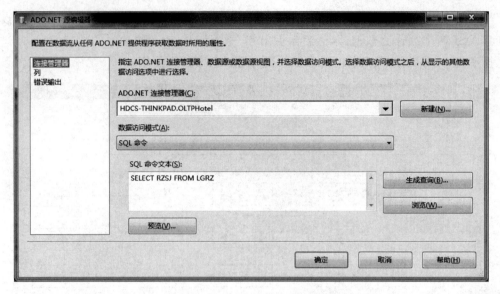

图 4-71   "入住时间_源"的"连接管理器"配置结果

2. 配置"派生列"控件

1）添加"派生列"控件并重命名

从工具箱中把"派生列"控件拖入如图 4-70 所示窗口，并重命名为"派生入住时间年季月日等列"，再将"入住时间_源"控件的绿色箭头线连接到该控件。

2）配置"派生列名称"和"表达式"

（1）打开配置窗口。双击"派生入住时间年季月日等列"控件左边小图标，出现"派生列转换编辑器"（见图 4-72）。

图 4-72   入住时间 RZSJ 派生出年季月日时等的配置结果

（2）配置"派生"表达式。在图 4-72 的"派生列名称"下面，分别输入 CYear，…，CHour 等列名，并应用函数 DATEPART 构造"表达式"，其中 DATEPART("year",RZSJ)表示从入住时间 RZSJ 中将年份数据提取出来作为 CYear 的值。其他派生列表达式类似理解。但要注意，转换公式中的所有字母、符号都必须是半角字符。

3. 配置"数据转换"控件

1）添加"数据转换"控件

从工具箱中把"数据转换"控件拖入图 4-70 所示窗口，并将其重命名为"入住年月日转换为字符"，再将"派生入住时间年季月日等列"控件左边的绿色箭头连接到新添加的控件上（见图 4-70）。

2）配置转换后的字符长度

双击"入住年月日转换为字符"控件，出现如图 4-73 所示配置窗口。

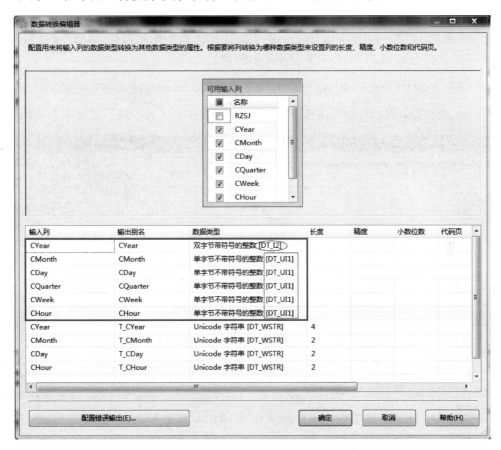

图 4-73　入住时间的年季月日时转换为字符的配置结果

（1）让第 1 行的"输出别名"与"输入列"的名称 CYear 相同，数据类型配置为"双字节带符号的整数[DT_I2]"。

（2）让第 2 行至第 6 行的"输出别名"与"输入列"的名称相同，数据类型配置为"单字节不带符号的整数[DT_UI1]"。

（3）让第 7 行至第 10 行的"输出别名"由"输入列"的名称前增加"T_"而得，数据类型配置为"Unicode 字符串［DT_WSTR］"长度分别是 4,2,2,2（见图 4-73）。

说明：图 4-73 中的大矩形框内的转换是为了与时间维度表 DimDate 中的数据类型一致，时间维度表中 smallint 长度为 2,tinyint 长度为 1；大矩形框下面的 4 个输出列是为了下一步派生 DateKey 而增加的。

完成配置后单击"确定"按钮返回如图 4-70 所示窗口。

4. 配置"派生列"控件

1）添加"派生列"控件

从工具箱中把"派生列"控件拖入如图 4-70 所示窗口，并将其重命名为"派生入住时间DateKey"，再将"入住年月日转换为字符"控件左边的绿色箭头连接到新添加的控件上（见图 4-70）。

2）配置"派生列名"和"表达式"

双击"派生入住时间 DateKey"控件，出现如图 4-74 所示配置窗口，其中"派生列名称"为 DateKey，"派生列"配置为"作为新列添加"，其表达式定义如下：

T_CYear + Right("0" + T_CMonth,2) + Right("0" + T_CDay,2) + Right("0" + T_CHour,2)

其中 Right 函数保证月、日、时都是长度为 2 的字串，这样 DateKey 便是长度为 10 的字串。

图 4-74 "派生列名称"和"表达式"配置结果

完成配置后返回如图 4-70 所示窗口。

5. 配置"排序"控件

1）添加"排序"控件

从工具箱中把"排序"控件拖入如图 4-70 所示的窗口，并将其重命名为"入住时间排序去重"，再将"派生入住时间 DateKey"控件左边的绿色箭头连接到新添加的控件上。

2）配置"排序"列名

双击"入住时间排序去重"控件，出现如图4-75所示配置窗口。在"可用输入列"中选中DateKey，在"输入列"和"输出别名"下面也都选中DateKey，特别注意在窗口的左下角选中"删除具有重复排序值的行"复选框后，返回如图4-70所示窗口。

图4-75　按DateKey排序去重的配置结果

6. 配置"离店时间"相关的数据流

按照本节前面1至5步几乎完全相同的步骤和方法，分别配置图4-70中的"离店时间_源"、"派生离店时间年季月日等列"、"离店年月日转换为字符"、"派生离店时间DateKey"、"离店时间排序去重"共5个控件。配置过程中的主要差别在于，"离店时间_源"在配置"连接管理器"时，使用的SQL命令为SELECT LDSJ FROM LGRZ（见图4-76），以及"派生离店时间年季月日等列"的表达式为DATEPART("year",LDSJ)等。

7. 配置"合并"控件

1）添加"合并"控件并重命名

从工具箱中把"合并"控件拖入如图4-70所示的窗口，并将其重命名为"合并入住离店时间"。

2）配置"输入"为"合并 输入1"

在图4-70中将"离店时间排序去重"控件的箭头连接到"合并入住离店时间"控件上，在弹出的窗口"输入"下拉列表框中选择"合并 输入1"，其结果与图4-49相同。

3）配置"合并 输入2"

在图4-70中将"入住时间排序去重"控件下面的箭头拖入"合并入住离店时间"控件，系

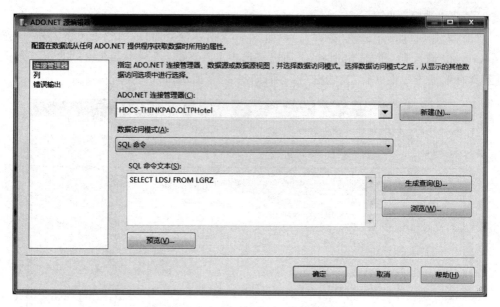

图 4-76 离店时间 LDSJ 作为数据源

统自动将其配置为"合并 输入 2"。

4）配置"输出列的名称"等

双击"合并入住离店时间"控件，出现如图 4-77 所示的窗口，并按照图示完成配置。

图 4-77 "合并入住离店时间"控件的配置结果

在图 4-77 中显示的是已经完成"输出列的名称"等的配置信息。比如,在"输出列的名称"下面输入 Fulltime,对应"合并 输入 1"的 LDSJ 和"合并 输入 2"的 RZSJ;输入"派生列. CYear"对应"合并 输入 1"的"派生离店时间年季月日等列. CYear"和"合并 输入 2"的"忽略"等。

8. 配置"排序"控件

1)添加"排序"控件并重命名

从工具箱中把"排序"控件拖入如图 4-70 所示的窗口,并将其重命名为"排序去重"。

2)配置"排序去重"的输入列

双击"排序去重"控件,出现如图 4-78 所示的窗口,在其中指定 Fulltime 作为"排序去重"的输入列。单击"确定"按钮返回如图 4-70 所示窗口。

图 4-78 指定 Fulltime 作为"排序去重"的输入列

9. 配置"查找"控件

1)添加"查找"控件并重命名

从工具箱中把"查找"控件拖入如图 4-70 所示的窗口,并将其重命名为"增量查找"。

2)配置"查找转换编辑器"参数

(1)配置"常规"属性。将"排序去重"下的绿色箭头连接到"增量查找"控件上,双击"增量查找"控件,在出现的窗口左边区域选择"常规"属性,并完成"将行重定向到无匹配输出"配置(见图 4-79)。

(2)配置"连接"属性。在图 4-79 的左边区域选择"连接"属性,可得类似图 4-63 的"查找转换编辑器"的"连接"属性配置窗口。只要在其"OLE DB 连接管理器"的下拉列表框中

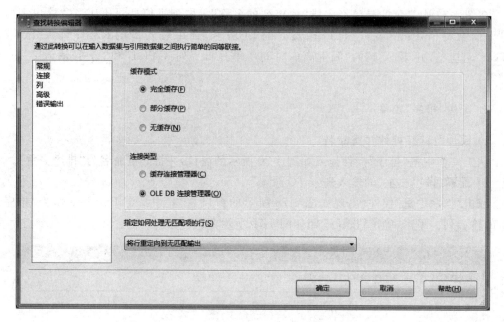

图 4-79 "增量查找"控件"常规"属性的配置结果

选择 HDCS-THINKPAD. HuangDW_Hotel 选项,在"使用表或视图"下拉列表框中选择 [dbo].[DimDate]选项即可。

(3) 配置"列"属性。在前面第(2)步的窗口的左边区域选择"列"属性得到如图 4-80 所示的窗口。在"可用输入列"通过右击 DateKey 获得快捷菜单,选择"编辑映射"菜单命令,使其与"可用查找列"中的 DateKey 建立 1-1 对应关系,最后返回如图 4-70 所示的窗口。

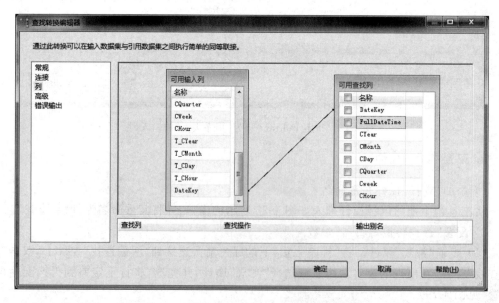

图 4-80 "增量查找"控件"列"属性的配置结果

10. 配置 ADO.NET Destination 控件

1）添加 ADO.NET Destination 控件并重命名

从工具箱中把"ADO.NET Destination"控件拖入如图 4-70 所示的窗口，并将其重命名为"目的-时间维度表"。

2）配置"选择输入输出"

将"增量查找"控件下面的绿色箭头连接到"目的-时间维表"控件上，在弹出的窗口"输入"下拉列表框中选择"查找无匹配输出"选项（其配置结果与图 4-28 相同），最后返回如图 4-70 所示的窗口。

3）配置"ADO.NET 目标编辑器"参数

（1）配置"连接管理器"属性。在图 4-70 中双击"目的-时间维表"控件左边小图标，在出现的窗口（类似图 4-66）左边区域选择"连接管理器"属性，在右边"连接管理器"下拉列表框中选择 HDCS-THINKPAD.HuangDW_Hotel 选项，"使用表或视图"下拉列表框中选择"dbo"."DimDate"选项。

（2）配置"映射"属性。在前面第（1）步操作窗口的左边区域选择"映射"属性，在其右边区域的下面，通过下拉列表框中条目的选择，完成输入列与目标列的映射配置任务：将输入列 DateKey 映射到目标列 DateKey；……将输入列 CHour 映射到目标列 CHour（见图 4-81）。然后返回如图 4-70 所示的数据流设计窗口。

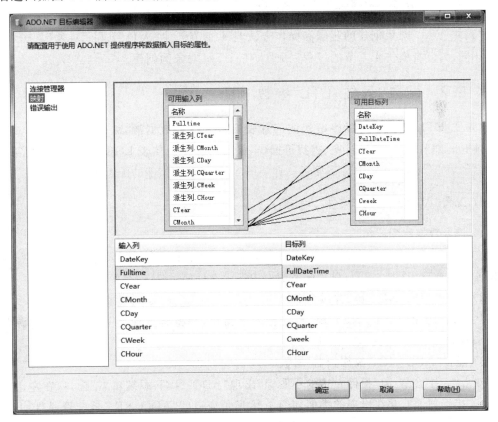

图 4-81 "输入列"与"输出列"映射的配置结果

11. 调试"时间_ETL"数据流任务

在如图 4-70 所示窗口中选择"调试"菜单下的"启动调试"命令,开始调试执行数据流任务。待系统运行数秒之后得到如图 4-82 所示窗口。它表明,已成功从数据源 LGRZ 表抽取入住时间、离店时间,并派生出年、季、月、日、时等列名,经转换并加载到输出目的表 DimDate 之中,且 DimDate 表中有 765 行。

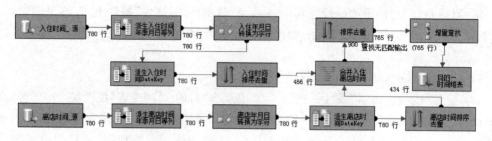

图 4-82　调试成功的"时间_ETL"数据流任务

4.6　配置"入住_ETL"数据流任务

4.6.1　创建"入住_ETL"对象

"入住_ETL"对象创建的步骤和操作方法与 4.4 节创建"人员_ETL"对象(见图 4-35)完全相同,请读者模仿 4.4 节的过程完成"入住_ETL"对象的创建。

4.6.2　配置"入住_ETL"参数

"入住_ETL"的数据流以旅馆入住信息表 LGRZ 作为数据源,派生出年、季、月、日、时等描述时间细节的列,经过转换、查找等操作,最后将旅馆入住表 LGRZ 中数据加载到数据仓库目的表 FactHotel 之中。下面逐一介绍图 4-83 中 6 个控件的配置过程。

1. 配置"ADO. NET 源"控件(入住信息)

1) 进入数据流配置窗口

在"数据流"选项卡的"数据流任务"对应的下拉列表框中选择"入住_ETL"选项,进入数据流配置窗口(见图 4-83),只是此时窗口中还没有任何控件。

2) 添加"ADO. NET 源"并重命名

从工具箱中把"ADO. NET 源"控件拖入该窗口,并将其重命名为"入住旅馆_源"(见图 4-83),此时窗口内仅有这一个控件。

3) 配置"ADO. NET 源编辑器"参数

双击"入住旅馆_源"控件左边的小图标,出现"ADO. NET 源编辑器"窗口,在左边区域选择"连接管理器",并在出现的类似如图 4-38 所示窗口的"ADO. NET 连接管理器"下拉列表框中选择 HDCS-THINKPAD. OLTPHotel 选项,在"表或视图的名称"下拉列表框中选

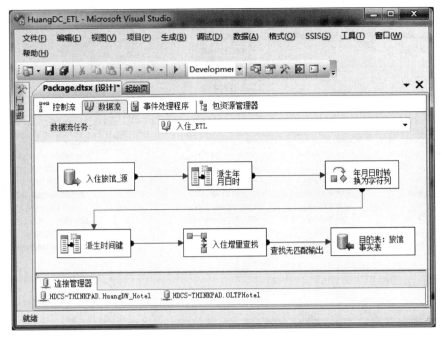

图 4-83　数据流任务"入住_ETL"的配置结果

择"dbo"."LGRZ"选项,即"入住_ETL"数据流任务的一个数据源。单击"确定"按钮返回图 4-83。

2. 配置"派生列"控件

1) 添加"派生列"控件并重命名

从工具箱中把"派生列"控件拖入如图 4-83 所示的窗口,并重命名为"派生年月日时",再将"入住旅馆_源"控件的绿色箭头线连接到该控件。

2) 配置"派生列名称"和"表达式"

(1) 打开配置窗口。双击"派生年月日时"控件左边的小图标,出现"派生列转换编辑器"(见图 4-84)。

(2) 配置"派生"表达式。在"派生列名称"下面,分别输入 RZ_CYear,…,RZ_CHour;LD_CYear,…,LD_CHour 等列名,并用函数 DATEPART 构造"表达式"(见图 4-84)。

3. 配置"数据转换"控件

1) 添加"数据转换"控件

从工具箱中把"数据转换"控件拖入如图 4-83 所示的窗口,并将其重命名为"年月日时转换为字符列",再将"派生年月日时"控件左边的绿色箭头连接到新添加的控件上(见图 4-83)。

2) 配置转换后的字符长度

双击"年月日时转换为字符列"控件,出现如图 4-85 所示的窗口,对其配置"输出别名"和"数据类型"等。

图 4-84 "派生年月日时"的配置结果

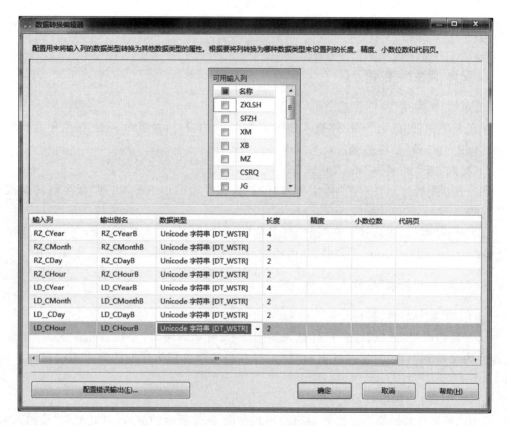

图 4-85 "年月日时转换为字符列"的配置结果

4. 配置"派生列"控件

1) 添加"派生列"控件

从工具箱中把"派生列"控件拖入如图 4-83 所示的窗口,并将其重命名为"派生时间键",再将"年月日时转换为字符列"控件左边的绿色箭头连接到新添加的控件上(见图 4-83)。

2) 配置"派生列名称"和"表达式"

双击"派生时间键"控件,出现如图 4-86 所示的窗口。在"派生列名称"下面分别输入InDateKey、OutDateKey 和 HotelDays,且在右边下拉列表框中选择"作为新列添加"选项。

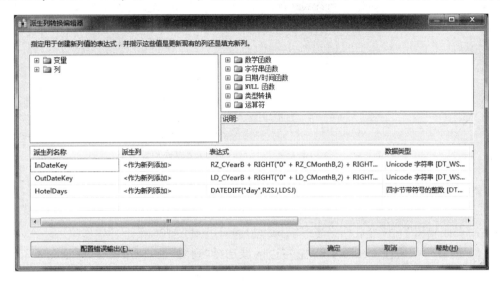

图 4-86　派生列 InDateKey 和 OutDateKey 及其表达式配置结果

(1) InDateKey 的表达式定义如下:

```
RZ_CYearB + RIGHT("0" + RZ_CMonthB,2) + RIGHT("0" + RZ_CDayB,2) + RIGHT("0" + RZ_CHourB,2)
```

(2) OutDateKey 的表达式定义如下:

```
LD_CYearB + RIGHT("0" + LD_CMonthB,2) + RIGHT("0" + LD_CDayB,2) + RIGHT("0" + LD_CHourB,2)
```

(3) HotelDays 的表达式定义为:

```
DATEDIFF("day",RZSJ,LDSJ)
```

5. 配置"查找"控件

1) 添加"查找"控件并重命名

从工具箱中把"查找"控件拖入如图 4-83 所示窗口,并将其重命名为"入住增量查找"。

2) 配置"查找转换编辑器"参数

(1) 配置"常规"属性。将"派生时间键"下的绿色箭头连接到"入住增量查找"控件上,双击"入住增量查找"控件,在出现的窗口(见图 4-87)左边区域选择"常规"属性,并完成"将行重定向到无匹配输出"配置。

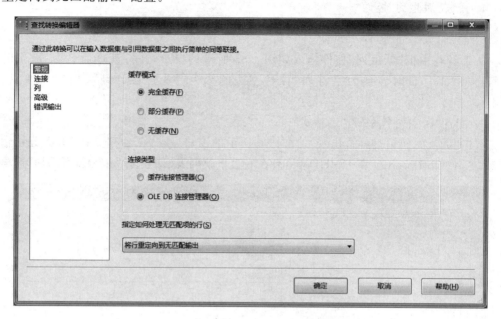

图 4-87 "入住增量查找"控件的"常规"属性配置结果

（2）配置"连接"属性。在图 4-87 中左边区域选择"连接"属性可得与图 4-63 类似窗口，在"OLE DB 连接管理器"下拉列表框中选择 HDCS-THINKPAD. HuangDW_Hotel 选项，在"使用表或视图"下拉列表框中选择[dbo].[FactHotel]选项。

（3）配置"列"属性。在图 4-87 中左边区域选择"列"属性，使用图 4-23 至图 4-25 类似的配置方法，特别注意在如图 4-88 所示的"创建关系"窗口中左边的"输入列"下拉列表框中选择 ZSLSH 选项，在右边的"查找列"下拉列表框中选择 FactHotelKey 选项，使数据源 LGRZ 表与目的表 factHotel 之间通过 ZSLSH 和 FactHotelKey 建立 1-1 对应关系。

图 4-88 "入住增量查找"控件的"列"属性配置结果

6. 配置 ADO.NET Destination 控件

1) 添加 ADO.NET Destination 控件并重命名

从工具箱中把 ADO.NET Destination 控件拖入如图 4-83 所示的窗口，并将其重命名为"目的表：旅馆事实表"。

2）配置"选择输入输出"

将"入住增量查找"控件下面的绿色箭头连接到"目的表：旅馆事实表"控件上，在弹出的窗口"输入"下拉列表框中选择"查找无匹配输出"选项（结果如图 4-28 所示），然后返回如图 4-83 所示窗口。

3）配置"ADO.NET 目标编辑器"参数

（1）"连接管理器"属性。在图 4-83 中双击"目的表：旅馆事实表"控件左边小图标，在出现的窗口左边区域选择"连接管理器"属性（类似于图 4-66），在右边"连接管理器"下拉列表框中选择 HDCS-THINKPAD.HuangDW_Hotel 选项，"使用表或视图"下拉列表框中选择"dbo"."FactHotel"选项。

（2）配置"映射"属性。在前面第（1）步配置窗口的左边区域选择"映射"属性，可得如图 4-89 所示窗口，并在其中完成"输入列"与"目标列"之间的映射关系，然后返回图 4-83。

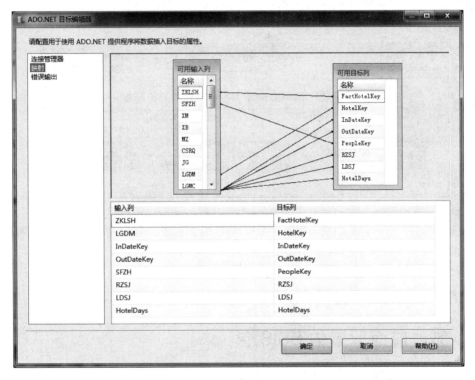

图 4-89　"目的表：旅馆事实表"控件的"映射"属性配置结果

7. 调试"入住_ETL"数据流任务

在如图 4-83 所示窗口中选择"调试"菜单下的"启动调试"命令，开始调试执行旅馆"入住_ETL"数据流任务，数秒之后得到如图 4-90 所示窗口。调试执行结果表明，已成功将旅馆入住表 LGRZ 中 780 行数据加载到输出目的表 FactHotel 之中。

此外，我们还需配置"犯罪_ETL"数据流任务、"地址_ETL"数据流任务和"派出所_ETL"数据流任务。因其配置过程与旅馆_ETL、入住_ETL 的类似，限于篇幅就不予再赘述，请读者自行完成其配置过程。图 4-91～图 4-93 分别展示了每个数据流任务中所需的控件。

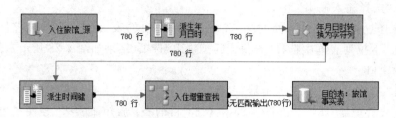

图 4-90　调试成功的"入住_ETL"数据流任务

图 4-91　调试成功的"犯罪_ETL"数据流任务

图 4-92　调试成功的"地址_ETL"数据流任务

图 4-93　调试成功的"派出所_ETL"数据流任务

至此,我们已经完成了如图 4-4 所示的 7 个数据流任务。只要将"旅馆_ETL"数据流任务下面的箭头拖到"人员_ETL"对象之上,将"人员_ETL"对象下面的箭头拖到"时间_ETL"对象之上,完成其余类似操作就得到图 4-4 所规定的执行顺序,形成包 package. dtsx 的一个控制流。

4.7　部署前面配置的 SSIS 包

通过前面几节的工作,我们已成功创建了一个集成服务项目 HuangDC_ETL,并为该项目的 SSIS 包 package. dtsx 配置了"旅馆_ETL"、"人员_ETL"等 7 个数据流任务。本节将把包 package. dtsx 部署到 SQL Server 的 SSIS 服务器中,使其能在指定的时间结点自动运行这个包,完成从数据源 OLTPHotel 不断抽取数据并追加到数据仓库 HuangDW_Hotel 的任务。

SSIS 包的部署包括如下两项工作:

(1) 将 SSIS 包 package. dtsx 另存到 SSIS 服务器,并将其命名为 HDC_ETL_Hotel,使其成为一个"已存储的包"对象,并存储在 SSIS 服务器之中;

(2) 配置包的运行作业参数,包括周期和时间,使代理能够在指定时间执行该包。

4.7.1 将包另存到 SSIS 服务器

1. 进入 SSIS 包文件所在的文件夹

使用 Windows 资源管理器进入包文件 Package.dtsx 所在的文件夹(见图 4-94,本教程实验使用的包 package.dtsx 放在"D:\BI-项目\HuangDC_ETL \HuangDC_ETL"文件夹之中)。

图 4-94 包文件 Package.dtsx 所在的文件夹

2. 打开 SSIS 包的设计窗口

右击图 4-94 包文件 Package.dtsx,在快捷菜单中选择"编辑"命令,打开"控制流"编辑窗口(见图 4-4)。

3. 指定 SSIS 包另存的服务器

在如图 4-4 所示窗口的"文件"菜单中选择"将 package.dtsx 的副本另存为"菜单命令,并在出现的窗口(见图 4-95)"服务器"下拉列表框中选择服务器名 HDCS-THINKPAD。

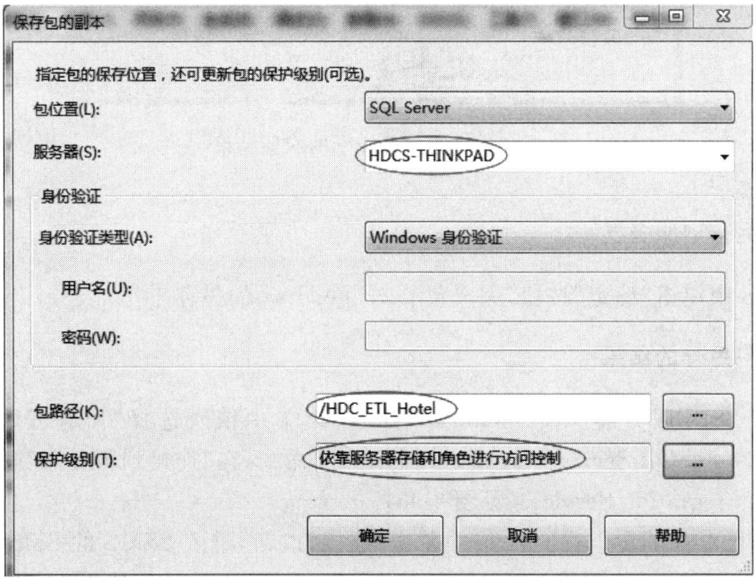

图 4-95 指定 SSIS 包另存的服务器名

4. 为 SSIS 包副本命名

在图 4-95 中单击"包路径"右侧的…按钮,在出现的"SSIS 包"窗口下面"包名称"文本框中输入 HDC_ETL_Hotel(见图 4-96)并单击"确定"按钮返回如图 4-95 所示窗口。

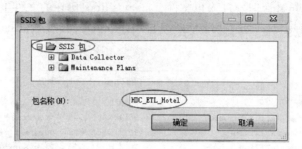

图 4-96　将包 package.dtsx 的副本命名为 HDC_ETL_Hotel

5. 配置包保护级别

在图 4-95 中单击"保护级别"右侧的…按钮后出现如图 4-97 所示窗口,并在"包保护级别"的下拉列表框中选择"依靠服务器存储和角色进行访问控制"选项,单击"确定"按钮返回如图 4-95 所示窗口。

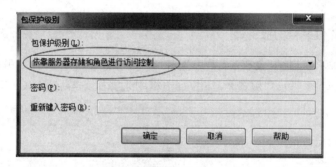

图 4-97　包保护级别的配置结果

6. 将包另存到服务器

在图 4-95 中单击"确定"按钮,完成包 package.dtsx 的另存工作。

7. 查看包另存的结果

(1) 登录 SSIS 服务器。在 Windows"开始"菜单中依次选择"所有程序"| Microsoft SQL Server 2008|SQL Server Management Studio 命令,在"连接到服务器"窗口的"服务器类型"中选择 Integration Services(见图 4-98)。

(2) 查看已存储的包。在图 4-98 中单击"连接"按钮,进入 SSMS 的 SSIS 服务器窗口。在"对象资源管理器"下面展开"已存储的包"对象,在 MSDB 对象的下面可以看到包对象 HDC_ETL_Hotel(见图 4-99),这表明包 Package.dtsx 的副本已经成功另存到 SSIS 服务器。

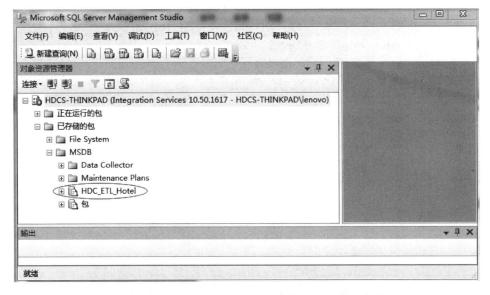

图 4-98 "服务器类型"选择 Integration Services

图 4-99 包 HDC_ETL_Hotel 已存放在 SSIS 服务器中

4.7.2 创建作业代理

1. 登录数据库服务器

在 Windows"开始"菜单中选择 SQL Server Management Studio 菜单命令,在"服务器类型"下拉列表框中选择"数据库引擎"选项(见图 4-100)。

2. 启动 SQL Server 代理

在图 4-100 中单击"连接"按钮,进入 SSMS 平台,在"对象资源管理器"区域找到"SQL Server 代理"对象,右击该对象并在出现的快捷菜单中选择"启动"命令,使"SQL Server 代理"图标中的正方形变成箭头即可(见图 4-101)。

图 4-100　在"服务器类型"中选择"数据库引擎"

图 4-101　启动"SQL Server 代理"

3. 配置新建的作业

（1）打开"新建作业"窗口。在图 4-101 窗口中展开"SQL Server 代理"，右击"作业"对象并在出现的快捷菜单中选择"新建作业"命令，出现"新建作业"窗口（见图 4-102）。

（2）配置"常规"属性。在图 4-102 中左边"选择页"区域单击"常规"选项，在右边"名称"文本框中输入"旅馆数据抽取作业"。

（3）打开作业"步骤"窗口。在图 4-102 中左边"选择页"区域单击"步骤"选项，得到"步骤"属性窗口（见图 4-103）。

（4）配置"新建作业步骤"参数。在图 4-103 下方单击"新建"按钮进入"新建作业步骤"配置窗口（见图 4-104），并分别配置如下参数：

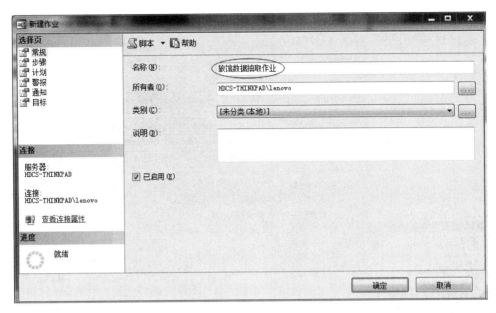

图 4-102　新建作业"常规"配置窗口

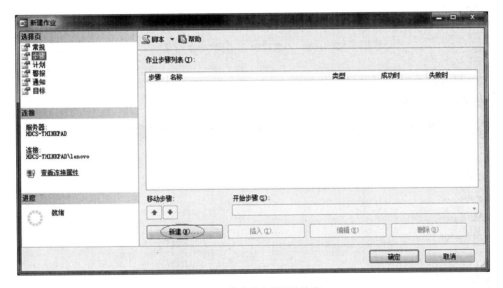

图 4-103　作业"步骤"属性窗口

① 在"步骤名称"文本框中输入"第一步";

② 在"类型"下拉列表框中选择"SQL Server Integration Services 包";

③ 在其下面的"常规"选项卡的"包源"下拉列表框中选择 SQL Server 选项;

④ 在"服务器"下拉列表框中选择 HDCS-THINKPAD 选项;

⑤ 在"登录到服务器"下面选择"使用 Windows 身份验证";

⑥ 单击"包"下面文本框右侧的…按钮,在出现的窗口中 SSIS 包下选择 HDC_ETL_ Hotel 选项。

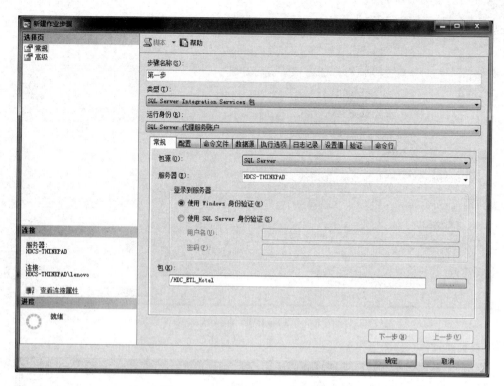

图 4-104　"新建作业步骤"配置结果

（5）打开作业"计划"窗口。在如图 4-104 所示窗口中单击"确定"按钮返回图 4-103，并在左边"选择页"区域单击"计划"属性，打开作业的"计划"窗口（见图 4-105）。

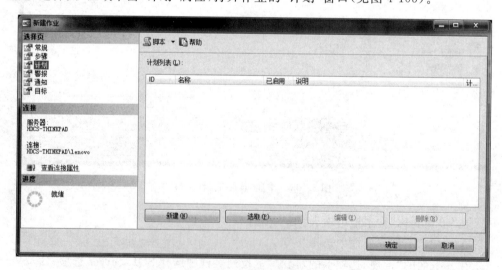

图 4-105　作业的"计划"窗口

（6）配置"新建作业计划"。在图 4-105 下方单击"新建"按钮进入"新建作业计划"配置窗口（见图 4-106），并分别配置如下参数：

① 在"名称"文本框中输入"计划一"；

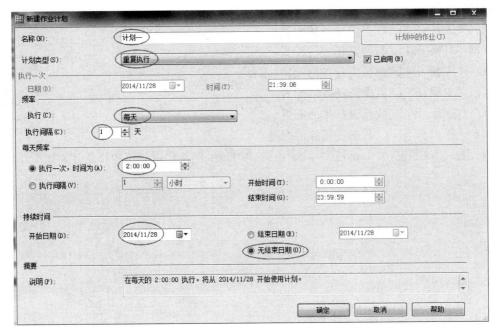

图 4-106 "新建作业计划"的配置结果

② 在"计划类型"下拉列表框中选择"重复执行"选项；

③ 在"频率"下面的"执行"下拉列表框中选择"每天"选项，"执行间隔"选择 1 天；

④ 在"每天频率"下面选择"执行一次，时间为""2:00:00"；

⑤ 将"持续时间"下面的"开始日期"配置为"2014/11/28"，并选择"无结束日期"。

配置完成后单击"确定"按钮完成计划配置返回图 4-105，再单击"确定"按钮完成新建作业的配置，返回如图 4-101 所示窗口。

4. 查看新建作业

在图 4-101 窗口中右击"SQL Server 代理"对象，并在快捷菜单中选择"刷新"命令，再展开"SQL Server 代理"，即可在"作业"对象下面看见一个名为"旅馆数据抽取作业"的对象。这表明存储在 SSIS 服务器中的包 HDC_ETL_Hotel，已作为 SQL Server 数据库服务器中的一个代理作业。从此以后，它将在规定时间结点（每天凌晨 2 点）自动抽取事务数据库 OLTPHotel 中新增加的数据，并将其追加到数据仓库 HuangDW_Hotel 之中。

习题 4

1. 简述 SQL Server 集成服务（Integration Services）的主要功能。

2. 为将数据源 OLTPHotel 的 ETL，在 SQL Server 的智能开发平台（Business Intelligence Development Studio）上创建一个以读者姓名拼音命名的集成服务项目（如 HuangDC_ETL），同时以自己姓名拼音重命名 SSIS 包（如 HuangDCpkg.dtsx）。

3. 为习题 2 集成服务项目完成以下配置任务

（1）"旅馆_ETL"数据流任务的配置。

（2）"人员_ETL"数据流任务的配置。

（3）"时间_ETL"数据流任务的配置。

（4）"入住_ETL"数据流任务的配置。

（5）"犯罪_ETL"数据流任务的配置。

（6）"地址_ETL"数据流任务的配置。

（7）"派出所_ETL"数据流任务的配置。

4. 完成 SSIS 包（如 HuangDCpkg.dtsx）的部署、作业代理创建和作业计划配置工作。

第5章

联机分析处理技术

随着计算机技术的广泛应用，企业每天都会产生大量的数据，如何从这些数据中提取对企业决策支持有用的信息，是企业决策管理人员所面临的一个难题。传统的数据库系统，也称联机事务处理系统(On-line Transaction Processing，OLTP)作为一种数据管理手段，主要用于事务处理，但它对分析处理的支持一直不能令人满意。因此，人们逐渐尝试对 OLTP 数据库中的数据进行再加工，形成一个综合的、面向分析的环境，以更好地支持决策分析。

数据仓库(DW)和联机分析处理(Online Analysis Processing，OLAP)分别从数据集成管理和软件开发技术两个不同的角度支持决策分析活动，现已成为决策支持系统的有机组成部分。数据仓库从分布在企业内部各处的 OLTP 数据库中提取数据并对所提取的数据进行集成，为企业决策分析提供所需的数据；OLAP 则利用存储在数据仓库中的数据完成各种分析操作，并以直观易懂的形式将分析结果返回给决策分析人员，供企业管理决策者参考。

本章 5.1 节介绍 OLAP 的定义、OLAP 的准则以及 OLAP 系统基本结构；5.2 节介绍 OLAP 的多维分析操作，包括切片、切块、旋转和钻取等操作；5.3 节介绍 OLAP 系统的类型，如多维 OLAP、关系 OLAP 以及混合 OLAP 系统；5.4 节分析 OLAP、DW 与 DM 之间的关系；5.5 节介绍 DW、OLAP 与 DM 结合的一种决策支持系统方案 DOLAM。

5.1 OLAP 概述

5.1.1 OLAP 的定义

通过 1.1 节的学习我们了解到，从 20 世纪 80 年代开始，被称为联机事务处理(OLTP)的数据库应用系统已经在企事业单位得到广泛的应用。为了获得及时准确的决策信息，许多企业又在 OLTP 数据库系统中增加了一些简单的分析处理功能(见图 1-1)，形成一种"事务处理与分析处理"合二为一的系统。但由于传统数据库的事务处理方式和决策分析对数据的处理需求存在明显的冲突，致使传统数据库系统无法很好地支持决策分析活动。

为了充分利用 OLTP 数据库中大量的数据，并为企业提供更加准确且多角度的决策信息，关系数据库之父 E. F. Codd 及其同仁于 1993 年提出了联机分析处理(On-Line Analysis Processing，OLAP)的概念，并为 OLAP 系统提出了 12 条广为人知的准则，使 OLAP 系统与 OLTP 系统(或包含一定决策支持功能)区分开来。许多人还将这 12 条准则当作判断一个具有决策支持功能的软件系统是不是 OLAP 系统的衡量标准。

下面先从信息数据的概念出发，引出 OLAP 的定义，然后介绍 OLAP 的 12 条准则。

定义 5-1　（OLAP 委员会）：从原始数据中转化出来的、能够真正被用户所理解，并真实反映企业多维特性的数据称为信息数据。

定义 5-2　（OLAP 委员会）：联机分析处理（OLAP）是一种软件技术，它能够使分析人员（管理人员或执行人员）从多种角度对信息数据进行快速、一致、交互地存取，并达到深入理解数据的目的。

定义 5-3　（简洁）：OLAP 是针对特定问题的联机多维数据快速访问和分析处理的软件技术，它帮助决策者方便地对数据进行深入的多角度观察。

这种以具有多维特性的信息数据为分析对象，以 OLAP 技术开发的数据分析系统称为联机分析处理系统，简称 OLAP 系统，或 OLAP 工具，或 OLAP 产品。

因此，以上三个定义已经将 OLAP 系统（或 OLAP 产品）与 OLTP 系统明显地区分开来。

OLAP 的用户是企业中的专业分析人员或管理决策人员，他们在分析业务经营数据时，希望从不同的角度来审视经营业绩是一种很自然的思考模式。例如，分析宾馆入住数据，可能会综合时间周期、宾馆辖区、旅客来源、是否有前科等多种因素，主要为社会公共安全部门提供决策支持。而 OLTP 则是对传统数据库进行联机处理的日常操作，比如旅客入住宾馆登记、常住人口地址变更等，主要为宾馆、派出所等单位特定的数据管理和应用服务。

5.1.2　OLAP 的 12 条准则

联机分析处理（OLAP）的概念以及 OLAP 系统 12 条准则的提出，在业界引起了很大的反响，并使 OLAP 系统与包含数据分析功能的 OLTP 系统明显地区分开来。

1993 年 E. F. Codd 提出了关于 OLAP 的 12 条标准，其目的是希望能加深对 OLAP 的理解。事实上，这些标准在当时几乎成为 OLAP 工具应该具有的关键特性的最小描述。尽管 Codd 提出的 12 个准则还在不断地完善，但现阶段仍是评价和购买 OLAP 产品的参考标准。

准则 1　多维概念的视图（multidimensional conceptual view）

从用户（分析员）的角度来看，整个企业的数据视图本质上是多维的（时间、地理、品种），因此 OLAP 的概念模型也应该是多维的。

作为分析工具的 OLAP 系统或产品，应该提供直观的多维分析计算方法，即能对多维数据模型进行"切片"、"切块"和"旋转"等操作（见 5.2 节介绍），轻松完成传统工具需要较长时间和极大代价才能完成的分析工作。

准则 2　透明性（transparency）

当 OLAP 系统以用户习惯的方式提供电子表格或图形显示时，这对用户应该是透明的。这包括两个方面的含义：一是用户不必关心表格或图显的数据是来自于同质还是异质的企业数据源，而只需使用 OLAP 工具查询数据即可；二是 OLAP 系统应该是开放系统架构的一个部分，当按用户需要将 OLAP 系统嵌入到架构的任何地方都不影响 OLAP 分析工具的性能。

准则 3　存取能力（accessibility）

OLAP 系统应该有能力利用自有的逻辑结构访问异构数据源，并且进行必要的转换以提供给用户一个连贯的展示，即由 OLAP 系统而不是用户关心物理数据的来源。此外，OLAP 系统不仅能进行开放的存取，而且还能提供高效的存取策略。

准则 4　稳定的报表性能（consistent reporting performance）

当数据的维度和数据综合层次增加时，OLAP 系统为最终用户提供报表的能力和响应速度不应该有明显的降低和减慢，这对维护 OLAP 系统的易用性和低复杂性至关重要。

准则 5　客户/服务器体系结构（client/server architecture）

OLAP 系统应该是一种客户/服务器（C/S）应用结构，并有足够的智能以保证多维数据服务器能被不同的客户应用工具以最小的代价访问。

C/S 这种结构在 20 世纪 80 年代末刚刚兴起，且比当时普遍使用的文件/服务器（F/S）结构有明显的优势，比如，C/S 结构不仅有利于充分利用网络中的计算资源，还减少了大量的网络数据传输量。而进入 21 世纪以后，这个要求就显得多余了，因为现在任何一个应用系统都采用 C/S 结构，或采用维护成本更低且更具灵活性的 B/S 结构。

准则 6　维的等同性（generic dimensionality）

每个数据维度应该具有等同的层次结构和操作能力，比如对每个维度都可以进行"切片"、"切块"和"旋转"等相同的操作。

准则 7　动态的稀疏矩阵处理能力（dynamic sparse matrix handling）

多维数据集通常具有稀疏性，即大多数单元格的值都是零。若存储所有这些零值数据就会占用大量的存储空间，因此，OLAP 系统应该为这种具有稀疏性的多维数据集的存储和查询分析提供一种"最优"处理能力，既能尽量减少零值单元格的存储空间，又能保证动态查询分析的快速高效。

准则 8　多用户支持能力（multi-user support）

多个用户分析员可以同时工作于同一分析模型上或是可以在同一企业数据上建立不同的分析模型。OLAP 工具必须提供并发访问、数据完整性及安全性管理的机制。

准则 9　非受限的跨维操作（unrestricted cross-dimensional operations）

多维数据之间存在固有的层次关系，这就要求 OLAP 工具能够自动推导出层次相关的计算，而无须最终用户来明确定义其计算过程。

准则 10　直观的数据操纵（intuitive data manipulation）

OLAP 工具应该为数据的分析操纵提供直观易懂的操作界面，比如"下钻""上卷""切片"等多维数据分析方法都可以通过直观、方便的单击操作完成。

准则 11　灵活的报表生成（flexible reporting）

OLAP 提供的报表功能应该以用户需要的任何方式展现信息，以充分反映数据分析模型的多维特征。

准则 12　非受限维与聚集层次（unlimited dimensions and aggregation levels）

OLAP 工具不应该对多维数据的维度数量和维度层次数量设置任何限制。

这个要求对系统要求有点高，可以适当降低。因为在实际应用中，多维数据集的维度数量很少超过 15 个，维度层次也通常在 6 个以内。

5.1.3　OLAP 的简要准则

在 Codd 提出 OLAP 的 12 条准则之后,引起软件供应商不少争议,比如,Gartner 集团公司就提出了 9 条更为简化的准则,还有一些公司另外增加了几条补充准则,甚至 Codd 及其合作者也在 1995 年补充了 6 条准则。随着人们对 OLAP 理解的不断深入,有些学者提出了更为简要的定义,比如,一个独立于软件厂商的 OLAP 研究机构 OLAP Report 提出了简称 FASMI 的定义,也得到业界的广泛认可。

定义 5-4　联机分析处理(OLAP)就是共享多维信息的快速分析,即 FASMI(Fast Analysis of Shared Multidimensional Information)。

从定义 5-4 可以发现,FASMI 本质上概括了 OLAP 的 5 个主要特征。

(1) 快速性(Fast):用户对 OLAP 系统的快速反应能力有很高的要求,希望系统能在 5 秒内对用户的大部分分析要求做出反应。

① 快速性需求只有在线响应才能完成,故又称为在线性;

② 快速性还需要一些专门的技术支持,如专门的数据存储结构、大量数据的预先计算,还有硬件的特别设计等。

(2) 分析性(Analysis):OLAP 系统应能处理与应用有关的任何逻辑分析和统计分析,例如,连续时间序列分析、成本分析、意外报警等。此外,还应该让用户无须编程就可以定义新的计算,并作为查询分析的一部分,再以理想的方式给出报告。

(3) 共享性(Shared):OLAP 系统必须提供并发访问控制机制,让多个用户共享同一 OLAP 数据集的查询分析,并保证数据的完整性和安全性。

(4) 多维性(Multidimensional):OLAP 系统必须提供对数据分析的多维视图,包括对维层次和多重维层次的完全支持。事实上,多维分析是分析企业数据最有效的方法,是 OLAP 系统的灵魂和关键特性。

(5) 信息性(Information):不论数据量有多大,也不管数据存储在何处,OLAP 系统应能及时获得管理决策的信息,并且能管理大容量的信息。

在以上 5 个特性中,快速性(在线性)和多维性就是 OLAP 系统的两个关键特征。

(1) 在线性:表现为对用户请求的快速响应和交互操作,它是通过使用 C/S 或 B/S 应用结构来实现的。

(2) 多维性:通过建立多维数据模型实现对数据的多维分析,是 OLAP 技术的关键所在。

5.1.4　OLAP 系统的基本结构

根据 OLAP 的定义和 12 条准则,我们可以给出 OLAP 系统的基本体系结构(见图 5-1)。它不仅描述了 OLAP 系统的所有组成部分,还描述了 OLAP 系统的数据从数据源到多维数据集、再到 OLAP 分析并最终为用户提供决策支持的变化过程。

这里的数据源与数据仓库的数据源一样,都来源于企业的内部或外部,既可以是文本数据、数据库数据,也可以是数据仓库数据或 Web 页面等其他数据,并根据决策需要将其抽取集成为多维数据集,再利用 OLAP 分析工具对多维数据集进行各种分析,并为用户提供分

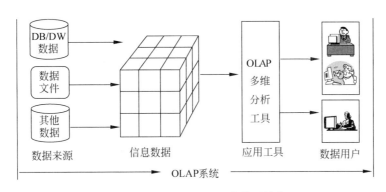

图 5-1 OLAP 系统的基本体系结构

析结果,为用户提供决策支持。

从图 5-1 可以发现,OLAP 系统的开发人员不仅要开发多维数据的多维分析工具软件,还要根据实际系统需要,开发多维数据的抽取和多维数据的集成软件。如果每个 OLAP 系统的建立都直接从业务处理系统的数据源中抽取数据来构造多维数据集,将增加数据抽取部分的工作量;可能导致数据源和结论的不统一;加大 OLAP 系统的维护工作量;缺乏对元数据的有效管理;加大 OLAP 系统的开发投入。

此外,与数据仓库系统体系结构图(见图 1-4)不同,如图 5-1 所示的 OLAP 系统基本结构中没有明确给出多维数据的管理工具,因为多维数据的管理工具决定了 OLAP 系统的类型,也称为 OLAP 系统的实现方式,详细内容将在 5.3 节介绍。

5.2 OLAP 的多维分析操作

我们在 2.4.1 节已经学习了多维模型的概念,包括变量、维度、维的层次、维成员、数据单元,以及多维数据集等相关概念。

OLAP 的多维分析操作包括对多维数据集的切片(slice)、切块(dice)、下钻(drill-down)、上卷(roll-up)、旋转(pivot)等数据分析方法,以便让用户能从多个角度、多个层次观察数据,从而深入地了解包含在数据中的有用信息,并为企业提供决策支持。

5.2.1 切片

定义 5-5 在 $n(\geqslant 3)$ 维数据集的某一维上,指定一个维成员的选择操作称为切片(Slice),其结果称为 n 维数据集的一个切片。

从定义 5-5 可知,若对一个 n 维数据集进行切片操作,则将得到一个 $n-1$ 维的数据集。由于多维数据集的维度越高,人们对其理解就越困难。因此,切片操作本质上是对多维数据集进行的一种降维操作,其目的是方便用户轻松地获取并理解多维数据蕴藏的决策信息。

例 5-1 对于如图 5-2 所示的 $n(=3)$ 维数据集,若在时间维上指定维成员"2 月",请给出其切片操作结果。为教学方便,假设每个单元格的数据都大于零,它表示某省、某月入住某个辖区内宾馆的人次数。

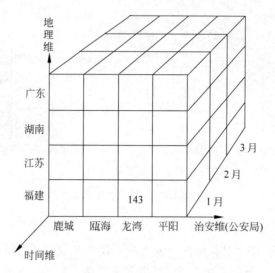

图 5-2　旅客入住辖区宾馆的三维数据集

解：根据定义 5-5，对三维数据集进行切片操作的结果是一个二维数据集。因此，可得在时间维指定维成员"2 月"的切片结果如表 5-1 所示。它表示 2 月份从广东、湖南、江苏、福建 4 个省来的旅客，入住鹿城等辖区宾馆的人次数。

定义 5-6　从 $n(\geqslant 2)$ 维数据集中选择一个二维子集的操作称为局部切片（Partial/local Slice），所得的二维子集称为一个局部切片。

由定义 5-6 可知，对任意 $n(\geqslant 2)$ 维数据集，其局部切片操作的结果永远是二维数据集。因此，为方便理解，可将定义 5-5 的切片操作称为全局切片操作。由于二维数据是人们最易接受和理解的多维数据展示方法，因此，局部切片操作成为最常用的一种多维数据分析结果展示方法。

一般地说，对 $n(\geqslant 3)$ 维数据集进行局部切片操作，必须先指定 $n-2$ 个维度成员以获得由剩余两个维度组成的二维数据集，然后从这个二维数据集中获得局部切片。

表 5-1　对三维数据集指定时间维成员"2 月"的切片

广东	211	212	213	214
湖南	221	222	223	224
江苏	231	232	233	234
福建	241	242	243	244
	鹿城	瓯海	龙湾	平阳

例 5-2　对于如图 5-2 所示的三维数据集，请给出两个局部切片结果。

解：根据局部切片的定义，从三维数据集中任意选择的一个二维子集都是一个局部切片。

（1）如果在时间维上指定维成员"2 月"，则表 5-1 的任何一个连续二维子集都是三维数据集的一个局部切片，表 5-2 就是其中的一个局部切片。

表 5-2 对三维数据集指定时间维成员"2 月"的局部切片

湖南	221	222	224
江苏	231	232	234
福建	241	242	244
	鹿城	瓯海	平阳

（2）如果在地理维上指定维成员"广东"，则表 5-3 是三维数据集的另一个局部切片。

表 5-3 对三维数据集指定地理维成员"广东"的局部切片

1 月	111	112	114
2 月	211	212	214
3 月	311	312	314
	鹿城	瓯海	平阳

5.2.2 切块

定义 5-7 在 $n(\geqslant 3)$ 维数据集的某一维上指定若干维成员的选择操作称为切块（Dice），其结果称为 n 维数据集的一个切块。

从定义 5-7 可知，对于 $n(\geqslant 3)$ 维数据集，如果某一维上指定的维度成员数大于等于 2，则切块操作的结果仍然是一个 n 维数据集，仅当指定一个维度成员时，其切块操作的结果是一个切片。即切片是切块的特殊情况。

例 5-3 对于如图 5-2 所示的三维数据集，如果在时间维度上指定"2 月""3 月"两个维成员，试给出相应的切块结果。

解： 由于在时间维度上指定了"2 月""3 月"两个维成员，对于如图 5-2 所示的三维数据集切块操作，相当于去掉了"1 月"份有关的单元格，其结果如图 5-3 所示。

如果在地理维度上指定"湖南"和"江苏"两个维成员，请读者给出相应的切块操作结果。

定义 5-8 在 $n(\geqslant 3)$ 维数据集上选择一个三维子集的操作称为长方体切块（Dice），其结果称为 n 维数据集的一个长方体切块或局部切块。

从定义 5-8 可知，$n(\geqslant 3)$ 维数据集的切块永远是三维数据集，即长方体。图 5-4 就是图 5-2 的一个长方体切块。

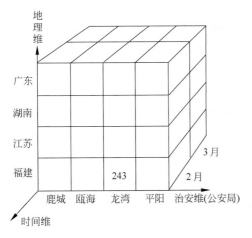

图 5-3 在图 5-2 的时间维上指定"2 月""3 月"的切块

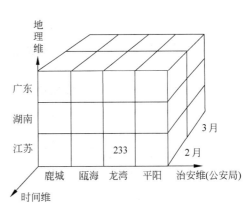

图 5-4 对图 5-2 所示三维数据集的一个局部切块

5.2.3　旋转

定义 5-9　在多维数据集展示的时候,对其改变维的显示方向的操作称为旋转(Rotate),它相当于解析几何中坐标轴的旋转,故又称转轴(Pivot)。

显然多维数据集的旋转结果仍然是原先的多维数据集,仅仅改变了数据集展示的方位,却方便了用户观察数据。例如,对图 5-2 展示的三维数据集,若将其绕时间维反时针旋转 90°,就可得图 5-5 所示的三维数据集。

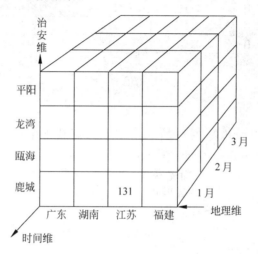

图 5-5　对三维数据集绕时间轴旋转的结果

5.2.4　钻取

多维数据集的钻取(Drill)就是改变数据所属的维度层次,实现分析数据的粒度转换,它是下钻(drill down)和上卷(roll up)这两个相反操作的统称。多维数据集钻取(Drill)操作的目的是方便用户从不同的层次观察多维数据。

定义 5-10　对多维数据选定的维度成员,按照其上层次维度对数据进行求和计算并展示的操作称为上卷(roll up)操作,简称上卷。

由上卷的定义可知,它是在某一个维度上,将较低层次的细节数据概括为高层次的汇总数据,以增大数据的粒度,并减少数据单元格的个数或数据集的维度。

例 5-4　对于如图 5-2 所示的三维数据集,若在时间维的"月份"层次,上卷为"季度"的层次,试给出其上卷结果。

解:对于图 5-2 所示的三维数据集,把时间维的"1 月""2 月""3 月"上卷恰好为"季度"的层次,即"1 季度",其上卷结果为一个二维数据集(见表 5-4)。

表 5-4　对三维数据集按时间维上卷所得"1 季度"二维数据集

	鹿城	瓯海	龙湾	平阳
广东	633	636	639	642
湖南	663	666	669	672
江苏	693	696	699	702
福建	723	726	729	732

下钻的操作与上卷相反,它从当前的汇总数据深入到其下一层次的细节数据,以便用户观察到更为细粒度的数据。

定义 5-11　对多维数据选定的维度成员,按照其下层次维成员对数据进行分解称为下钻(drill down)操作,简称下钻。

显然,对表 5-4 所示"1 季度"这个数据集,将其在时间维下钻到下层次"月",就得到图 5-2 所示的三维数据。为了更为直观的理解下钻,我们另外给出一个二维数据下钻的例子予以说明。

例 5-5　设表 5-5 表示"2 月"辖区宾馆各省人员入住情况,且时间维度"月"层次的下层为"旬",请给出下钻的结果。

表 5-5　"2 月"治安辖区宾馆各省入住数据

广东	211	212	213	214
湖南	221	222	223	224
江苏	231	232	233	234
福建	241	242	243	244
	鹿城	瓯海	龙湾	平阳

解:因为每月有上、中、下三个旬,因此,其下钻结果如表 5-6 所示。

表 5-6　对表 5-5 的二维数据集按"旬"下钻的结果

广东	70	68	73	66	70	76	……	……	77
湖南	73	69	79	75	74	73	……	……	80
江苏	62	86	83	82	71	79	……	……	85
福建	80	86	75	90	68	84	……	……	98
	2-上旬	2-中旬	2-下旬	2-上旬	2-中旬	2-下旬	……	……	2-下旬
	鹿城			瓯海			龙湾	平阳	

反过来,表 5-5 的数据又是表 5-6 在时间维"旬"层次上进行的上卷操作结果。

5.3　OLAP 系统的分类

OLAP 系统的类型是按照多维数据集存储管理的数据库来划分的,目前主要有多维 OLAP 系统、关系 OLAP 系统和混合 OLAP 系统,并分别简记为 MOLAP、ROLAP 和 HOLAP,下面分别介绍相关的概念。

5.3.1　多维 OLAP

多维 OLAP,即 MOLAP 使用专门的多维数据库(Multi-Dimensional DataBase,MDDB),比如 2.5 节介绍的 Caché 多维数据库管理系统来存储 OLAP 需要的多维数据集,并利用多维数据库管理系统对其进行管理控制,因此 MOLAP 又称为多维联机分析处理。

MOLAP 将 OLAP 分析所用到的多维数据集在物理上存储为多维数组的形式,形成"立方体"的结构。维的属性值被映射成多维数组的下标值或下标的范围,而汇总数据作为多维数组的值存储在数组的单元中。由于 MOLAP 采用了新的存储结构,从物理层实现多维存储,因此又称为物理 OLAP(Physical OLAP)。

多维数据库存储管理多维数据的优缺点已在 2.5 节分析,此处不再赘述。

5.3.2　关系 OLAP

关系 OLAP 使用传统的关系数据库(Relational DataBase,RDB)来存储多维数据集,并通过纯关系数据库管理系统(RDBMS)对其进行管理控制,对应的 OLAP 系统称为关系OLAP 系统(Relational OLAP),简记为 ROLAP。微软公司在 1995 年之前的 SQL Server版本就是纯关系数据库管理系统。它通过一些软件工具或中间件实现多维数据管理,物理层仍采用关系数据库的存储结构,因此也称为虚拟 OLAP(Virtual OLAP)。

ROLAP 将分析用的多维数据集用星形模型或雪花模型表示,并存储在关系数据库中。同时,还将一些主要的计算结果,比如计算工作量比较大的查询视图等,都直接存储在关系数据库中。此外,RDMBS 还针对 OLAP 特点做了相应的优化,比如并行存储、并行查询、并行数据管理、基于成本的查询优化、位图索引等。用关系数据库的二维表存储多维数据集的优点和不足之处请参见 2.5.3 节。

5.3.3　MOLAP 与 ROLAP 的比较

虽然 ROLAP 和 MOLAP 都能够实现联机分析处理的基本功能,但两者在查询效率、存储空间、维度管理等许多方面都各有千秋(见表 5-7)。用户在选择 OLAP 类型及实现方式的时候,既要考虑产品内部的实现机制,同时也应考虑假设分析、复杂计算、数据评估方面的功能,为实现决策支持系统打下坚实的基础。

表 5-7　**MOLAP 与 ROLAP 的比较**

比较内容	**ROLAP**	**MOLAP**
管理平台	传统的关系数据库管理系统	专门的多维数据库管理系统
系统性能	响应速度比 MOLAP 慢	性能好、响应速度快
数据模型	严格的关系模型与标准 SQL 语言	数据模型不严格且缺乏数据访问标准
维度管理	方便灵活:可随时增加新的维度,且维度不受限制	困难僵化,增加新维度要重建 MDDB,维度过多可能引起灾难
存储空间	没有数据存储空间大小的限制	受操作系统文件空间大小的限制
数据加载	数据装载速度快,特别是维度多、数据量大时优势明显	数据装载速度慢,因为加载时需要计算所有的立方体
查询效率	响应速度比 MOLAP 慢 无法完成多行和维之间的计算	性能好、响应速度快 支持所有多维查询计算
分析能力	较 MOLAP 弱	优势明显
适应能力	对数据或计算变化适应能力强	对数据或计算变化适应能力弱

5.3.4　混合 OLAP

1. 混合 OLAP 的概念

由于 MOLAP 与 ROLAP 各自拥有不同的优点和缺点,且它们的结构也完全不同,为了避免 OLAP 的设计人员在两种结构之间选择时陷入困境,人们提出了混合 OLAP (Hybrid OLAP,HOLAP)的概念。

虽然对 HOLAP 至今都还没有一个正式严格的定义,但一般认为,HOLAP 应该不是 MOLAP 与 ROLAP 结构的简单组合,而是这两种结构技术优点的有机结合,并能满足用户各种复杂的分析请求。HOLAP 的优越性就在于它能使 ROLAP 和 MOLAP 相互取长补短,充分利用 ROLAP 的灵活性和数据存储能力以及 MOLAP 的多维性和高效率。

一般地,可以将 HOLAP 与 ROLAP 和 MOLAP 的关系用以下公式表示。

$$HOLAP = \lambda * MOLAP + (1 - \lambda) * ROLAP \tag{5-1}$$

其中 $\lambda \in (0,1)$。

因此,可以根据 OLAP 实际应用的不同优化目标来调整参数 λ,从而得到不同的 HOLAP 系统。如果一个 OLAP 应用需要保持的多维性和更高的查询效率,那么 MOLAP 的比重就应该加大,相当于 $\lambda \in (0.5,1)$,即将大多数的汇总数据采用多维数据库来存储。如果一个应用对存储容量要求较高,希望对计算的适应能力更强,则应该充分利用关系数据库的存储能力和灵活性,把大部分统计数据用 ROLAP 的模式来存储,即 $\lambda \in (0,0.5)$。

2. HOLAP 的实现

目前,HOLAP 大都使用一种准多维数据库管理系统来实现多维数据集的管理控制。所谓准多维数据库管理系统,是在传统关系数据库管理系统基础上,增加了多维数据集的存储管理和查询分析功能而形成的数据库管理系统,而不是仅仅通过一些软件工具或中间件来实现多维数据集的关系数据库存储管理。

现在市场上的商品化数据库管理系统,比如 Oracle、SQL Server、DB2 等都早已在它们先前的纯关系数据库管理系统中增加了多维数据管理和分析的功能,形成了市场广泛接受的准多维数据库管理系统。

5.4 OLAP、DW 与 DM 的关系

5.4.1 OLAP、DW 与 DM 的联系

OLAP(联机分析处理)、DW(数据仓库)与 DM(数据挖掘)是相互独立而又相互联系的三个概念。相互独立指它们在不同的时间,由不同的学者或组织分别提出,因此它们在概念的基本内涵、解决的主要问题和使用的基本技术上都有很大的区别。相互联系是指它们都是为了支持企业的管理决策这一中心任务,即共同目标而提出的。因此,我们可以用"一个中心,三个基本点"来形容 DW、OLAP 与 DM 之间的关系(见图 5-6),即 DW、OLAP 和 DM 是决策支持这个中心任务的三个基本点或支撑点。

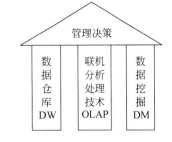

图 5-6 决策支持的三个基本点: DW、OLAP 和 DM

5.4.2　OLAP、DW 与 DM 的区别

OLAP 与 DW 不仅在提出的时间和提出的学者有所不同,而且在以下三个方面也存在巨大区别。

(1) 概念的内涵不同。DW 是一个综合历史数据的集合,其核心是数据本身的存储管理;OLAP 则是对大量数据进行联机分析处理的软件技术,其核心是数据的快速多维分析,即多维分析工具。因此,DW 可作为 OLAP 的一个数据分析对象,但 OLAP 的分析对象不局限于 DW,还可以是其他数据对象,比如数据库、数据文件、XML 文档、Excel 工作表等。反过来,DW 的分析工具也不限于 OLAP 工具,还可以有数据挖掘以及其他统计分析工具。

(2) 解决的问题不同。DW 概念是为了解决集成数据本身的组织和存储问题而提出。OLAP 概念是为了对数据进行多维统计分析与展示而提出来的,它要解决的问题是数据的联机(快速)分析处理方法。

(3) 使用的技术不同。DW 的数据组织和存储主要使用数据库及其相关技术,而 OLAP 主要应用软件工程和统计分析技术,开发联机的多维分析和可视化软件。但在对数据进行分析之前,OLAP 工具需将数据源中的数据抽取出来组成立方体(多维数据集),才能对其进行切片、切块、下钻、上卷等多维分析。

同 DW 和 DM 之间的关系一样,DW 不是为 OLAP 而生的,反过来 OLAP 也不是为 DW 而活的。当然,这句话对于 OLAP 与 DM 之间的关系同样适用。

综合以上分析结果并结合表 1-5,我们容易得知 OLAP(联机分析处理)、DW(数据仓库)和 DM(数据挖掘)三者之间的主要区别(见表 5-8)。

表 5-8　OLAP、DM 与 DW 的区别

序号	主要不同点	OLAP	数据仓库(DW)	数据挖掘(DM)
1	提出的时间	1993 年	1991 年	1989 年
2	提出的学者	E. F. Codd	W. H. Inmon(恩门)	第 11 届国际人工智能联合会
3	概念的内涵	历史数据的多维分析和展示方法	综合集成的历史数据集合	挖掘数据中隐藏知识的算法或工具
4	解决的问题	人机交互的数据快速联机分析处理	数据本身的集成、组织和存储问题	数据中隐藏知识的自动发现问题
5	主要的技术	软件工程与统计分析技术	数据库及其相关技术	机器学习、模式识别等人工智能技术

5.4.3　OLAP 与 DW 的关系

(1) 虽然 OLAP 技术并不是针对 DW(数据仓库)而提出的,但因其强大的数据分析能力和丰富的数据呈现方法,OLAP 可以成为数据仓库一个十分重要的分析工具。

(2) 虽然 DW 也不是针对 OLAP 而提出的,但因其业已集成的数据抽取工具和面向主题的数据集合,如果 OLAP 把 DW 作为一个优质的数据源,就能真正体现出"快速性、多维性、分析性、信息性、共享性"等 OLAP 特性。

(3) OLAP 可以是 DW 分析工具的一部分,但不是必需的一个部分。

（4）DW 可以是 OLAP 工具的一个优质数据源，但并不是唯一的分析数据源。

（5）将 OLAP 作为 DW 的一个主要分析工具，已成为目前 DW 系统的标准配置，即

数据仓库（DW）＋联机事务处理（OLAP）

就是一个基本的支持决策的数据仓库系统，即基于数据仓库的决策支持系统。

5.4.4　OLAP 与 DM 的关系

OLAP 作为一种验证型多维数据分析工具，是建立在多维视图基础之上的，它能让用户通过人机交互的形式，从多种不同的角度对原始数据中转化出来的多维数据集进行切片、切块、旋转和钻取等分析操作，从而实现对数据进行多角度、多层次的了解，但 OLAP 的分析能力也有一定的局限性，主要体现在以下两个方面。

1．很难发现数据之间的重要影响因素

OLAP 只能罗列多维数据集中业已存在的数据事实，比如去年 2 月江苏省来龙湾辖区入住宾馆的有 233 人次，但很难帮助用户从这些事实中发现其中重要的影响因素。

2．不能发现数据之间的重要关联

OLAP 告诉用户系统过去和当前的事实，却不能告诉用户这些事实之间潜在的重要关联。

从 1.2.2 节数据挖掘（Data Mining，DM）的定义可知，DM 恰好具有从大量的、不完全的、有噪声的、模糊的或者随机的数据中提取人们事先不知道、但又有潜在使用价值的模式和知识（如关联规则、分类规则等）的能力。

因此，OLAP 与 DM 各有所长，互为补充。DM 作为一种发掘型数据深度分析技术恰好弥补了 OLAP 分析能力的弱点。如果能将二者结合起来，发展一种建立在 OLAP 和 DM 基础上的新型分析挖掘技术，将更能适应企业实际决策分析的需要。OLAM（On-Line Analytical Mining，联机分析挖掘）正是这种结合的产物，它有如下几个特点。

（1）OLAM 是充分发挥计算机优势，进行大量运算及分析对比，产生诸如切片、切块、下钻、旋转等操作，形成新的模式。

（2）OLAM 是一个多维的、深层次的挖掘工作阶段。

（3）OLAM 是一个面向主题，形成新知识的层次阶段。

（4）OLAM 具有多维分析的在线性、灵活性和数据处理的深入性。

（5）OLAM 通过与 WEB 技术的结合，特别适合数据量巨大、数据类型复杂、表现形式多样的网络数据资源的深度分析。

5.5　DOLAM 决策支持系统方案

通过 1.1 节的学习我们已经知晓，建立在事务处理数据库环境中的决策支持系统，一直无法满足企业管理决策支持的需求，人们已认识到事务处理和分析处理具有极不相同的性质，必须建立独立于事务处理环境的决策支持系统，并分别从不同的角度提出了数据仓库、

联机分析处理和数据挖掘三项支撑技术，以期提高决策支持的能力。随着 DW 理论、OLAP 技术和 DM 技术的不断发展，人们终于找到了结合三者优点的决策支持系统(DSS)解决方案 DOLAM(见图 5-7)。

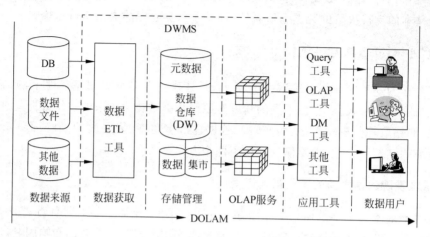

图 5-7　基于 DW、OLAP 工具和 DM 工具的决策支持系统

将图 5-7 与图 1-4 比较可以发现，这里的 DOLAM 本质上是 DW 与 OLAP 工具、DM 工具和其他查询工具集成的数据仓库系统(DWS)，它具有如下几个特点。

(1) 数据来源丰富多样。数据来源不仅包含企业各个部门的数据，而且包括企业外部的数据，如法律法规、市场信息、竞争对手的信息，以及各级政府发布的统计数据等；不仅有结构化的数据，也有非结构化的数据。因此，其数据来源十分丰富，并构成整个 DOLAM 决策支持系统的数据来源。

(2) 数据管理环境优良。通过专门的 ETL 工具，对数据来源中的数据进行集成、转换、综合，并重新组织形成面向决策主题的数据集合，再将 DWMS 作为数据进行有效存储和管理的良好环境。

(3) 查询分析高效多样。OLAP 服务器存储的多维数据集，是根据决策需求对数据仓库数据重新构造的，它使 OLAP 分析方法和多维数据结构实现了分离，用户不仅可以对多维数据进行切片、切块、钻取等多种分析比较，其查询分析的效率也得到了提高。

(4) 挖掘分析支持决策。以数据仓库和多维数据库中的大量数据为基础，数据挖掘工具能够自动地发现数据中潜在有价值的模式或知识，并为企业发展和市场预测提供良好的决策支持。

(5) 决策支持扩展性好。系统不仅包括了查询工具和其他数据仓库访问工具，还为新的决策工具嵌入这个系统预留了接口，以保证系统对决策支持的可扩展性。

当然，以上介绍的 DOLAM 功能特点仅仅是 DW、OLAP 和 DM 所有特点的简单叠加，未来真正的 DOLAM 应该是三者的深度融合，并应该具备如下鲜明的特点。

(1) 速度更快效率更高：相比 OLAP 和 DM 技术，DOLAM 在数据抽取和存储管理，多维分析和数据挖掘等各个方面都应具有更高的执行效率和更快的响应速度。

(2) 粒度层次选择随意。DOLAM 建立在 OLAP 的基础之上，因此应能方便地对 DW 中任何一部分数据或不同抽象级别的数据进行挖掘，甚至还可以直接访问存储在底层数据库里的数据。

（3）挖掘算法动态扩展。用户不仅可以在 DOLAM 中动态选择挖掘算法，动态地切换挖掘任务，还可以向系统中添加新的挖掘算法和其他 DW 应用工具。

（4）标签回溯功能方便。挖掘的任务具有多样性、算法具有复杂性，因此 DOLAM 应该具有标签和回溯功能。标签功能即是标记用户操作状态的功能，回溯指的是退回到上次操作状态。DOLAM 的这种功能可以避免用户因任务的多样性和算法的复杂性而在超立方体中"迷失方向"。

（5）分析挖掘结果可视。可视化工具以丰富的图文形式，将分析和挖掘结果呈现给用户，不仅有利于实现人机交互式处理，而且有利于用户对数据分析和数据挖掘结果的理解，因此。DOLAM 应该具备更加丰富且灵活的可视化工具。

（6）界面友好交互力强。决策分析过程通常要在用户的指导下进行，人作为系统的一个组成部分与系统应用已密不可分，因此，DOLAM 不仅应该具备友好的人机界面，还应具备较强的人机交互能力，实现人机协同工作，并提高决策支持能力。

习题 5

1．什么是联机分析处理（OLAP）？

2．什么是联机事务处理（OLTP）系统？

3．在 OLAP 的 12 条准则中，哪些准则已经过时或无须专门要求？

4．写出 FASMI 的英文短语，并简述其含义。

5．在 OLAP 的 5 个特征 FASMI 中，哪两个是 OLAP 的关键特性？

6．多维数据分析有哪几个基本分析操作？

7．简述多维数据集"切片"（slice）操作的含义，并举例说明切片操作的结果。

8．简述多维数据集"下钻"（drill down）操作的含义，并举例说明下钻操作的结果。

9．简述多维数据集"上卷"（roll up）操作的含义，并举例说明上卷操作的结果。

10．简述多维数据集"切块"（dice）操作的含义，并举例说明切块操作的结果。

11．OLAP 系统有哪几种类型？

12．什么是 MOLAP 系统？

13．什么是 ROLAP 系统？

14．什么是 HOLAP 系统？

15．简述 MOLAP 系统与 ROLAP 系统的区别。

16．简述 OLAP、DW 与 DM 的区别。

17．简述 OLAP 与 DW 的关系。

18．简述 OLAP 与 DM 的关系。

19．写出 OLAM 的英文短语，简述其特点。

第6章

警务数据仓库的OLAP应用

我们在第 4 章已经完成了警务数据仓库的创建,即已通过配置的 SSIS 包把警务系统中事务数据库 OLTPHotel 的数据,抽取到数据仓库 HuangDW_Hotel 之中。第 5 章告诉我们,必须将数据仓库数据重构为多维数据集,使用联机事务处理(OLAP)方法对其进行多维分析,才能让数据仓库更好地发挥决策支持作用。因此,本章将以警务数据仓库为例,介绍如何利用 SQL Server 提供的分析服务(SSAS)功能,创建分析服务项目,定义多维数据集,包括它的数据源、维度层次及其层次结构等,最后介绍多维数据的浏览操作方法,包括钻取、切片、切块等操作。

6.1 创建分析服务项目

6.1.1 进入商业智能开发平台

按照 4.1.3 节介绍的方法,从 Windows 的"开始"菜单选择 SQL Server Business Intelligence Development Studio 菜单命令,进入 SQL Server 商业智能开发平台"起始页"窗口(见图 6-1)。

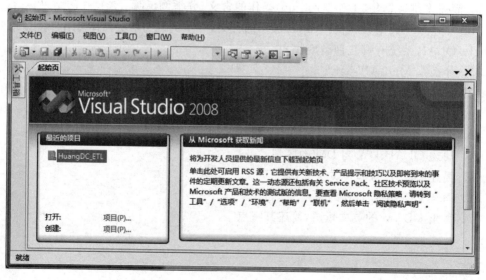

图 6-1   Microsoft Visual Studio"起始页"窗口

6.1.2　创建分析服务项目

在图 6-1 的"文件"菜单中,选择"新建"|"项目"菜单命令,进入"新建项目"窗口(见图 6-2)。在"项目类型"区域选择"商业智能项目",在"模板"区域选择"Analysis Services 项目"选项,并在"名称"文本框中输入项目名称 HuangDC_AS(本书作者自定义),在"位置"下拉列表框中选择存储项目文件的文件夹"D:\BI-项目"后,单击"确定"按钮进入"起始页"窗口(见图 6-3)。

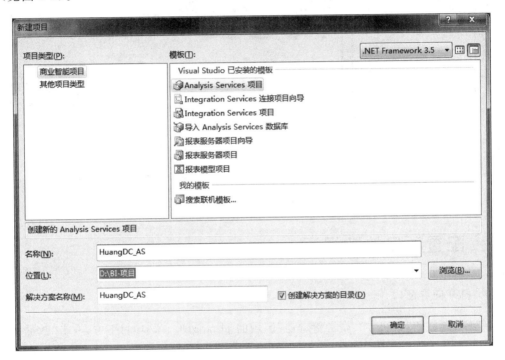

图 6-2　BIDS"新建项目"窗口

至此,我们创建了一个名为 HuangDC_AS 的分析服务(SSAS)项目,它与 4.2 节创建的集成服务(SSIS)项目 HuangDC_ETL 一样,都是一种商业智能项目,可实现不同的智能服务功能。HuangDC_ETL 完成从 OLTPHotel 数据库抽取数据加载到数据仓库 HuangDW_Hotel 中的任务,而 HuangDC_AS 完成从数据仓库 HuangDW_Hotel 选择数据源,构建 OLAP 多维数据集的任务。

如果读者在实际操作中看不到图 6-3 右边"解决方案资源管理器"区域,请在左边"最近的项目"区域单击 HuangDC_AS 对象,然后在"视图"菜单中选择"解决方案资源管理器"命令即可。

如果读者在实验中看到的项目"起始页"窗口右边的显示与图 6-3 有所不同,请在"窗口"菜单中选择"重置窗口布局"菜单命令,在弹出的对话框中单击"是"按钮即可。

图 6-3　新建 HuangDC_AS 项目后的"起始页"窗口

6.2　配置项目的数据源

1．打开向导窗口

在图 6-3 右侧"解决方案资源管理器"区域的 HuangDC_AS 项目下方，右击"数据源"对象，在出现的快捷菜单中选择"新建数据源"菜单命令，出现"数据源向导"提示窗口（该窗口仅有提示说明信息和"下一步"等按钮，为节省篇幅，此处未给出截图）。

2．配置数据连接

在"数据源向导"提示窗口中单击"下一步"按钮，打开"数据源向导"之"数据连接"配置窗口（见图 6-4），并在"数据连接"区域选择 HDCS-THINKPAD. HuangDW_Hotel（在实际操作中读者可以单击"新建"按钮创建新的数据源）。这里选择的 HuangDW_Hotel 就是第 4 章所创建的数据仓库，它是 OLAP 的分析对象——多维数据集的数据源。

3．配置数据源的连接凭据

在图 6-4 中单击"下一步"按钮，并在出现的窗口中选择"使用服务账户"。该窗口为 4 个选项构成的 Radio 按钮组，只能选择其中的某一项。

4．命名新建的数据源

在前面第 3 步的窗口中单击"下一步"按钮，并在出现的窗口"数据源名称"下面唯一的

图 6-4 配置"数据连接"选项

文本框中,输入 HuangDW_Hotel,单击"完成"按钮重回如图 6-5 所示的"起始页"窗口。

至此,我们为分析服务项目 HuangDW_AS 创建了名为 HuangDW_Hotel. ds 的数据源,它的数据来源于 HDCS-THINKPAD. HuangDW_Hotel。

图 6-5 分析服务项目 HuangDW_AS 的数据源 HuangDW_Hotel. ds

6.3 构建数据源视图

1. 打开向导提示窗口

在图 6-5 右侧"解决方案资源管理器"区域的 HuangDC_AS 项目下方,右击"数据源视图"对象,在出现的快捷菜单中选择"新建数据源视图"菜单命令,出现"数据源视图向导"提示窗口。

2. 配置关系数据源

在"数据源视图向导"提示窗口单击"下一步"按钮,打开"数据源视图向导"之"选择数据源"窗口(见图 6-6),并在"关系数据源"区域选择 6.2 节创建的数据源 HuangDW_Hotel。

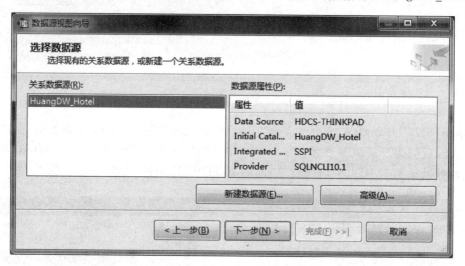

图 6-6　在"关系数据源"区域选择 HuangDW_Hotel

3. 配置视图包含的对象

在图 6-6 中单击"下一步"按钮,进入"选择表和视图"窗口。在左边"可用对象"区域选择 FactHotel(dbo)对象,单击中间带有">"的按钮,将其移动到右边"包含的对象"区域中(见图 6-7)。类似地,将"可用对象"区域除 sysdiagrams(dbo)以外的其他所有对象都移到"包含的对象"区域中。

4. 为新建视图命名

在图 6-7 中单击"下一步"按钮,打开"完成向导"窗口,在该窗口"名称"下面唯一的文本框中输入 HuangDW_ HotelV,作为新建数据源视图名称。单击"完成"按钮结束数据源视图构建。

图 6-7　从"可用对象"区域已移动 3 个对象到"包含的对象"区域

6.4　创建多维数据集

1．打开向导窗口

在图 6-5 右侧"解决方案资源管理器"区域 HuangDC_AS 项目的下方,右击"多维数据集"对象,在出现的快捷菜单中选择"新建多维数据集"菜单命令,出现"多维数据集向导"提示窗口。

2．选择创建方法

在"多维数据集向导"提示窗口单击"下一步"按钮,进入"选择创建方法"窗口,在"您要如何创建多维数据集"下面选择"使用现有表"来创建多维数据集,该窗口是由 3 个单选项构成的 Radio 按钮组,只能选择其中的一个方式。

3．选择度量值组表

在前面第 2 步的窗口中单击"下一步"按钮,进入"选择度量值组表"窗口(见图 6-8)。在其"数据源视图"下拉列表框中选择 HuangDW_HotelV 选项(6.3 节构建的),在"度量值组表"区域选中 FactHotel 选项。

4．选择度量值

在图 6-8 中单击"下一步"按钮,打开"向导"之"选择度量值"窗口,在"度量值"区域选择 Hotel Days 和"Fact Hotel 计数"选项,而该窗口也只有这两个度量值。

图 6-8　选中 FactHotel 度量值表

5．选择新维度

在上一步窗口中单击"下一步"按钮，打开"选择新维度"窗口，选中"维度"区域内所有的维度表。

6．为多维数据集命名

在上一步窗口中单击"下一步"按钮，进入"完成向导"窗口，在"多维数据集名称"下面唯一的文本框中输入名称 HuangDW＿ HotelM。

7．多维数据集视图

在上一步的窗口中单击"完成"按钮，进入多维数据集 HuangDW＿ HotelM 的配置窗口（见图 6-9）。显然，这里的多维数据集 HuangDW_HotelM 是一个"雪花模型"结构，但此时它还没有存储任何具体的数据，且缺少地址维度表，这些配置将在 6.6 节完成。

6.5　配置维的层次结构

在图 6-9 右侧"解决方案资源管理器"下单击"维度"对象前面的"＋"号，将其展开（通常情况下默认是展开的），为多维数据集所有维度和维度层次的配置做好准备。

6.5.1　配置日期维的层次

1．开启配置窗口

双击"维度"下面的 Dim Date.dim 维度对象，得到日期维的配置窗口（见图 6-10），并在"数据源视图"区域单击 CYear。

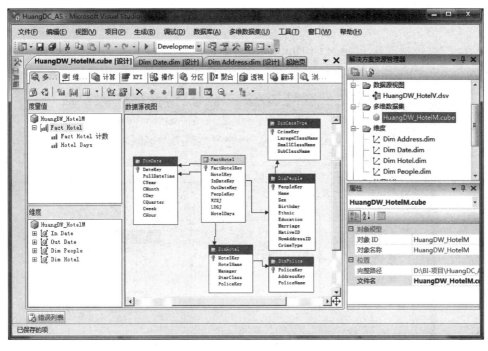

图 6-9　多维数据集 HuangDW_HotelM 的视图窗口

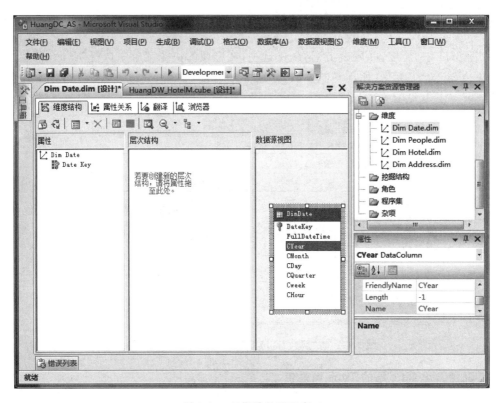

图 6-10　日期维的配置窗口

2．配置 Dim Date 维的属性

从图 6-10"数据源视图"区域的 Dim Date 表中，分别将字段名 CYear、CQuarter、CMonth 和 CDay 拖入左侧的"属性"区域下方（见图 6-11），系统会自动将其命名为 C Year、C Day 等。

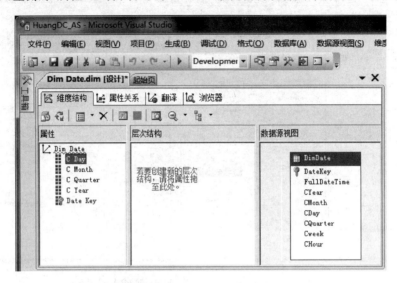

图 6-11　"属性"区域已拖入 CYear、CQuarter、CMonth 和 CDay 的窗口

3．重命名 Dim Date 维的属性

在图 6-11 中"属性"区域右击 C Year 选项，在出现的快捷菜单中选择"重命名"菜单命令，将 C Year 改为"年"。用同样的方法，分别将 C Quarter、C Month，C Day 分别重命名为 "季"、"月"、"日"（见图 6-12）。

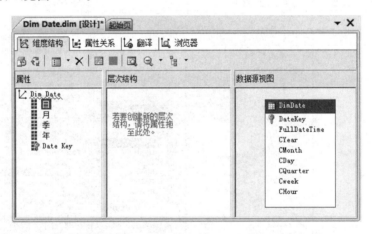

图 6-12　将"属性"区域 C Year 等重命名的结果

4．配置 Dim Date 维的 Type 属性值

1）定位 Dim Date 的 Type 属性

在图 6-12 左侧的"属性"区域内右击 Dim Date 对象，在快捷菜单底部选择"属性"菜单

命令,进入 Dim Date 的属性窗口(图 6-13 右下角矩形标注的属性区域),并利用滚动条定位到 Type 属性。

图 6-13　Dim Date 维的属性窗口

2) 展开 Type 属性取值表

在图 6-13 属性区域中单击 Type 属性右边带"▼"的图标(图 6-14 右下方圆形标记),展开 Type 属性的取值表。

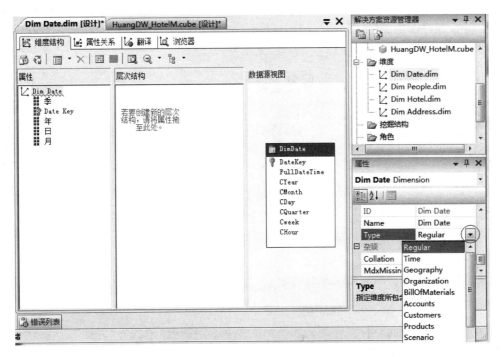

图 6-14　展开 Dim Date 维的 Type 属性取值表

3）将 Type 属性值配置为 Time

在如图 6-14 所示的 Type 属性取值表中选择 Time,完成 Type 属性值的配置(见图 6-15)。

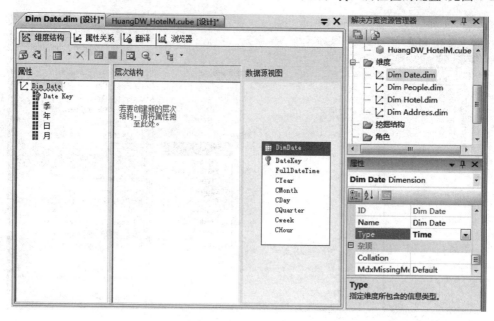

图 6-15　Type 属性的取值配置为 Time

5. 配置"年"的 Type 属性值

在图 6-15 左侧的"属性"区域右击"年"对象,在快捷菜单选择"属性"菜单命令,进入"年"的属性配置窗口(类似图 6-13 右下角属性区域)。利用滚动条定位到 Type 属性,然后展开 Type 属性取值表(见图 6-16(a)),再展开"日期"|"日历"(见图 6-16(b)),并在"日历"取值列表中将 Type 属性值配置为 Years(见图 6-16(c))。

(a) 展开属性取值表　　　　　(b) 展开"日期"-"日历"　　　　　(c) 选择"日历"中的 Years

图 6-16　"年"的 Type 属性值配置过程

6. 将"年"与数据源的 CYear 列绑定

1）定位"年"的 NameColumn 属性

在图 6-15 左侧的"属性"区域内右击"年"对象,在快捷菜单选择"属性"菜单命令,进入"年"的属性窗口。利用滚动条定位到 NameColumn 属性(见图 6-17)。

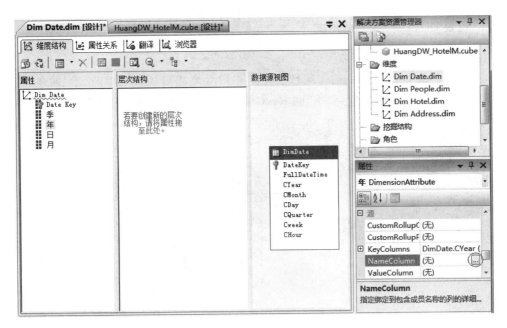

图 6-17　定位"年"的 NameColumn 属性

2）将"年"属性与 CYear 列绑定

在图 6-17 属性区域中单击右边的…按钮，出现"名称列"窗口（见图 6-18）。在右下区域选择 CYear 并单击"确定"按钮，完成"年"属性与 CYear 列的绑定配置。

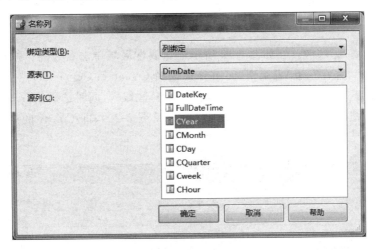

图 6-18　将"年"属性与 CYear 列绑定

7．按照前面第 5 步和第 6 步（图 6-16 至图 6-18）同样的方法，分别完成如下操作

1）配置"季"的 Type 属性值为 Quarters，将"季"属性与数据源的 CQuarter 列绑定。

2）配置"月"的 Type 属性值为 Months，将"月"属性与数据源的 CMonth 列绑定。

3）配置"日"的 Type 属性值为 Days，将"日"属性与数据源的 CDay 列绑定。

8. 配置 Dim Date 属性的层次

1) 配置"季"与"年"的层次

(1) 定位"季"的 KeyColumns 属性。在图 6-17 中右击属性区域中的"季"对象,在快捷菜单选择"属性"命令,并定位到"季"的 KeyColumns 属性(见图 6-19)。

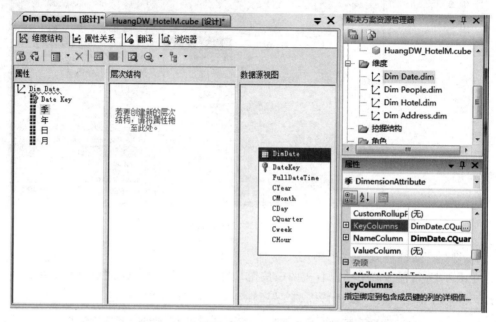

图 6-19　定位到"季"的 KeyColumns 属性

(2) 配置"键列"层次。在如图 6-19 所示窗口属性区域单击右边的…按钮,出现"键列"窗口(见图 6-20),并在左边"可用列"区域分别选择 CYear 和 CQuarter,然后在窗口中央单击带">"的按钮,把 CYear 和 CQuarter 移到"键列"区域内,同时选择 CYear,单击窗口右边带"↑"的按钮,把 CYear 移到 CQuarter 的上面(见图 6-20),即 CYear 的层次在 CQuarter 之上。

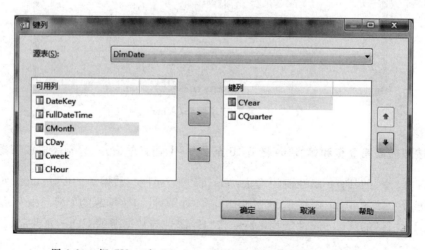

图 6-20　把 CYear 和 CQuarter 移到"键列"区域并将 CYear 置顶

2）配置"月"与"季"的层次

（1）定位"月"的 KeyColumns 属性。定位方法与"季"的定位相同，参考图 6-19。

（2）配置"键列"层次。配置方法与"季"的配置相同，只是"键列"区域的层次要调整为
Cyear、CQuarter、CMonth（见图 6-21）。

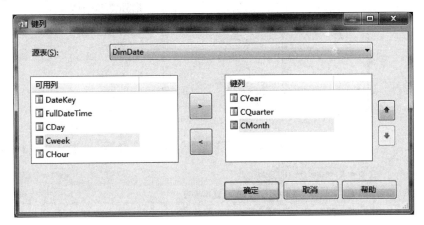

图 6-21 "键列"层次为 CYear、CQuarter 和 CMonth

3）配置"日"与"月"的层次

（1）定位"日"的 KeyColumns 属性。定位方法与"季"的定位相同，参考图 6-19。

（2）配置"键列"层次。配置方法与"季"的配置相同，只是"键列"层次要调整为 Cyear、
CQuarter、CMonth 和 CDay（见图 6-22），描述了时间维上 4 个属性年、季、月、日的层次。

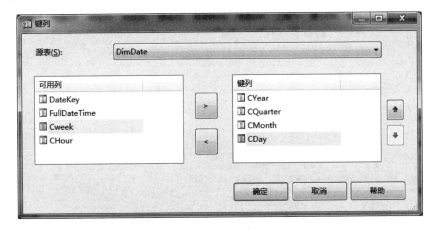

图 6-22 时间"键列"层次为 CYear、CQuarter、CMonth 和 CDay

9. 配置年季月日的层次结构

1）将"年"拖入"层次结构"区域

在图 6-19 的"属性"区域中，将"年"属性拖入"层次结构"区域（见图 6-23）。

2）重命名"层次结构"

在图 6-23"层次结构"区域右击"年"对象上面的"层次结构"字符串，在快捷菜单中选择
"重命名"菜单命令，将其重命名为"年季月日"（见图 6-24）。

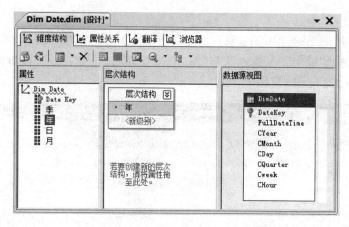

图 6-23　将"年"对象拖入"层次结构"区域

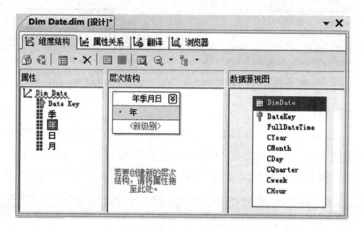

图 6-24　"层次结构"重命名为"年季月日"

3）拖入季月日属性

在图 6-24"属性"区域,分别将"季"、"月"、"日"对象依次拖入"层次结构"区域"年"属性的下面（见图 6-25）。

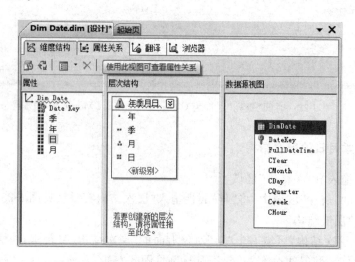

图 6-25　"层次结构"区域增加"年、季、月、日"对象

4）配置属性关系

（1）打开"属性关系"窗口。在如图 6-25 所示窗口中单击"属性关系"选项卡即可（见图 6-26）。

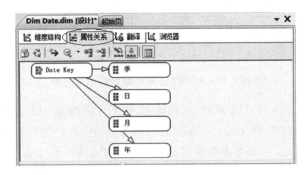

图 6-26　"属性关系"配置窗口

（2）配置"日"的属性关系。在图 6-26 中右击"日"对象，在快捷菜单选择"新建属性关系"命令，在出现的"创建属性关系"窗口"源属性"下拉列表框中选择"日"选项，在"相关属性"下拉列表框中选择"月"选项，在"关系类型"下拉列表框中选择"刚性（不随时间变化）"选项（见图 6-27），单击"确定"按钮完成配置。

图 6-27　配置"日"的属性关系

显然，"日"的属性关系参数配置过程可用表 6-1 的第 1 行来描述。因此，配置"月"和"季"的属性关系的参数，则分别可用第 2、3 行描述。即按照类似配置"日"的属性关系操作方法，选择表 6-1 的配置参数，可以完成"月"和"季"的属性关系配置，其结果如图 6-28 所示。

表 6-1　属性关系配置的参数表

序号	鼠标右击对象	源属性	相关属性	关系类型
1	日	日	月	刚性（不随时间变化）
2	月	月	季	刚性（不随时间变化）
3	季	季	年	刚性（不随时间变化）

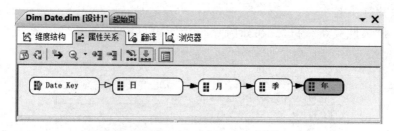

图 6-28   年季月日属性的关系配置完成

说明：为了教学方便并节省篇幅，我们在这里仅为数据源 HuangDW_Hotel 设计了一个多维数据集 HuangDW_HotelM.cube。在实际应用中，我们还可以根据实际需要，将周、时等作为分析的维层次，并构造多个不同的时间维层次，供不同决策人员为不同的决策问题分析使用。比如可以分别建立"年月日时"、"年季月日时"和"年周"的多维数据集，并分别配置它们的属性关系图（见图 6-29）。

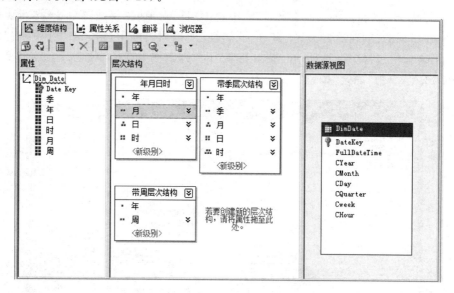

图 6-29   包括 3 个时间层次结构的窗口

10. 处理 Dim Date.dim 配置结果

所谓对配置结果的处理，就是由 SQL Server 的分析服务工具自动检查我们配置的时间维度层次结构、属性关系是否合理正确。

1）打开"处理维度-Dim Date"窗口

在图 6-19 窗口"解决方案资源管理器"的"维度"下面，右击 Dim Date.dim 对象，在快捷菜单选择"处理"菜单命令，在出现的对话窗口中单击"是"按钮后出现"处理维度-Dim Date"窗口。

说明：如果在处理过程中出现"在生成和部署期间出错，是否继续？"的提示窗口，且屏幕下方"错误列表"显示"由于发生以下链接问题，无法将项目部署到 localhost 服务器：无法建立链接。请确保该服务器正常运行。若要验证或更新…"的提示信息，表明 SQL Server 的分析服务器没有启动。

启动分析服务器的方法是，在"开始"菜单中选择 Microsoft SQL Server 2008 R2|"配置

工具"|"SQL Server-配置管理器"命令,并在出现的窗口中右击 SQL Server Analysis Services(MSQLSERVER 对象(详见图 6-68),在出现的快捷菜单中选择"启动"命令即可)。待分析服务器成功启动后,再重新处理 Dim Date.dim。

2)完成运行处理

在上一步的窗口中单击"运行"按钮,立即出现"处理进度"窗口。如果一切顺利,稍等片刻就会在该窗口左下角显示"处理已成功"的信息,这时单击"关闭"按钮即返回图 6-28。

说明:如果在单击"运行"按钮后出现类似"处理失败"的窗口,并给出服务器 NT AUTHORITY\LOCAL SERVICE 无法运行等相关的错误提示信息。主要原因是,每个创建分析服务项目的初学者,通常都会忘记预先在 SSMS 环境下设置 NT AUTHORITY\ LOCAL SERVICE 的访问权限。

(1)登录 SSMS。从 Windows"开始"菜单,找到 SQL Server Management Studio 菜单命令,以 Windows 身份验证登录 SSMS,其"服务器类型"选择"数据库引擎"。在"对象资源管理器"依次展开"安全性"|"登录名",找到 NT AUTHORITY\LOCAL SERVICE 对象。

(2)完成用户映射授权。右击 NT AUTHORITY\LOCAL SERVICE 对象,在快捷菜单中选择"属性"菜单命令,得到"登录属性"窗口(见图 6-30)。

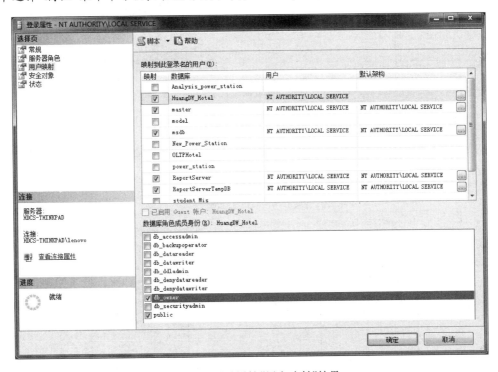

图 6-30　登录属性"用户映射"结果

在左边"选择页"区域单击"用户映射",在右上"映射到此登录名的用户"区域选择 HuangDW_Hotel 选项,在右下"数据库角色成员身份"区域选择 db_owner 选项(见图 6-30),单击"确定"按钮即完成权限配置。

(3)重新处理 Dim Date。在"完成运行处理"步骤的错误提示窗口中单击"重新处理"按钮,或从第(1)步重新开始选择"处理"菜单命令,稍等数秒就会出现"处理已成功"的信息。

6.5.2　配置地址维的层次

1．开启配置窗口

在图 6-19 中双击"解决方案资源管理器"区域中"维度"下面的 Dim Address.dim 对象，得到地址维的配置窗口（见图 6-31），并在"数据源视图"区域单击 Province。

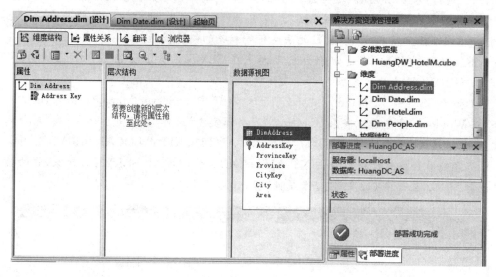

图 6-31　地址维度配置界面

2．配置 DimAddress 维的属性

从图 6-31 的"数据源视图"区域 DimAddress 表中，依次将 Province、City、Area 拖入左侧的"属性"区域下方，并分别重命名为"省份、地市、区县"（见图 6-32）。

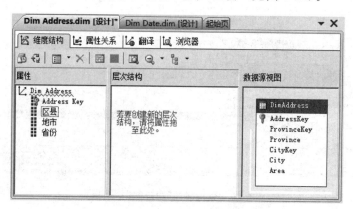

图 6-32　为 Dim Address 增加属性并重命名结果

3．将"省份"与数据源 Province 列绑定

1）定位到"省份"的 NameColumn 属性

在图 6-32 左侧的"属性"区域右击"省份"对象，在快捷菜单选择"属性"命令，进入"省份"的属性窗口,并利用滚动条定位到 NameColumn 属性(见图 6-33)。

图 6-33 光标定位到 NameColumn 属性

2)将"省份"属性与 Province 列绑定

在图 6-33 属性区域中单击右边的···按钮,出现"名称列"窗口(见图 6-34)。在右下区域选择 Province 并单击"确定"按钮,完成"省份"属性与 Province 列的绑定配置。

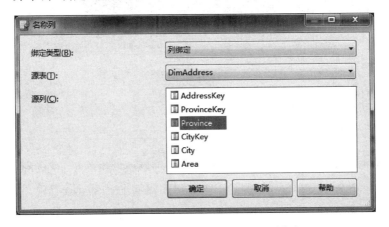

图 6-34 将"省份"属性与 Province 列绑定

4."地市"与 City,"区县"与 Area 的绑定

按照前面第 3 步中的两个步骤一样的方法(见图 6-33 和图 6-34),分别实现"地市"与 City 列绑定,"区县"与 Area 列绑定的配置。

5. 配置 Dim Address 属性的层次

1)配置"地市"与"省份"的层次

(1)定位"地市"的 KeyColumns 属性。在如图 6-33 所示窗口右击"地市"对象,在快捷菜单选择"属性"命令,并定位到"地市"的 KeyColumns 属性(见图 6-35)。

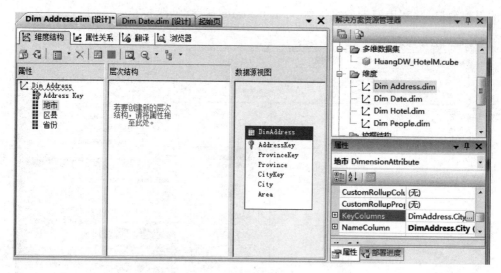

图 6-35 定位到"地市"的 KeyColumns 属性

(2) 配置"键列"层次。在如图 6-35 所示窗口属性区域单击右边的…按钮，出现"键列"窗口，并在左边"可用列"区域分别选择 Province 和 City，然后在窗口中央单击带">"的按钮，把 Province 和 City 移到"键列"区域内，并将 Province 移到 City 的上面（见图 6-36）。

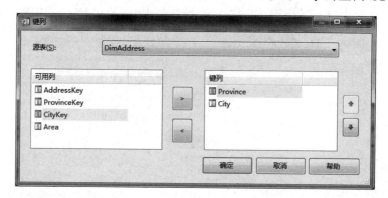

图 6-36 把 Province 和 City 移到"键列"区域并将 Province 置顶

2）配置"区县"与"地市"的层次

按照"地市"与"省份"层次的类似配置方法，定位"区县"对象的 KeyColumns 属性，并配置"键列"层次为 Province、City、Area（见图 6-37）。

6. 配置省市县的层次结构

1）将"省份"拖入"层次结构"区域

从图 6-35 的"属性"区域中将"省份"属性拖入"层次结构"区域，并将下面的"层次结构"重命名为"省市县"（见图 6-38）。

2）拖入地市区县

从图 6-38 的"属性"区域分别将"地市"、"区县"属性拖入"层次结构"区域"省份"属性的下面（见图 6-39）。

图 6-37　"键列"层次为 Province、City、Area

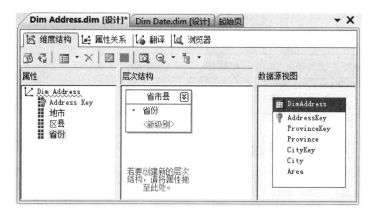

图 6-38　将"省份"对象拖入"层次结构"区域并重命名

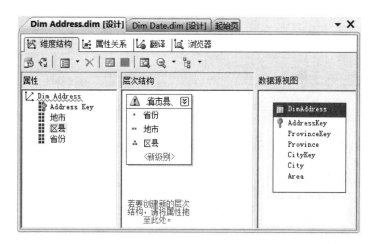

图 6-39　在"层次结构"中增加了"地市"、"区县"属性

3）配置属性关系

（1）打开"属性关系"窗口。在如图 6-39 所示的窗口中单击"属性关系"选项卡（见图 6-40）。

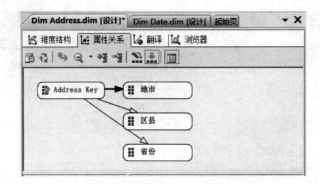

图 6-40 "属性关系"配置窗口

（2）配置"区县""地市"和"省份"三者之间的属性关系。模仿配置"日"与"月"的属性关系操作方法（见图 6-27），选择表 6-2 的配置参数，即可完成"区县""地市"和"省份"三者之间的属性关系配置，其结果如图 6-41 所示。

表 6-2 属性关系配置的参数表

序号	鼠标右击对象	源属性	相关属性	关系类型
1	区县	区县	地市	刚性（不随时间变化）
2	地市	地市	省份	刚性（不随时间变化）

图 6-41 "区县""地市""省份"属性关系配置结果

7. 处理 Dim Address.dim 配置结果

在如图 6-41 所示窗口"维度"下方，右击 Dim Address.dim 对象，在快捷菜单选择"处理"菜单命令，在出现的对话窗口中单击"是"按钮，并在出现的窗口中单击"运行"按钮，直到出现"处理已成功"的提示后，单击"关闭"按钮返回如图 6-41 所示的窗口。

6.5.3 配置人员维的层次

1. 开启配置窗口

在图 6-41 中双击"解决方案资源管理器"区域中"维度"下方的 Dim People.dim 维度对

象,得到人员维的配置窗口,并在"数据源视图"区域单击 LargeClassName (见图 6-42)。

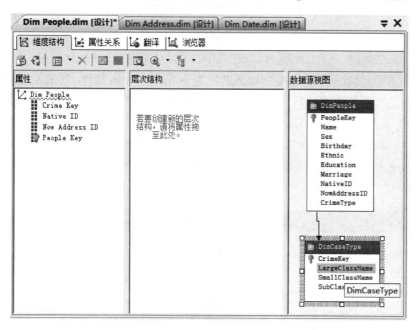

图 6-42 人员维度配置界面

2. 为 Dim People 增加属性

在如图 6-42 所示的窗口中,依次将"数据源视图"DimCaseType 的 LargeClassName、SmallClassName、SubClassName 拖入"属性"区域,并分别重命名为"犯罪大类、犯罪小类、犯罪子类"(见图 6-43)。

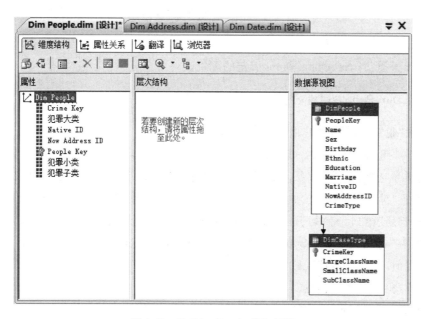

图 6-43 为 Dim People 增加属性

3. 将"犯罪大类"与数据源 LargeClassName 列绑定

1）定位到"犯罪大类"的 NameColumn 属性

在图 6-43 左侧的"属性"区域内右击"犯罪大类"对象,在快捷菜单选择"属性"命令,进入"犯罪大类"的属性窗口,并利用滚动条定位到 NameColumn 属性,其显示窗口与图 6-43 基本相同,只是右下角属性区域还没有进行相应配置。

2）将"犯罪大类"属性与 LargeClassName 列绑定

在上一步窗口的属性区域单击右边的⋯按钮,出现"名称列"窗口(见图 6-44)。在右下区域选择 LargeClassName 并单击"确定"按钮,完成"犯罪大类"属性与 LargeClassName 列的绑定配置。

图 6-44　将"犯罪大类"属性与 LargeClassName 列的绑定

4. "犯罪小类"与 SmallClassName、"犯罪子类"与 SubClassName 的绑定

按照前面第 3 步的两个步骤一样的方法,分别实现将"犯罪小类"与 SmallClassName 绑定以及"犯罪子类"与 SubClassName 绑定的配置。

5. 配置 Dim People 属性的层次

1）配置"犯罪小类"与"犯罪大类"的层次

(1)定位"犯罪小类"的 KeyColumns 属性。在如图 6-43 所示的窗口右击"犯罪小类"对象,在快捷菜单选择"属性"命令,并定位到"犯罪小类"的 KeyColumns 属性(见图 6-45)。

(2)配置"键列"层次。在如图 6-45 所示窗口属性区域单击右边的⋯按钮,出现类似图 6-37 的"键列"窗口,将"可用列"区域的 LargeClassName 和 SmallClassName 移到"键列"区域,并在"键列"区域将 SmallClassName 移动到 LargeClassName 的下面。配置结果与图 6-46 类似,只是"键列"区域没有 SubClassName。

2）配置"犯罪子类"与"犯罪小类"的层次

按照类似上一步"犯罪小类"层次的配置方法,定位"犯罪子类"对象的 KeyColumns 属性,并配置"键列"层次为 LargeClassName、SmallClassName、SubClassName(见图 6-46)。

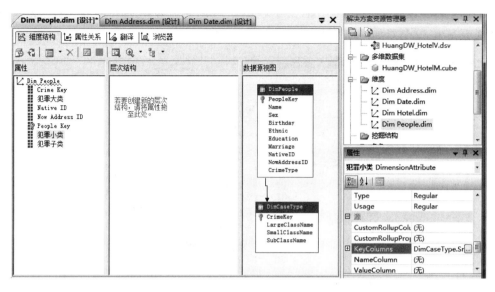

图 6-45　光标定位到"犯罪小类"的 KeyColumns 属性

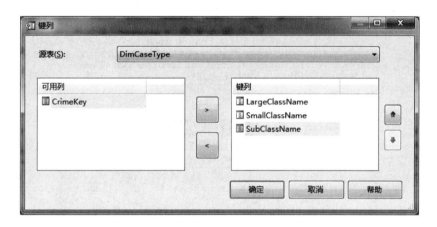

图 6-46　"键列"层次为 Large、Small、Sub

6. 配置大类小类子类的层次结构

1）将"犯罪大类"拖入"层次结构"区域

从图 6-45 的"属性"区域中将"犯罪大类"属性拖入"层次结构"区域，并将区域内的"层次结构"重命名为"犯罪层次结构"，其结果类似图 6-47，区别在于此时还没有"犯罪小类"、"犯罪子类"而已。

2）拖入小类、子类

图 6-47 就是在上一步的基础上，将"属性"区域的"犯罪小类"、"犯罪子类"属性依次拖入"层次结构"区域"犯罪大类"属性下面所得的结果。

3）配置 Dim People 的属性关系

（1）打开"属性关系"窗口。在如图 6-47 所示窗口中单击"属性关系"选项卡（见图 6-48）。

（3）配置"犯罪子类"，"犯罪小类"和"犯罪大类"三者之间的属性关系。模仿配置"日"

与"月"的属性关系操作方法(见图 6-27),选择表 6-3 的配置参数,即可完成它们三者之间的属性关系配置,其结果如图 6-49 所示。

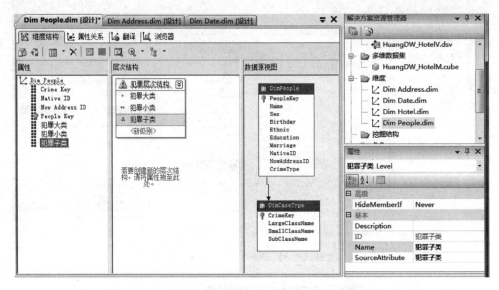

图 6-47　在"层次结构"区域增加"犯罪层次结构"对象

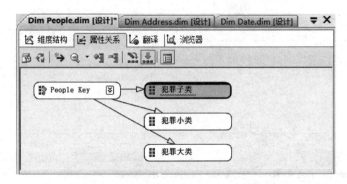

图 6-48　"属性关系"配置窗口(局部)

表 6-3　Dim People 属性关系配置的参数表

序号	鼠标右击对象	源属性	相关属性	关系类型
1	犯罪子类	犯罪子类	犯罪小类	刚性(不随时间变化)
2	犯罪小类	犯罪小类	犯罪大类	刚性(不随时间变化)

图 6-49　完成 Dim People 属性关系配置的局部窗口

7. 处理 Dim People.dim 配置结果

处理方法与 Dim Date.dim 和 Dim Address.dim 类似，请参考 6.5.1 节和 6.5.2 节。

6.5.4　配置旅馆维的层次

1. 开启配置窗口

在如图 6-47 所示的窗口中，双击"维度"下方的 Dim Hotel.dim 维度对象，得到旅馆维的配置窗口（见图 6-50）。

图 6-50　旅馆维度配置界面

2. 为数据源视图增加相关表

在图 6-50 的"数据源视图"区域，右击 DimPolice 表，在弹出的快捷菜单中选择"显示相关表"菜单命令，可得如图 6-51 所示的窗口。

3. 配置 Dim Hotel 维的属性

在如图 6-51 所示的窗口中，依次将"数据源视图"DimHotel 等的 HotelName、PoliceName、Area、City 和 Province 拖入"属性"区域，并分别重命名为"旅馆名称、派出所、区县、地市、省份"（见图 6-52）。

4. 将"省份"与数据源 Province 列绑定

1）定位到"省份"的 NameColumn 属性

在图 6-52 左侧的"属性"区域右击"省份"对象，在快捷菜单选择"属性"命令，进入"省份"的属性窗口，并利用滚动条定位到 NameColumn 属性（见图 6-52）。

2）将"省份"属性与 Province 列绑定

在图 6-52 属性区域中单击右边的…按钮，出现"名称列"窗口（见图 6-53）。在右下区域选择 Province 并单击"确定"按钮，完成"省份"属性与 Province 列的绑定配置。

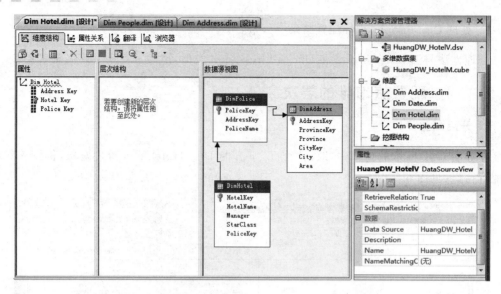

图 6-51　增加了相关表 DimAddress 的数据源视图

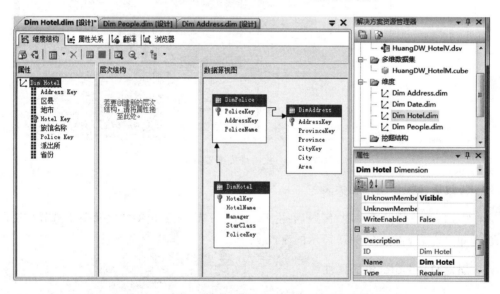

图 6-52　为 Dim Hotel"属性"区域增加属性并重命名

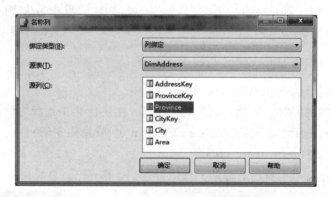

图 6-53　将"省份"属性与 Province 列属性绑定

5．其他属性的绑定

按照前面第 4 步中的两个步骤(见图 6-52 和图 6-53)同样的方法，分别实现将"地市"与 City 绑定，将"区县"与 Aera 绑定，将"旅馆名称"与 Hotel Name 绑定，将"派出所"与 Police Name 绑定的配置。

6．配置 Dim Hotel 属性的层次

1）配置"地市"与"省份"的顺序

（1）定位"地市"的 KeyColumns 属性。在如图 6-52 所示的窗口中右击"地市"属性，在快捷菜单选择"属性"命令，并定位到"地市"的 KeyColumns 属性(见图 6-54)。

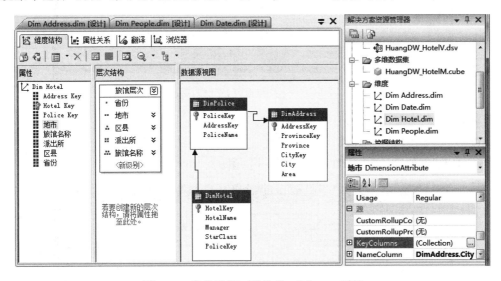

图 6-54　定位到"地市"的 KeyColumns 属性

（2）配置"键列"层次。在图 6-54 所示窗口属性区域单击右边的…按钮，出现"键列"窗口(见图 6-55)，并在"键列"区域内把 Province 移到 City 的上面。

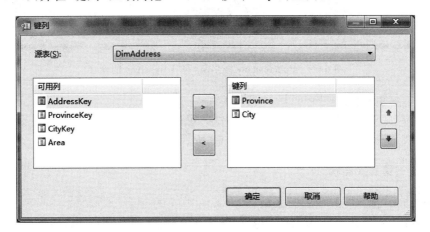

图 6-55　地市与省份的层次

2) 指定"区县"与"地市"的顺序

(1) 定位"区县"的 KeyColumns 属性。定位方法与"地市"的定位相同。

(2) 配置"键列"层次过程。按图 6-56 配置层次为 Province、City、Area。

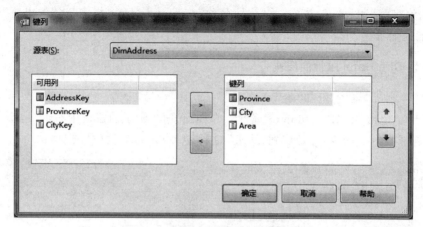

图 6-56　区县与地市、省份的层次

3) 指定"派出所"与 AddressKey 的层次

(1) 定位"派出所"的 KeyColumns 属性。定位方法与"区县"的定位相同。

(2) 配置"键列"层次。配置结果如图 6-57 所示。

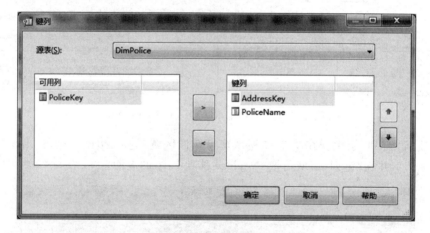

图 6-57　PoliceName(派出所)与 AdressKey 的层次

4) 指定"旅馆名称"与 PoliceKey 的层次

(1) 定位"旅馆名称"的 KeyColumns 属性。定位方法与"区县"的定位相同。

(2) 配置"键列"层次。配置结果如图 6-58 所示。

7. 配置旅馆层次结构

1) 将"省份"拖入"层次结构"区域

从图 6-54 的"属性"区域中将"省份"对象拖入"层次结构"区域,并将下面的"层次结构"重命名为"旅馆层次",类似图 6-59。注意图中"层次结构"下面的地市、区县、派出所和旅馆名称是下一步拖入增加的。

图 6-58　HotelName(旅馆名称)与 PoliceKey 的层次

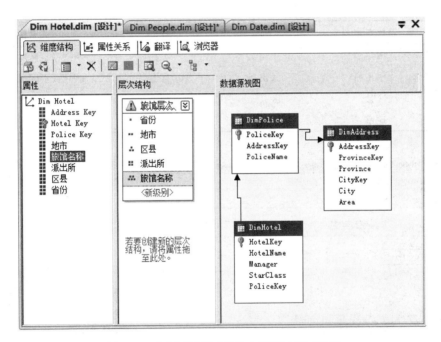

图 6-59　将"省份"等对象拖入"层次结构"区域

2）拖入旅馆名称等其他属性

图 6-59 就是分别将"属性"区域的"地市"、"区县"、"派出所"和"旅馆名称"等对象拖入"层次结构"区域"省份"对象下面的结果。

3）配置 DimHotel 属性关系

（1）打开"属性关系"窗口。在图 6-59 窗口中单击"属性关系"选项卡（见图 6-60）。

（2）配置"旅馆名称""派出所""区县""地市"和"省份"五个属性之间的关系。模仿配置"日"与"月"的属性关系操作方法（见图 6-27），选择表 6-4 的配置参数，即可完成它们之间的属性关系配置，其结果如图 6-61 所示。

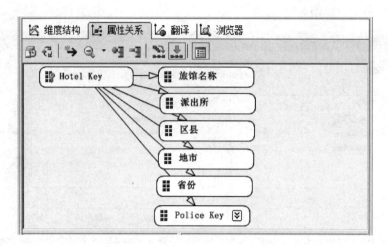

图 6-60 "属性关系"配置窗口(局部)

表 6-4 属性关系配置的参数表

序号	鼠标右击对象	源属性	相关属性	关系类型
1	旅馆名称	旅馆名称	派出所	刚性(不随时间变化)
2	派出所	派出所	区县	刚性(不随时间变化)
3	区县	区县	地市	刚性(不随时间变化)
4	地市	地市	省份	刚性(不随时间变化)

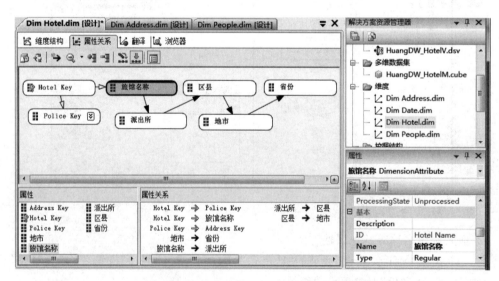

图 6-61 旅馆属性关系层次结构图

8. 处理 Dim Hotel.dim 配置结果

处理方法与 Dim Date.dim 和 Dim Address.dim 类似,请参考 6.5.1 节和 6.5.2 节。

6.6　添加人口来源地址维

1. 进入"多维数据集结构"选项卡

在图 6-61 的"解决方案资源管理器"区域，双击"多维数据集"的 HuangDW_HotelM. cube 对象，并在"工具箱"的右边选择"多维数据集结构"选项卡（见图 6-62）。仔细观察可以发现，窗口左侧下方的"维度"区域没有 Dim Address 维度。

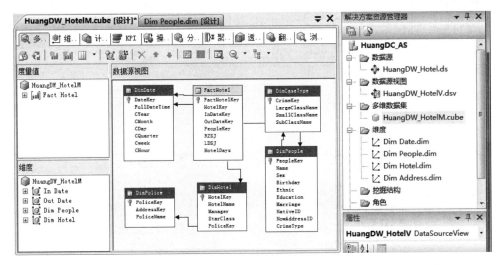

图 6-62　"多维数据集结构"选项卡

2. 添加 Dim Address 维度

在图 6-62 左下侧的"维度"区域右击 HuangDW_HotelM 对象，在快捷菜单中选择"添加多维数据集维度"菜单命令，在弹出的窗口（见图 6-63）中选择 Dim Address，再单击"确定"按钮进入如图 6-64 所示窗口。这时，窗口左侧下方的"维度"区域出现 Dim Address 维度。

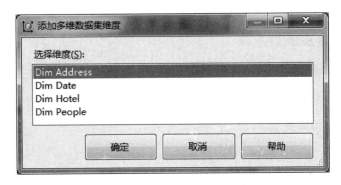

图 6-63　维度添加选择窗口

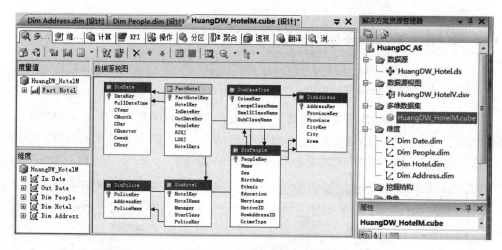

图 6-64　添加地址维度结果

3. 打开"维度用法"窗口

在图 6-64 中单击"维度用法"选项卡,得到如图 6-65 所示窗口。

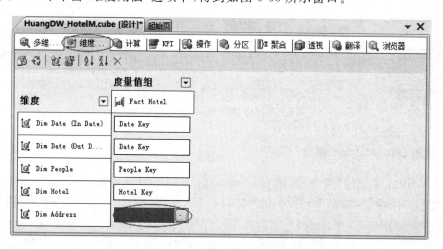

图 6-65　"维度用法"选项卡

4. 打开"定义关系"窗口

单击图 6-65 右侧"度量值组"区域最后一行的…按钮(图 6-65 中已用椭圆标记),弹出"定义关系"窗口(见图 6-66)。

5. 配置维度引用关系

在图 6-66 的"选择关系类型"下拉列表框中选择"被引用"选项,在"中间维度"下拉列表框中选择 Dim People 选项,在"引用维度属性"下拉列表框中选择 Address Key 选项,在"中间维度属性"下拉列表框中选择 Native ID 选项,并选中"具体化"复选框,最后单击"确定"按钮返回图 6-65,保存配置结果后再选择"多维数据集结构"选项卡返回如图 6-64 所示窗口。

图 6-66 关系定义窗口

6.7 分析服务项目的部署

所谓分析服务项目的部署,就是将前面在 BIDS 开发环境中创建的 HuangDC_AS 项目及其多维数据集等提交到 SQL Server 的分析服务器中,使 OLAP 等分析服务工具能够对这个多维数据集进行切片、切块、钻取和旋转等多维数据查询操作。

BIDS 在正式部署期间,会自动仔细检查项目的数据源名称和数据源视图配置的正确性,特别是多维数据集的维度、维的层次以及维属性与数据源各列的绑定参数配置是否正确,这一过程也称为分析服务项目的处理。当一切配置都通过检查之后,即多维数据集配置完全正确,才将分析服务项目部署到 SQL Server 的分析服务器。

1. 部署 HuangDC_AS 分析服务项目

在图 6-64 中右击"解决方案资源管理器"中 HuangDC_AS 对象,在快捷菜单中选择"部署"菜单命令,BIDS 开始检查项目配置。如果顺利,我们会看到如图 6-67 所示的窗口,表明部署成功。

在分析服务项目部署过程中最常见的一个错误是"无法将项目部署到×××服务器",主要原因是分析服务器没有启动,即 SQL Server Analysis Service(MSSQLSERVER)处于"已停止"状态。其主要原因是 SQL Server 安装后,分析服务器的默认状态是"已停止",即便是我们已经将其启动过了,一旦重新启动计算机,分析服务器又回到"已停止"状态。

因此,我们就要从 Windows"开始"菜单的 Microsoft SQL Server 2008 R2"配置工具"下,打开"SQL Server 配置管理器"(见图 6-68),右击 SQL Server Analysis Service(MSSQLSERVER)对象,并在快捷菜单中选择"启动"菜单命令,稍等一会儿就能启动分析服务器,使其状态变成"正在运行",然后再重新部署一次分析服务项目即可。

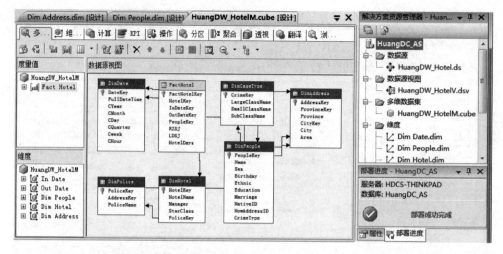

图 6-67　部署成功窗口

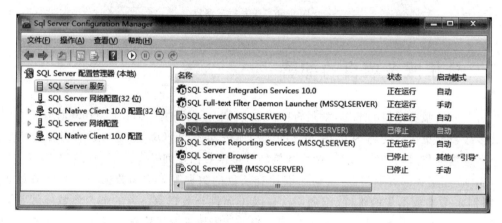

图 6-68　"SQL Server 配置管理器"窗口

2. 查看部署结果

1）登录数据库服务器

在"开始"菜单中选择 SQL Server Management Studio 菜单命令,在"连接到服务器"窗口的"服务器类型"下拉列表框中选择"数据库引擎"选项,进入数据库服务器 SSMS 平台。

2）连接分析服务器

在 SSMS 平台的"文件"菜单中选择"连接对象资源管理器"菜单命令,在"连接到服务器"窗口的"服务器类型"下拉列表框中选择 Analysis Service 选项,单击"连接"按钮连接到分析服务器(见图 6-69)。

3）浏览查看

在图 6-69 中的"对象资源管理器"下方,将 HDCS-THINKPAD(SQL Server 10.501617…)对象收起,将(local)(Microsoft Analysis Servier 10…)对象展开,即可查看我们成功部署的分析服务项目 HuangDC_AS 及其相关的多维数据集和维度等。

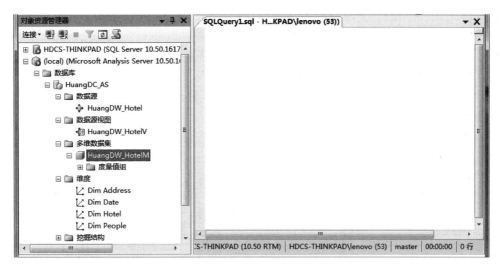

图 6-69　在 SSMS 平台连接到分析服务器的窗口

6.8　浏览多维数据集

1. 打开多维数据浏览器

在如图 6-69 所示的窗口中右击"多维数据集"下 HuangDW_HotelM 对象,在快捷菜单选择"浏览"命令,出现如图 6-70 所示的窗口。

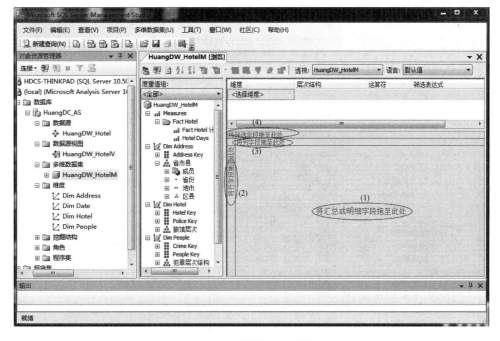

图 6-70　多维数据集浏览窗口

从图 6-70 可以看出，多维数据浏览器窗口被分为三个区域，左边为 SQL Server 的"对象资源管理器"窗口，中间为"度量值组"窗口，包括多维数据集 HuangDW_hotelM 对象、该对象所包括的事实表、维度表和字段等对象。右边为多维数据集的浏览窗口，主要有四个常用的区域（椭圆形标记）。

1）"将汇总或明细字段拖至此处"区域：这个区域放置需要观察的度量值，如"Fact Hotel 计数"或 Hotel Days；

2）"将行字段拖至此处"区域：在区域（1）的左边，用于放置多维数据集当前作为行字段浏览的维度表属性列或维度层次。通常是用户最希望观察的第一个维放在其中；

3）"将列字段拖至此处"区域：在区域（1）的上边，用于放置多维数据集当前作为列字段浏览的维度表属性列或维度层次。通常是用户最希望观察的第二个维放在其中；

4）"将筛选字段拖至此处"区域：在区域（3）的上边，用于放置多维数据集当前作为筛选字段（切片）浏览的维度表属性列或维度层次。通常是用户希望观察的第三、四个维放在其中。

2. 浏览三维数据集

1）选择浏览的度量值和维度

（1）将"度量值组"窗口的"Fact Hotel 计数"字段拖入"将汇总或明细字段拖至此处"区域；

（2）将"度量值组"窗口中 InDate 对象拖入"将列字段拖至此处"区域；

（3）将"度量值组"窗口中 Dim Hotel 下的"旅馆层次"对象拖入"将行字段拖至此处"区域；

（4）将"度量值组"窗口中 Dim Address 下的"省市县"对象拖入"将筛选字段拖至此处"区域。

完成以上 4 步即可得到如图 6-71 所示的窗口，它反映了 2010 年全国各省份、入住浙江所辖宾馆的人次数，即一个三维数据集，其维度为人员来源、入住时间、入住宾馆所属省份，观察的事实为入住人次，即入住浙江所辖宾馆共有 5320 人次。

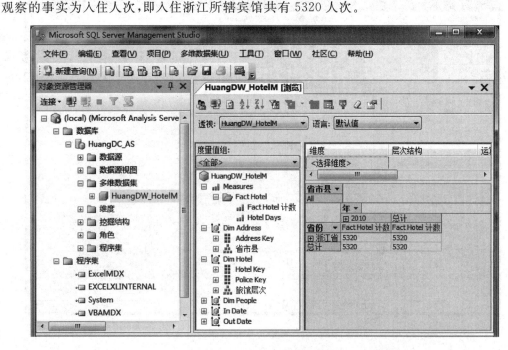

图 6-71　从人员来源省份、入住时间、入住宾馆的三维数据集

2）下钻操作（按时间）

（1）按时间下钻。在图6-71右边多维数据集浏览窗口单击2010前面的＋号，其下钻结果为1、2、3季度的入住人次（见图6-72）。

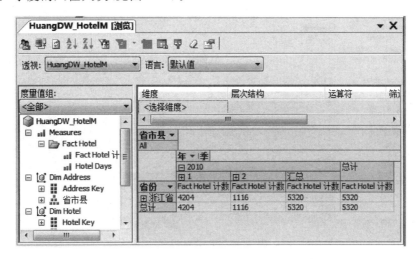

图6-72　按时间"年份"下钻为"季度"的入住人次

（2）按季度和区县下钻。在图6-72右边多维数据集浏览窗口单击省份，在展开的省份列表中选择"浙江"并分别单击"浙江""温州"前面的＋号，其下钻结果为1、2、3季度全国入住苍南、洞头、乐清、龙湾等区县宾馆的入住人次（见图6-73）。

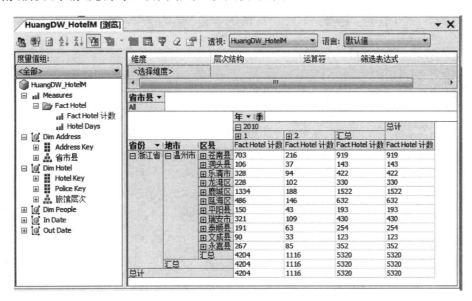

图6-73　按时间"年份"下钻为"季度"的入住人次

3）切块操作

在图6-73右边多维数据集浏览窗口单击"省市县"，在展开的省份列表中选择"湖南""江苏"，切块结果为1、2、3季度，湖南、江苏两省入住苍南、洞头、乐清、龙湾等区县宾馆的入住人次（见图6-74）。

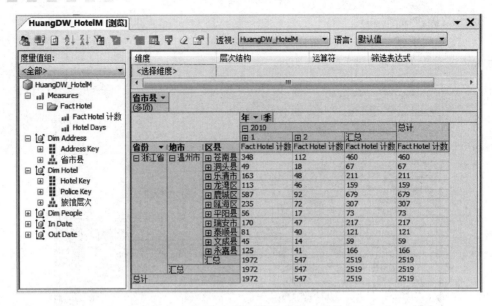

图 6-74　按"湖南""江苏"切块的入住人次

4）切片操作

在图 6-74 右边多维数据集浏览窗口单击"省市县"，在展开的省份列表中选择"湖南"，切片结果为 1、2、3 季度，湖南省入住苍南、洞头、乐清、龙湾等区县宾馆的入住人次（见图 6-75）。

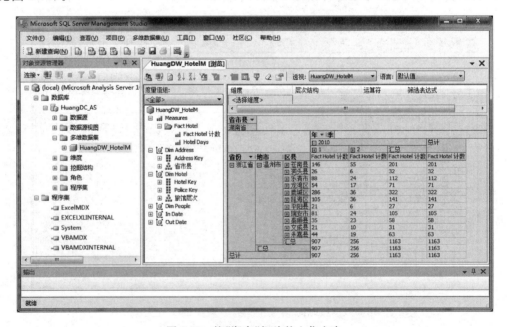

图 6-75　按"湖南"切片的入住人次

5）旋转操作

在图 6-71 中右击浏览区域，在快捷菜单中选择"清除结果"菜单命令，将第 1）步各个维度拖入浏览窗口时改变放置区域，如图 6-76 所示。其浏览的数据就是旋转操作结果。

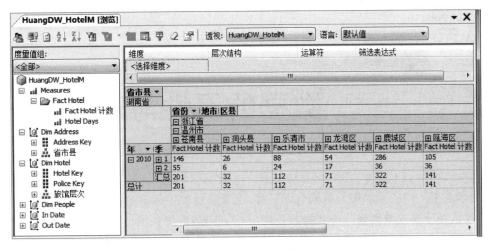

图 6-76　将图 6-75 按地理维旋转的入住人次

习题 6

1. 简述 SQL Server 分析服务(SSAS)主要功能。

2. 为警务数据仓库 HuangDW_Hotel 在 SQL Server 的智能开发平台(Business Intelligence Development Studio)上创建一个以读者姓名拼音命名的分析服务项目。

3. 完成项目的数据源配置任务。

4. 为习题 2 的服务项目构建数据源视图。

5. 为习题 2 的服务项目的数据源创建多维数据集。

6. 为习题 2 的服务项目完成以下配置任务

(1) 日期维层次的配置。

(2) 地址维层次的配置。

(3) 人员维层次的配置。

(4) 旅馆维层次的配置。

(5) 添加人口来源地址维

7. 部署习题 2 的分析服务项目。

8. 浏览习题 5 创建的多维数据集,完成下钻、上卷、切片、切块等操作。

第7章 数据的属性与相似性

数据挖掘使用的数据集与数据仓库一样,通常来自多种数据源,而且一般都是经过数据清洗,或数据变换或数据规约等数据预处理(见 2.2 节)而得到的。由于数据挖掘具有分类分析、聚类分析、关联分析、序列模式分析以及离群点检查等多种不同的挖掘任务,且每一种挖掘任务,对数据集的结构、数据对象及其属性类型都有不同的要求,因此,本章专门介绍数据属性相关概念以及数据的相似性度量。

7.1 数据集的结构

数据挖掘的数据集,在数学上可以定义为 d 维向量的集合 $S = \{X_1, X_2, \cdots, X_n\}$,其中 $X_i = (x_{i1}, x_{i2}, \cdots, x_{id})$ $(i = 1, 2, \cdots, n)$,且将 X_i 称为第 i 个向量的标识符(identifier)。在数据挖掘有关问题和理论的叙述中,数据集 S 一般采用二维表或数据矩阵这两种结构来表示。

7.1.1 二维表

许多数据挖掘任务都假定数据集 S 是一张二维表的结构(见表 7-1),其中的数据对象 $X_i(i = 1, 2, \cdots, n)$ 在表中以一条记录的形式表示。

表 7-1　数据集 S 对应的二维表

id	A_1	A_2	$\cdots$	A_d
X_1	x_{11}	x_{12}	$\cdots$	x_{1d}
$\vdots$	$\vdots$	$\vdots$	$\vdots$	$\vdots$
X_i	x_{i1}	x_{i2}	$\cdots$	x_{id}
$\vdots$	$\vdots$	$\vdots$	$\vdots$	$\vdots$
X_n	x_{n1}	x_{n2}	$\cdots$	x_{nd}

（标识名　标识符　属性名　数据）

对于如表 7-1 所示的二维表,也简称为表,通常可分为如下 4 个区域。

1. 标识名区域

该区域在二维表的左上角 id 所在单元格,此处 id 是标识名称,以说明其所在列下面的所有字符为数据对象的标识符,且每个标识符是唯一的。

2．标识符区域

该区域在标识名区域的下面，每一个标识符都是所在行的唯一标识。比如，X_i 就代表第 i 行对应的 d 维向量 $(x_{i1}, x_{i2}, \cdots, x_{id})$。

3．属性名区域

该区域在第一行标识名的右侧。二维表中的每一列称为一个属性（attribute）或字段（field），并用一个字符串将其命名，比如 $A_1, A_2, \cdots, A_d$ 称为属性名，它们分别规定了每个列中数据的性质或特性，它们因实际问题不同而取不同的名称。

4．数据区域

该区域在标识符右侧和属性名下面。这些数据特点是，每一列的数据具有相同的性质或来自具有相同性质的数据集合。

如果将二维表（见表 7-1）以名为 S 的对象存放在关系数据库中，则这个二维表也称为基本表或关系，并将第一行称为表的结构，id 所在列称为主键列或主键属性，每个 X_i 称为主键值，X_i 所在的行称为元组或记录，$x_{ij}(i=1, 2, \cdots, n; j=1, 2, \cdots, d)$ 称为属性值。因此，关系数据库将主键值 X_i 连同对应的 d 维向量作为一个记录 $(X_i, x_{i1}, x_{i2}, \cdots, x_{id})$ 来表示向量 $X_i = (x_{i1}, x_{i2}, \cdots, x_{id})$。

例 7-1 设有数据集 $S = \{X_1, X_2, \cdots, X_6\}$ 为某商场的顾客消费记录，其中

$X_1 = (男, 已婚, 1230, 其他)$；$X_2 = (男, 未婚, 2388, 硕士)$；

$X_3 = (男, 离异, 3586, 博士)$；$X_4 = (女, 已婚, 3670, 硕士)$；

$X_5 = (男, 未婚, 1025, 学士)$；$X_6 = (女, 丧偶, 2890, 其他)$

向量的每个分量值分别表示性别、婚姻状况、当月消费额以及学位等，其中，学位取值"其他"表示为大专及以下学历者。请构造 S 的二维表，并举例说明表的结构、主键属性和记录等。

解：因为 S 是 $d=4$ 维向量的集合，现有 6 个元素。根据 d 维向量集合 S 的二维表构造方法，可得到如表 7-2 所示的二维表，并将 S 重新取名为 Customers。

表 7-2　描述顾客消费记录的二维表 Customers

顾客 id	性别	婚姻状况	当月消费额	学位
X_1	男	已婚	1230	其他
X_2	男	未婚	2388	硕士
X_3	男	离异	3586	博士
X_4	女	已婚	3670	硕士
X_5	男	未婚	1025	学士
X_6	女	丧偶	2890	其他

表的结构由顾客 id、性别、婚姻状况、学位、当月消费额这 5 个属性构成，其中顾客 id 为主键属性，$(X_4, 女, 已婚, 硕士, 3670)$ 就是二维表 Customers 的一个记录（元组），X_4 是该记录的主键属性值，已婚是该记录的婚姻状况属性值，3670 则是当月消费额的属性值。因此，每个属性对应不同的记录通常会取不同的值。

7.1.2　数据矩阵

对于 d 维向量的集合 $S=\{X_1,X_2,\cdots,X_n\}$，在有些数据挖掘任务中也常用一个 $n\times d$ 的数据矩阵结构来表示。

$$S=\begin{bmatrix} x_{11} & \cdots & x_{1j} & \cdots & x_{1d} \\ \vdots & \vdots & \vdots & \vdots & \vdots \\ x_{i1} & \cdots & x_{ij} & \cdots & x_{id} \\ \vdots & \vdots & \vdots & \vdots & \vdots \\ x_{n1} & \cdots & x_{nj} & \cdots & x_{nd} \end{bmatrix} \qquad (7\text{-}1)$$

其中第 i 行表示第 i 个向量 $X_i=(x_{i1},x_{i2},\cdots,x_{id})$，也称为第 i 个数据对象。第 k 列表示第 k 个属性，因此 x_{ik} 称为第 i 个数据对象的第 k 个属性值或分量。由于矩阵的行对应数据对象，列对应于属性，因此 S 也称为"对象-属性"矩阵。

例 7-2　请用数据矩阵结构表示例 7-1 所示的顾客消费数据集 $S=\{X_1,X_2,\cdots,X_6\}$。

解：因为例 7-1 所示的顾客消费记录数据集 S 是一个有 6 个数据对象的四维向量集合，因此可以用 6×4 的数据矩阵来表示。

$$S=\begin{bmatrix} 男 & 已婚 & 1230 & 其他 \\ 男 & 未婚 & 2388 & 硕士 \\ 男 & 离异 & 3586 & 博士 \\ 女 & 已婚 & 3670 & 硕士 \\ 男 & 未婚 & 1025 & 学士 \\ 女 & 丧偶 & 2890 & 其他 \end{bmatrix}$$

从顾客消费记录数据集 S 的二维表结构和数据矩阵结构存储的差别可以发现，二维表看上去更容易理解，因为它在消费数据的基础上增加了表结构及其属性名称，并且用标识符（主键值）来唯一标识数据对象的数据记录。而数据矩阵存储结构仅存放消费数据，优点是没有引入任何冗余的数据，但理解起来相对困难一些。比如，单从数据矩阵本身很难理解第 3 列 1230 等数字的含义。因此，一般是在矩阵之外增加补充说明，如矩阵的每一行表示一个数据对象，从第 1 列至第 4 列的属性分别是性别、婚姻状况、当月消费额、学位等，以帮助读者或用户理解其真实含义。

经过前面的讨论我们自然会问，数据挖掘的数据集究竟采用二维表结构存储好，还是采用数据矩阵结构存储更好呢？这个问题没有标准答案，应该根据数据挖掘的任务以及所选择的挖掘算法来选择。但由于数据库技术的发展，当今世界绝大多数数据都存储在关系数据库中，即以二维表的结构形式存储。如果挖掘算法有特殊要求，可以轻松地将二维表转换为相应的数据矩阵。

7.2　属性的类型

在许多数据挖掘任务中，经常要对数据对象进行相似性比较，但如果数据的类型不同，比如描述性别的"男"与描述天气的"雨"，压根就不可能进行比较。因此，数据集的属性类型对数据挖掘算法选择以及挖掘的结果都有很大的影响,即数据挖掘算法对数据的类型是敏感的。在执行完全相同的数据挖掘任务时,即使采用同一个算法,也可能会因为数据集的属性类型不同导致挖掘结果不理想,甚至挖掘失败。因此,本节将以二维表结构存储的数据集为例,专门讨论它的属性类型。

7.2.1 连续属性

虽然可以用许多方法来区分属性的类型,而且这些类型有时也可能不是互斥的。但在机器学习和数据挖掘领域,通常把数据的属性粗略地分为连续型和离散型两大类,且在对它们的数据对象进行相似性度量时必须采用不同的度量方法。

连续属性(Continuous attributes)通常在一个实数区间内取值,因此其取值个数理论上是不可数无限的。比如,表 7-2 中"当月消费额"这个属性的取值就是连续的,因为顾客的当月消费额理论上可以是 $[0, +\infty)$ 区间的任意一个实数,因此称为连续属性或连续型属性。

连续属性的特点是,可以对其进行各种数学运算,不仅可以进行加、减、乘、除的基本运算,还可以计算均值(mean)、中位数(median)、众数(mode)等刻画数据集"中心"的度量值,还可以计算描述数据集分散程度的方差等参数。

1. 均值

设 $a_1, a_2, \cdots, a_n$ 为某数值属性 A(比如考试成绩)的 n 个观测值,则它们的均值为 n 个数的算术平均值,简称均值并记作

$$\bar{a} = \frac{\sum\limits_{i=1}^{n} a_i}{n} = \frac{a_1 + a_2 + \cdots + a_n}{n} \tag{7-2}$$

例 7-3 假设有 11 个学生的百分制考试成绩按递增排序为:$55, 60, 70, 75, 75, 75, 80, 80, 80, 90, 95$,则按照公式(7-2)得其均值为 $835/11 = 75.91$。

在有些实际应用中,可以给每个 a_i 赋予一个非负的权重 $\omega_i (i=1, 2, \cdots, n)$,它们刻画了 a_i 在数据集中的重要性。在这种情况下,我们可以计算 A 的加权算术平均值,也称加权均值。

$$\bar{a} = \frac{\sum\limits_{i=1}^{n} \omega_i a_i}{\sum\limits_{i=1}^{n} \omega_i} = \frac{\omega_1 a_1 + \omega_2 a_2 + \cdots + \omega_n a_n}{\omega_1 + \omega_2 + \cdots + \omega_n} \tag{7-3}$$

如果要求 $\sum\limits_{i=1}^{n} \omega_i = 1$,则公式(7-3)计算就没有分母。

均值是数据挖掘中最常用,也是最有效的数据集"中心"度量方法。但它并不总是描述数据中心的最佳方法,因为均值对数据集中的极端数据(离群点)非常敏感。

例 7-4 假设某村有 10 户人家,其中一户因做企业年收入 1001 万元,其余 9 家仅靠务农年收入 1 万元,则该村平均每户的年收入为 $(9+1001)/10 = 101$ 万。

为了抵消少数极端数据的影响,通常使用"截头尾均值"(trimmed mean)方法,即将数据集中极少数最大和最小的数据删除后再计算均值。例如,我们可以将该村每户年收入按照非减方式排序为 $1, 1, 1, 1, 1, 1, 1, 1, 1, 1001$,删除左端一个最小值 1 和右端一个最大值

1001,再对剩下的 8 个数据计算均值为 1 万。对于数据量很大的数据集,一般建议分别去掉高端和低端 2%左右的数据,特别应该避免在两端截去太多(如 20%以上)的数据,以防止丢失有价值的信息。

2. 中位数

把 n 个数据按大小顺序排列,如果 n 为奇数,则取处在最中间位置的那个数据作为这个数据集的中位数,也简称中数。如果 n 为偶数,则将最中间两个数的平均值作为该数据集的中位数。因此,中位数是有序数据集的中间值,它是把数据集较小的一半与较大的一半数据分开的值。

例 7-5 对于例 7-3 中 11 个学生的考试成绩,其中位数为 75,与数据集的均值 75.91 比较接近;而对于例 7-4 中 10 户农家的年收入,因为 $n=10$ 是偶数,因此,将排在第 5 和第 6 位的两个年收入的均值作为中位数,其值为 1,而该数据集的均值为 101,两者差别很大。

中位数对数据集中部分数据的变化不敏感。对于倾斜(非对称)的数据集,中位数是一个比平均值刻画数据集"中心"更好的度量。

3. 众数

众数是另一种数据集"中心"的度量值。数据集的众数是集合中出现最频繁的那个数据值。一个数据集可能存在好几个数据,其出现的频率都是最高的,即一个数据集可能有多个众数。因此,将具有一个、两个、三个众数的数据集合分别称为单峰的(unimodal)、双峰的(bimodal)和三峰的(trimodal)。一般来说,具有两个或更多众数的数据集称为多峰的(multimodal)。但如果数据集中任何两个数都不相等,即每个数据值仅出现一次,则该集合就没有众数。

例 7-6 对例 7-3 中 11 个学生的考试成绩数据集,它有 75 和 80 两个众数;而对例 7-4 中农户年收入的数据集,其众数为 1。因此,众数 1 万更真实地反映了该村"广大农户"年收入的实际情况,比户均 101 万的年收入更客观。

4. 方差与标准差

方差与标准差都是描述数据集分散程度的参数。方差或标准差的值越小,意味数据集中的每个数据越靠近其均值;方差或标准差的值越大,表示数据集分散在离均值两端更大的区间之中。

设 $a_1, a_2, \cdots, a_n$ 为某数值属性 A 的 n 个观测值,则它们的方差(variance)记作

$$\sigma^2 = \frac{1}{n} \sum_{i=1}^{n} (a_i - \bar{a})^2 \tag{7-4}$$

其中 $\bar{a}$ 是 $a_1, a_2, \cdots, a_n$ 的均值,而它们的标准差(standard deviation)是方差 σ^2 的平方根 σ,因此也称为均方差。

例 7-7 对于例 7-3 的考试成绩数据集,由于其均值为 75.91,因此,按照公式(7-4)计算方差为

$$\begin{aligned}
\sigma^2 &= [(55-75.91)^2 + (60-75.91)^2 + (70-75.91)^2 + 3 \times (75-75.91)^2 \\
&\quad + 3 \times (80-75.91)^2 + (90-75.91)^2 + (95-75.91)^2]/11 \\
&= 1340.9091/11 = 121.9008
\end{aligned}$$

而该数据集的均方差 $\sigma = 11.0409$。

而对于 7-4 中 10 户农家年收入数据集,因为其均值为 101,所以方差 $\sigma^2 = (9 \times (1 - 101)^2 + (1001 - 101)^2)/10 = 90\,000$,而标准差为 $\sigma = 300$。

7.2.2 离散属性

一般来说,如果属性不是连续的,则它就是离散的。离散属性(Discrete attributes)是指该属性可以取有限或可数无限个不同的值,这些取值可以用字母或自然数表示,也可以用单词或短语表示。在表 7-2 中,性别属性可取{男、女}中 2 个值之一;婚姻状况可取{未婚、已婚、离异、丧偶}中 4 个值的任何一个;学位可取{博士、硕士、学士、其他}中 4 个值之一。虽然顾客数量的增长以及出生人口数量的增长在理论上说都是无限的,但它们的取值都可以与正整数集合建立一一对应关系,因此顾客 id 和姓名属性的取值至多是可数无限的,而在实际应用中却总是有限的。由此可知,顾客 id、姓名、性别、婚姻状况和学位这 5 个属性都是离散的,也称为离散属性或离散型属性。

离散属性的共同特点是,其值可以进行 = 和 ≠ 的比较运算。比如,性别属性的值"男"≠ "女"。有的离散属性的值可以按照 < 或 ≤ 进行大小或高低排序。比如学位属性的值,可以按照学位从低到高排序为:其他 < 学士 < 硕士 < 博士。

7.2.3 分类属性

对一个数据集,其属性除了连续的以外,将其余的属性都简单地归为离散属性显然是比较粗糙的。因为在数据挖掘的很多实际应用中,特别需要将离散属性划分为更为细致的类型。分类属性(categorical attributes)就是离散属性的一个细分类型。

分类属性的取值是一些符号或事物的名称,每个值代表某种类别、编码或状态,并且这些值之间不存在大小或顺序关系。因此,在有些文献中也称为标称属性(nominal attributes),而在计算机科学中,分类属性的取值也被看作是枚举的(enumeration)。

例 7-8 在表 7-2 的所有属性中,婚姻状况就是一个分类属性,它可以取单身、已婚、离异和丧偶 4 个值之一。在实际生活中,还有很多分类属性的例子。比如,描述人的职业属性,其取值可以为教师、医生、程序员、工人等。

虽然分类属性的值通常是一些符号或事物的名称,但在数据挖掘应用的数据集描述中,完全可以用数字或字母来代替这些符号或名称,这些数字或字母称为代码。例如,对于性别属性,可以指定代码 1 表示男,0 表示女;对于婚姻状况属性,可以指定代码 1 表示单身、2 表示已婚、3 表示离异、4 表示丧偶。但这些分类属性的代码数字并没有数学上的四则运算意义,即对其进行加、减、乘、除或求平均值等运算是没有实际意义的。

当然,分类属性的值也可用字母符号来代替,比如,对婚姻状况属性,可指定代码 a 表示单身、b 表示已婚、c 表示离异、d 表示丧偶。对于性别属性,可以指定代码 x 表示女,y 表示男等。

7.2.4 二元属性

二元属性(binary attributes)是分类属性的一种特殊情况,即这种属性只取两种可能的值或只能处于两个状态之一,如 1 或 0,其中 1 表示该状态出现,而 0 表示不出现。当然,也可以用 y 或 n 来表示。因此,二元属性又常称为布尔属性,且两种状态分别用 t 和 f 来表示。

在表 7-2 中的性别属性就是一个二元属性,因此,可以指定代码 0 表示女,1 表示男。此外,生活中还有许多二元属性的例子,比如描述一个人在日常生活中是否抽烟的属性是二元属性,可用代码 y 和 n 分别表示是和否;对某个胃痛患者是否被幽门杆菌感染的医学检验结果属性也是二元的,可用 1 表示结果为阳性,用 0 表示结果为阴性。

一个二元属性称为是对称的,如果它的两种状态具有同等的重要性或具有相同的权重,比如,性别属性就是一种对称二元属性,因为户籍管理者在人口数据管理中,对性别的取值{男,女}并没有偏好,即在指定代码时,既可以用 1 表示男、0 表示女;也可以用 0 表示男、1 表示女。

一个二元属性称为是非对称的,如果其状态 0/1 不是同样重要的。在消化科大夫的眼里,胃病患者幽门杆菌检查的阳性和阴性结果就不是同等重要的,大夫最关注检查出现阳性的结果,以便及时对患者进行辨证施治。因此,在医院的化验记录中,通常用 1 表示对检查结果阳性进行编码,而用 0 对阴性结果进行编码。因为阳性通常是稀少的但却是最重要的信息,需要引起医生的特别注意。

7.2.5 序数属性

序数属性(ordinal attributes)也是离散属性的一种,其特殊性表现在,它所有可能的取值之间可以进行排序(ranking),虽然任意两个相继值之间的差值是未知的。

例 7-9   在表 7-2 的属性中,学位属性就是一个序数属性,因为学位是可以按照从低到高排序的,即 4 个学位的顺序关系为:其他<学士<硕士<博士,但博士与硕士之间的差值是不清楚的,而且"硕士-学士","学士-其他"也是没有意义的。高校教师的职称属性也是一个序数属性,因为职称的取值可以按其从低到高顺序枚举为助教<讲师<副教授<教授。序数属性的取值编码也可以用数字或字母来表示,比如用 1、2、3、4 分别表示助教、讲师、副教授和教授,或者分别用 a、b、c、d 来代替它们。

对于那些不能用实数客观度量的主观评估值,采用序数属性来描述是非常有用的。比如,在一项服务质量问卷调查表的设计中,可以将顾客的满意程度分为 5 档,并分别用序数属性值表示:0-很不满意,1-不太满意,2-基本满意,3-满意,4-很满意。因此,序数属性通常在各种等级评定调查中使用。

对于连续属性,还可以利用分箱技术(第 2 章),将其转化为序数属性。此外,序数属性可以定义它的众数(出现最多的数)和中位数(有序序列的中间值),但不能定义均值。

不管是分类属性、二元属性,还是序数属性,它们都是对事物进行定性描述的属性,即它们仅仅描述了对象的特征或类别,虽然其取值有时还用 1、2、3 等整数字来表示,但并不代表其值的实际大小。另一方面,这种定性属性的值即便使用了整数,也仅仅代表了类别的一种计算机编码,而不是可测量和计算的数值。例如,描述饮料容量的属性取值时,可以用 0 表示小号杯,1 表示中号杯,2 表示大号杯。此处的 0 并不是没有饮料,而 $1+0\times2$ 也是没有意义的。

7.2.6　数值属性

数值属性(numeric attributes)是一种定量属性,它的取值是可以度量的,一般用整数或实数值表示。数值属性可以是区间标度或比率标度属性。

1.区间标度属性

区间标度(interval-scaled)属性用相等的单位尺度度量。区间属性的值是有序的,可以为正、0或负。因此,除了用值的大小或高低顺序评定之外,这种属性还允许我们对其比较和定量评估任意值之间的差。

例 7-10　描述室外温度的属性是区间标度的。

假设我们将每天的室外温度当作一个变量,并且已经收集了5天的温度值。若把这些值从小到大进行排序,就得到变量在5天温度取值的大小顺序评定为10℃、12℃、13℃、15℃、19℃。此外,我们还可以量化不同值之间的差值。例如,温度19℃比12℃高出7℃。日历日期是另一个区间标度的例子,2015年与1982年相差33年。

摄氏温度和华氏温度都没有真正的零点,即0℃和0℉都不表示"没有温度"。因此,我们虽然可以计算两个温度之间的差值,但我们不能说一个温度值20℃是另一个温度5℃的4倍。也就是说,我们不能用比率来测量区间标度值,但区间标度属性是数值的,且有大小顺序关系,除了可以计算差值、中位数、众数之外,还可以计算其均值。

2.比率标度属性

比率标度(ratio-scaled)属性是具有固有零点的数值属性,因此,它弥补了区间标度没有固定0点的不足。也就是说,如果一个度量是比率标度的,我们不仅可以计算属性值之间的差,也能计算平均值、中位数和众数,还可以说一个值是另一个的倍数(或比率)。

例 7-11　开氏温标(K)与摄氏和华氏温度不同,它具有绝对零点(0℉=−273.15℃),其物理学意义是,构成物质的粒子在0℉时具有零动能。因此,我们说温度值20℉是5℉的4倍是有意义的。

在实际社会生活中,还有很多比率标度属性的例子,比如,职工养老金的缴费年限、博文的字数、物体的重量、房屋的高度、高铁的速度和外汇储备量等。

虽然在许多文献中,常常将"连续属性"与"数值属性"互换地使用,本书也不加区分。但在有些数据挖掘任务中,我们还是应该注意它们的一些细微差别,避免在中午气温20℃与凌晨气温5℃比较时,用"早上气温是凌晨气温的4倍"这种比率来描述。

7.3　相似度与相异度

在聚类分析和分类分析等数据挖掘任务中,我们通常需要计算或比较两个数据对象之间的相似度或相异度。

两个数据对象之间的相似度(similarity)就是两个对象相似性程度的一个度量值,取值区间通常为[0,1],0表示两者不相似,1表示两者完全相同。因此,两个数据对象越相似,它们的相似度就越大,反之则越小。

对于表 7-1 或公式(7-1)定义的数据集 $S=\{X_1,X_2,\cdots,X_n\}$,设 $X_i,X_j\in S$,并用 $s(X_i,X_j)$ 表示数据点之间的相似度,则它具有如下性质:

(1) 非负有界性:$0\leqslant s(X_i,X_j)\leqslant 1$,仅当 $X_i=X_j$ 时,$s(X_i,X_j)=1$;

(2) 对称性:对于任意 X_i,X_j 都有 $s(X_i,X_j)=s(X_j,X_i)$;

因此,可以定义 S 的相似度矩阵(similarity matrix)为

$$
\mathrm{Sim}(S)=\begin{bmatrix}
1 & & & & \\
s(X_2,X_1) & 1 & & & \\
s(X_3,X_1) & s(X_3,X_2) & 1 & & \\
\vdots & \vdots & \vdots & \vdots & \\
s(X_n,X_1) & s(X_n,X_2) & \cdots & s(X_n,X_{n-1}) & 1
\end{bmatrix} \tag{7-5}
$$

由于数据对象之间相似度的对称性,且任何数据对象与自己比较的相似度为 1,因此,S 的相似度矩阵 $\mathrm{Sim}(S)$ 是一个对角线元素全部为 1 的下三角矩阵。

两个数据对象之间的相异度(dissimilarity)就是它们之间差异性程度的一个度量值。两个对象相似度越小,则它们的相异度就越大,反之相异度就越小。因此,数据对象的相异度与相似度是两个含义相反的概念。

说明:有一些文献也引进了不在 $[0,1]$ 区间内取值的相似度函数 $s(X,Y)$。它们规定 $s(X,Y)$ 的值越大,则 X 与 Y 越相似,反之 X 与 Y 越不相似。最简单的方法,就是当 X 与 Y 的距离 $d(X,Y)\neq 0$ 时,令 $s(X,Y)=1/d(X,Y)$。

同理,若记 $d(X_i,X_j)$ 表示它们之间的相异度,则可以定义 S 的相异度矩阵(dissimilarity matrix)为

$$
\boldsymbol{D}(\boldsymbol{S})=\begin{bmatrix}
0 & & & & \\
d(X_2,X_1) & 0 & & & \\
d(X_3,X_1) & d(X_3,X_2) & 0 & & \\
\vdots & \vdots & & & \\
d(X_n,X_1) & d(X_n,X_2) & \cdots & d(X_n,X_{n-1}) & 0
\end{bmatrix} \tag{7-6}
$$

由于数据对象之间相异度的对称性,且任何数据对象与自己比较的相异度为 0,因此,S 的相异度矩阵 $\boldsymbol{D}(\boldsymbol{S})$ 是一个对角线元素全部为 0 的下三角矩阵。

从公式(7-5)和公式(7-6)可知,要得到数据集 S 的相似度矩阵或相异度矩阵,其关键是相似度 $s(X_i,X_j)$ 或相异度 $d(X_i,X_j)$ 的计算方法。而相似度或相异度的计算通常与数据集的属性类型有关,且不同的数据类型有不同的计算方法。比如,当 S 的所有属性都为数值型时,X_i 和 X_j 之间的距离 $d(X_i,X_j)$ 就是一种常用的相异度函数。在许多文献中甚至将距离作为相异度的同义词使用,因此,在没有特别说明的情况下,公式(7-6)中的 $d(X_i,X_j)$ 就是它们之间的某种距离。

下面将根据数据集属性的不同类型,分别介绍其相似度或相异度的计算公式。

7.3.1　数值属性的距离

如果数据集所有属性都是数值型的,一般地可用明可夫斯基距离、二次型距离等作为数

据对象之间的相异性度量函数,也称相异度函数。

根据空间几何学的概念,距离作为空间中任意两点 X_i 与 X_j 之间相距远近的一种测度,应该满足如下三个基本的数学性质。

(1) 非负性: $d(X_i,X_j) \geqslant 0$,即距离是一个非负的实数,$d(X_i,X_j)=0$ 当且仅当 $X_i=X_j$。

(2) 对称性: $d(X_i,X_j)=d(X_j,X_i)$,即距离关于数据对象 X_i,X_j 是一个对称函数。

(3) 三角不等式: $d(X_i,X_j) \leqslant d(X_i,X_k)+d(X_k,X_j)$,即从对象 X_i 到对象 X_j 的直接距离不会超过途经任何其他对象 X_k 的距离之和。

对数据集 S 中任意两个向量 X_i,X_j,下面分别介绍几种描述它们相异度的距离公式,包括明可夫斯基距离、二次型距离和 MP 马氏距离等。

1. 明可夫斯基距离

向量 X_i 与 X_j 的明可夫斯基(Minkowski)距离定义为:

$$d(X_i,X_j) = \left[\sum_{k=1}^{d} |x_{ik}-x_{jk}|^p \right]^{\frac{1}{p}} \tag{7-7}$$

当 p 取不同的值时,上述距离公式就特化为一些常用的距离公式。

(1) 若 $p=1$,则得绝对值距离公式,也称曼哈顿(Manhattan)距离:

$$d(X_i,X_j) = \sum_{k=1}^{d} |x_{ik}-x_{jk}| \tag{7-8}$$

(2) 若 $p=2$,则得欧几里得(Euclidean)距离,也简称为欧氏距离:

$$d(X_i,X_j) = \left[\sum_{k=1}^{d} |x_{ik}-x_{jk}|^2 \right]^{\frac{1}{2}} \tag{7-9}$$

(3) 如果让公式(7-7)中的 $p \to \infty$,则得到切比雪夫(Chebyshev)距离:

$$d(X_i,X_j) = \max_{1 \leqslant k \leqslant n} |x_{ik}-x_{jk}| \tag{7-10}$$

2. 二次型距离

设 A 是 n 阶非负定矩阵,则向量 X_i 与 X_j 的二次型距离定义为

$$d(\boldsymbol{X}_i,\boldsymbol{X}_j) = ((\boldsymbol{X}_i-\boldsymbol{X}_j)\boldsymbol{A}(\boldsymbol{X}_i-\boldsymbol{X}_j)^{\mathrm{T}})^{\frac{1}{2}}$$

(1) 当 $A=\mathbf{I}$(单位矩阵)时,二次型距离蜕变成欧氏距离(见公式(7-9))。

(2) 若 A 为对角矩阵,即 A 的对角线上元素为 $(a_{11},a_{22},\cdots,a_{nn})$,其余元素全为 0,则二次型距离特化成加权欧氏距离。

$$d(\boldsymbol{X}_i,\boldsymbol{X}_j) = \left[\sum_{k=1}^{d} a_{kk} |x_{ik}-x_{jk}|^2 \right]^{\frac{1}{2}} \tag{7-11}$$

(3) 若 $A=\Omega^{-1}$,则二次型距离蜕变成马氏(Mahalanobis)距离。

$$d(\boldsymbol{X}_i,\boldsymbol{X}_j) = ((\boldsymbol{X}_i-\boldsymbol{X}_j)\Omega^{-1}(\boldsymbol{X}_i,\boldsymbol{X}_j)^{\mathrm{T}})^{\frac{1}{2}} \tag{7-12}$$

其中 Ω 为数据集 $S=\{X_1,X_2,\cdots,X_n\}$ 的协方差矩阵,

$$\Omega = \frac{1}{n} \sum_{i=1}^{n} (X_i - \bar{X})^{\mathrm{T}} (X_i - \bar{X})$$

$$\bar{X} = \frac{1}{n} \sum_{i=1}^{n} X_i$$

3. MP 马氏距离

从公式(7-12)可以看出,计算马氏距离必须先计算协方差矩阵 Ω 的逆矩阵。然而 Ω^{-1} 本身的计算复杂性较高为 $O(n^3)$,并且对于行列式值接近 0 的协方差 Ω 可能无法获得其逆矩阵 Ω^{-1}。因此,下面介绍利用 Ω 的 Moore-Penrose 广义逆矩阵 Ω^+ 代替 Ω^{-1} 的 MP 马氏距离公式,它的核心工作在于广义逆矩阵 Ω^+ 的构造,而不需要计算逆矩阵 S^{-1}。

定义 7-1　对于任意矩阵 A,必存在唯一的矩阵 B,它与 A^{T} 的阶数相同且满足如下 4 个方程:

(1) $ABA=A$;　　　(2) $BAB=B$;　　　(3) $(AB)^{\mathrm{T}}=AB$;　　　(4) $(BA)^{\mathrm{T}}=BA$;

我们将这个矩阵 B 称为 A 的 Moore-Penrose 广义逆矩阵并记作 A^+,简称为 A 的 MP 广义逆。

定理 7-1　广义逆 A^+ 满足以下类似于普通逆矩阵的基本性质:

(1) $(A^+)^+=A$;　　　　　(2) $AA^+A=A$;　　　　　(3) $A^+AA^+=A^+$;

(4) $AA^+=I$;　　　　　　(5) $A^+A=I$;　　　　　　(6) $(A^{\mathrm{T}})^+=(A^+)^{\mathrm{T}}$;

(7) $A^+=(A^{\mathrm{T}}A)^+A^{\mathrm{T}}=A^{\mathrm{T}}(AA^{\mathrm{T}})^+$;　　　　(8) $(A^{\mathrm{T}}A)^+=A^+(A^{\mathrm{T}})^+$;

定理 7-2　(A^+ 的构造)若 A 是 $n \times m$ 矩阵且其奇异值分解形式为 $A=UMV^{\mathrm{T}}$,则 $A^+=VTU^{\mathrm{T}}$,其中 $M=\mathrm{diag}(a_1,a_2,\cdots,a_r)$ 且 $a_i > 0$,r 是矩阵 A 的秩,U、V 为正交阵,而矩阵 T 由 M 构造而得:若 $M(i,j) \neq 0$,则 $T(i,j)=1/M(i,j)$;若 $M(i,j)=0$,则 $T(i,j)=0$。

证明:(1) $AA^+A=A(VTU^{\mathrm{T}})A=AVTU^{\mathrm{T}}A=UMTMV^{\mathrm{T}}=UTV^{\mathrm{T}}=A$。

(2) 类似地可证明 $A^+AA^+=A^+$。

(3) $(AA^+)^{\mathrm{T}}=(AVTU^{\mathrm{T}})^{\mathrm{T}}=(UMTU^{\mathrm{T}})^{\mathrm{T}}=\left[U\begin{bmatrix} I_r & 0 \\ 0 & 0 \end{bmatrix}U^{\mathrm{T}}\right]^{\mathrm{T}}=U\begin{bmatrix} I_r & 0 \\ 0 & 0 \end{bmatrix}U^{\mathrm{T}}=AA^+$。

(4) 类似于(3),可证明 $(A^+A)^{\mathrm{T}}=A^+A$。

所以 $A^+=VTU^{\mathrm{T}}$ 满足定义 7-1 中的 4 个方程,即 VTU^{T} 是广义逆矩阵 A^+。

由此可以得到关于数据集 $S=\{X_1,X_2,\cdots,X_n\}$ 的 MP 马氏距离公式

$$d_{\mathrm{MP}}(X_i,X_j) = \left[(X_i-X_j)^{\mathrm{T}}\Omega^+(X_i-X_j)\right]^{1/2} \tag{7-13}$$

其中 $X_i, X_j \in S$,Ω 为数据集 S 的协方差阵。

7.3.2　分类属性的相似度

1. 二元属性的相似度

从 7.2.4 节可知,二元属性只有 0 或 1 两种取值,其中 1 表示该属性的特征出现,0 表

示特征不出现。如果数据集 S 的属性都是二元属性,则 $x_{ik} \in \{0,1\}$($i=1,2,\cdots,n$; $k=1$, $2,\cdots,d$),如表 7-3 所示的数据集 S,它共有 11 个属性且都是二元属性。

表 7-3　有 11 个二元属性的数据集 S

id	A_1	A_2	A_3	A_4	A_5	A_6	A_7	A_8	A_9	A_{10}	A_{11}
X_1	1	0	1	0	1	0	1	0	1	1	1
X_2	1	0	0	1	0	1	0	0	1	0	1
X_3	0	0	1	1	1	0	1	0	0	0	1
…	…	…	…	…	…	…	…	…	…	…	…

设 X_i 和 $X_j \in S$,如何计算它们的相似度或者相异度呢?由于这里的 1,0 并不是具体的数值,仅相当于"是"和"否",因此,需要采用特定的方法来计算它们的相似度。

可以对 X_i 和 X_j 的分量 x_{ik} 与 x_{jk}($k=1,2,\cdots,n$)的取值情况进行比较,获得分量的 4 种不同取值对比的统计参数:

(1) f_{11} 是 X_i 和 X_j 中分量满足 $x_{ik}=1$ 且 $x_{jk}=1$ 的属性个数(1-1 相同);

(2) f_{10} 是 X_i 和 X_j 中分量满足 $x_{ik}=1$ 且 $x_{jk}=0$ 的属性个数(1-0 相异);

(3) f_{01} 是 X_i 和 X_j 中分量满足 $x_{ik}=0$ 且 $x_{jk}=1$ 的属性个数(0-1 相异);

(4) f_{00} 是 X_i 和 X_j 中分量满足 $x_{ik}=0$ 且 $x_{jk}=0$ 的属性个数(0-0 相同)。

显然 $f_{11}+f_{10}+f_{01}+f_{00}=d$,因此 X_i 和 X_j 之间的相似度可以有以下几种定义。

(1) 简单匹配系数(simple match coefficient,smc)相似度

$$s_{\mathrm{mc}}(X_i,X_j) = \frac{f_{11}+f_{00}}{f_{11}+f_{10}+f_{01}+f_{00}} = \frac{f_{11}+f_{00}}{d} \tag{7-14}$$

即以 X_i 和 X_j 对应分量取相同值的个数与向量的维数 d 之比作为相似性度量,这种相似度适合对称的二元属性的数据集,即二元属性的两种状态是同等重要的。因此,我们将 $s_{\mathrm{mc}}(X_i,X_j)$ 叫作对称的二元相似度。

(2) Jaccard 系数相似度

$$s_{\mathrm{jc}}(X_i,X_j) = \frac{f_{11}}{f_{11}+f_{10}+f_{01}} = \frac{f_{11}}{d-f_{00}} \tag{7-15}$$

即以 X_i 和 X_j 对应分量都取 1 值的个数与($d-f_{00}$)之比作为相似性度量。这种相似度适合非对称的二元属性的数据集,即在二元属性的两种状态中,1 是最重要的情形。因此,$S_{\mathrm{jc}}(X_i,X_j)$ 称为非对称的二元相似度。

(3) Rao 系数相似度

$$s_{\mathrm{rc}}(X_i,X_j) = \frac{f_{11}}{f_{11}+f_{10}+f_{01}+f_{00}} = \frac{f_{11}}{d} \tag{7-16}$$

即以 X_i 和 X_j 对应分量都取 1 值的个数与向量的维数 d 之比作为相似性度量,也是一种非对称的二元相似度。

如果一个数据集的所有分量都是二元属性,则可以根据实际应用需要,选择以上三个公式之一作为其相似度的计算公式。

例 7-12　对如表 7-3 所示的数据集 S,试计算 $s_{\mathrm{mc}}(X_1,X_2)$,$s_{\mathrm{jc}}(X_1,X_2)$ 和 $s_{\mathrm{rc}}(X_1,X_2)$。

解:因为 $X_1=(1,0,1,0,1,0,1,0,1,1,1)$,$X_2=(1,0,0,1,0,1,0,0,1,0,1)$,所以,首先比较 X_1 和 X_2 每一个属性的取值情况,可得 $f_{11}=3$,$f_{10}=4$,$f_{01}=2$,$f_{00}=2$,并且可知 $d=$

$f_{11}+f_{10}+f_{01}+f_{00}=11$。

由公式(7-14)至(7-16)可得

$$s_{\mathrm{mc}}(X_1,X_2)=5/11;\quad s_{\mathrm{jc}}(X_1,X_2)=3/9;\quad s_{\mathrm{rc}}(X_1,X_2)=3/11$$

读者可自己完成 $s_{\mathrm{mc}}(X_1,X_3)$，$s_{\mathrm{jc}}(X_1,X_3)$ 和 $s_{\mathrm{rc}}(X_1,X_3)$ 以及 $s_{\mathrm{mc}}(X_2,X_3)$ 等值的计算。

与相似度类似，我们还可以定义对称二元属性数据集的相异度计算公式：

$$d_{\mathrm{mc}}(X_i,X_j)=\frac{f_{10}+f_{01}}{f_{11}+f_{10}+f_{01}+f_{00}}=\frac{f_{10}+f_{01}}{d} \tag{7-17}$$

以及非对称二元属性数据集的相异度公式：

$$d_{\mathrm{jc}}(X_i,X_j)=\frac{f_{10}+f_{01}}{f_{11}+f_{10}+f_{01}}=\frac{f_{10}+f_{01}}{d-f_{00}} \tag{7-18}$$

显然 $s_{\mathrm{mc}}(X_i,X_j)+d_{\mathrm{mc}}(X_i,X_j)=1$，$s_{\mathrm{jc}}(X_i,X_j)+d_{\mathrm{jc}}(X_i,X_j)=1$

2. 分类属性的相似度

分类属性的取值是一些符号或事物的名称，可以取两个或多个状态，且状态值之间不存在大小或顺序关系，比如婚姻状况这个属性就有单身、已婚、离异和丧偶 4 个状态值。

如果 S 的属性都是分类属性，则 X_i 和 X_j 的相似度可定义为

$$s(X_i,X_j)=p/d \tag{7-19}$$

其中 p 是 X_i 和 X_j 的对应属性值 $x_{ik}=x_{jk}$ 的个数，d 是向量的维数。

例 7-13　设某网站希望依据用户照片的背景颜色以及用户的婚姻状况，性别，血型和职业等 5 个分类属性来描述已经注册的用户。假设背景颜色取(红、蓝、白)，婚姻状况取(已婚、离异，单身)，性别为(男、女)、血型为(A，B，AB，O)以及职业为(教师、工人、医生)。其用户数据集如表 7-4 所示，试计算 $s(X_1,X_2)$ 和 $s(X_1,X_3)$。

表 7-4　有 5 个分类属性的数据集

对象 id	背景颜色	婚姻状况	性别	血型	职业
X_1	红	已婚	男	A	教师
X_2	蓝	已婚	女	A	医生
X_3	红	单身	男	B	工人
X_4	白	离异	男	AB	工人
X_5	蓝	单身	男	O	教师
…	…	…	…	…	…

解：显然，数据对象维数 $d=5$，由于 X_1 和 X_2 在婚姻状况和血型两个分量上取相同的值，因此，由公式(7-19)得 $s(X_1,X_2)=2/5$。

同理，$s(X_1,X_3)=2/5$，因为 X_1 和 X_3 在背景颜色、性别 2 个分量上取相同的值。

3. 序数属性的相似度

序数属性的值之间具有实际意义的顺序或排位，但相继值之间的差值是未知的。如果数据集 S 的属性都是序数属性，设其第 k 个属性的取值有 m_k 个状态且有大小顺序。

为了叙述方便，我们借用一个简单的例子来介绍序数属性的相似度计算方法。

假设某校用考试成绩、奖学金和月消费 3 个属性来描述学生在校的信息(见表 7-5)。

其中第 1 个属性考试成绩取 $m_1=5$ 个状态,其顺序排位为优秀＞良好＞中等＞及格＞不及格;第 2 个属性奖学金取 $m_2=3$ 个状态,其顺序排位为甲等＞乙等＞丙等;第 3 个属性月消费取 $m_3=3$ 个状态,其顺序排位为高＞中＞低。

表 7-5 有 3 个序数属性的数据集

对象 id	考试成绩	奖学金	月消费
X_1	优秀	甲等	中
X_2	良好	乙等	高
X_3	中等	丙等	高
...	...	...	...

序数属性的数据对象之间相异度计算的基本思想是将其转换为数值型属性,并用距离函数来计算对象之间的相异度,主要分为三个步骤:

(1) 将第 k 个属性的域映射为一个整数的排位集合,以考试成绩属性的域{优秀,良好,中等,及格,不及格}为例,其对应的整数排位集合为{5,4,3,2,1};然后将每个数据对象 X_i 对应分量的取值 x_{ik} 用其对应排位数代替并仍记为 x_{ik},比如,表 7-5 中 X_2 的考试成绩属性值 x_{21} 为"良好",则用 4 代替,这样得到整数表示的数据对象仍记为 X_i。

(2) 将整数表示的数据对象 X_i 的每个分量映射到[0,1]实数区间,其映射方法为

$$z_{ik} = (x_{ik}-1)/(m_k-1) \tag{7-20}$$

其中 m_k 是第 k 个属性排位整数的最大值,再以 z_{ik} 代替 X_i 中的 x_{ik},就得到数值型的数据对象,并仍然记作 X_i。

(3) 根据实际情况选择一种距离公式,计算任意两个数值型数据对象 X_i 和 X_j 的相异度。

例 7-14 以表 7-5 所示序数属性的数据集为例,试将其转换为数值型数据后计算相异度。

解:(1)首先将序数属性的值域映射为整数排位集合。

{优秀,良好,中等,及格,不及格}⇒{5,4,3,2,1},其最大排位数 $m_1=5$;

{甲等、乙等、丙等}⇒{3,2,1},其最大排位数 $m_2=3$;

{高、中、低}⇒{3,2,1},其最大排位数 $m_3=3$。

再将每个属性的取值用其排位的整数代替,得到表 7-6。

表 7-6 用其排位的整数代替的序数属性数据集

对象 id	考试成绩	奖学金	月消费
X_1	5	3	2
X_2	4	2	3
X_3	3	1	3
...	...	...	...

(2) 将每个属性对应的排位整数,利用公式 $z_{ik}=(x_{ik}-1)/(m_k-1)$ 将其映射为[0,1]区间的实数,并代替原先的排位整数,得到数值属性的数据集(见表 7-7)。

表 7-7　用其实数代替排位数的数据集

对象 id	考试成绩	奖学金	月消费
X_1	1.00	1.00	0.50
X_2	0.75	0.50	1.00
X_3	0.50	0	1.00
…	…	…	…

对于数据对象 X_1，其考试成绩排位整数是 5，而 $m_1=5$，因此 $z_{11}=(x_{11}-1)/(m_1-1)=(5-1)/(5-1)=1$；$X_2$ 的考试成绩排位整数是 4，映射为 $z_{21}=(4-1)/(5-1)=0.75$；X_3 的考试成绩排位整数是 3，映射为 $z_{31}=(3-1)/(5-1)=0.5$。

同理，X_1 的奖学金排位整数是 3，且 $m_2=3$，因此 $z_{12}=(3-1)/(3-1)=1$；X_2 的奖学金排位整数是 2，映射为 $z_{22}=(2-1)/(3-1)=0.5$；X_3 的奖学金排位整数是 1，映射为 $z_{32}=(1-1)/(3-1)=0$；

类似地，可以计算 X_1,X_2,X_3 的月消费实数值，详见表 7-7。

（3）选用欧几里得距离公式计算任意两点之间的相异度，下面举例说明：

$$d(X_1,X_2)=\sqrt{(1-0.75)^2+(1-0.5)^2+(0.5-1)^2}$$
$$=\sqrt{0.0625+0.25+0.25}=\sqrt{0.5625}=0.75$$

同理可得：

$$d(X_1,X_3)=1.22;\quad d(X_2,X_3)=0.56$$

从计算结果可知 $d(X_2,X_3)$ 的值是最小的，而且根据实际经验也可从表 7-5 看出，三个数据对象之间的确是 X_2 与 X_3 的差异度最小。

7.3.3　余弦相似度

对于数值型或用数字表示的数据集中任意两个数据对象 $X_i=(x_{i1},x_{i2},\cdots,x_{in})$ 和 $X_j=(x_{j1},x_{j2},\cdots,x_{jn})$，其余弦（cosine）相似度定义为：

$$s_{\cos}(X_i,X_j)=\frac{X_i\cdot X_j}{\parallel X_i\parallel\cdot\parallel X_j\parallel} \tag{7-21}$$

其中，$X_i\cdot X_j$ 表示两个向量的内积，$\parallel X_i\parallel$ 表示向量 X_i 的欧几里得范数，即 X_i 到坐标原点的距离，也就是向量 X_i 的长度。

如果令 θ 是向量 X_i 和 X_j 之间夹角，则 $s_{\cos}(X_i,X_j)=\cos\theta$。因此，如果 $s_{\cos}(X_i,X_j)=0$，即夹角 θ 的余弦值为 0，意味向量 X_i 和 X_j 呈 90°夹角，也就是说，它们是相互垂直的，因此它们是不相似的。如果 $s_{\cos}(X_i,X_j)=1$，即夹角的余弦值为 1，表明向量 X_i 和 X_j 的方向是完全一致的，因此它们是完全相似的。一般地说，$s_{\cos}(X,Y)$ 的值越接近于 1，说明 X 与 Y 越相似。

余弦相似度常常用来评价文档间的相似性。每一个文档通常用一个词频向量（term-frequency vector）来表示，其中的每个属性为文档中可能出现的特定词或短语（常用词汇一般不作为文档的属性），属性取值为该词或短语在文档中出现的频度。表 7-8 表示了 3 个文档的词频向量 X_1、X_2、X_3，它们用 10 个属性来描述，每个属性表示文档中可能出现的词语，其取值就是该词在文档中出现的次数。

表 7-8 三个文档的词频向量集

文档号	球队	教练	冰球	棒球	足球	罚球	得分	赢球	输球	赛季
X_1	5	0	3	0	1	0	0	1	0	0
X_2	3	0	2	0	1	1	0	1	0	1
X_3	4	1	2	0	2	1	0	1	0	0

比如,表 7-8 中 X_1 在"球队"属性下面的取值 5 表示"球队"这个词语在 X_1 文档中出现了 5 次,而属性"教练"下面的 0 表示在 X_1 这个文档中压根就没有出现过这个词。

例 7-15 对如表 7-8 所示的 3 个文档的词频向量,试计算 X_1, X_2 的余弦相似度。

解: 因为 $X_1 = (5,0,3,0,1,0,0,1,0,0)$,$X_2 = (3,0,2,0,1,1,0,1,0,1)$,利用公式(7-21)计算这两个向量之间的余弦相似度。

因为

$$X_1 \cdot X_2 = 5 \times 3 + 0 \times 0 + 3 \times 2 + 0 \times 0 + 1 \times 1 + 0 \times 1 + 0 \times 0 + 1 \times 1 + 0 \times 0 + 0 \times 1 = 23$$

注意

$$\| X_1 \| = (25 + 9 + 1 + 1)^{1/2} = 6, \| X_2 \| = (9 + 4 + 1 + 1 + 1 + 1)^{1/2} = 4.12$$

因此,

$$s_{\cos}(X_1, X_2) = \frac{X_i \cdot X_j}{\| X_i \| \cdot \| X_j \|} = \frac{23}{24.47} = 0.93$$

即向量 X_1 和 X_2 的相似度为 0.93,可以认为它们的相似性很高。类似地,读者可以试着计算 $s_{\cos}(X_1, X_3)$ 和 $s_{\cos}(X_2, X_3)$ 的值。

词频向量在信息检索、文本文档聚类、生物学分类和基因特征映射等方面也有着广泛的应用。词频向量的维数通常很大而且是稀疏的,即向量中取 0 的分量值通常占多数甚至绝大多数。余弦相似度重点关注两个文档都共有的词语以及出现的次数,而故意忽略两个向量的 0-0 匹配属性值。

7.3.4 混合属性的相异度

本章前面介绍的相似度或相异度概念,都假设数据集中的每个属性都具有相同的类型。比如,二元属性数据集的相似度假设其每个属性都只有两种状态,数值属性数据集的相似度假设每个属性的取值都是数值的。然而,在许多实际的应用中,数据对象是被混合类型的属性描述的。一般来说,一个数据集原则上可能包含前面介绍的所有属性类型。

如果数据集 $S = \{X_1, X_2, \cdots, X_m\}$ 的所有属性都是数值属性(连续属性),则称 S 为数值属性数据集。类似地,如果 S 的所有属性都是离散属性,则称 S 为离散属性集。当 S 既有数值属性,又有离散属性时,称 S 为混合属性数据集。本节的标题"混合属性的相异度"其实是"混合属性数据集中数据对象之间的相异度"的简称,因为许多学术论文或文献都使用这个简称。

对于混合属性的数据集 S,通常有两种思路来描述其数据对象之间的相似度或相异度。一种自然的想法是将每种类型的属性分成一组,然后使用每种属性类型的相似度或相异度定义,分别对 S 进行数据挖掘(如聚类分析)。如果这些分析能够得到兼容的结果,则将其融合形成 S 的挖掘结果,比如,赵宇和李兵等人 2006 年在文献[18]中就提出了一种混合属性数据聚类融合算法。然而,在许多实际应用中,按照每种属性类型分别挖掘常常不能产生兼容的结果。

一种更为可取的方法是将所有属性类型集成处理,保证在数据挖掘时只做一次分析。其基本思想是,假设 S 有 d 个属性,根据第 k 属性的类型,计算 S 关于第 k 属性的相异度矩阵 $D^{(k)}(S)$,最后将 $D^{(k)}(S)$ $(k=1,2,\cdots,d)$ 集成为 S 的相异度矩阵 $D(S)$,公式(7-22)就是 S 相异度的一种集成方法。

$$d(X_i,X_j)=\frac{\sum\limits_{k=1}^{d}\delta^{(k)}(X_i,X_j)\times d^{(k)}(X_i,X_j)}{\sum\limits_{k=1}^{n}\delta^{(k)}(X_i,X_j)} \tag{7-22}$$

其中相异度 $d^{(k)}(X_i,X_j)$ 的取值都在 $[0,1]$ 区间上,其计算需根据第 k 属性的类型选择以下 3 种方法之一。

(1) 当第 k 属性是分类或二元属性时,比较 X_i 和 X_j 在第 k 属性的取值,

如果 $x_{ik}=x_{jk}$,则 $d^{(k)}(X_i,X_j)=0$,否则 $d^{(k)}(X_i,X_j)=1$。

(2) 当第 k 属性是数值属性时,先求出 S 第 k 属性所有非缺失值的最大值 $\max_k$ 和最小值 $\min_k$,则有

$$d^{(k)}(X_i,X_j)=\frac{|x_{ik}-x_{jk}|}{\max_k-\min_k} \tag{7-23}$$

(3) 当第 k 属性是序数属性时,先按照公式(7-20)将 X_i 的第 k 属性值转换为 $[0,1]$ 区间的实数 $z_{ik}=(x_{ik}-1)/(m_k-1)$,其 m_k 是 S 第 k 属性排位数的最大值,x_{ik} 是 X_i 的第 k 属性值对应的排位数。由于 z_{ik} 已是数值型数据,因此,用 z_{ik} 和 z_{jk} 代替公式(7-23)中的 x_{ik} 和 x_{jk} 计算 X_i 和 X_j 在第 k 属性的相异度即可。

一般情况下,公式(7-22)中的指示符 $\delta^{(k)}(X_i,X_j)=1$,仅在以下情况取值为 0。

(1) X_i 和 X_j 的第 k 属性分量 x_{ik} 和 x_{jk} 都取空值或有一个取空值;

(2) 当第 k 属性为非对称二元属性且 $x_{ik}=x_{jk}=0$ 时。

$\delta^{(k)}(X_i,X_j)=0$ 表示 X_i 和 X_j 在第 k 属性上的相异度集成到 $D(S)$ 中没有意义。

例 7-16　设有表 7-9 所示的混合属性数据集 S,试计算其相异度矩阵。

表 7-9　有 4 个属性的混合属性数据集 S

顾客 id	性别	婚姻状况	当月消费额	学位
X_1	男	已婚	1230	其他
X_2	男	单身	2388	硕士
X_3	男	离异	3586	博士
X_4	女	已婚	3670	硕士
X_5	男	单身	1025	学士
X_6	女	丧偶	2890	其他

解: 从表 7-9 可知,数据集 S 除顾客 id 外,共有 4 个属性。下面分别计算 S 关于第 1、第 2、第 3 和第 4 属性的相异度矩阵。

1. 第 1 属性"性别"的相异度矩阵

由于第 1 属性为二元属性,其相异度需按照公式(7-22)的第(1)种方式计算,即对于任意两个数据对象 X_i 和 X_j,如果 $x_{ik}=x_{jk}$ 有 $d^{(1)}(X_i,X_j)=0$,否则 $d^{(1)}(X_i,X_j)=1$。由于 X_1

与 X_2 在 A 属性取值都为"男",因此 $d^{(1)}(X_2,X_1)=0$;而 X_1 与 X_4 在第 1 属性的取值分别为"男"和"女",因此 $d^{(1)}(X_4,X_1)=1$;类似计算相异度矩阵的其他元素,则 S 关于"性别"属性的相异度矩阵为:

$$D^{(1)}(S)=\begin{pmatrix}0\\0&0\\0&0&0\\1&1&1&0\\0&0&0&1&0\\1&1&1&0&1&0\end{pmatrix}$$

2. 第 2 属性"婚姻状况"的相异度矩阵

因为第 2 属性是分类属性,所以 X_i 和 X_j 之间的相异度计算方法与二元属性相同,即如果 $x_{ik}=x_{jk}$ 有 $d^{(2)}(X_i,X_j)=0$,否则 $d^{(2)}(X_i,X_j)=1$。由于 X_1 与 X_2 在第 2 属性的取值分别为"已婚"和"单身",因此 $d^{(2)}(X_2,X_1)=1$;X_1 与 X_4 在第 2 属性的取值都为"已婚",因此 $d^{(2)}(X_4,X_1)=0$;同理可计算相异度矩阵的其他元素值,最终得 S 关于"婚姻状况"属性的相异度矩阵

$$D^{(2)}(S)=\begin{pmatrix}0\\1&0\\1&1&0\\0&1&1&0\\1&0&1&1&0\\1&1&1&1&1&0\end{pmatrix}$$

3. 第 3 属性"当月消费额"的相异度矩阵

由于当月消费额属性是数值属性,相异度需按照公式(7-22)的第(2)种方式计算。

首先找出第 3 属性中的最大值 $\max_3=3670$ 和最小值 $\min_3=1025$,且 $|\max_3-\min_3|=2645$,再对任意两个数据对象 X_i 和 X_j 按照公式(7-23)计算其相异度,即

$$d^{(3)}(X_i,X_j)=\frac{|x_{i3}-x_{j3}|}{\max_k-\min_k}$$

比如:$d^{(3)}(X_2,X_1)=|x_{23}-x_{13}|/|\max_3-\min_3|=|2388-1230|/2645=0.44$;

$d^{(3)}(X_3,X_1)=|x_{33}-x_{13}|/|\max_3-\min_3|=|3586-1230|/2645=0.89$;

类似地,计算其余对象间的相异度,最终可得 S 在"当月消费额"属性上的相异度矩阵

$$D^{(3)}(S)=\begin{pmatrix}0\\0.44&0\\0.89&0.45&0\\0.92&0.48&0.03&0\\0.08&0.52&0.97&1&0\\0.63&0.19&0.26&0.29&0.71&0\end{pmatrix}$$

4. 第 4 属性"学位"的相异度矩阵

由于第 4 属性是序数属性,相异度需按照公式(7-22)的第(3)种方式计算。该属性所有取值的排列顺序为:其他<学士<硕士<博士,对应的排位数为:1<2<3<4,且最大排位数 $m_k=4$。因此,将每个数据对象 X_i 在第 4 属性 $x_{i4}(i=1,2,\cdots,6)$ 上的取值转换为排位数,且仍记为 x_{i4},其结果详见表 7-10。

表 7-10　将 X 中每个数据对象第 4 属性取值转换为排位数

顾客 id	X_1	X_2	X_3	X_4	X_5	X_6
第 4 属性	x_{14}	x_{24}	x_{34}	x_{44}	x_{54}	x_{64}
属性的取值	其他	硕士	博士	硕士	学士	其他
属性排位数	1	3	4	3	2	1

对 $k=4$,利用公式 $z_{ik}=(x_{ik}-1)/(m_k-1)$,将 X_i 第 4 属性 x_{i4} 的排位数转换为 $[0,1]$ 区间的实数 $z_{i4}(i=1,2,\cdots,6)$,详见表 7-11。

比如,$z_{24}=(x_{24}-1)/(m_4-1)=2/3=0.67$;$z_{34}=(x_{34}-1)/(m_4-1)=3/3=1$;$z_{54}=(x_{54}-1)/(m_4-1)=1/3=0.33$ 等。

表 7-11　将 S 中每个数据对象第 4 属性的排位数转换为 $[0,1]$ 区间实数

顾客 id	X_1	X_2	X_3	X_4	X_5	X_6
转换后第 4 属性	z_{14}	z_{24}	z_{34}	z_{44}	z_{54}	z_{64}
排位数转换结果	0	0.67	1	0.67	0.33	0

因此,利用表 7-11 中排位数转换结果 $z_{i4}(i=1,2,\cdots,6)$,按照公式(7-23)计算 X_i 与 X_j 在第 4 属性上的差异度 $d^{(4)}(X_i,X_j)$。

注意到 $\max_4=1,\min_4=0$,因此 $d^{(4)}(X_i,X_j)=|z_{i4}-z_{j4}|(i=1,2,\cdots,6;j=1,2,\cdots,6;i\geqslant j)$。

比如,$d^{(4)}(X_2,X_1)=|z_{24}-z_{14}|=|0.67-0|=0.67$;$d^{(4)}(X_5,X_2)=|z_{54}-z_{24}|=|0.33-0.67|=0.34$;其他类似计算,可得 S 在第 4 属性上的相异度矩阵

$$\boldsymbol{D}^{(4)}(S)=\begin{pmatrix} 0 & & & & & \\ 0.67 & 0 & & & & \\ 1 & 0.33 & 0 & & & \\ 0.67 & 0 & 0.33 & 0 & & \\ 0.33 & 0.34 & 0.67 & 0.34 & 0 & \\ 0 & 0.67 & 1 & 0.67 & 0.33 & 0 \end{pmatrix}$$

由于表 7-9 中没有非对称的二元属性,且所有属性的取值没有空值(Null),因此,所有指示符 $\delta^{(k)}(X_i,X_j)=1$,其中 $i,j\in\{1,2,\cdots,6\}$;k 是属性的顺序号,即 $k=1,2,3,4$。

再利用公式(7-22),将 S 关于每个属性的相异度矩阵 $\boldsymbol{D}^{(k)}(S)$ ($k=1,2,3,4$)集成为 S 关于所有属性的相异度矩阵 $\boldsymbol{D}(S)$。

由于所有指示符 $\delta^{(k)}(X_i,X_j)=1$,因此 $\sum_{k=1}^{n}\delta^{(k)}(X_i,X_j)=4$,$\boldsymbol{D}(S)$ 的元素就是 $\boldsymbol{D}^{(1)}(S)$、

$\boldsymbol{D}^{(2)}(S)$、$\boldsymbol{D}^{(3)}(S)$ 和 $\boldsymbol{D}^{(4)}(S)$ 对应元素之和的平均值。

例如,对 X_1 与 X_2 有 $d(X_2,X_1)=[d^{(1)}(X_2,X_1)+d^{(2)}(X_2,X_1)+d^{(3)}(X_2,X_1)+d^{(4)}(X_2,X_1)]/4$

$$=[0+1+0.44+0.67]/4=0.53$$

类似地,计算 $\boldsymbol{D}(S)$ 的其他元素,最后可得混合属性数据集 S 的相异度矩阵

$$\boldsymbol{D}(S)=\begin{pmatrix} 0 \\ 0.53 & 0 \\ 0.72 & 0.45 & 0 \\ 0.65 & 0.62 & 0.59 & 0 \\ 0.35 & 0.21 & 0.66 & 0.83 & 0 \\ 0.66 & 0.71 & 0.82 & 0.49 & 0.76 & 0 \end{pmatrix}$$

例 7-17 设有如表 7-12 所示的混合属性数据集 S,试计算 S 的相异度矩阵。

表 7-12 有 4 个属性混合属性数据集 S

顾客 id	性别	婚姻状况	当月消费额	学位
X_1	男	已婚	1230	其他
X_2	男	单身	2388	硕士
X_3	男	离异	3586	博士
X_4	女	Null	3670	硕士
X_5	男	单身	1025	学士
X_6	女	丧偶	2890	其他

解:注意到表 7-12 与表 7-9 的唯一区别仅在对象 X_4 的"婚姻状况"属性值为空值"Null",其他属性值都一样。即表 7-12 第 1 属性、第 3 属性和第 4 属性与表 7-9 完全相同,即 S 关于这 3 个属性的相异矩阵 $\boldsymbol{D}^{(1)}(S)$、$\boldsymbol{D}^{(3)}(S)$ 和 $\boldsymbol{D}^{(4)}(S)$ 与例 7-16 计算结果完全相同。因此,仅需重新计算第 2 属性"婚姻状况"(分类属性)的相异度矩阵 $\boldsymbol{D}^{(2)'}(S)$。

根据分类属性相异度定义,如果 $x_{ik}=x_{jk}$ 有 $d^{(2)}(X_i,X_j)=0$,否则 $d^{(2)}(X_i,X_j)=1$,因此,"Null"值在与"已婚"、"单身"、"离异"、"丧偶"等值的比较时也认为是不同的值,因此可得 S 关于第 2 属性的相异度矩阵

$$\boldsymbol{D}^{(2)'}(S)=\begin{pmatrix} 0 \\ 1 & 0 \\ 1 & 1 & 0 \\ 1 & 1 & 1 & 0 \\ 1 & 0 & 1 & 1 & 0 \\ 1 & 1 & 1 & 1 & 1 & 0 \end{pmatrix}$$

利用公式(7-22),将 S 关于每个属性的相异度矩阵 $\boldsymbol{D}^{(k)}(S)(k=1,3,4)$ 与 $\boldsymbol{D}^{(2)'}(S)$ 集成为 S 关于所有属性的相异度矩阵 $\boldsymbol{D}'(S)$。

由于 x_{42} 为空值 Null,所以指示符 $\delta^{(2)}(X_4,X_i)=0$ $(i=1,2,3,5,6)$,其他指示符 $\delta^{(k)}(X_i,X_j)=1$,因此需要对 $d(X_4,X_i)(i=1,2,3,5,6)$ 进行单独的计算,此时有 $\sum_{k=1}^{n}\delta^{(k)}(X_4,X_i)=3$。

(1) $d(X_4, X_1) = [d^{(1)}(X_4, X_1) \times 1 + d^{(2)'}(X_4, X_1) \times 0 + d^{(3)}(X_4, X_1) \times 1 + d^{(4)}(X_4, X_1) \times 1]/3 = [1 + 0 + 0.67 + 0.92]/3 = 0.86$

(2) $d(X_4, X_2) = [d^{(1)}(X_4, X_2) \times 1 + d^{(2)'}(X_4, X_2) \times 0 + d^{(3)}(X_4, X_2) \times 1 + d^{(4)}(X_4, X_2) \times 1]/3 = 0.49$

类似地，计算可得

$$d(X_4, X_3) = 0.45; \quad d(X_4, X_5) = 0.78; \quad d(X_4, X_6) = 0.32$$

而其他元素与例 7-16 的 $D(S)$ 元素相同，最后可得混合属性数据集 S 的新相异度矩阵

$$\boldsymbol{D}'(S) = \begin{pmatrix} 0 & & & & & \\ 0.53 & 0 & & & & \\ 0.72 & 0.45 & 0 & & & \\ 0.86 & 0.49 & 0.45 & 0 & & \\ 0.35 & 0.21 & 0.66 & 0.78 & 0 & \\ 0.66 & 0.71 & 0.82 & 0.32 & 0.76 & 0 \end{pmatrix}$$

习题 7

1. 给出下列英文短语或缩写的中文名称，并简述其含义。

(1) Continuous attributes

(2) Discrete attributes

(3) categorical attributes

(4) binary attributes

(5) ordinal attributes

(6) numeric attributes

(7) similarity matrix

(8) dissimilarity matrix

(9) simple match coefficient(smc)

2. 简述连续属性与数值属性的区别与联系。

3. 设有 10 个二元属性，3 个数据对象的数据集（见表 7-13）。

表 7-13　有 10 个二元属性的数据集 S

id	A_1	A_2	A_3	A_4	A_5	A_6	A_7	A_8	A_9	A_{10}
X_1	1	0	1	1	1	1	1	0	1	1
X_2	1	1	0	0	1	0	0	1	1	0
X_3	0	1	1	0	1	1	1	0	0	1

试计算简单匹配系数相似度 $s_{mc}(X_1, X_2)$，$s_{mc}(X_2, X_3)$；Jaccard 系数相似度 $s_{jc}(X_1, X_2)$，$s_{jc}(X_2, X_3)$；Rao 系数相似度 $s_{rc}(X_1, X_2)$，$s_{rc}(X_2, X_3)$；

4. 设有 5 个分类属性,3 个数据对象的数据集(见表 7-14)。

表 7-14 有 5 个分类属性的数据集

对象 id	背景颜色	婚姻状况	性别	血型	职业
X_1	红	单身	女	B	工人
X_2	白	离异	男	AB	工人
X_3	蓝	单身	男	B	教师

试计算 $s(X_1,X_2)$ 和 $s(X_1,X_3)$ 和 $s(X_2,X_3)$。

5. 假设某校用考试成绩、奖学金和月消费 3 个序数属性来描写学生在校的信息(见表 7-15)。其中第 1 个属性考试成绩取 $m_1=5$ 个状态,其顺序排位为优>良>中>及格>不及格;第 2 个属性奖学金取 $m_2=3$ 个状态,其顺序排位为甲>乙>丙;第 3 个属性月消费取 $m_3=3$ 个状态,其顺序排位为高>中>低。

表 7-15 有 3 个序数属性的数据集

对象 id	成绩	奖学金	月消费
X_1	良	甲	高
X_2	优	甲	中
X_3	中	丙	高

试按照序数属性相似度计算方法求 $s(X_1,X_2)$ 和 $s(X_1,X_3)$ 和 $s(X_2,X_3)$。

6. 对于如表 7-8 所示的数据集,试计算余弦相似度 $s_{\cos}(X_1,X_3)$ 和 $s_{\cos}(X_2,X_3)$ 的值。

7. 设有混合属性数据集(见表 7-16),试计算 S 的相异度矩阵。

表 7-16 有 4 个属性混合属性数据集 S

顾客 id	性别	婚姻状况	学位	当月消费额
X_1	男	已婚	其他	1230
X_2	男	Null	硕士	Null
X_3	男	离异	博士	3586
X_4	女	单身	硕士	3670
X_5	男	单身	学士	1025
X_6	女	丧偶	Null	2890

第 8 章

关联规则挖掘

在传统的零售商店中,顾客购买东西的信息是分散的,但顾客在超市购买商品却完全不同,因为顾客在超市一次就可以购得自己需要的许多商品,且商家也很容易收集和存储大量的顾客消费数据。商家的交易数据库可以把顾客购物的商品种类、数量和花费等信息全部存储下来,再对这些数据进行深度的智能分析,也称为购物篮分析(Basket Analysis),就可以获得顾客购买模式的一般性规则,并用来指导商家合理地安排进货、库存以及货架设计等。

针对购物篮分析问题,Agrawal 等人于 1993 年提出了关联规则及其著名的关联规则挖掘算法——Apriori 算法,目的是发现交易数据库中不同商品之间的联系规则,并帮助决策者确定市场经营策略。比如,当商家通过关联分析发现了"大多数男性顾客在购买尿布的同时也会购买啤酒"这种知识之后,就可以把"尿布"与"啤酒"这两种通常看上去没有必然联系的商品,在超市分区时故意摆放在相邻区域一起销售,从而使商家营业收入得到大幅度的提升。

关联规则不仅在超市交易数据分析方面得到了应用,在诸如股票交易、银行保险以及医学研究等众多领域都得到了广泛的应用。因此,本章专门介绍关联规则挖掘的基本概念,挖掘关联规则的 Apriori 算法和发现频繁项集的 FP-growth 算法,关联规则的评价方法以及序列模式发现算法。最后介绍关联规则的其他挖掘方法。

8.1 关联规则的概念

交易数据库(Transaction Database)也称为事务数据库。虽然两者的英文名称一样,但在中文的语境中,人们通常认为事务数据库更具一般性。例如,对于存放病人就诊记录或学生学习成绩的数据库,如果将其称为交易数据库就有点莫名其妙,而用事务数据库名称就显得贴切得多,因此传统的数据库一般都称为事务数据库。所以,在本章后面的叙述中一般情况下都使用事务数据库这一名词,而用交易数据库则专指超市商品销售数据库或股票交易数据库等。

8.1.1 基本概念

事务数据库中的关联规则挖掘问题可以描述如下:

设 $I=\{i_1, i_2, \cdots, i_m\}$ 为一个项集合(Set of Items,也称为项集),其中 $i_1, i_2, \cdots, i_m$ 称为项

目(item,简称为项)。在交易数据仓库中,每个项代表一种商品的编号或名称。为了后面计算方便,假设 I 中的项已按字典序排序。

设 $T=\{t_1,t_2,\cdots,t_n\}$ 一个事务数据库,其中的每个事务 t_j 都是 I 的一个子集,即 $t_j\subseteq I$ $(j=1,2,\cdots,n)$。在交易数据仓库中,t_j 就代表某个顾客一次购买的所有商品编号或商品名称。同样,假设事务 t_j 中的项也已经按字典序排序。

例 8-1 对于表 8-1 所示的交易数据库 T,请给出项集和其中的事务。

表 8-1 一个简单的交易数据库 T

T_{id}	顾客 id	购买的项目
t_1	c_{01}	a,b
t_2	c_{02}	b,c,d
t_3	c_{02}	b,d

解:这个交易数据库中的记录涉及 a,b,c,d 共 4 个项,即项集 $I=\{a,b,c,d\}$ 且其项已经按字典序排序。每一个项就代表一种商品,比如,a 表示面包,b 表示牛奶等。交易数据库可表示为 $T=\{t_1,t_2,t_3\}$,其中 $t_1=\{a,b\}$,$t_2=\{b,c,d\}$,$t_3=\{b,d\}$,且它们的项也已经按照字典序排序。

定义 8-1 若 $X\subseteq I$ 且 $k=|X|$,则称 X 为 k-项集,将包含 X 的事务数 $SptN(X)=|\{t|X\subseteq t\in T\}|$ 称为 X 在事务数据库 T 上的支持数,并将 $SptN(X)$ 与 $|T|$ 的比值称为 X 在 T 上的支持度(Support),记作

$$Support(X)=|\{t\mid X\subseteq t\in T\}|/|T| \tag{8-1}$$

显然,一个 k-项集 X 的支持度 Support $(X)\in[0,1]$。

对于如表 8-1 所示的交易数据库 T,设有项集 $X=\{b,d\}$,则 $SptN(X)=2$,Support $(X)=2/3$。

定义 8-2 若指定 $MinS\in(0,1)$ 作为刻画支持度是否符合用户期望的阈值,则 $MinS$ 称为最小支持度,并将 $MinSptN=MinS\times|T|$ 称为最小支持数。

显然,最小支持数 $MinSptN$ 是最小支持度 $MinS$ 与事务数据库记录数 $|T|$ 的乘积。

定义 8-3 设 $X\subseteq I,Y\subseteq I$ 且 $X\cap Y=\phi$,则称形如 $X\Rightarrow Y$ 的蕴涵式为关联规则(Association Rule),其中 X 和 Y 分别称为关联规则的先导(Antecedent)和后继(Consequent)。

定义 8-4 设 $X\subseteq I,Y\subseteq I$ 且 $X\cap Y=\phi$,令 $Z=X\cup Y$,则称 Support (Z) 为关联规则 $X\Rightarrow Y$ 的支持度,记作 Support $(X\Rightarrow Y)$。

从定义 8-1 和 8-4 可知,关联规则 $X\Rightarrow Y$ 在事务数据库 T 上的支持度,就是 T 中同时包含 X 和 Y 的事务在 T 中所占的百分比,即:

$$Support(X\Rightarrow Y)=包含\ X\cup Y\ 的事务数/|T| \tag{8-2}$$

对于表 8-1 所示的交易数据库 T,若令 $X=\{b,c\}$,$Y=\{d\}$,则

$$Support(X\Rightarrow Y)=Support(\{b,c\}\Rightarrow\{d\})=Support(b,c,d)=1/3$$

由此可知,在交易数据库的购物篮分析中,$X\Rightarrow Y$ 的支持度也可以表示为

$$Support(X\Rightarrow Y)=\frac{同时购买商品\ X\ 和\ Y\ 的交易数}{总交易数} \tag{8-3}$$

定义 8-5 设有 $X\subseteq I$ 和给定的最小支持度 $MinS$,如果 Support$(X)\geqslant MinS$,则称 X 为

频繁项集(Frequent Item Sets)。若 $k=|X|$,则称 X 为频繁 k-项集。

对于表 8-1 的交易数据库 T,给定最小支持度 $\text{MinS}=0.6$,对项集 $X=\{b,d\}$ 有 $\text{Support}(X)=2/3\geqslant0.6$,即 $X=\{b,d\}$ 是一个频繁项集,且是一个频繁 2-项集。

定义 8-6 设 $X_1,X_2,\cdots,X_r$ 是 T 上关于最小支持度 MinS 的所有频繁项集,若对于任意 $p(p=1,2,\cdots,r;\ p\neq q)$ 都有 $X_q\not\subset X_p$,则称 X_q 为一个最大频繁项集。

由定义 8-6 可知,X_q 为最大频繁项集的充分必要条件是,X_q 不是其他任何频繁项集的子集。显然,事务数据库 T 上的最大频繁项集通常不是唯一的。

定义 8-7 关联规则 $X\Rightarrow Y$ 在 T 上的置信度(Confidence),定义为

$$\text{Confidence}(X\Rightarrow Y) = \text{Support}(X\cup Y)/\text{Support}(X) = \text{SptN}(X\cup Y)/\text{SptN}(X)$$

例 8-2 对于表 8-1 所示的交易数据库 T,如果令 $X=\{b,c\}$,$Y=\{d\}$,试计算其置信度。

解:由于 $\text{Support}(X\cup Y)=\text{Support}(\{b,c,d\})=1/3$,而 $\text{Support}(X)=\text{Support}\{b,c\}=1/3$,所以

$$\text{Confidence}(X\Rightarrow Y) = \text{Support}(X\cup Y)/\text{Support}(X) = 1$$

定义 8-8 设 $\text{MinC}\in(0,1)$ 且指定为刻画置信度的阈值,则称 MinC 为最小置信度。

定义 8-9 对于给定的最小支持度 MinS 和最小置信度 MinC,如果有

$$\text{Support}(X\Rightarrow Y)\geqslant\text{MinS},\quad \text{Confidence}(X\Rightarrow Y)\geqslant\text{MinC}$$

则称 $X\Rightarrow Y$ 为强关联规则(Strong Association Rule)。

所谓关联规则挖掘,通常就是根据用户指定最小支持度 MinS 和最小置信度 MinC,从给定的事务数据库中寻找出所有强关联规则的过程。

8.1.2 项集的性质

Agrawal 等人在研究事务数据库关联规则挖掘的过程中,发现了关于项集的两个基本性质,即频繁项集的子集一定是频繁项集;非频繁项集的超集也一定是非频繁项集。这两个性质一直作为经典的关联规则挖掘理论被广泛应用。下面以定理的形式给出并予以详细证明。

定理 8-1 (频繁项集性质 1):如果 X 是频繁项集,则它的任何非空子集 X' 也是频繁项集。

证明:设 X 是一个项集,对 X 的任一非空子集 $X'\subset X$,

如果 $X\subseteq t$,则有 $X'\subset X\subseteq t\in T$,因此 $|\{t|X'\subseteq t\in T\}|\geqslant|\{t|X\subseteq t\in T\}|$,

即 $|\{t|X'\subseteq t\in T\}|/|T|\geqslant|\{t|X\subseteq t\in T\}|/|T|$,

根据 $\text{Support}(X)=|\{t|X\subseteq t\in T\}|/|T|$ 的定义,有 $\text{Support}(X')\geqslant\text{Support}(X)$。

又因为 X 是频繁项集,即 $\text{Support}(X)\geqslant\text{MinC}$。

所以 $\text{Support}(X')\geqslant\text{Support}(X)\geqslant\text{MinC}$,故 X' 也是频繁项集。

定理 8-2 (频繁项集性质 2):如果 X 是非频繁项集,那么它的所有超集都是非频繁项集。

证明:设 X 是一个项集,对 X 的任一超集为 Y,即 $X\subset Y$,$Y\subseteq t$,则有 $X\subset Y\subseteq t\in T$,因此 $|\{t|X\subseteq t\in T\}|\geqslant|\{t|Y\subseteq t\in T\}|$,因此有

$$|\{t|Y\subseteq t\in T\}|/|T|\leqslant|\{t|X\subseteq t\in T\}|/|T|$$

根据 $\text{Support}(X)=|\{t|X\subseteq t\in T\}|/|T|$ 的定义,有 $\text{Support}(Y)\leqslant\text{Support}(X)$。

根据假设 X 不是频繁集,即 $\text{Support}(X)<\text{MinS}$,因此

$$\text{Support}(Y)\leqslant\text{Support}(X)<\text{MinS}$$

即

$$\text{Support}(Y)<\text{MinS}$$

故 Y 不是频繁项集。

8.2 关联规则的 Apriori 算法

Apriori 算法是 Agrawal 等人提出的关联规则挖掘的经典算法,并在关联规则挖掘研究领域具有很大的影响力。算法名称源于它使用了关于项集的两个性质,即定理 8-1 和定理 8-2 等先验(Apriori)知识。

Apriori 算法在具体实现时,将关联规则的挖掘过程分为如下两个基本步骤。

1. 发现频繁项集

根据用户给定的最小支持度 MinS,寻找出所有的频繁项集,即支持度 Support 不低于 MinS 的所有项集。由于这些频繁项集之间有可能存在包含关系,因此,我们可以只关心所有的最大频繁项集,即那些不被其他频繁项集所包含的所有频繁项集。

2. 生成关联规则

根据用户给定的最小置信度 MinC,在每个最大频繁项集中,寻找置信度 Confidence 不小于 MinC 的关联规则。

8.2.1 发现频繁项集

对于有 m 个项目的项集 I,它总共有 2^m-1 个非空的子集,若事务数据库 T 中有 n 个事务,则对于每一个事务 t_i 都要检查它是否包含这 2^m-1 个子集,其时间复杂性为 $O(n2^m)$。因此,当 m 很大时,关联规则挖掘的时间开销往往是巨大的。

为方便 Apriori 算法的描述,对项集 I 和事务数据库 T,我们引入以下几个有关的概念和符号。

(1) 候选频繁项集:最有可能成为频繁项集的项集。

(2) C_k:所有候选频繁 k-项集构成的集合;

(3) L_k:所有频繁 k-项集构成的集合;

(4) c_m^k:I 中所有 k-项集的集合。

显然,通过扫描事务数据库 T 很容易找出其中的所有候选 1-项集,并判断它们是否为频繁 1-项集,即 C_1 和 L_1 的计算比较容易。

根据定理 8-1 关于"频繁项集的子集一定是频繁项集"的性质,利用已知的频繁 k-项集的集合 L_k,容易构造出所有候选 $(k+1)$-项集的集合 C_{k+1},再通过扫描数据库,从候选频繁项集 C_{k+1} 中找出频繁 $(k+1)$-项集的集合 $L_{k+1}(k=1,2,\cdots,m-1)$。

因此,综合前面的分析可知 $L_k \subseteq C_k \subseteq c_m^k (k=1,2,\cdots,m)$。

这样,在寻找所有频繁 k-项集的集合 L_k 时,只需计算候选频繁 k-项集的集合 C_k 中每个项集的支持度,而不必计算 I 中所有 c_m^k 个不同的 k 项集的支持度,这在一定程度上减少了算法的计算量。

根据以上分析,我们可以得到 Apriori 算法之频繁项集发现算法(见图 8-1)。

算法 8-1　Apriori 算法之频繁项集发现算法

输入:项集 I,事务数据库 T,最小支持数 MinSptN

输出:所有频繁项集构成的集合 L

(1) 求 L_1:① 通过扫描数据库 T,找出所有 1-项集并计算其支持数作为候选频繁 1-项集 C_1

　　② 从 C_1 中删除低于 MinSptN 的元素,得到所有频繁 1-项集所构成的集合 L_1

(2) FOR $k=1,2,3,\cdots$

(3) 连接:将 L_k 进行自身连接生成一个候选频繁 $k+1$ 项集的集合 C_{k+1},其连接方法如下:

对任意 $p,q \in L_k$,若按字典序有

$p=\{p_1,p_2,\cdots,p_{k-1},p_k\}, q=\{p_1,p_2,\cdots,p_{k-1},q_k\}$ 且满足 $p_k < q_k$

则把 p,q 连接成 $k+1$ 项集,即将 $p \oplus q = \{p_1,p_2,\cdots,p_{k-1},p_k,q_k\}$ 作为候选 $(k+1)$-项集 C_{k+1} 中的元素

(4) 剪枝:删除 C_{k+1} 中明显的非频繁 $(k+1)$-项集,即当 C_{k+1} 中一个候选 $(k+1)$-项集的某个 k-项子集不是 L_k 中的元素时,则将它从 C_{k+1} 中删除

(5) 算支持度:通过扫描事务数据库 T,计算 C_{k+1} 中各个元素的支持数

(6) 求 L_{k+1}:剔除 C_{k+1} 中低于最小支持数 MinSptN 的元素,即得到所有频繁 $(k+1)$-项集构成的集合 L_{k+1}

(7) 若 $L_{k+1} = \varnothing$,则转第(9)步

(8) END FOR

(9) 令 $L = L_2 \bigcup L_3 \bigcup \cdots \bigcup L_k$,并输出 L

图 8-1　Apriori 算法之频繁项集发现算法

说明:第(4)步剪枝是为了减少 C_{k+1} 中元素个数。因为 C_{k+1} 是 L_{k+1} 的超集,故 C_{k+1} 中可能有些元素不是频繁的。当 C_{k+1} 很庞大时,要判断其中每个元素是否为频繁项集的计算工作量可能很大。因此,为减少 C_{k+1} 的规模,Apriori 算法在此利用定理 8-2 来剪枝,即利用非频繁的 k-项集必定不是频繁 $(k+1)$-项集的子集这一性质来对 C_{k+1} 进行约简。

例 8-3　对如表 8-2 所示的交易数据库,其项集 $I = \{a,b,c,d,e\}$,设最小支持度 $MinS = 0.4$,请找出所有的频繁项集。

表 8-2　有 5 条记录的事务数据库

T_{id}	顾客 id	购买的商品	T_{id}	顾客 id	购买的商品
t_1	c_{01}	a,b,c,d	t_4	c_{03}	b,d,e
t_2	c_{02}	b,c,e	t_5	c_{03}	a,b,c,d
t_3	c_{02}	a,b,c,e			

解:因为最小支持度 $MinS = 0.4$,而事务数据库有 5 条记录,所以最小支持数 MinSptN=2。

根据 Apriori 之频繁项集发现算法,其具体计算步骤如下。

算法(1) 求 L_1：根据算法第(1)步计算方法,候选频繁 1-项集及其支持数计算结果详见表 8-3 左侧部分。由于用户指定的最小支持数 MinSptN=2,因此可知所有 1-项集都是频繁的,故得所有频繁 1-项集的集合 L_1,详见表 8-3 右侧部分。

表 8-3 候选频繁 1-项集 C_1 和频繁 1-项集 L_1

C_1 1-项集	支持数	L_1 1-项集	支持数
$\{a\}$	3	$\{a\}$	3
$\{b\}$	5	$\{b\}$	5
$\{c\}$	4	$\{c\}$	4
$\{d\}$	3	$\{d\}$	3
$\{e\}$	3	$\{e\}$	3

第一轮循环：对 L_1 执行算法的第(3)步至第(7)步。

算法(3) 连接：根据算法,由表 8-3 右侧两列所示,对 L_1 自身连接生成候选频繁 2-项集的集合 C_2,其结果由表 8-4 左侧第 1 列给出,且已按字典序排序。

表 8-4 候选频繁 2-项集 C_2 和频繁 2-项集 L_2

C_2 2-项集	支持数	L_2 2-项集	支持数
$\{a,b\}$	3	$\{a,b\}$	3
$\{a,c\}$	3	$\{a,c\}$	3
$\{a,d\}$	2	$\{a,d\}$	2
$\{a,e\}$	1	$\{b,c\}$	4
$\{b,c\}$	4	$\{b,d\}$	3
$\{b,d\}$	3	$\{b,e\}$	3
$\{b,e\}$	3	$\{c,d\}$	2
$\{c,d\}$	2	$\{c,e\}$	2
$\{c,e\}$	2		
$\{d,e\}$	1		

算法(4) 剪枝：由于 I 中所有 1-项集都是频繁的,因此 C_2 无需进行剪枝过程。

算法(5) 算支持数：扫描事务数据库,计算每个候选频繁 2-项集的支持数,并将其填入表 8-4 左侧的第 2 列。

算法(6) 求 L_2：由于最小支持数 MinSptN=2,因此将 C_2 中支持数小于 2 的两个 2-项集 $\{a,e\}$、$\{d,e\}$ 删除,得到频繁 2-项集的集合 $L_2 \neq \varnothing$,结果详见表 8-4 右侧两列。

第二轮循环：对 L_2 执行算法的第(3)步至第(7)步。

算法(3) 连接：根据算法,由 L_2 自身连接生成候选频繁 3-项集的集合 C_3,详细结果由表 8-5 左侧第 1 列给出,且已按字典序排序。

算法(4) 剪枝：对于 C_3 中的每个 3-项集,比如 $\{b,d,e\}$,考察它的所有 2-项集 $\{b,d\}$、$\{b,e\}$、$\{d,e\}$。如果有一个 2-项集不在 L_2 中,则它是非频繁的,就将其从 C_3 中剪枝。由于 $\{d,e\}$ 不是频繁 2-项集,所以将 $\{b,d,e\}$ 从 C_2 中删除,同理也将 $\{c,d,e\}$ 从 C_2 中删除。

算法(5) 算支持数：扫描事务数据库计算每个候选频繁 3-项集的支持数,并填入表 8-5 左侧的第 2 列。注意,表中最后 2 个 3-项集已在第(4)步被剪枝删除,因此无须计算支持数。

表 8-5　候选频繁 3-项集 C_3 和频繁 3-项集 L_3

C_3 3-项集	支持数	L_3 2-项集	支持数
$\{a,b,c\}$	3	$\{a,b,c\}$	3
$\{a,b,d\}$	2	$\{a,b,d\}$	2
$\{a,c,d\}$	2	$\{a,c,d\}$	2
$\{b,c,d\}$	2	$\{b,c,d\}$	2
$\{b,c,e\}$	2	$\{b,c,e\}$	2
$\{b,d,e\}$	剪枝		
$\{c,d,e\}$	剪枝		

算法(6) 求 L_3：由于最小支持数 MinSptN＝2，因此 C_3 中前面 5 个 3-项集都是频繁 3-项集，并构成频繁 3-项集合 $L_3 \neq \varnothing$，结果详见表 8-5 右侧两列。

第三轮循环：对 L_3 执行算法的第(3)步至第(7)步。

算法(3) 连接：根据算法，由表 8-5 右侧两列所示 L_3 自身连接生产候选频繁 4-项集的集合 C_4，详细结果由表 8-6 左侧第 1 列给出，且已按字典序排序。

表 8-6　候选频繁 4-项集 C_4 和频繁 4-项集 L_4

C_4 3-项集	支持数	L_4 2-项集	支持数
$\{a,b,c,d\}$	2	$\{a,b,c,d\}$	2
$\{b,c,d,e\}$	剪枝		

算法(4) 剪枝：对于 C_4 中的每个 4-项集，考察它所有的 3-项集，如果有一个 3-项集不是频繁的，则将其从 C_4 中删除。由于 $\{c,d,e\}$ 没有出现在表 8-5 右侧，即它不是频繁 3-项集，所以 $\{b,c,d,e\}$ 不可能是频繁 4-项集，故将其从 C_4 中剪枝删除。

算法(5) 计算支持数：扫描事务数据库计算候选频繁 4-项集的支持数，并填入表 8-6 左侧的第 2 列。

算法(6) 求 L_4：由于最小支持数 MinSptN＝2，因此 C_4 中唯一候选频繁 4-项集构成频繁 4-项集的集合 $L_4 \neq \varnothing$，结果详见表 8-6 右侧两列。

第四轮循环：对 L_4 执行算法的第(3)步至第(7)步。

由于 L_4 仅有一个频繁 4-项集，故不能生成候选频繁 5-项集 C_5，因此 $L_5 = \varnothing$，转第(9)步。

算法(9) 输出 $L = L_2 \bigcup L_3 \bigcup L_4 = \{\{a,b\},\{a,c\},\{a,d\},\{b,c\},\{b,d\},\{b,e\},\{c,d\},\{c,e\}\} \bigcup \{\{a,b,c\},\{a,b,d\},\{a,c,d\},\{b,c,d\},\{b,c,e\}\} \bigcup \{\{a,b,c,d\}\}$

例 8-4　对于频繁项集构成的集合 L，请求出它的最大频繁项集的集合。

解：根据定义，L 中的最大频繁项集一定不是其他任何频繁项集的子集。因此，可以采用枚举法来寻找 L 中的最大频繁项集，即对 L 中的每一个频繁项集(一般从项最多的频繁项集开始)，检查它是否包含在某个频繁项集之中。如果它不包含在其余任何频繁项集之中，它就是一个最大频繁项集，否则它就不是。其详细计算过程如下。

(1) 因为 L 中只有一个频繁 4-项集 $\{a,b,c,d\}$，故它不可能是 L 中其他频繁 2-项集，频繁 3-项集的子集，所以它是一个最大频繁项集。

（2）对于$\{b,c,e\}$，因为它不是$\{a,b,c,d\}$的子集，也不是L中其他频繁3-项集的子集，更不可能是其他频繁2-项集的子集，所以它是一个最大频繁项集。

（3）因为$\{a,b,c\}$，$\{a,b,d\}$，$\{a,c,d\}$和$\{b,c,d\}$都是$\{a,b,c,d\}$的子集，所以它们都不是最大频繁项集。

（4）因为$\{a,b\}$，$\{a,c\}$，$\{a,d\}$，$\{b,c\}$，$\{b,d\}$和$\{c,d\}$都是$\{a,b,c,d\}$的子集，所以它们也不是最大频繁项集。

（5）因为$\{b,e\}$和$\{c,e\}$都是$\{b,c,e\}$的子集，所以它们也不是最大频繁项集。

因此，L中有2个最大频繁项集，所构成集合$L_{max}=\{\{b,c,e\},\{a,b,c,d\}\}$。

8.2.2 产生关联规则

当成功获得所有频繁项集的集合L之后，就可以由L中每一个频繁项集产生出相应的关联规则。

设X为一个项集，$\varnothing\neq Y\subset X$，则$Y\Rightarrow(X-Y)$称为由$X$导出的关联规则。

如果X是频繁项集，则它导出的关联规则必定满足最小支持度的要求，即

$$\text{Support}(Y\Rightarrow(X-Y)) = \text{Support}(X)\geqslant \text{MinS} \tag{8-4}$$

因此，只需检查$\text{Confidence}(Y\Rightarrow(X-Y))$是否满足最小置信度$\text{MinC}$，即可判断这个规则是否为强关联规则。

由定理8-1可知，频繁项集X的任一子集Y和$X-Y$都是频繁项集，且$\text{Support}(Y)$和$\text{Support}(X-Y)$在发现频繁项集的时候已经计算出来。因此，不必重新扫描事务数据库，即可方便地得到关联规则$Y\Rightarrow(X-Y)$的置信度，即

$$\text{Confidence}(Y\Rightarrow(X-Y)) = \text{Support}(X)/\text{Support}(Y) \tag{8-5}$$

如果$\text{Confidence}(Y\Rightarrow(X-Y))\geqslant \text{MinC}$，则关联规则$Y\Rightarrow(X-Y)$为强关联规则。

根据前面分析，我们可以得到关联规则的生成算法（见图8-2）。

算法 8-2 Apriori算法之强关联规则生成算法

输入：所有频繁项集构成的集合L，最小置信度MinC

输出：所有强关联规则构成的集合SAR

（1）$\text{SAR}=\varnothing$

（2）REPEAT

（3）取L中一个未处理元素X（频繁项集）

（4）令$\text{Subsets}(X)=\{Y|\varnothing\neq Y\subset X\}$

（5）REPEAT

    ① 取$\text{Subsets}(X)$中一个未处理元素Y，计算$\text{Confidence}(Y\Rightarrow(X-Y))$

    ② 如果$\text{Confidence}(Y\Rightarrow(X-Y))\geqslant \text{MinC}$，$\text{SAR}=\text{SAR}\bigcup(Y\Rightarrow(X-Y))$

（6）UNTIL $\text{Subsets}(X)$中每个元素都已经处理

（7）UNTIL 集合L中每个元素都已经处理

（8）输出SAR

图 8-2 Apriori算法之强关联规则生成算法

例 8-5 设最小置信度 $MinC=0.6$，对于例 8-3 所得到的频繁项集的集合
$$L=\{\{a,b\},\{a,c\},\{a,d\},\{b,c\},\{b,d\},\{b,e\},\{c,d\},\{c,e\}\}$$
$$\bigcup\{\{a,b,c\},\{a,b,d\},\{a,c,d\},\{b,c,d\},\{b,c,e\}\}\bigcup\{\{a,b,c,d\}\}$$
试求出所有的强关联规则。

解：根据关联规则生成算法，首先从 L 中取出第 1 个频繁 2-项集 $\{a,b\}$，它有两个非空的真子集 $\{a\}$ 和 $\{b\}$，可以生成 $\{a\}\Rightarrow\{b\}$ 和 $\{b\}\Rightarrow\{a\}$ 两个关联规则。

$$Confidence(\{a\}\Rightarrow\{b\})=Support(\{a,b\})/Support(\{a\})=3/3=1$$
$$Confidence(\{b\}\Rightarrow\{a\})=Support(\{a,b\})/Support(\{b\})=3/5=0.6$$

因此，$\{a\}\Rightarrow\{b\}$ 和 $\{b\}\Rightarrow\{a\}$ 都是强关联规则。

L 中还有 $\{a,c\},\{a,d\},\{b,c\},\{b,d\},\{b,e\},\{c,d\},\{c,e\}$ 共 7 个频繁-2 项集，可生成 14 个关联规则，请读者自行完成相应的关联规则生成和置信度计算。这样就完成了 8 个频繁 2-项集对应的 16 个关联规则生成和置信度计算。

L 中有 5 个频繁 3-项集，这里仅介绍由频繁 3-项集 $\{b,c,e\}$ 生成关联规则及其置信度的计算，其余计算请读者自行完成。

对于 $\{b,c,e\}$ 有 6 个非空真子集 $\{b\},\{c\},\{e\},\{b,c\},\{b,e\},\{c,e\}$，根据关联规则生成算法，共可生成 6 个关联规则，其置信度计算结果详见表 8-7。

表 8-7 频繁 3-项集 $\{b,c,e\}$ 生成的关联规则和置信度

序号	频繁集	子集	关联规则	支持度	置信度	强否
1		$\{b\}$	$\{b\}\Rightarrow\{c,e\}$	0.40	0.40	否
2		$\{c\}$	$\{c\}\Rightarrow\{b,e\}$	0.40	0.50	否
3	$\{b,c,e\}$	$\{e\}$	$\{e\}\Rightarrow\{b,c\}$	0.40	0.67	是
4		$\{b,c\}$	$\{b,c\}\Rightarrow\{e\}$	0.40	0.50	否
5		$\{b,e\}$	$\{b,e\}\Rightarrow\{c\}$	0.40	0.67	是
6		$\{c,e\}$	$\{c,e\}\Rightarrow\{b\}$	0.40	1.0	是

类似地，$\{a,b,c,d\}$ 可以导出 $\{a\}\Rightarrow\{b,c,d\}$，$\{a,b\}\Rightarrow\{c,d\}$ 等 14 个关联规则，请读者自行完成其置信度计算，并找出相应的强关联规则。

从例 8-5 可以看出，虽然穷举法可以通过枚举频繁项集生成所有的关联规则，并通过计算关联规则的置信度来判断该规则是否为强关联规则，但当一个频繁项集包含的项很多时，就会生成大量的候选关联规则，因为一个频繁项集 X 能够生成 $2^{|X|}-2$ 个候选关联规则。为了避免生成过多的候选关联规则，可以利用如下的性质进行剪枝，从而减少计算工作量。

定理 8-3 （关联规则性质1）：设 X 为频繁项集，$\phi\neq Y\subset X$ 且 $\phi\neq Y'\subset Y$。若 $Y'\Rightarrow(X-Y')$ 为强关联规则，则 $Y\Rightarrow(X-Y)$ 也必是强关联规则。

证明：设最小置信度阈值为 $MinC$，根据关联规则置信度的定义可知
$$Confidence(Y'\Rightarrow(X-Y'))=Support(X)/Support(Y')=SptN(X)/SptN(Y')$$
$$Confidence(Y\Rightarrow(X-Y))=Support(X)/Support(Y)=SptN(X)/SptN(Y)$$
而由支持度的定义，
$$SptN(Y)\leqslant SptN(Y')$$
因此，

$$\text{SptN}(X)/\text{SptN}(Y') \leqslant \text{SptN}(X)/\text{SptN}(Y)$$

亦即

$$\text{Confidence}(Y' \Rightarrow (X-Y')) \leqslant \text{Confidence}(Y \Rightarrow (X-Y))$$

因为 $\text{Confidence}(Y' \Rightarrow (X-Y'))$ 为强关联规则,即

$$\text{MinC} \leqslant \text{Confidence}(Y' \Rightarrow (X-Y'))$$

所以,

$$\text{MinC} \leqslant \text{Confidence}(Y' \Rightarrow (X-Y')) \leqslant \text{Confidence}(Y \Rightarrow (X-Y))$$

故 $\text{Confidence}(Y \Rightarrow (X-Y))$ 也为强关联规则。

例如,令 $X = \{b,c,e\}$ 且已知 $\{e\} \Rightarrow \{b,c\}$ 是强关联规则,则由定理 8-3 立即得出 $\{b,e\} \Rightarrow \{c\}$ 和 $\{c,e\} \Rightarrow \{b\}$ 都是强关联规则的结论,而不需计算这两个规则的置信度。

定理 8-4（关联规则性质 2）：设 X 为频繁项集,$\phi \neq Y \subset X$ 且 $\phi \neq Y' \subset Y$。若 $Y \Rightarrow (X-Y)$ 不是强关联规则,则 $Y' \Rightarrow (X-Y')$ 也不是强关联规则。

例如,令 $X = \{b,c,e\}$ 且已知 $\{b,c\} \Rightarrow \{e\}$ 不是强关联规则,则由定理 8-4 立即得出 $\{b\} \Rightarrow \{c,e\}$ 和 $\{c\} \Rightarrow \{b,e\}$ 都不是强关联规则的结论,也无须计算它们的置信度。

因此,在 Apriori 算法实现时,我们可以逐层生成关联规则,并利用以上性质 2（定理 8-4）进行剪枝,以减少关联规则生成的计算工作量。其基本思路是,首先产生后件只包含一个项的关联规则,然后两两合并这些关联规则的后件,生成后件包含两个项的候选关联规则,从这些候选关联规则中再找出强关联规则,以此类推。

例如,设 $\{a,b,c,d\}$ 是频繁项集,$\{a,c,d\} \Rightarrow \{b\}$ 和 $\{b,c,d\} \Rightarrow \{a\}$ 是两个关联规则,则通过合并它们的后件生成候选规则的后件 $\{a,b\}$,则候选规则的前件为 $\{a,b,c,d\} - \{a,b\} = \{c,d\}$,由此即得候选规则 $\{c,d\} \Rightarrow \{a,b\}$。

图 8-3 显示了由频繁项集 $\{a,b,c,d\}$ 产生关联规则的格结构。为了绘图方便,图中去掉了花括号和项之间的逗号。如果格中任意结点对应关联规则的置信度低于 MinC,则根据关联规则的性质 2（见定理 8-4）,可以立即剪掉该结点所生成的整个子图。例如,假设在关联规则生成过程中,通过计算置信度得 $\text{Confidence}(bcd \Rightarrow a) < \text{MinC}$,则根据性质 2 可知,由它生成的所有后件包含 a 的关联规则,图 8-3 虚线多边形内的 $cd \Rightarrow ab$,$bc \Rightarrow bd$,$b \Rightarrow acd$ 等,其置信度都小于 MinC,因此,实际计算中不需要生成 $bcd \Rightarrow a$ 及其子图中的关联规则,也就不需要计算它们的置信度。

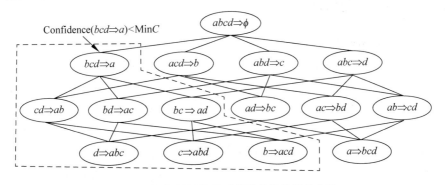

图 8-3 根据低置信度对关联规则的剪枝方法

8.3 FP-增长算法

8.3.1 算法的背景

Apriori 算法将关联规则挖掘问题分解为频繁项集的发现和关联规则的生成两个计算过程来完成。比较而言，关联规则的产生相对简单，且在内存、I/O 以及算法效率上的改进余地不大，而频繁项集的发现则是关联规则挖掘的重点和难点，它占据了整个算法绝大部分的时间开销。

正如在 8.2 节所看到的那样，在许多情况下，Apriori 算法通过产生候选频繁项集，然后检查其支持度的方法显著地压缩了候选频繁项集的规模，且通常都有较好的性能，但它仍然存在以下两方面的不足。

(1) 产生大量的候选频繁项集。

例如，当事务数据库有 10^4 个频繁 1-项集时，Apriori 算法就需要产生多达 10^7 个候选项集。显然这种对存储空间的指数增长要求会影响算法的执行效率。

(2) 多次重复地扫描事务数据库。

对每个 $k=1,2,\cdots,m$，为了计算候选 k-项集的支持度，都需要扫描一次事务数据库，并通过检查其中的每个事务来确定候选 k-项集的支持度，其计算时间的开销也很大。

针对 Apriori 算法的以上不足，韩家炜(Jiawei Han)等人于 2000 年提出了 FP-增长 (Frequent-Pattern Growth，FP-Growth)算法来发现频繁项集，该算法只需要扫描两次事务数据库，其计算过程主要由以下两步构成。

(1) 构造 FP-树。

将事务数据库压缩到一棵频繁模式树(Frequent-Pattern Tree，简记为 FP-Tree 或 FP-树)之中，并让该树保留每个项的支持数和关联信息。

(2) 生成频繁项集。

由 FP-树逐步生成关于项集的条件树，并根据项集的条件树生成频繁项集。

8.3.2 构造 FP-树

FP-树是事务数据库的一种压缩表示方法。它通过逐个读入事务，并把每个事务映射为 FP-树中的一条路径，且路径中的每个结点对应该事务中的一个项。不同的事务如果有若干个相同的项，则它们在 FP-树中用重叠的路径表示，用结点旁的数字标明该项的重复次数，作为项的支持数。因此，路径相互重叠越多，使用 FP-树结构表示事务数据库的压缩效果就越好。如果 FP-树足够小且能够在内存中存储，则可以从这个内存的树结构中直接提取频繁项集，而不必再重复地扫描存放在硬盘上的事务数据库。

假设某超市经营 a,b,c,d,e 共 5 种商品，即超市的项集 $I=\{a,b,c,d,e\}$，而表 8-8 是其交易数据库 T。

下面借用这个事务数据库来介绍 FP-树的构造方法，这里假设最小支持数 MinS=2。

表 8-8　有 10 个事务和 5 种商品的交易数据库 T

T_{id}	顾客 id	购买商品	T_{id}	顾客 id	购买商品
t_1	c_{02}	$\{a,b\}$	t_6	c_{04}	$\{a,b,c,d\}$
t_2	c_{05}	$\{b,c,d\}$	t_7	c_{03}	$\{a\}$
t_3	c_{04}	$\{a,c,d,e\}$	t_8	c_{02}	$\{a,b,c\}$
t_4	c_{02}	$\{a,d,e\}$	t_9	c_{01}	$\{a,b,d\}$
t_5	c_{01}	$\{a,b,c\}$	t_{10}	c_{06}	$\{b,c,e\}$

FP-树的构造主要由以下两步构成。

（1）生成事务数据库的头表 H。

第一次扫描事务数据库 T，确定每个项的支持数，将频繁项按照支持数递减排序，并删除非频繁项，得到 T 的频繁-1 项集 $H=\{i_v:\mathrm{SptN}_v\,|\,i_v\in I,\mathrm{SptN}_v$ 为项目 i_v 的支持数$\}$。现有文献都将 H 称为事务数据库的头表（Head table）。

对于表 8-8 所示的事务数据库 T，其头表 $H=\{(a:8),(b:7),(c:6),(d:5),(e:3)\}$，因此，这个 T 中的每个项都是频繁的。

（2）生成事务数据库的 FP-树。

第二次扫描数据集 T，读出每个事务并构建根结点为 null 的 FP-树。

开始时 FP-树仅有一个结点 null，然后依次读入 T 的第 r 个事务 $t_r(r=1,2,\cdots,|T|)$。设 t_r 已经删除了非频繁项，且已按照头表 H 递减排序为 $\{a_1,a_2,\cdots,a_{i_r}\}$，则生成一条路径 $t_r=\mathrm{null}-a_1-a_2-,\cdots,-a_{i_r}$，并按以下方式之一，将其添加到 FP-树中，直到所有事务处理完备。

① 如果 FP-树与路径 t_r 没有共同的前缀路径（prefix path），即它们从 null 开始，与其余结点没有完全相同的一段子路径，则将 t_r 直接添加到 FP-树的 null 结点上，形成一条新路径，且让 t_r 中的每个项对应一个结点，并用 $a_v:1$ 表示。

例 8-6　假设 FP-树中已有两条路径 null-a-b 和 null-c-d-e（见图 8-4(a)）。设有事务 $t=\{b,c,d\}$，其对应的路径为 $t=\mathrm{null}$-b-c-d（为增加可读性，事务和对应的路径采用同一个符号 t）。因为 FP-树与 t 没有共同的前缀路径，即从 null 开始没有相同的结点，因此，将 t 直接添加到 FP-树中（见图 8-4(b)）。

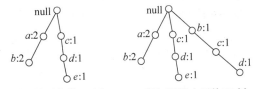

(a) 包含两条路径的FP-树　　(b) 添加路径t之后的FP-树

图 8-4　将路径 null-b-c-d 直接添加到 FP-树中

② 如果 FP-树中存在从根结点开始与 t_r 完全相同的路径，即 FP-树中存在从 null 到 a_1 直到 a_{i_r} 的路径，则将 FP-树中该路径上从 a_1 到 a_{i_r} 的每个结点支持数增加 1 即可。

例 8-7　假设 FP-树中已有两条路径 null-a-b-c 和 null-b-c-d（见图 8-5(a)）。设有事务 $t=\{a,b\}$，其路径为 $t=\mathrm{null}$-a-b，则因为 FP-树从根结点 null 开始存在与 null-a-b 完全相同的路径，因此，将结点 a,b 的支持数分别增加 1 即可（见图 8-5(b)）。

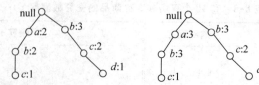

图 8-5　FP-树(a)存在与 null-a-b 完全相同的路径

③ 如果 FP-树与路径 t_r 有相同的前缀路径，即 FP-树已有从 null 到 a_1 直到 a_j 的路径，则将 FP-树的结点 a_1 到 a_j 的支持数增加 1，并将 t_r 从 a_{j+1} 开始的子路径放在 a_j 之后生成新的路径。

例 8-8　假设 FP-树中已有两条路径 null-a-b 和 null-b-c-d（见图 8-6(a)）。设有事务 $t=\{b,c,e\}$，其对应的路径为 $t=$null-b-c-e，则因为 FP-树与 t 存在共同的前缀路径 null-b-c，因此，将结点 b,c 的支持数直接增加 1，并在结点 c 后面增加结点 e（见图 8-6(b)）。

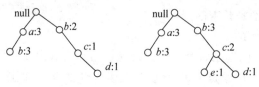

图 8-6　FP-树(1)与 null-b-c-e 存在共同的前缀路径 null-b-c

例 8-9　对如表 8-8 所示的事务数据库 T，假设最小支持数 MinS＝2，试构造它的 FP-树。

解：对应 T 的 FP-树构造主要有以下几个步骤。

（1）生成事务数据库的头表 H。

读事务数据库 T，得到头表 $H=\{(a:8),(b:7),(c:6),(d:5),(e:3)\}$，它就是 T 的频繁-1 项集。

（2）生成事务数据库的 FP-树。

① 首先生成一个仅有 null 结点 FP-树，并读入第 1 个事务 $t_1=\{a,b\}$，其项已按支持数递减排序，将对应 $t_1=$null-a-b 添加到 FP-树中，得到第 1 条路径（见图 8-7(a)）。

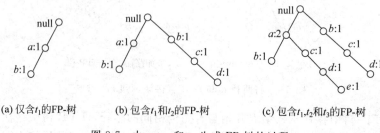

图 8-7　由 t_1,t_2 和 t_3 生成 FP-树的过程

② 读入第 2 个事务 $t_2=\{b,c,d\}$ 且项已排序，其对应路径 $t_2=$null-b-c-d。由于 t_2 与 FP-树的第一条路径 $t_1=$null-a-b 没有共同的前缀项，因此将 t_2 添加到 FP-树中（见图 8-7(b)）。

值得注意的是,尽管 t_2 与 FP-树的 t_1 有一个共同项 b,但不是从 null 到 b 的共同前缀。

③ 读入第 3 个事务 $t_3 = \{a, c, d, e\}$ 且项已排序,其路径 $t_3 = $ null-a-c-d-e。由于它与路径 $t_1 = $ null-a-b 有共同的前缀路径 null-a,因此,将结点 a 的支持数增加 1,并从结点 a 下生成路径 c-d-e(见图 8-7(c))。

④ 分别读入事务 t_4 至 t_{10},并将其对应的路径分别添加到 FP-树中,最后可得事务数据库 T 的 FP-树(见图 8-8)。

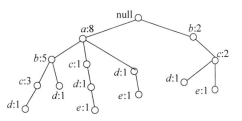

图 8-8 事务数据库 T 的 FP-树

8.3.3 生成频繁项集

由于每一个事务都被映射为 FP-树中的一条路径,且结点代表项和项的支持数,因此通过直接考察包含特定结点(例如 e)的路径,就可以发现以特定结点(比如 e)结尾的频繁项集。

由 FP-树生成频繁项集的算法以自底向上的方式搜索 FP-树,并产生指定项集的条件树,再利用条件树生成频繁项集。

对于图 8-8 所示的 FP-树,算法从头表 $H = \{(a:8), (b:7), (c:6), (d:5), (e:3)\}$ 的最后,即支持数最小的项开始,依次选择一个项并构造该项的条件 FP-树(condition FP-tree),即首先生成以 e 结尾的前缀路径,更新其结点的支持数后获得 e 的条件 FP-树,并由此生成频繁项集 $\{e\}$。

在 $\{e\}$ 频繁的条件下,需要进一步发现以 de、ce、be 和 ae 结尾的频繁项集等子问题,直至获得以 e 结尾的所有频繁项集,即包括 e 的所有频繁项集。

观察头表 H 可知,包括 e 的项集共有 $\{e\}$、$\{d, e\}$、$\{c, e\}$、$\{b, e\}$、$\{a, e\}$、$\{c, d, e\}$、$\{b, d, e\}$、$\{b, c, e\}$、$\{a, d, e\}$、$\{a, c, e\}$、$\{a, b, e\}$、$\{a, c, d, e\}$ 等。在 e 的条件 FP-树产生过程中,算法会不断地删除非频繁项集保留频繁项集,而不是枚举地检验以上每个项集是否为频繁的,因而提高了搜索效率。

当包括 e 的所有频繁项集生成以后,接下来再按照头表 H,并依次寻找包括 d、c、b 或 a 的所有频繁项集,即依次构造以 d、c、b 或 a 结尾的前缀路径和条件 FP-树,并获得以它们结尾的所有频繁项集。

例 8-10 请生成如图 8-8 所示 FP-树的所有频繁项集。

解:以自底向上的方式搜索 FP-树,并产生指定项集的条件树,再利用条件树生成频繁项集。

1. 生成以 e 结尾的频繁项集

(1) 生成 e 的条件 FP-树。

① 确定项目 e。搜索头表 $H = \{(a:8), (b:7), (c:6), (d:5), (e:3)\}$ 的最后一项,其项目名称为 e;

② 生成以 e 结尾的前缀路径。在图 8-8 中找到以 e 结尾的前缀路径,从左到右分别为 null-a-c-d-e、null-a-d-e 和 null-b-c-e,故得到以 e 结尾的前缀路径(见图 8-9(a))。

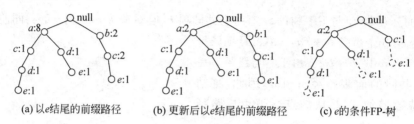

(a) 以 e 结尾的前缀路径   (b) 更新后以 e 结尾的前缀路径   (c) e 的条件 FP-树

图 8-9   使用 FP-增长算法生成 e 的条件 FP-树

③ 更新项目支持数。将图 8-9(a) 中以 e 结尾的前缀路径上所有项的支持数改为 e 的支持数。如果一个结点在多条路径中重复出现，则每重复 1 次，该结点的支持数增加 1。由此可得更新后以 e 结尾的前缀路径(见图 8-9(b))。

④ 生成 e 的条件 FP-树。在图 8-9(b) 中统计项的支持数为 $a:2,b:1,c:2,d:2,e:3$。因为最小支持数 MinS＝2，而 b 的支持数为 1，所有是非频繁的项，故将结点 b 删除得到 e 的条件 FP-树(见图 8-9(c))。

为了增加可读性，e 结点及其连接的边用虚线标出，是因为 e 的前缀路径上各个结点的支持度已经按照包含 e 的事务数更新，因为在以后计算发现类似 de、ce、be 和 ae 等频繁项集时，已不再需要结点 e 的信息。

说明：几乎所有文献资料都在 e 的条件 FP-树中将结点 e 及其邻接的边删除，这个过程称为修剪前缀路径，因为在 e 的条件树中找出的频繁项集都是以 e 结尾的，故可在 e 的条件 FP-树将结点 e 及其邻接的边删除。

⑤ 生成 e 的子头表 $\text{sub}H_e$。根据第④步计算的各项支持度，可生成 e 的子头表 $\text{sub}H_e=\{(a:2),(c:2),(d:2)\}$（这里已经按照支持数递减排序，且支持数相同时按字母顺序排序）。

⑥ 生成频繁项集。由图 8-9(c) 可知，项目 e 的支持数为 3（频繁的），即得频繁项集 $\{e\}$。

(2) 生成 de 的条件 FP-树。

对 e 的条件 FP-树(见图 8-9(c)) 执行前面的第①至第⑥步。

① 确定项目 d。首先搜索 e 的子头表 $\text{sub}H_e=\{(a:2),(c:2),(d:2)\}$ 的最后一项，得到项目名称 d。

② 生成以 de 结尾的前缀路径。在图 8-9(c) 中找到以 de 结尾的前缀路径，从左到右分别为 null-a-c-d、null-a-d，且结点的支持数不变，由此生成以 de 结尾的前缀路径(见图 8-10(a))。

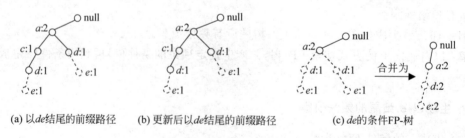

(a) 以 de 结尾的前缀路径   (b) 更新后以 de 结尾的前缀路径   (c) de 的条件 FP-树

图 8-10   使用 FP-增长算法生成 de 的条件 FP-树

③ 更新项目支持数。将 de 结尾的前缀路径 null-a-c-d，null-a-d 上所有项的支持数改为该路径上结点 d 的支持数。当然，在多条路径中重复出现的阶段，其支持数按照重复的次数，故得更新后以 de 结尾的前缀路径(见图 8-10(b))。

④ 生成 de 的条件 FP-树。在图 8-10(b)中统计项的支持数为 $a:2,c:1,d:2$,删除非频繁项 c,得到 de 的条件 FP-树(见图 8-10(c))。

⑤ 生成 de 的子头表 $subH_{de}$。根据第④步的计算结果,生成 de 的子头表 $subH_{de}=\{(a:2)\}$。

⑥ 生成频繁项集。从图 8-10(c)中可得以 de 结尾的频繁项集 $\{a,d,e\}$,$\{d,e\}$,其支持数均为 2。

(3) 生成 ce 的条件 FP-树。

对 e 的条件 FP-树(见图 8-9(c))执行前面的第①至第⑥步。

① 确定项目 c。首先搜索 e 的子头表 $subH_e=\{(a:2),(c:2),(d:2)\}$ 的倒数第 2 项,得到项目 c。

② 生成以 ce 结尾的前缀路径。在图 8-9(c)找到以 ce 结尾的前缀路径,从左到右分别为 null-a-c,null-c,生成以 ce 结尾的前缀路径(见图 8-11(a))。

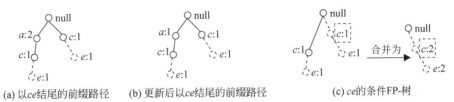

(a) 以 ce 结尾的前缀路径　　(b) 更新后以 ce 结尾的前缀路径　　(c) ce 的条件 FP-树

图 8-11　使用 FP-增长算法生成 ce 的条件 FP-树

③ 更新项目支持数。将 ce 结尾的前缀路径 null-a-c 和 null-c 上所有项的支持数改为该路径上结点 c 的支持数,重复的结点按重复次数增加支持数,可得更新后以 ce 结尾的前缀路径(见图 8-11(b))。

④ 生成 ce 的条件 FP-树。在图 8-11(b)统计项的支持数为 $a:1,c:2$,删除不频繁项 a,故此得到 ce 的条件 FP-树(见图 8-11(c))。

⑤ 生成 ce 的子头表 $subH_e$。由第④步的计算结果,因 a 不频繁而被删除,因此 ce 的子头表 $subH_{ce}=\varnothing$。

⑥ 生成频繁项集。从图 8-11(c)中可得以 ce 结尾的频繁项集 $\{c,e\}$,其支持数为 2。

(4) 生成 ae 的条件 FP-树。

对 e 的条件 FP-树(见图 8-9(c))执行前面的第①至第⑥步。

① 确定项目 a。首先搜索 e 的子头表 $subH_e=\{(a:2),(c:2),(d:2)\}$ 的倒数第 3 项,得项目 a。

② 生成以 ae 结尾的前缀路径。在图 8-9(c)中找到以 ae 结尾的前缀路径,从左到右分别为 null-a 和 null-a,生成以 ae 结尾的前缀路径(见图 8-12(a))。

③ 更新项目支持数。将 ae 结尾的前缀路径 null-a 和 null-a 上所有项的支持数改为该路径上结点 a 的支持数,故得更新后 ae 结尾的前缀路径(见图 8-12(a))。

④ 生成 ae 的条件 FP-树。在图 8-12(a)中统计项的支持数为 $a:2$,故得到 ae 的条件 FP-树(见图 8-12(b))。

⑤ 生成 ae 的子头表 $subH_e$。因为 a 为第 1 个项,即已经没有前缀项了,其子头表 $subH_{ae}=\varnothing$。

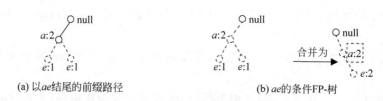

图 8-12　使用 FP-增长算法生成 ae 的条件 FP-树

⑥ 生成频繁项集。从图 8-12(b)中可以得到以 ae 结尾的频繁项集$\{a,e\}$，其支持数为 2。

至此，以 e 结尾的频繁项集生成完毕，其结果为：$\{e\}$，$\{d,e\}$，$\{a,d,e\}$，$\{c,e\}$，$\{a,e\}$。

2. 生成以 d 结尾的频繁项集

(1) 生成 d 的条件 FP-树。

① 确定项目 d。搜索头表 $H=\{(a:8),(b:7),(c:6),(d:5),(e:3)\}$ 的倒数第 2 项，其项目名称为 d。

② 生成以 d 结尾的前缀路径。在图 8-8 找到以 d 结尾的前缀路径，从左到右分别有 5条(见图 8-13(a))。

③ 更新项目支持数。以 d 结尾的前缀路径上所有项的支持数改为 d 的支持数，得到更新后以 d 结尾的前缀路径，类似图 8-13(b)，唯一的区别在于结点及其邻接边不是虚线。

④ 生成 d 的条件 FP-树。在图 8-13(b)中统计项的支持数为 $a:4$、$b:3$、$c:3$、$d:5$，即树中所有项都是频繁的，由此可得 d 的条件 FP-树(见图 8-13(b))。

⑤ 生成 d 的子头表 $\text{sub}H_d$。根据第④ 步各项的支持度计算结果，可生成 d 的子头表$\text{sub}H_d=\{(a:4),(b:3),(c:3)\}$。

⑥ 生成频繁项集。由图 8-13(b)可知，项目 d 的支持数为 5(频繁的)，即得频繁项集$\{d\}$。

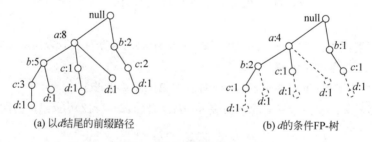

图 8-13　使用 FP-增长算法生成 d 的条件 FP-树

(2) 生成 cd 的条件 FP-树。

对 d 的条件 FP-树(见图 8-13(b))执行前面的第① 至第⑥步。

其计算过程类似于前面 de 的条件 FP-树之后续计算步骤，最终可得以 d 结尾的所有频繁项集$\{d\}$，$\{c,d\}$，$\{b,c,d\}$，$\{a,c,d\}$，$\{b,d\}$，$\{a,b,d\}$，$\{a,d\}$。

3. 生成其他频繁项集

此外，我们还需进一步生成 c 的条件 FP-树(见图 8-14(a))，b 的条件 FP-树(见图 8-14(b))，

以及 a 的条件 FP-树(见图 8-14(c)),并生成相应的频繁项集。

(a) 以 c 结尾的前缀路径　　(b) 以 b 结尾的前缀路径　　(c) 以 a 结尾的前缀路径

图 8-14　分别以 c,b 和 a 结尾的前缀路径

根据与前面类似的计算过程,最终可得事务数据库 T 的所有频繁项集(见表 8-9)。

表 8-9　事务数据库 T 的频繁项集

后缀	频繁项集
e	$\{e\},\{d,e\},\{a,d,e\},\{c,e\},\{a,e\}$
d	$\{d\},\{c,d\},\{b,c,d\},\{a,c,d\},\{b,d\},\{a,b,d\},\{a,d\}$
c	$\{c\},\{a,c\},\{b,c\},\{a,b,c\}$
b	$\{b\},\{a,b\}$
a	$\{a\}$

8.4　关联规则的评价

在大型商业事务数据库上进行关联挖掘时,往往会产生成百上千的关联规则,而其中的大部分关联规则其实是没有价值的。如何筛选这些规则,以识别出最有趣的规则是一项十分复杂的任务。所以,有必要建立一套能被广泛接受的关联规则质量评价标准。一般来说,可以从主观和客观两个方面来建立评价标准。

1. 主观标准

以决策者的主观知识或结合决策领域专家的先验知识等建立评价标准,称为主观兴趣度。例如,关联规则:{黄油}⇒{面包}有很高的支持度和置信度,但是它表示的联系连超市普通员工都觉得显而易见,因此不是有趣的。然而,关联规则:{尿布}⇒{啤酒}的确是有趣的,因为这种联系十分出人意料,并且可能为零售商提供新的交叉销售机会。这就是主观兴趣度评价标准的两个实际例子。

2. 客观标准

以统计理论为依据建立的客观评价标准,称为客观兴趣度。客观兴趣度以数据本身推导出的统计量来确定规则是否为有趣的。前面介绍的支持度、置信度,以及稍后将要介绍的提升度等都是客观兴趣度,即客观度量,也就是客观标准。

下面分别介绍客观度量,包括支持度、置信度、提升度等的意义,并分析其局限性。

8.4.1　支持度和置信度的不足

支持度这个客观兴趣度指标反映了关联规则是否具有普遍性,支持度高说明这条规则可能适用于事务数据库中的大部分事务。置信度则反映了关联规则的可靠性,置信度高说明如果满足了关联规则的前件,同时满足后件的可能性也非常大。

大部分关联规则挖掘算法都使用"支持度+置信度"的检测框架。尽管在生成关联规则的过程中,利用支持度和置信度进行的剪枝,可以极大地减少生成的关联规则数量,但是不能完全依赖提高支持度和置信度的阈值来筛选出有价值的关联规则。

支持度过高会导致一些潜在有价值的关联规则被删去。例如,在商场的销售记录中,奢侈品的购买记录显然只占有很小的比例。因此,有关奢侈品的关联规则或购买模式就会因为其支持度过低而无法被发现。然而奢侈品的销售由于利润高,它的购买模式对于商场来说非常重要。但如果使用过低的支持度阈值进行挖掘,则会产生太多的关联规则,且其中有些还可能是虚假的规则,这就让决策者无所适从,更难以遴选出真正有价值的规则,置信度有时也不能正确反映前件和后件之间的联系。

为了说明支持度和置信度在关联规则检测中存在的不足,可用基于 2 个项集 A 和 B(也称二元变量 A,B)的相依表的计算结果来分析说明(见表 8-10)。

表 8-10　项集 A 和 B 相依表

项目	B	$\bar{B}$	合计
A	n_{11}	n_{10}	n_{1+}
$\bar{A}$	n_{01}	n_{00}	n_{0+}
合计	n_{+1}	n_{+0}	N

表 8-10 中的记号 $\bar{A}$ 表示项集 A 没有在事务中出现,n_{ij} 为支持数,即 n_{11} 表示同时包含项集 A 和 B 的事务个数;n_{01} 表示包含 B 但不包含 A 的事务个数;n_{10} 表示包含 A 但不包含 B 的事务个数;n_{00} 表示既不包含 A 也不包含 B 的事务个数;n_{1+} 表示 A 的支持数,n_{+1} 表示 B 的支持数,n_{0+} 表示不包含 A 的支持数,n_{+0} 表示不包含 B 的支持数,而 N 为事务数据库的事务总数。

例 8-11　一个误导的"强"关联规则。

假设一个交易数据库有 10 000 个顾客购物的事务,其中有 6000 个事务中包括"计算机游戏"项目,7500 个事务中包括"录像机"项目,并且有 4000 个事务中包括"计算机游戏"和"录像机"这两个项目。

用 A 表示包含"计算机游戏"的事务,而 B 表示包含录像"录像机"的事务,用 $A \bigcap B$ 表示同时包含"计算机游戏"和"录像机"的事务,则可得 A 和 B 的相依表(见表 8-11),而 $A \Rightarrow B$ 就是购买"计算机游戏"同时还购买"录像机"的关联规则。

表 8-11　购买项目"计算机游戏"和"录像机"的相依表

项目	B	$\bar{B}$	合计
A	4000	2000	6000
$\bar{A}$	3500	500	4000
合计	7500	2500	10 000

如果给定 MinS＝0.3，MinC＝0.60，则因为

$$Support(A \Rightarrow B) = 4000/10000 = 0.4 > MinS,$$
$$Confidence(A \Rightarrow B) = 4000/6000 = 0.66 > MinS$$

得出 $A \Rightarrow B$ 是一个强关联规则的结论。

然而，$A \Rightarrow B$ 这个强关联规则却是一个虚假的规则，如果商家使用这个规则将是一个错误，因为购买录像机的概率是 75% 比置信度 66% 还高。此外，计算机游戏和录像机是负相关的，因为买其中一种商品实际上降低了买另一种商品的可能性。如果不能完全理解这种现象，就容易根据规则 $A \Rightarrow B$ 做出不明智的商业决策。

8.4.2　相关性分析

从上节的分析可以看出，支持度和置信度等客观度量存在一定的局限性，它们无法过滤掉某些无用的关联规则。因此，可以在支持度和置信度的基础上，增加其他相关性度量来弥补这种局限性。常见的相关性度量有提升度、相关系数和余弦度量等。

提升度(Lift)是一种简单的相关性度量。对于项集 A 和 B，如果概率 $P(A \bigcup B) = P(A)P(B)$，则 A 和 B 是相互独立的，否则它们就存在某种依赖关系。关联规则的前件项集 A 和后件项集 B 之间的依赖关系通过提升度 $Lift(A,B)$ 来表示。

$$Lift(A,B) = P(A \bigcup B)/(P(A) \times P(B)) = (P(A \bigcup B)/P(A))/P(B) \quad (8-6)$$
$$Lift(A,B) = Confidence(A \Rightarrow B)/Support(B) \quad (8-7)$$

提升度可以评估项集 A 的出现是否能够促进项集 B 的出现。如果 $Lift(A,B)$ 的值大于 1，表示二者存在正相关，而小于 1 表示二者存在负相关。若其值等于 1，则表示二者没有任何相关性。

对于二元变量，提升度等价于被称为兴趣因子(Interest factor)的客观度量，其定义如下

$$Lift(A,B) = I(A,B) = Support(A \bigcup B)/(Support(A) \times Support(B))$$
$$= N \times n_{11}/(n_{1+} \times n_{+1}) \quad (8-8)$$

例 8-12　对于如表 8-11 所示的相依表，试计算其提升度或兴趣因子。

解：$P(A \bigcup B) = 4000/10\,000 = 0.4$；$P(A) = 6000/10\,000 = 0.6$；$P(B) = 7500/10\,000 = 0.75$

$Lift(A,B) = P(A \bigcup B)/(P(A) \times P(B)) = 0.4/(0.6 \times 0.75) = 0.4/0.45 = 0.89$

由此可知，关联规则 $A \Rightarrow B$，也就是{计算机游戏}$\Rightarrow${录像机}的提升度 $Lift(A,B)$ 小于 1，即前件 A 与后件 B 存在负相关关系，若推广"计算机游戏"不但不会提升"录像机"的购买人数，反而会减少。

项集之间的相关性也可以用相关系数来度量。对于二元变量 A,B，相关系数 r 定义为

$$r(A,B) = \frac{n_{11} \times n_{00} - n_{01} \times n_{10}}{\sqrt{n_{+1} \times n_{1+} \times n_{0+} \times n_{+0}}} \quad (8-9)$$

若相关系数 r 等于 0，则表示二者不相关；大于 0 表示正相关；小于 0 表示负相关。

例 8-13　对于如表 8-11 所示的相依表，试计算相关因子。

解：相关系数 r 的分子等于 $4000 \times 500 - 3500 \times 2000 = 2\,000\,000 - 7\,000\,000 = -5\,000\,000$，故相关系数 r 小于 0，故购买"计算机游戏"与购买"录像机"两个事件是负相关的。

此外,相关性还可以用余弦值来度量,即

$$r_{\cos}(A,B) = \frac{p(A \bigcup B)}{\sqrt{p(A) \times p(B)}} = \frac{\text{Support}(A \bigcup B)}{\sqrt{\text{Support}(A) \times \text{Support}(B)}} \quad (8\text{-}10)$$

虽然相关性度量可以提高关联规则的可用性,但仍然存在局限性,还需要引入其他客观度量,并分析这些度量的性质,有兴趣的读者请阅读参考文献[5]的相关章节。

8.5　序列模式发现算法

前面几节讨论的关联规则刻画了交易数据库在同一事务中,各个项目(Item)之间存在的横向联系,但没有考虑事务中的项目在时间维度上存在的纵向联系,而在很多实际应用中,这样的联系却是十分重要的。众所周知,交易数据库中的事务记录通常包含事务发生的时间,即购物时间。利用交易数据库的这一时间信息,将每个顾客在一段时间内的购买记录按照时间先后顺序组成一个时间事务序列(Temporal Transaction Sequence),再对这种时间事务序列进行深度的分析挖掘,可以发现事务中的项目在时间顺序上的某种联系,称为序列模式(Sequence Pattern)。此外,序列模式还可以应用到诸如天气预报、网络入侵检测以及用户的 Web 访问模式分析等其他更广泛的领域。

8.5.1　序列模式的概念

定义 8-10　设 $I=\{i_1,i_2,\cdots,i_m\}$ 为项集,称 $S=<(s_1,h_1),(s_2,h_2),\cdots,(s_n,h_n)>$ 为一个时间事务序列,如果 $s_i \subseteq I, h_i$ 为 s_i 发生的时间且 $h_i < h_{i+1}(i=1,2,\cdots,n-1)$。

如果在时间事务序列问题的分析时,只要求 $h_i < h_{i+1}$ 且不计 $\Delta h_i = h_{i+1} - h_i$ 的大小 $(i=1,2,\cdots,n-1)$,即不关心前后两个事务序列发生的时间跨度,则可把时间事务序列简记为 $S=<s_1,s_2,\cdots,s_n>$,并将其简称为一个序列(Sequence),其中项集 s_i 称为序列 S 的元素。

定义 8-11　如果序列 S 中包含 k 个项,则称 S 为 k-序列或长度为 k 的序列。

例 8-14　下面给出三个实际应用中的序列。

(1) 顾客购买商品的序列。

若我们仅关心顾客购买商品的时间先后顺序而并不关心购买商品的具体时间,则

$$S=<\{\text{笔记本电脑,鼠标}\},\{\text{移动硬盘,摄像头}\},\{\text{刻录机,刻录光盘}\},$$
$$\{\text{激光打印机,打印纸}\}>$$

就是某个顾客一段时间内购买商品的序列,它有 4 个元素,8 个项目,故其长度为 8。

这个序列表明,客户在购买笔记本电脑和鼠标之后不久,又买了移动硬盘和摄像头,过了一段时间又买了刻录机和刻录光盘,再后来还买了激光打印机和打印纸。

(2) 描述某个用户访问 Web 站点的序列。

$$S=<\{\text{主页}\},\{\text{电子产品}\},\{\text{摄像机}\},\{\text{数码相机}\},\{\text{购物车}\},\{\text{订购确认}\},\{\text{返回购物}\}>$$

有 7 个元素,7 个项目,故其长度为 7。

(3) 描述计算机科学与技术专业核心课程的先修课序列

$$S=<\{\text{C++语言}\},\{\text{数据结构,操作系统}\},\{\text{数据库原理,计算机组成}\},$$
$$\{\text{计算机网络,软件工程}\}>$$

有 4 个元素,7 个项目,故其长度为 7。

定义 8-12 称 $S=<s_1,s_2,\cdots,s_r>$ 为序列 $S'=<s_1',s_2',\cdots,s_n'>$ 的子序列(Subsequence),记作 $S\subseteq S'$,如果存在正整数 $1\leqslant j_1<j_2<\cdots<j_r\leqslant n$,使得 $s_1\subseteq s_{j_1}',s_2\subseteq s_{j_2}',\cdots,s_r\subseteq s_{j_r}'$。

例 8-15 对于序列 $S'=<\{7\},\{3,8\},\{9\},\{4,5,6\},\{8\}>$,则 $S=<\{3\},\{4,5\},\{8\}>$ 是 S' 的一个子序列,因为 S 的元素 $\{3\}\subseteq\{3,8\}$,S 的元素 $\{4,5\}\subseteq\{4,5,6\}$,$S$ 的元素 $\{8\}\subseteq\{8\}$,因此,根据定义 8-12 可知 S 是 S' 的一个子序列。

类似地,可以判断表 8-12 中的 4 个 S 是否为对应序列 S' 的子序列。

表 8-12 几个子序列的判断结果

序列 S'	序列 S	S 是否为 S' 的子序列
$<\{2,4\},\{3,5,6\},\{8\}>$	$<\{2\},\{3,6\},\{8\}>$	是
$<\{2,4\},\{3,5,6\},\{8\}>$	$<\{2\},\{5\},\{6\}>$	否
$<\{1,2\},\{3,4\}>$	$<\{1\},\{2\}>$	否
$<\{2,4\},\{2,4\},\{2,5\}>$	$<\{2\},\{4\}>$	是

对于顾客购买商品的序列:

$$S'=<\{\text{笔记本电脑},\text{鼠标}\},\{\text{移动硬盘},\text{摄像头}\},\{\text{刻录机},\text{刻录光盘}\},$$
$$\{\text{激光打印机},\text{打印纸}\}>$$

则 $S=<\{\text{笔记本电脑}\},\{\text{移动硬盘}\},\{\text{激光打印机}\}>$ 就是 S' 的一个子序列。

例 8-16 对于如表 8-13 所示的交易数据库,其中商品用长度为 2 的数字编码表示。试给出每个顾客的购物序列。

表 8-13 原始交易数据库 T

交易日期	顾客 id	购买的商品	交易日期	顾客 id	购买的商品
2015-05-10	c_2	10,20	2015-05-25	c_1	30
2015-05-12	c_5	90	2015-05-30	c_1	90
2015-05-15	c_2	30	2015-05-30	c_4	40,70
2015-05-20	c_2	40,60,70	2015-06-01	c_4	90
2015-05-25	c_4	30	2015-06-01	c_2	90
2015-05-25	c_3	30,50,70			

解:对于包含时间信息的交易数据库,可以按照顾客 id 和交易日期升序排序,并把每位顾客每一次购买的商品集合作为该顾客购物序列中的一个元素,最后按照交易日期先后顺序将其组成一个购物序列,生成如表 8-14 所示的序列数据库 T_S。

表 8-14 由原始交易数据库(表 8-13)生成的序列数据库 T_S

顾客 id	购物序列 S	顾客 id	购物序列 S
c_1	$<\{30\},\{90\}>$	c_4	$<\{30\},\{40,70\},\{90\}>$
c_2	$<\{10,20\},\{30\},\{40,60,70\},\{90\}>$	c_5	$<\{90\}>$
c_3	$<\{30,50,70\}>$		

若记 (C_{id},S) 为序列数据库 T_S 中的一个元组,其中 C_{id} 为序列的 id,在交易数据库表 8-13 中对应于顾客 id,S 为购物序列,则序列数据库 T_S 是元组 (C_{id},S) 的集合。

类似于关联规则中的支持度概念,我们可以将序列 S 在序列数据库 T_s 中的支持数定义为该数据库中包含 S 的元组数,即

$$\text{SptN}(S) = |\{(C_{id}, S') \mid (C_{id}, S') \in T_s \land S \subseteq S')\}|$$

因此,S 在序列数据库 T_s 中的支持度可定义为

$$\text{Support}(S) = |\{(C_{id}, S') \mid (C_{id}, S') \in T_s \land S \subseteq S')\}| / |T_s| = \text{SptN}(S) / |T_s|$$

定义 8-13 给定一个最小支持度阈值 MinS,如果 Support(S)≥MinS,则称序列 S 是频繁的。如果序列 S 是频繁的,则称 S 为一个频繁序列(Frequent Sequence)或序列模式(Sequence Pattern)。

例 8-17 对于表 8-14 所示的序列数据库 T_s,给定最小支持度阈值 MinS=25%,试找出其中的两个频繁序列模式。

解:因为 MinS=25%,而序列数据库 T_s 有 5 条记录,所以最小支持数等于 1.25,因此,任何频繁序列至少应包含在 2 个元组之中。容易判断序列<{30},{90}>和<{30},{40,70}>都是频繁的,因为元组 C_1 和 C_4 包含序列<{30},{90}>,而元组 C_2 和 C_4 包含序列<{30},{40,70}>。故<{30},{90}>和<{30},{40,70}>都是序列模式。

对于项集 $X \subseteq I$,如果存在序列 S 的元素 s_i 使得 $X \subseteq s_i$,则称元组 (C_{id}, S) 包含项集 X。因此,类似于关联规则中的频繁项集概念,我们可以将 X 在序列数据库 T_s 中的支持数定义为该数据库中包含 X 的元组数

$$\text{SptN}(X) = |\{(C_{id}, S) \mid (C_{id}, S) \in T_s \land \exists s_i(X \subseteq s_i)\}|$$

同理,X 在序列数据库 T_s 中的支持度可定义为

$$\text{Support}(X) = |\{(C_{id}, S) \mid (C_{id}, S) \in T_s \land \exists s_i(X \subseteq s_i)\}| / |T_s| = \text{SptN}(X) / |T_s|$$

定义 8-14 设 $X \subseteq I$,MinS 为最小支持度阈值,如果 Support(X)≥MinS,则称 X 为序列数据库 T_s 的频繁项集。

例如,设 MinS=25%,$X=\{40,70\}$,则因为 C_2 和 C_4 中都有元素包含 X,即 Support(X)=0.4>MinS,因此,$X=\{40,70\}$ 是 T_s 的一个频繁项集。

8.5.2 类 Apriori 算法

序列模式的发现可以采用枚举法来枚举所有可能的序列,并统计它们的支持度。但这种方法的计算复杂性非常高。容易证明,在长度为 n 的序列中,其 k-序列的总数为 c_n^k。因此,一个具有 n 个项的序列总共包含 $c_n^1 + c_n^2 + \cdots + c_n^n = 2^n - 1$ 个不同的子序列。假设 $n=10$,则长度为 10 的序列总共有 1023 个不同的子序列。因此,有必要寻找其他更高效的算法来发现序列模式,而下面介绍的定理 8-5(序列模式性质),就可以在序列模式的搜索空间中剪裁掉那些明显的非频繁序列,从而提高序列模式挖掘的效率。

定理 8-5 (序列模式性质):如果 S' 是频繁序列,则其任何非空子序列 S 也是频繁序列。

例如,设<{1,2},{3,4}>是序列模式,即频繁序列,则序列<{1},{3,4}>、<{2},{3,4}>、<{1,2},{3}>和<{1,2},{4}>都是频繁序列。

类 Apriori(Apriori Based)算法是一种基于 Apriori 原理的序列模式挖掘算法,利用序列模式的性质(定理 8-5)来对候选序列模式集进行剪枝,从而减少了算法的计算工作量。

其挖掘过程又可分解为事务数据库排序、频繁项集生成、事务转换映射、频繁序列挖掘等几个步骤,下面通过例子予以详细说明。

(1) 事务数据库排序。

对原始的事务数据库 T(见表 8-13),以顾客 id 为主键,交易时间为次键进行排序,并将其转换成以顾客 id 和购物序列 S 组成的序列数据库 T_S(见表 8-14)。

(2) 频繁项集生成。

这一阶段的任务就是找出所有的频繁项集,并分别用一个正整数表示。在如表 8-14 所示的序列数据库 T_S 中,{30}、{40}、{70}、{40,70} 和 {90} 都是频繁项集。为了便于后续计算机处理,频繁项集通常被映射为一个连续正整数的集合(见表 8-15)。

表 8-15 频繁项集的映射表 L

频繁项集	映射结果	频繁项集	映射结果
{30}	1	{40,70}	4
{40}	2	{90}	5
{70}	3		

(3) 序列转换映射。

将序列数据库 T_S 中每个顾客购物序列的每一个元素用它所包含的频繁项集的集合来表示,再将购物序列中的每个商品编号用表 8-15 的正整数代替,得到转换映射后的序列数据库 T_N(见表 8-16)。值得注意的是,元素 {40,60,70} 所包含的频繁项集为 {40}、{70} 和 {40,70},因此,它就被转换为一个频繁项集的集合 {{40},{70},{40,70}}。

表 8-16 序列数据库 T_S 转换映射为 T_N

顾客 id	购物序列	转换后的序列	映射后的序列数据库 T_N
1	<{30},{90}>	<{{30}},{{90}}>	<{1},{5}>
2	<{10,20},{30},{40,60,70}, {90}>	<{{30}},{{40},{70},{40, 70}},{{90}}>	<{1},{2,3,4},{5}>
3	<{30,50,70}>	<{{30},{70}}>	<{1,3}>
4	<{30},{40,70},{90}>	<{{30}},{{40},{70},{40, 70}},{{90}}>	<{1},{2,3,4},{5}>
5	<{90}>	<{{90}}>	<{5}>

(4) 频繁序列挖掘。

在映射后的序列数据库 T_N 中挖掘出所有序列模式:首先得到候选频繁 1-序列模式集 CS_1,扫描序列数据库 T_N,从 CS_1 中删除支持度低于最小支持 MinS 的序列,得到频繁 1-序列模式集 FS_1。然后循环由频繁 k-序列集 FS_k,生成候选频繁 $(k+1)$-序列集 CS_{k+1},再利用定理 8-5 对 CS_{k+1} 进行剪枝,并从 CS_{k+1} 中删除支持度低于最小支持度 MinS 的序列,得到频繁 $(k+1)$-序列集 FS_{k+1},直到 $FS_{k+1} = \varnothing$ 为止。

例 8-18 设有频繁 3-序列集

$$FS_3 = \{<\{1\},\{2\},\{3\}>,<\{1\},\{2\},\{4\}>,<\{1\},\{3\},\{4\}>,$$
$$<\{1\},\{3\},\{5\}>,<\{2\},\{3\},\{4\}>\}$$

试求出剪枝后的候选 4-序列集 CS_4。

解：先利用频繁 3-序列集 FS_3 连接生成候选 4-序列集，即将序列 $<\{1\},\{2\},\{3\}>$ 和 $<\{1\},\{2\},\{4\}>$ 连接生成 $<\{1\},\{2\},\{3\},\{4\}>$ 和 $<\{1\},\{2\},\{4\},\{3\}>$，将序列 $<\{1\},\{3\},\{4\}>$ 和 $<\{1\},\{3\},\{5\}>$ 连接生成 $<\{1\},\{3\},\{4\},\{5\}>$ 和 $<\{1\},\{3\},\{5\},\{4\}>$。

因此，得到候选 4-序列集

$$CS_4 = \{<\{1\},\{2\},\{3\},\{4\}>,<\{1\},\{2\},\{4\},\{3\}>,<\{1\},\{3\},\{4\},\{5\}>,$$
$$<\{1\},\{3\},\{5\},\{4\}>\}$$

根据频繁序列的性质（定理 8-5），对 C_4 进行剪枝操作。

首先将 4-序列 $<\{1\},\{2\},\{4\},\{3\}>$ 从 C_4 中删除，因为它存在一个 3-序列 $<\{2\},\{4\},\{3\}>$ 不在 FS_3 之中，即它不会是频繁 4-序列。

类似地可以将 $<\{1\},\{3\},\{4\},\{5\}>,<\{1\},\{3\},\{5\},\{4\}>$ 从 CS_4 中删除。

因此，得到最终的候选频繁 4-序列集 $CS_4 = \{<\{1\},\{2\},\{3\},\{4\}>\}$。

例 8-19　设最小支持数为 2，对于表 8-16 转换映射后的序列数据库 T_N 挖掘出所有的序列模式。

解：在序列数据库的转换和映射过程中已得到频繁 1-序列

$$FS_1 = \{<\{1\}>,<\{2\}>,<\{3\}>,<\{4\}>,<\{5\}>\}$$

利用频繁 1-序列集 FS_1 生成候选频繁 2-序列集

$CS_2 = \{<\{1\},\{2\}>,<\{2\},\{1\}>,<\{1\},\{3\}>,<\{3\},\{1\}>,<\{1\},\{4\}>,<\{4\},\{1\}>,<\{1\},\{5\}>,<\{5\},\{1\}>,<\{2\},\{3\}>,<\{3\},\{2\}>,<\{2\},\{4\}>,<\{4\},\{2\}>,<\{2\},\{5\}>,<\{5\},\{2\}>,<\{3\},\{4\}>,<\{4\},\{3\}>,<\{3\},\{5\}>,<\{5\},\{3\}>,<\{4\},\{5\}>,<\{5\},\{4\}>\}$，共有 20 个候选频繁 2-序列。

扫描序列数据库 T_N 并对候选频繁 2-序列计算支持数，如 $<\{1\},\{2\}>$ 的支持数为 2，$<\{2\},\{1\}>$ 的支持数为 0，$<\{1\},\{5\}>$ 支持数为 3 等，取支持数不低于 2 的序列组成频繁 2-序列集

$$FS_2 = \{<\{1\},\{2\}>,<\{1\},\{3\}>,<\{1\},\{4\}>,<\{1\},\{5\}>,<\{2\},\{3\}>,$$
$$<\{2\},\{4\}>,<\{2\},\{5\}>,<\{3\},\{4\}>,<\{3\},\{5\}>,<\{4\},\{5\}>\}$$

对频繁 2-序列集 FS_2 进行自身连接并剪枝后得到候选 3-序列集

$$CS_3 = \{<\{1\},\{2\},\{3\}>,<\{1\},\{2\},\{4\}>,<\{1\},\{2\},\{5\}>,$$
$$<\{1\},\{3\},\{4\}>,<\{1\},\{3\},\{5\}>,<\{1\},\{4\},\{5\}>,$$
$$<\{2\},\{3\},\{4\}>,<\{2\},\{3\},\{5\}>,<\{2\},\{4\},\{5\}>,$$
$$<\{3\},\{4\},\{5\}>\}$$

说明：频繁 2-序列连接生成 20 个候选频繁 3-序列，其中 10 个候选频繁 3-序列被剪枝，如 $<\{1\},\{3\},\{2\}>$ 被剪枝是因其子序列 $<\{3\},\{2\}>$ 不是频繁 2-序列。

对候选频繁 3-序列集 CS_3 中每个序列计算支持数，保留支持数不小于 2 的序列形成频繁 3-序列集 $FS_3 = \{<\{1\},\{2\},\{5\}>,<\{1\},\{3\},\{5\}>,<\{1\},\{4\},\{5\}>\}$。

由于 FS_3 不能再产生候选频繁 4-序列，故最后得到频繁序列模式集

$$FS = FS_2 \bigcup FS_3 = \{<\{1\},\{2\}>,<\{1\},\{3\}>,<\{1\},\{4\}>,<\{1\},\{5\}>,$$
$$<\{2\},\{3\}>,<\{2\},\{4\}>,<\{2\},\{5\}>,<\{3\},\{4\}>,<\{3\},\{5\}>,$$
$$<\{4\},\{5\}>,<\{1\},\{2\},\{5\}>,<\{1\},\{3\},\{5\}>\}$$

根据需要，将 FS 中的序列模式转换为真实商品编号的序列模式。例如，序列模式

＜{1},{2}＞对应于＜{30},{40}＞,＜{1},{3},{5}＞对应于＜{30},{70},{90}＞,而
＜{1},{4},{5}＞则对应于＜{30},{40,70},{90}＞等。

8.6 关联规则其他算法

前面介绍的关联规则概念、Apriori 算法、FP-增长算法、关联规则评价以及序列模式发现算法等,都是关联规则挖掘必备基础知识,本节介绍关联规则挖掘的其他算法,则是为读者提供一些课外阅读的扩展性知识,为读者开展关联规则挖掘算法的研究和应用,打开几扇值得眺望的新窗口。

8.6.1 频繁项集算法优化

关联规则的挖掘过程一般分为发现频繁项集和生成关联规则两个基本步骤,由于发现频繁项集的计算复杂性比生成关联规则的计算复杂性高,因此,除了提出新的关联规则挖掘算法以外,提高频繁项集算法的效率也是关联规则挖掘算法研究的方向之一。

虽然 Apriori 算法本身已经对频繁项集的计算进行了一定的优化,但是在实际的应用中,仍然存在令人不满意的地方,于是人们相继提出了一些优化方法。

1. 基于划分的方法

基于划分(partition)的方法先把数据库从逻辑上分成几个互不相交的块,每次单独考虑一个分块并对它生成所有的局部频繁项集.然后合并各个块的局部频繁项集,通过测试它们的支持度来生成全局频繁项集。块的大小一般以使每个分块可以放入主存为准。每个阶段只需扫描一次数据块,而算法的正确性是因为所有的局部频繁项集覆盖全局频繁项集。因此,基于划分(partition)的算法降低了算法对内存的需求,同时也提高了并行性。

2. 基于 hash 的方法

经过数据挖掘的大量实践,人们发现频繁项集的主要计算量是在生成频繁 2-项集 L_2 上,因此,Park 等人于 1995 年提出了一个基于散列技术的频繁 2-项集高效算法[20],该算法还可推广为一般频繁 k-项集的计算。算法通过建立 hash 表,使 Apriori 算法中的某些循环运算次数减少,从而减少了计算候选项支持度时的运算量,从而达到提高算法效率的目的。其具体做法是先构造一个 hash 函数,然后将扫描到的项映射到不同的 hash 桶中,每一个 2-项集最多只能放在一个特定的桶中,这样可以对每个桶中的项进行计数,减少了候选集生成的计算时间。

3. 基于抽样的方法

该方法先使用数据库的抽样(随机抽取的部分)数据得到一些可能成立的关联规则,然后利用数据库的剩余部分验证这些关联规则是否正确。从而减少数据的分析量,提高算法效率。由于抽样方法有简单随机抽样、系统抽样、分层抽样、整群抽样、多段抽样等多种方法,因此,为了保证抽样数据对全部数据具有充分的代表性,选择恰当的抽样方法很重要。

基于抽样的方法的最大优点是能够显著降低扫描数据库所付出的 I/O 代价,但如果抽样数据选取不当,有可能引起结果的巨大偏差。

8.6.2 CLOSE 算法

CLOSE 算法是一种基于概念格(concept lattice)的关联规则挖掘算法。Pasquier 等人于 1999 年利用概念格中概念连接的闭合性[21],创造性地建立了闭合项集格(closed itemset lattice)理论,并提出挖掘频繁闭合项集(frequent closed itemset)的 A-close 算法。该算法采用了与 Apriori 算法相同的自底向上、宽度优先的搜索策略,但与 Apriori 算法不同的是,A-close 在挖掘过程中采用了闭合项集格进行剪枝,逐层生成频繁闭项集。这就使得需要考虑的项集数量显著地减少,该算法既可以推导出所有频繁项集及支持度,也可以得到频繁闭项集。此后,不少学者在闭合项集格理论的指导下,提出了多种新的 CLOSE 类型的算法。

1. CLOSET 算法

这是一个基于 FP-树的频繁闭项集挖掘算法,它采用了与 FP-growth(增长)算法相同的思想,还采取了许多优化技术来改善挖掘性能,使其性能明显优于 A-close 算法的早期版本,但 CLOSET 算法在项集封闭性的测试效率仍然不够高,尤其是对于稠密数据集,其整体性能不如将要介绍的 CHARM 算法。

2. CHARM 算法

CHARM 算法采取了以下 3 个方面的创造性措施,使得 CHARM 算法具有较好的时空效率,其性能优于 A-close 和 CLOSET 算法。

(1) 通过 IT-树(itemsets transaction tree)同时探索项集空间和事务空间,而一般的算法只使用项集搜索空间;

(2) 算法使用了一种高效的混合搜索方法,使其可以跳过 IT-树前面的许多层,快速地确定频繁闭项集,避免了许多可能子集的判断;

(3) 使用了一种快速的 hash 方法以消除非封闭项。

3. CLOSET+算法

CLOSET+也是 CLOSE 类型的关联规则挖掘算法。它采用 FP-树作为存储结构的,但建立事务数据库的投影方式与 FP-growth 和 CLOSET 不同。FP-growth 和 CLOSET 采用自底向上的方式,而 CLOSET+采用的是一种混合投影策略,即对于稠密数据集采用自底向上的物理树投影,但对稀疏的数据集采用自顶向下的伪树投影。此外,该算法还采用了许多高效的剪枝及子集检验策略。因此 CLOSET+算法在运行时间、内存及可扩展性方面都超过了前面提到的几种频繁闭项集挖掘算法。

4. FPClose 算法

该算法将 FP-tree 数据结构,数组和其他优化策略相结合,并为每个条件模式树建立一个 CFI-树来检验一个频繁项集是否为频繁闭项集,其性能优于 CHARM 算法。FPClose 的作者认为其算法采用的策略优于 CLOSET＋,但缺乏仿真实验分析结果。

8.6.3　时态关联规则

同传统事务数据库的关联规则挖掘相比,时态关联规则能更好地反映数据中所隐藏的与时间有关的知识,8.4 节介绍的序列模式就是时态关联规则的一种,它主要是对购物篮的分析,将顾客在一段时间的购买行为看成一个时间序列,其目的是寻找一段特定时间以内可预测的行为模式。

时态关联规则挖掘就是要发现事件与时间之间的关联以及基于时域的事件与事件之间的关系等,同时也描述了不同数据之间相互转换的时间过程。目前国内外学者的研究主要集中在以下几个方面,有关细节介绍,请读者阅读参考文献[20]等。

1．挖掘带有一般时态约束的关联规则

这种研究就是发现关联规则有效的时间信息。例如,有学者从相同属性的相邻时态关联规则中,发现多数股票在 3 天左右必有上涨或下降的规则。

2．挖掘周期性关联规则

主要是研究有关周期时间区域的划分。例如,把长度为 t 的周期划分为等间隔的时间区域,分别计算每个时间区域内项目子集的支持度,并寻求其周期关联规则。

3．趋势性挖掘

主要针对连续型数值,即对数值曲线模式利用统计时序中的方法进行分析,以获得属性随时间变化的趋势,从而制定出长期或短期的预测。

4．时态关联规则模型的建立

由于时态关联规则的挖掘是在带有时间属性的数据上进行的,因而有关时态数据的表示也需要进行研究,以便于事件和时态规则模型的建立。但在这方面的深入研究还不多见,如从理论上对时间的表示及相应的性质进行研究的还很少。

8.6.4　含负项的关联规则

为了区别,将形如 $X \Rightarrow Y$ 的规则称为正关联规则。但在实际应用中,我们会发现还存在除此以外的有价值的规则形式,它们反映了完全不同的决策问题。例如,

(1) 顾客购买了某些商品,是否一定不购买某些其他商品?

(2) 顾客不购买某些商品,是否一定购买某些其他商品?

(3) 顾客不购买某些商品,是否一定不购买某些其他商品?

面对这样的决策问题,用传统的关联规则挖掘方法无法得到其对应的蕴涵关系或规则,用传统的规则形式也无法回答或表述它们,而它们往往是我们感兴趣的。

为避免混淆,我们将这种关系,即形如 $X \Rightarrow \bar{Y}$,$\bar{X} \Rightarrow Y$,$\bar{X} \Rightarrow \bar{Y}$ 的关联规则称为负关联规则,其中,X 和 Y 是出现在事务中的项集合,且将出现在事务中的项目称为正项目(简称正

项),而 $\overline{X},\overline{Y}$ 是不出现在事务中的项集合,对应的项目称为负项目(简称负项)。把规则的前件或后件中既包含正项又包含负项,形如 $\overline{X}\bigcap Y\Rightarrow\overline{Z}\bigcap W$ 的关联规则称为一般化关联规则。

　　虽然许多学者都认识到此类关联规则研究的重要性,并从不同的角度对包含负项的关联规则进行了研究,但其研究思路、方法和内容各有侧重且差异很大,研究的结果往往也只能适应特定应用场景。参考文献[22]对现有的含负项的关联规则挖掘算法的主要研究成果进行了分析和综述,对其中的一些经典算法进行了讨论,在此基础上提出了在今后的研究中需要解决的几个主要问题,供有兴趣的读者参考阅读。

　　当然,关联规则的研究方向和研究成果远不止这些。例如,针对传统的频繁项集 X 支持数仅统计了包含 X 的事务数,而没有考虑 X 中的项在一个事务中对应的数量和项的权重(一个商品在一张购物清单中的数量和单价),因此,人们提出了高效用项集的挖掘问题[23]。

　　此外,关联规则与其他应用问题或技术的结合也产生出多种不同的关联规则挖掘问题,以及关联规则挖掘方法。例如,与数据仓库、OLAP 技术结合产生了多层关联规则和多维关联规则的挖掘问题;与并行计算技术结合又产生并行关联规则挖掘问题;与模糊数学结合就产生了模糊关联规则挖掘方法;针对数据库数据的不断增加变化情况,就产生了关联规则的增量式更新算法等。限于篇幅不再一一赘述,建议有兴趣的读者查阅相关的期刊文献。

习题 8

1. 给出下列与关联规则挖掘有关的英文短语或缩写的中文名称,并简述其含义。

(1) Transaction Database

(2) Set of Items

(3) Support

(4) Association Rule

(5) Frequent Item Sets

(6) Confidence

(7) StrongAssociation Rule

(8) Subsequence

(9) Frequent Sequence

2. 设项集 $I=\{a,b,c,d,e\}$,试求出 I 上的所有 2-项集。

3. 简述项集 X 在事务数据库 T 上的支持度定义。

4. 简述项集 X 在事务数据库 T 上的支持数与支持度的关系。

5. 请用顾客在超市购买商品的交易数据库简述关联规则 $X\Rightarrow Y$ 的含义。

6. 请用顾客在超市购买商品的交易数据库简述 $X\Rightarrow Y$ 为强关联规则的含义。

7. 设 4-项集 $X=\{a,b,c,d\}$,试求出由 X 导出的所有关联规则。

8. 设有交易数据库如表 8-17 所示,令 MinS$=0.3$,试用 Apriori 算法求出其所有的频繁项集。

表 8-17 有 4 个事务的交易数据库

T_{id}	顾客 id	购买商品	购买日期
t_1	c_{01}	$\{a,b\}$	2015.03.01
t_2	c_{02}	$\{c,b,d\}$	2015.03.01
t_3	c_{01}	$\{c\}$	2015.03.03
t_4	c_{02}	$\{b,d\}$	2015.03.03

9. 对如表 8-17 所示的交易数据库,令 MinC=0.6,试在习题 8 所得频繁项集的基础上,求出所有的强关联规则。

10. 设有交易数据库如表 8-18 所示,令 MinS=0.3,试用 Apriori 算法求出其所有的频繁项集。

表 8-18 有 9 个事务的交易数据库

T_{id}	顾客 id	购买商品	购买日期	T_{id}	顾客 id	购买商品	购买日期
t_1	c_{01}	$\{a,b,e\}$	2015.03.01	t_6	c_{03}	$\{b,c\}$	2015.03.03
t_2	c_{02}	$\{b,d\}$	2015.03.01	t_7	c_{01}	$\{a,c\}$	2015.03.05
t_3	c_{03}	$\{b,c\}$	2015.03.01	t_8	c_{03}	$\{a,b,c,e\}$	2015.03.05
t_4	c_{01}	$\{a,b,d\}$	2015.03.03	t_9	c_{03}	$\{a,b,c\}$	2015.03.06
t_5	c_{02}	$\{a,c\}$	2015.03.03				

11. 对如表 8-18 所示的交易数据库,令 MinC=0.6,试在习题 10 所得频繁项集的基础上,求出所有的强关联规则。

12. 对如表 8-18 所示的交易数据库,令 MinS=0.3,试用 FP-增长算法求出其所有的频繁项集。

13. 设有如表 8-19 所示的二元变量相依表

表 8-19 购买项目 A 和 B 的相依表

项目	B	$\overline{B}$	合计
A	22	20	42
$\overline{A}$	35	23	58
合计	57	43	100

试计算 Support($A \Rightarrow B$)、Confidence($A \Rightarrow B$)、Lift(A,B)、相关系数 $r(A,B)$ 和余弦度相关性度量值 $r_{cos}(A,B)$。

14. 对如表 8-17 所示的交易数据库,试用类 Apriori 算法求出其所有序列模式。

15. 对如表 8-18 所示的交易数据库,试用类 Apriori 算法求出其所有序列模式。

第9章

分类规则挖掘

数据分类是一项十分重要且应用广泛的数据挖掘任务。分类的目的就是从历史数据记录中自动地推导出已知数据的趋势描述，使其能够对未来的新数据进行预测。分类规则挖掘就是通过对有分类标号的训练集进行分析处理（称为有监督的学习），找到一个数据分类函数或分类模型（也称作分类器），而且对训练集以外的、没有分类标号的任意样本点 Z_u，该模型都能够将其映射到给定类别集合中的某一个类别，即给出 Z_u 可能的类别标号。

本章将分别介绍 k-最近邻分类，决策树分类和贝叶斯分类等常见的分类方法，同时简单介绍一些其他的分类方法。

9.1 分类问题概述

当动物学家带我们在林中散步时，如果有一只动物突然从我们身边跑过，闪过我们脑海的第一个问题是"这是什么动物?"，这就是所谓的动物分类问题。

对于一个未知类别标号的数据对象 Z_u，数据分类（Data Classification）就是要判断它究竟属于哪一类，这就是数据分类问题。如果我们手里有一个现成的数据对象分类器（即若干分类规则的集合），则我们可以将 Z_u 输入到这个分类器，该分类器就对 Z_u 进行分析识别，最后输出 Z_u 所属的类别标号（见图 9-1），即分类器为我们回答了"Z_u 属于哪一类"的问题，相当于动物学家看到一个动物会立即说出动物的名称一样。动物学家之所以能够准确地区分各种动物，是因为他经历了长时间的学习，并记住了不同种类动物的特征。因此，怎样获得分类器成为数据分类的前提和关键，而使用分类器对数据对象进行分类，只是分类器的具体应用。数据分类器（Classifiter）也称分类模型（Classification Model）或分类规则（Classification Rule），且在本章后续各节的论述中也不加区分地使用它们。

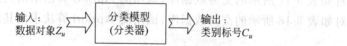

图 9-1　数据对象 Z_u 经过分类器处理后得到其类别标号 C_u

典型的分类分析（Classification Analysis）包括三个步骤：一是分类规则挖掘，即建立分类器或分类模型；二是分类规则评估，即对分类器的准确性进行评估；三是分类规则应用，即对先前未出现的、没有类别标号的新数据对象进行分类或预测其可能的类别标号。

1. 分类规则挖掘

分类规则挖掘是分类分析中最为重要和关键的一步,它首先将一个已知类别标号的数据样本集(也称为示例数据库)随机地划分为训练集 S(通常占 $2/3$)和测试集 T 两个部分。通过分析(学习)训练集 S 中的所有样本点,并为每个类别做出准确的特征描述,或建立分类模型,或挖掘出分类规则。这一步也称为有监督的(supervised)学习,即在模型建立之前就被告知每个训练样本属于哪个类别,且模型建立过程中也要不断地按照样本提供的类别信息(被"监督")进行学习,才能最终建立符合实际的分类器。正因为如此,本章介绍的分类分析也称为有监督的分类(supervised classification)。

设训练集 $S=\{X_1,X_2,\cdots,X_n\}$ 且每个样本点 X_i 都对应一个已知的类别标号 C_q。不失一般性,S 可用一张二维表来表示(见表 9-1),其中 $A_1,A_2,\cdots,A_d$ 称为样本集 S 的 d 个条件属性(简称属性),C 称为类别属性或决策属性,$C_i(i=1,2,\cdots,k)$ 又称为类别属性值或决策属性值或类别标识,并将

$$C=\{C_1,C_2,\cdots,C_k\} \tag{9-1}$$

称为 S 的类别属性集,也称为 S 的分类集。

表 9-1　有类别标号的训练集 S

样本 id	A_1	A_2	$\cdots$	A_d	C
X_1	x_{11}	x_{12}	$\cdots$	x_{1d}	C_1
X_2	x_{21}	x_{22}	$\cdots$	x_{2d}	C_1
X_3	x_{31}	x_{32}	$\cdots$	x_{3d}	C_1
$\cdots$	$\cdots$	$\cdots$	$\cdots$	$\cdots$	$\cdots$
X_i	x_{i1}	x_{i2}	$\cdots$	x_{id}	C_q
$\cdots$	$\cdots$	$\cdots$	$\cdots$	$\cdots$	$\cdots$
X_{n-1}	$x_{n-1,1}$	$x_{n-1,2}$	$\cdots$	$x_{n-1,d}$	C_k
X_n	x_{n1}	x_{n2}	$\cdots$	x_{nd}	C_k

由于测试集 T 是样本数据集的一个部分,因此,其属性和类别标号都与 S 的相同,只是其中的样本点与 S 不同。

定义 9-1　对于给定的训练样本集 S 和类别属性集 $C=\{C_1,C_2,\cdots,C_k\}$,如果能找到一个函数 f 满足:

(1) $f:S\to C$,即 f 是 S 到 C 的一个映射;

(2) 对于每个 $X_i\in S$ 存在唯一 C_q 使 $f(X_i)=C_q$,并记 $C_q=\{X_i\mid f(X_i)=C_q,1\leqslant i\leqslant k,X_i\in S\}$。

则称函数 f 为分类器或分类规则,并把寻找 f 的过程称为分类规则挖掘。

从表 9-1 和定义 9-1 可以看出,类别标号 C_q 其实也代表属于该类的样本点集合。例如,我们说样本点 X_1,X_2,X_3 是 C_1 类的,表示样本点 X_1,X_2,X_3 属于 C_1,即 $C_1=\{X_1,X_2,X_3\}$。因此,C_1 既是一个类别标号(类别属性的取值),又表示属于该类的所有样本点集合。

一般地,对 S 的类别属性集 $C=\{C_1,C_2,\cdots,C_k\}$ 有 $S=C_1\bigcup C_2\bigcup\cdots\bigcup C_k$,且 $C_i\bigcap C_j=\phi(i\neq j)$。所以,$S$ 的分类集 C 是 S 的一个划分,故在本章后面几节的论述中,当我们谈到 S

的类别属性 C 时,既表示 $C_i(i=1,2,\cdots,k)$ 是类别标号,同时也表示 C 是 S 的分类集。因此,"C 是 S 的一个划分"、"C 是 S 的类别属性"或"C 是 S 的分类集"三者具有相同的内涵。

2. 分类规则评估

一般来说,分类模型在实际应用之前,应该对分类预测的准确率进行评估。对于测试集 T 中的样本点,如果有 N 个样本点被分类模型正确地分类,则分类模型在测试集 T 上的准确率定义为"正确预测数/测试总数",即准确率=$N/|T|$。

由于 T 中的样本点已有分类标识,很容易统计分类器对 T 中样本进行正确分类的准确率,加之 T 中样本是随机选取的,且完全独立于训练集 S,其测试准确率高就说明分类模型是可用的。

值得注意的是,如果直接使用训练集 S 进行评估,其评估结果完全可能是乐观的,即准确率很高,但因为分类模型是由 S 学习而得到的,它会倾向于过分拟合训练集 S,而对 S 以外的其他数据对象进行分类却可能很不准确。因此,另一种更为合理的方法是选择交叉验证法来对模型进行评估,有兴趣的读者可参考文献[4]和[5]等书籍。

3. 分类规则应用

如果认为分类模型的准确率可以接受,接下来就是利用这个分类器对没有类别标号的数据集 Z(见表 9-2)进行分类。其方法是从 Z 中任意取出一个样本点 Z_u,将其输入分类器(图 9-1),分类器输出的类别标号就是 Z_u 所属的类别集合。

与分类规则挖掘比较,分类规则评估和应用相对简单易行,因此,本章后续几节将重点介绍挖掘分类规则的方法,即分类算法。

表 9-2　没有类别标号的数据集 Z

样本 id	A_1	A_2	$\cdots$	A_d	C
Z_1	z_{11}	z_{12}	$\cdots$	z_{1d}	?
Z_2	z_{21}	z_{22}	$\cdots$	z_{2d}	?
$\cdots$	$\cdots$	$\cdots$	$\cdots$	$\cdots$	?

9.2　k-最近邻分类法

k-最近邻(k-Nearest Neighbour,kNN)分类算法是一种基于距离的分类方法,简称为 k-最近邻法。它的特殊之处在于不需要事先利用样本集建立分类模型,再用测试集对分类模型进行评估的过程,而仅仅利用有类别标号的整个样本集 S,直接对没有类别标号的数据对象 Z_u 按照相异度进行分类,即确定其类别标号。因此,下面先介绍基于距离的一般分类算法。

假定样本集 S 中每个数据点都有一个唯一的类别标号,每个类别标识 C_i 中都有多个数据对象。对于一个没有标识的数据点 Z_u,k-最近邻分类法的基本思想就是遍历搜索样本集 S,找出距离 Z_u 最近的 k 个样本点,即 k-最近邻集,并将其中多数样本的类别标号分配给 Z_u(见图 9-2)。

算法9-1 k-最近邻分类算法

输入：已有类别标号的样本数据集S，最近邻数目k，一个待分类的数据点Z_u。

输出：输出类别标号C_u。

(1) 初始化k-最近邻集：$N=\phi$

(2) 对每一个$X_i\in S$，分两种情况判断是否将其并入N

    ① 如果$|N|\leqslant k$，则$N=N\cup\{X_i\}$

    ② 如果$|N|>k$，存在$d(Z_u,X_j)=\max\{d(Z_u,X_r)|X_r\in N\}$且$d(Z_u,X_j)>d(Z_u,X_i)$

    则$N=N-\{X_j\}$；$N=N\cup\{X_i\}$

(3) 若X_u是N中数量最多的数据对象，则输出X_u的类别标号C_u，即Z_u的类别标号为C_u

图9-2 k-最近邻分类算法

对于算法9-1，如果训练数据集有n个数据对象，则对Z_u进行分类的计算复杂性为$O(n)$。因此，如果需要对q个未知元素进行分类的话，其计算复杂性为$O(n\times q)$。

例9-1 设某公司有15名员工，其姓名、性别、身高信息以及身高的分类标识如表9-3所示。

表9-3 已知身高类别标号的员工数据集S

员工id	姓名	性别	身高	类别	员工id	姓名	性别	身高	类别
X_1	黄莉	女	1.60	矮个	X_9	李博	男	2.20	高个
X_2	张杰	男	2.00	高个	X_{10}	万明	男	2.10	高个
X_3	马芸	女	1.90	中等	X_{11}	郭涛	女	1.80	中等
X_4	马华	女	1.88	中等	X_{12}	涂颜	男	1.95	中等
X_5	史冬	女	1.70	矮个	X_{13}	文华	女	1.90	中等
X_6	包博	男	1.85	中等	X_{14}	朱莉	女	1.80	中等
X_7	余敏	女	1.59	矮个	X_{15}	万婷	女	1.75	中等
X_8	刘罡	男	1.70	矮个					

公司今天又招进一位名叫刘萍的新员工Z_1，其基本信息见表9-4。

表9-4 新员工刘萍的基本信息

员工id	姓名	性别	身高	类别
Z_1	刘萍	女	1.62	?

令$k=5$，试采用k-最近邻分类算法判断员工刘萍的身高属于哪一类，即刘萍的身高属于高个、中等还是矮个？

解： 虽然描述职工用了姓名、性别和身高3个属性，但只有身高才是与个子高矮相关的属性，为了方便，下面用X_i表示第i个员工的身高。

根据k-最近邻分类算法的计算步骤，首先从X中选择5个员工作为初始k-最近邻集N。不失一般性，取$N=\{X_1=1.60,X_2=2.00,X_3=1.90,X_4=1.88,X_5=1.70\}$。

(1) 对S中的$X_6=1.85$，而身高$X_2=2.00$是N中与身高$Z_1=1.62$差距最大的员工，且有$d(Z_1,X_2)>d(Z_1,X_6)$，因此，在N中用X_6替换X_2得到

$$N=\{X_1=1.60,X_6=1.85,X_3=1.90,X_4=1.88,X_5=1.70\}$$

（2）同理，用 S 中 $X_7=1.59$ 替换 N 中身高距离 $Z_1=1.62$ 最大的员工 $X_3=1.90$，得到
$$N=\{X_1=1.60, X_6=1.85, X_7=1.59, X_4=1.88, X_5=1.70\}$$

（3）用 $X_8=1.70$ 替换 N 中距离 Z_1 最大的 $X_4=1.88$，得到
$$N=\{X_1=1.60, X_6=1.85, X_7=1.59, X_8=1.70, X_5=1.70\}$$

（4）因为 S 中的 $X_9=2.20$ 和 $X_{10}=2.10$，故根据算法，N 不需要改变。

（5）用 $X_{11}=1.80$ 替换 N 中距离 Z_1 最大的 $X_6=1.85$，得
$$N=\{X_1=1.60, X_{11}=1.8, X_7=1.59, X_8=1.70, X_5=1.70\}$$

（6）因为 S 中的 $X_{12}=1.95, X_{13}=1.90, X_{14}=1.80$，故 N 不需要改变。

（7）用 $X_{15}=1.75$ 替换 N 中 $X_{11}=1.8$ 得 $N=\{X_1=1.60, X_8=1.70, X_7=1.59, X_{15}=1.75, X_5=1.70\}$。

（8）在第（7）步所得的集合 N 中，有 5 个身高最接近 $Z_1=1.62$ 的员工，且其 $X_1=1.60$，$X_8=1.70, X_7=1.59, X_5=1.70$ 这 4 个员工的类别都是"矮个"，仅有 $X_{15}=1.75$ 的类别是"中等"。

因此，根据 k-最近邻算法，新员工 $Z_1=$刘萍的身高为矮个。

9.3 决策树分类方法

决策树（Decision Tree）是一种特殊而重要的分类器，它从一组无次序、无规则，但有类别标号的样本集中推导出决策树表示的分类规则。树的叶子结点表示类别标号，即分类属性的取值；树的内部结点是条件属性或条件属性的集合；一个内部结点为每个条件属性值或每个组合的条件属性值构成一个树枝，连接到树的下一层结点；从树根到叶子结点的一条路径称为一条决策规则，它可以对未知数据进行分类或预测。

决策树是应用十分广泛的分类方法之一，目前有多种决策树方法，如 ID3、CN2、SLIQ、SPRINT 等，且大多数决策树都是一种核心算法——Hunt 算法的变体，因此，下面先介绍决策树的概念和 Hunt 算法，再进一步介绍常用的 ID3 和 C4.5 决策树方法。

9.3.1 决策树生成框架

1. 决策树的概念

决策树是一棵有向树，也称为根树，它由矩形结点、椭圆形结点和有向边构成，如图 9-3 所示。因为有向边的方向始终朝下，故省略了表示方向的箭头。

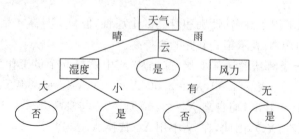

图 9-3　记录历史天气情况与是否适宜打球的决策树

决策树包含三种结点,并且用包含属性值标记的有向边相连。

(1) 根结点(root node),用矩形表示,如"天气"结点,它没有入边,但有 2 条或多条出边。矩形框里的字符串"天气"是样本集的属性名称。

(2) 内部结点(internal node),用矩形表示。如"湿度"结点,它恰有一条入边,但有两条或多条出边。这里的"湿度"也是样本集的属性名称。

(3) 叶结点(leaf node)或终结点(terminal node),用椭圆表示,如"是"结点,恰有一条入边,但没有出边。椭圆形里的"是"等字符串是样本集的一个类别标号。

(4) 每条有向边都用其出点的属性值标记,如"晴天""多云""雨天"是其出点"天气"属性的三种取值。通常,一个属性有多少种取值,就从该结点引出多少条有向边,每一条边代表属性的一种取值。

决策树从根结点到叶结点的一条路径就对应一条分类规则,因此,决策树很容易用来对未知样本进行分类。例如,图 9-3 所示的决策树对网球爱好者是非常有实用价值的。如果天气预报明天为雨天且有风(叶子结点"否"表示不宜打球),而后天为晴天且湿度小("是"表示适宜打球),则原本计划明天打网球的人,就可以提前调整并安排好自己的工作,将打网球的计划改在后天实施。

2. Hunt 算法框架

基于决策树的分类算法有一大优点,即它在学习过程中不需要使用者了解很多背景知识,只要训练例子能够用"属性-结论"的方式表示出来,就可以使用该算法来对其进行学习。

从原则上讲,对有 n 个离散属性的一个样本集,可以构造出很多完全不同的决策树,且其中的某些决策树可能比其他决策树分类更为准确,但由于搜索所有决策树的空间是指数规模的,找出最佳决策树在实际应用中是不可行的。尽管如此,人们还是开发了一些有效的算法,能够在合理的时间内构造出具有一定准确率的近最优决策树。Hunt 算法是 Hunt 等人在 1966 年提出的决策树算法,它在选择划分训练集的属性时采用贪心策略,将训练集相继划分成较纯(包括更少类别)的子集,以递归方式建立决策树,并成为许多决策树算法的衍生框架,包括 ID3、C4.5 等。

假设结点 h 对应的样本集用 S_h 表示,而 $C = \{C_1, C_2, \cdots, C_k\}$ 是其类别属性,则 Hunt 算法的递归定义如下:

(1) 如果 S_h 中所有样本点都属于同一个类 C_h,则 h 为叶结点,并用分类标号 C_h 标记该结点。

(2) 如果 S_h 中包含多个类别的样本点,则选择一个"好"的属性 A,以属性 A 命名 h 并作为一个内部结点;然后按属性 A 的取值将 S_h 划分为较小的子集,并为每个子集创建 A 的子女结点;然后把 A 的每个子女结点作为 h 结点,递归地调用 Hunt 算法。

Hunt 算法的第(2)步是完成对训练集的划分(也称结点分裂 split),其关键是如何选择一个"好"的属性,或者说怎样判断一个属性是好的,这就需要恰当的"属性测试条件(Attribute Test Condition)"。因此,决策树算法需要对不同类型的属性进行条件测试,并提供"好"属性评估的客观度量。选择不同的属性测试方法就构成一个特有的决策树方法。例如,ID3 算法选择信息增益值作为属性的测试条件,而最大信息增益值则是属性"好"的客观度量。

3. Hunt 算法的停止

Hunt 算法中没有给出结点划分停止的条件，但实际计算需要这样的条件，以终止决策树的生长过程。一个简单的策略是，分裂结点直到所有的记录都属于同一个类，或者所有的记录都具有相同的属性值。尽管两个结束条件对于结束决策树递归算法都是充分的，但还是应该考虑其他的标准来提前终止决策树的生长过程，因为在决策树的实际应用中，还可能出现其他情况。

如果属性值的每种组合都在训练集中出现，并且每种组合都具有唯一的类别标号，则 Hunt 算法是有效的。但在大多数实际问题的应用中，这个要求却显得过于苛刻，因此，需要使用附加的条件来处理一些特殊情况。

（1）子女结点为空。

在 Hunt 算法递归定义的第（2）步所创建的子女结点可能为空，即不存在与这些结点相关联的样本点，则可将该结点设为叶结点，其类别标号采用其父结点上多数样本的类别标号。

（2）训练集 S_h 属性值完全相同，但类别标号却不相同。

这种情况意味着不可能进一步划分这些样本点，也应将该结点设置为叶结点，其类别标号采用该结点多数样本的类别标号。

9.3.2　ID3 分类方法

ID3 分类方法是一个著名决策树生成算法，它是罗斯昆兰（J. Ross Quinlan）在 1986 年提出的一种分类预测算法，其名称 ID3 是迭代二分器第 3 版英文 Iterative Dichotomiser 3 的缩写。它以信息论的信息熵为基础，以信息增益度为"属性测试条件"，并选择信息增益最大的属性对训练集进行分裂，从而实现对数据的归纳分类。

1. 信息熵

熵（entropy）概念最早来源于统计热力学，它是热力学系统混乱程度的一种度量。系统的混乱程度越低，其熵值就越小。

香农（C. E. Shanno，现代信息论的奠基人，并被誉为现代信息论之父）借用了热力学中熵的概念，并在 1948 年 10 月发表于《贝尔系统技术学报》的论文 *A Mathematical Theory of Communication*（通信的数学理论）中，首次把信息中排除了冗余后的平均信息量称为"信息熵（Information entropy）"。他认为，信息量不应考虑信息发生的时间、地点、内容以及人们对该信息的态度和反应，而只关心信息发生的状态数目和每种状态发生的可能性大小（概率）。正是这种纯粹而简单的要求，使信息熵这种信息度量方法具有了普遍的意义及其广泛的实用性。

定义 9-2　设 ξ 为可取 n 个离散数值的随机变量，它取 ε_i 的概率为 $p(\varepsilon_i)(i=1,2,\cdots,n)$，则我们定义

$$E(\xi) = -\sum_{i=1}^{n} p(\varepsilon_i) \log_2 p(\varepsilon_i) \tag{9-2}$$

为随机变量 ξ 的信息熵（Information Entropy）。

如果令 $\xi=\{\varepsilon_1,\varepsilon_2,\cdots,\varepsilon_n\}$，则从定义 9-2 可知，信息熵就是一组数据 ξ 所含信息的不确定性度量。一组数据越是有序，其信息熵也就越低。反之，一组数据越是无序，其信息熵也就越高。

特别地，如果定义 9-2 中的随机变量是一个样本数据集 S 的某个属性 A，其取值为 $\{a_1,a_2,\cdots,a_n\}$，则信息熵 $E(A)$ 就是该属性所有取值的信息熵，其熵值越小所蕴涵的不确定信息越小，越有利于数据的分类。因此，根据随机变量信息熵的概念，可以引入分类信息熵的定义。

定义 9-3　设 S 是有限个样本点的集合，其类别属性 $C=\{C_1,C_2,\cdots,C_k\}$，有 $S=C_1\bigcup C_2\bigcup\cdots\bigcup C_k$，且 $C_i\bigcap C_j=\phi(i\neq j)$，则定义 C 划分样本集 S 的信息熵（简称 C 的分类信息熵）为

$$E(S,C)=-\sum_{i=1}^{k}\frac{|C_i|}{|S|}\log_2\frac{|C_i|}{|S|} \tag{9-3}$$

其中 $|C_i|$ 表示类 C_i 中的样本点个数，$|C_i|/|S|$ 也被称为 S 中任意一个样本点属于 $C_i(i=1,2,\cdots,k)$ 的概率。

类似地，设 S 的条件属性 A 可以取 v 个不同值 $\{a_1,a_2,\cdots,a_v\}$，则可以把属性 A 的每一个取值 a_j 作为样本集 S 的一个类别标号，从而将 S 划分为 v 个子集，且 $S=S_1\bigcup S_2\bigcup\cdots\bigcup S_v$ 且 $S_r\bigcap S_q=\phi(r\neq q)$。为此，我们可以引入 A 划分样本集 S 的信息熵概念。

定义 9-4　设 S 是有限个样本点的集合，其条件属性 A 划分 S 所得子集为 $\{S_1,S_2,\cdots,S_v\}$，则定义 A 划分样本集 S 的信息熵（简称属性 A 的分类信息熵）为

$$E(S,A)=-\sum_{j=1}^{v}\frac{|S_j|}{|S|}\log_2\frac{|S_j|}{|S|} \tag{9-4}$$

其中，$|S_j|/|S|$ 也称为 S 中任意一个样本点属于 $S_j(j=1,2,\cdots,v)$ 的概率。

定义 9-5　设 S 是有限个样本点的集合，其条件属性 A 划分 S 所得子集为 $\{S_1,S_2,\cdots,S_v\}$，则定义条件属性 A 划分样本集 S 相对于 C 的信息熵（简称 A 相对 C 的分类信息熵）为

$$E(S,A\mid C)=\sum_{j=1}^{v}\frac{|S_j|}{|S|}E(S_j,C) \tag{9-5}$$

其中，$\dfrac{|S_j|}{|S|}$ 充当类别属性 C 划分第 j 个子集 S_j 的信息熵权重；而 $E(S_j,C)$ 就是 C 分类 S_j 的信息熵。根据公式 (9-4)，对于给定的子集 S_j 有

$$E(S_j,C)=-\sum_{i=1}^{k}\frac{|C_i\bigcap S_j|}{|S_j|}\log_2\left(\frac{|C_i\bigcap S_j|}{|S_j|}\right) \tag{9-6}$$

其中 $\dfrac{|C_i\bigcap S_j|}{|S_j|}$ 也称为子集 S_j 中样本属于类 C_i 的概率 $(i=1,2,\cdots,k;j=1,2,\cdots,v)$。

根据信息熵的概念，$E(S,A\mid C)$ 的值越小，则利用条件属性 A 对 S 进行子集划分的纯度越高，即分类能力越强。

2. 信息增益

为了在决策树构建过程的每一步，都选择分类能力强的条件属性作为分裂结点，人们引进信息增益（information gain）来度量。

定义 9-6　条件属性 A 划分样本集合 S 相对 C 的信息增益（information gain）（也称为

A 相对 C 的分类信息增益,简称 A 的信息增益)定义为

$$\operatorname{gain}(S, A \mid C) = E(S, C) - E(S, A \mid C) \qquad (9\text{-}7)$$

即 $\operatorname{gain}(S, A \mid C)$ 是类别属性 C 划分样本集 S 的信息熵与属性 A 划分样本集 S 相对 C 的信息熵之差。

从公式(9-7)可以看出,属性 A 划分 S 的信息熵越小,其增益就越大。

ID3 算法通过计算每个属性分类 S 的信息熵和信息增益,并认为信息增益高的是好属性即分类能力强。因此 ID3 算法选取具有最高信息增益的属性作为将 S 分裂为子集的属性。对被选取的属性创建一个结点,并以该属性命名结点,同时为该属性的每一个取值创建一个子女结点(代表取该属性值的所有样本点构成的集合)。然后循环地对每个子女结点重复以上计算得到最终的决策树。

3. ID3 算法

ID3 算法的计算步骤与 Hunt 算法一样,唯一的区别在于,属性测试条件是信息增益,而"好"的度量标准是信息增益值越大越好。因此,设 S_h 是结点 h 的样本集,而 $C = \{C_1, C_2, \cdots, C_k\}$ 是其类别属性,则 ID3 算法的递归定义如下:

(1) 如果 S_h 中所有记录都属于同一个类 C_h,则 h 作为一个叶结点,并用分类标号 C_h 标记该结点。

(2) 如果 S_h 中包含有多个类别的样本点,则记 $S = S_h$,

① 计算 C 划分样本集 S 的信息熵 $E(S, C)$;

② 计算 S 中每个属性 A' 划分 S 相对于 C 的信息熵 $E(S, A' \mid C)$ 及其信息增益 $\operatorname{gain}(S, A' \mid C) = E(S, C) - E(S, A' \mid C)$;

③ 假设取得最大增益的属性为 A,则创建属性 A 结点;

④ 设属性 A 划分 S 所得子集的集合为 $\{S_1, S_2, \cdots, S_v\}$,则从子集 $S_h (h = 1, 2, \cdots, v)$ 中删除属性 A 后仍将其记作 S_h,为 A 结点创建子女结点 S_h,并对 S_h 递归地调用 ID3 算法。

从 ID3 算法递归定义可知它工作过程为:首先找出最有判别力(最大信息增益)的属性,然后把当前样本集分成多个子集,每个子集又选择最有判别力的属性进行划分,一直进行到所有子集仅包含同一类型的数据为止。最后得到一棵决策树,我们就可以用它来对新的样例进行分类或预测。

例 9-2　设网球俱乐部有打球与气候条件的历史统计数据如表 9-5 所示。它共有"天气""温度""湿度"和"风力"4 个描述气候的条件属性,类别属性为"是"与"否"的二元取值,分别表示在当时的气候条件下是否适宜打球的两种类别。请构造关于气候条件与是否适宜打球的决策树。

解:根据 ID3 算法

第一步:选择 S 增益最大的属性构造决策树的根结点。

(1) 计算类别属性 C 的分类信息熵。

从表 9-5 可知,$S = \{X_1, X_2, \cdots, X_{14}\}$,因此 $|S| = 14$,而类别属性 $C = \{C_1, C_2\}$,其中 $C_1 = $"是"表示适宜打球,$C_2 = $"否"表示不宜打球,因此,

$C_1 = \{X_3, X_4, X_5, X_7, X_9, X_{10}, X_{11}, X_{12}, X_{13}\}$,$C_2 = \{X_1, X_2, X_6, X_8, X_{14}\}$,故 $|C_1| = 9$,$|C_2| = 5$。

表 9-5 打球与气候情况的历史数据样本集 S

样本 id	天气	温度	湿度	风力	类别	样本 id	天气	温度	湿度	风力	类别
X_1	晴	高	大	无	否	X_8	晴	中	大	无	否
X_2	晴	高	大	无	否	X_9	晴	低	小	无	是
X_3	云	高	大	无	是	X_{10}	雨	中	小	无	是
X_4	雨	中	大	无	是	X_{11}	晴	中	小	有	是
X_5	雨	低	小	无	是	X_{12}	云	中	大	有	是
X_6	雨	低	小	有	否	X_{13}	云	高	小	无	是
X_7	云	低	小	有	是	X_{14}	雨	中	大	有	否

根据分类信息熵公式(9-3)有

$$E(S,C)=-\sum_{i=1}^{2}\frac{|C_i|}{|S|}\log_2\frac{|C_i|}{|S|}=-\left(\frac{9}{14}\log_2\frac{9}{14}+\frac{5}{14}\log_2\frac{5}{14}\right)$$

$$=-(0.643\times(-0.637)+0.357\times(-1.485))$$

$$=0.410+0.530=0.940$$

(2) 计算每个条件属性 A_j 相对 C 的分类信息熵。

因为样本集 S 共有天气、温度、湿度、风力 4 个属性,因此,应根据定义 9-5 分别计算它们相对 C 的分类信息熵。

① 条件属性 A_1 为"天气",它有"晴","云","雨"3 个取值。因此,按其取值对 S 进行划分得

$S_1=S_{晴}=\{X_1,X_2,X_8,X_9,X_{11}\}$,$S_2=S_{云}=\{X_3,X_7,X_{12},X_{13}\}$,$S_3=S_{雨}=\{X_4,X_5,X_6,X_{10},X_{14}\}$。

因为 $|S_1|=5$,$|C_1\bigcap S_1|=|\{X_9,X_{11}\}|=2$,$|C_2\bigcap S_1|=|\{X_1,X_2,X_8\}|=3$,则由公式(9-6)有

$$E(S_1,C)=-\sum_{i=1}^{2}\frac{|C_i\bigcap S_1|}{|S_1|}\log_2\left(\frac{|C_i\bigcap S_1|}{|S_1|}\right)$$

$$=-\left(\frac{2}{5}\times\log_2\frac{2}{5}+\frac{3}{5}\times\log_2\frac{3}{5}\right)=0.971$$

同理有 $E(S_2,C)=0$,$E(S_3,C)=0.971$。

因为 $|S_2|=4$,$|S_3|=5$,$|S|=14$,再根据公式(9-5),$A_1=$"天气"相对 C 的分类信息熵为

$$E(S,A_1|C)=E(S,天气|C)$$

$$=\frac{|S_1|}{|S|}E(S_1,C)+\frac{|S_2|}{|S|}E(S_2,C)+\frac{|S_3|}{|S|}E(S_3,C)$$

$$=0.694$$

② 条件属性 $A_2=$"温度",它有"高","中","低"3 个取值,按其取值对 S 划分得

$S_1=\{X_1,X_2,X_3,X_{13}\}$,$S_2=\{X_4,X_8,X_{10},X_{11},X_{12},X_{14}\}$,$S_3=\{X_5,X_6,X_7,X_9\}$。

按照前面第①步,利用公式(9-6)计算可得 $E(S_1,C)=1$,$E(S_2,C)=0.918$,$E(S_3,C)=0.811$,

再根据公式(9-5)可得 $A_2=$"温度"相对 C 的分类信息熵为 $E(S,A_2|C)=0.911$。

③ 条件属性 A_3 为"湿度",按其取值"大","小"将 S 划分为

$S_1=\{X_1,X_2,X_3,X_4,X_8,X_{12},X_{14}\}$，$S_2=\{X_5,X_6,X_7,X_9,X_{10},X_{11},X_{13}\}$。

因此,按第①步计算方法得 $E(S_1,C)=0.985$；$E(S_2,C)=0.592$；$E(S,A_3\,|\,C)=0.789$。

④ 同理,对条件属性 A_4 为"风力"时,它按取值"无","有"将 S 划分为

$S_1=\{X_1,X_2,X_3,X_4,X_5,X_8,X_9,X_{10},X_{13}\}$，$S_2=\{X_6,X_7,X_{11},X_{12},X_{14}\}$。

因此计算可得 $E(S_1,C)=0.918$；$E(S_2,C)=0.971$；$E(S,A_4\,|\,C)=0.937$。

(3) 计算每个属性 A_j 的信息增益。

根据公式(9-7)可得

① 对 A_1 为"天气",$\mathrm{gain}(S,天气/C)=E(S,C)-E(S,A_1\,|\,C)=0.940-0.694=0.246$。

② 对 A_2 为"温度",$\mathrm{gain}(S,温度/C)=0.940-0.911=0.029$。

③ 对 A_3 为"湿度",$\mathrm{gain}(S,湿度/C)=0.940-0.789=0.151$。

④ 对 A_4 为"风力",$\mathrm{gain}(S,风力/C)=0.940-0.937=0.003$。

因此,最大增益的属性为 A_1(天气),即以"天气"作为根结点,并以"天气"划分 S 所得子集 S_1、S_2、S_3 分别由表9-6、表9-7和表9-8给出。

表 9-6　天气="晴"的子集 S_1

样本 id	温度	湿度	风力	类别
X_1	高	大	无	否
X_2	高	大	无	否
X_8	中	大	无	否
X_9	低	小	无	是
X_{11}	中	小	有	是

表 9-7　天气="云"的子集 S_2

样本 id	温度	湿度	风力	类别
X_3	高	大	无	是
X_7	低	小	有	是
X_{12}	中	大	有	是
X_{13}	高	小	无	是

因此,为根结点"天气"创建 S_1、S_2、S_3 共3个子女结点(见图9-4),其中,天气属性值为"云"的子集 S_2 具有完全相同的类别标号"是",因此为叶结点,而 S_1 和 S_3 则需作为内部结点进行下一步的分裂。

表 9-8　天气="雨"的子集 S_3

样本 id	温度	湿度	风力	类别
X_4	中	大	无	是
X_5	低	小	无	是
X_6	低	小	有	否
X_{10}	中	小	无	是
X_{14}	中	大	有	否

图 9-4　以"天气"属性作为根结点并划分 S 的结果

第二步:选择 S_1 增益最大的属性作为"天气"的子女结点(内部结点)。

(1) 令 $S=S_1$ 调用 ID3 算法,计算 C 的分类信息熵。

从表9-6可知,$S=\{X_1,X_2,X_8,X_9,X_{11}\}$,因此 $|S|=5$,而 $C=\{C_1,C_2\}$,其中 $C_1=\{X_9,X_{11}\}=$"是",$C_2=\{X_1,X_2,X_8\}=$"否"。

根据信息熵公式(9-3)有 $E(S,C)=0.971$

（2）计算每个条件属性 A_j 相对 C 的信息熵

① 条件属性 A_2 为"温度"，按它的 3 个取值"高"，"中"，"低"将 S 划分为

$S_1 = \{X_1, X_2\}, S_2 = \{X_8, X_{11}\}, S_3 = \{X_9\}$。

因此可计算得 $E(S_1, C) = 0$；$E(S_2, C) = 1$；$E(S_3, C) = 0$；$E(S, A_2 | C) = 0.4$。

② 条件属性 A_3 为"湿度"，按它的 2 个取值"大"和"小"将 S 划分为

$S_1 = \{X_1, X_2, X_8\}, \quad S_2 = \{X_9, X_{11}\}$。

因此计算得 $E(S_1, C) = 0$；$E(S_2, C) = 0$；$E(S, A_3 | C) = 0$。

③ 条件属性 A_4 为"风力"，按它的 2 个取值"无"和"有"将 S 划分为

$S_1 = \{X_1, X_2, X_8, X_9\}, S_2 = \{X_{11}\}$。

因此计算可得 $E(S_1, C) = 0.811$；$E(S_2, C) = 0$；$E(S, A_4 | C) = 0.649$。

（3）计算每个属性 A_j 的信息增益

① 对 A_2 为"温度"，$\text{gain}(S, 温度 | C) = E(S, C) - E(S, A_2 | C) = 0.571$

② 对 A_3 为"湿度"，$\text{gain}(S, 湿度 | C) = 0.971$

③ 对 A_4 为"风力"，$\text{gain}(S, 风力 | C) = 0.322$

因此，取得最大信息增益的属性是 A_3（湿度），即应以"湿度"作为"天气"的一个子女结点，并以湿度取值划分 S 得 $S_1 = S_大 = \{X_1, X_2, X_8\}, S_2 = S_小 = \{X_9, X_{11}\}$。

注意到对应"湿度"属性值"小"的子集 S_1 的类别标号都是"否"；"湿度"属性值"小"对应的子集 S_2 的类别标号都为"是"，因此，将它们直接作为"湿度"的叶结点而无需进一步分裂，由图 9-4 分裂可得图 9-5。

第三步：选择 S_3 增益最大的属性作为"天气"为"雨"的子女结点（内部结点）。

同理令 $S = S_3$ 调用 ID3 算法，类似第二步的计算，A_4（风力）是信息增益最大的属性，即应以"风力"作为"天气"的一个子女结点，并以风力取值划分 S 得 $S_1 = S_无 = \{X_4, X_5, X_{10}\}, S_2 = S_有 = \{X_6, X_{14}\}$。

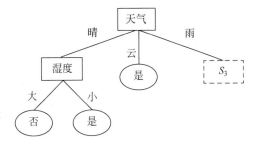

图 9-5 以"湿度"属性作为内部结点并划分 S_1 的结果

注意到对应"风力"属性值"无"的子集中类别标号都为"是"；而"风力"属性值"有"对应的子集中类别标号都为"否"，因此，将它们直接作为"风力"的叶结点而无需进一步分裂，因此，由图 9-5 即得如图 9-3 所示的最终决策树。

4. 从决策树提取分类规则

注意到决策树的根结点和内部结点都是样本集的条件属性，叶结点为分类标号，结点之间有向边旁的字符是其属性的取值，因此，从根结点到每个叶结点的一条路径都是一条分类规则，路径上每条边的属性值用合取运算作为规则的前件。因此，从图 9-3 可以生成 5 条分类规则。

（1）如果天气＝"晴"∧湿度＝"大"，则适宜打球＝"否"。

（2）如果天气＝"晴"∧湿度＝"小"，则适宜打球＝"是"。

（3）如果天气＝"云"，则适宜打球＝"是"。

（4）如果天气＝"雨"∧风力＝"有"，则适宜打球＝"否"。

（5）如果天气＝"雨"∧风力＝"无"，则适宜打球＝"是"。

5. ID3 算法的优点与缺点

1）主要优点

（1）模型理解容易：决策树模型的树形层次结构易于理解和实现，并可方便地提取易于理解的"如果-则"形式的分类规则。

（2）噪声影响较小：信息增益计算的每一步都使用当前的所有训练样本，可以降低个别错误样本点带来的影响。

（3）分类速度较快，当决策树模型建成后，对未知类别标号的样本 Z_u，只需从树根开始向下检查，搜索一条分裂属性值与 Z_u 对应属性值相等的一条路径，即可快速地完成对 Z_u 的分类。

2）主要缺点

（1）仅处理离散属性数据：ID3 算法只能处理具有离散属性的数据集。对于连续型的属性，必须先对其进行离散化才能使用，但 ID3 算法并未提供连续型属性的离散化方法。

（2）不能够处理缺失数据。ID3 算法不能处理属性值有缺失的数据，也没有提供缺失数据预处理方法。

（3）为局部最优的决策树：ID3 采用贪心算法，且决策树的构造过程不能回溯，因此，所得到的决策树通常是局部最优，而非全局最优的。

（4）偏好取值种类多的属性：ID3 采用信息增益作为选择分裂属性的度量标准，但大量的研究分析与实际应用发现，信息增益偏向于选择属性值个数较多的属性，而属性取值个数较多的属性并不一定是最优或分类能力最强的属性。

9.3.3　决策树的剪枝

一般来说，对于同一个训练样本集，其决策树越矮小就越容易理解，且存储与传输的代价也越小；反之，决策树越高大，其结点就越多，且每个结点包含的训练样本个数也越少，由此可能导致决策树在测试集上的泛化误差增大。当然，决策树过于矮小也会导致泛化误差较大。因此，剪枝需要在决策树的大小与模型正确率之间寻求一个平衡点。

现实世界的数据一般不可能是完美的，通常都是含有噪声的。ID3 等基本决策树构造算法没有考虑噪声，因此生成的决策树完全与训练样本拟合。但在数据有噪声的情况下，完全拟合将导致过度拟合（Overfitting），即对训练数据的完全拟合反而使对非训练数据的分类预测性能下降。剪枝就是一种克服数据噪声的基本技术。它可防止决策树的过度拟合，同时还能使决策树得到简化而变得更加容易理解。剪枝技术主要包括预剪枝（Pre-Pruning）和后剪枝（Post-Pruning）两种方法。

1. 预剪枝

预剪枝技术的基本思想是限制决策树的过度生长，主要通过在训练过程中明确地控制树的大小来简化决策树。在没有完成正确地为整个训练集分类之前，提前终止决策树的生长，即为了防止过度拟合，故意让决策树保留一定的训练误差。

常用的预剪枝方法主要有以下几种。

（1）为决策树的高度设置阈值，当决策树到达阈值高度时就停止树的生长。此方法一般能够取得比较好的效果，但如何设定决策树高度的阈值却是一个困难的问题，它要求用户对数据的取值分布有较为清晰的把握，而且需对参数值进行反复的尝试。

（2）如果当前结点中的训练样本点具有完全相同的属性值，即使这些样本点有不同的类别标号，决策树也不再从该结点继续生长。

（3）设定结点中最少样本点数量的阈值，如果当前结点中的样本点数量达不到阈值，决策树就不再从该结点继续生长，但这种方法不适用于小规模训练样本集。

（4）设定结点扩展的信息增益阈值，如果计算的信息增益值不满足阈值要求，决策树就不再从该结点继续生长。如果在最好情况下扩展的信息增益都小于阈值，即使有些结点的样本不属于同一类，算法也可以终止。当然，选取恰当的阈值也是比较困难的，阈值过高可能导致决策树过于简化，而阈值过低又可能对树的化简不够充分。

采用预剪枝技术可以较早地完成决策树的构造过程，而不必生成更完整的决策树，算法的效率很高，适合应用于大规模的问题。

值得注意的是，预剪枝存在视野狭窄的问题。即在相同的标准下，当前的扩展不满足标准或阈值，但进一步的扩展有可能满足标准或阈值。所以，预剪枝在决策树生成时可能会丧失一些有用的结论，因为这些结论往往需要在决策树完全建成以后才能发现。

2. 后剪枝

后剪枝技术是在生成决策树时允许其过度生长，当决策树完全生成后，再根据一定的规则或条件，剪去决策树中那些不具有一般代表性的叶结点或分支。

后剪枝算法有自上而下和自下而上两种剪枝策略。自下而上的剪枝算法首先从最底层的内部结点开始，剪去满足一定条件的内部结点，并在生成的新决策树上递归调用这个算法，直到没有可以剪枝的结点为止。自上而下的算法是从根结点开始向下逐个考虑结点的剪枝问题，只要结点满足剪枝的条件就进行剪枝。

后剪枝是一个一边修剪一边检验的过程，一般规则是：在决策树不断剪枝的过程中，利用训练样本集或检验样本集的样本点，检验决策子树的预测精度，并计算出相应的错误率。如果剪去某个叶结点后能使得决策树在测试集上的准确度或其他测度不降低，就剪去这个叶结点。当产生一组逐渐被剪枝的决策树之后，使用一个独立的测试集评估每棵树的准确率，就能得到具有最小期望错误率的决策树。

从理论上讲，后剪枝效果好于预剪枝，但其时间复杂度较高。

剪枝过程中一般要涉及一些统计参数或阈值（如停机阈值）。值得注意的是，剪枝并不是对所有的数据集都好，因为最小树并不一定是最佳树（具有最大的预测准确率）。此外，当训练样本稀疏时，要防止过分剪枝（Over-Pruning）带来的副作用。从本质上讲，剪枝也就是选择了一种偏向（Bias），它对有些数据点的预测效果较好而对另外一些数据点的预测效果变差。

9.3.4 C4.5 算法

针对 ID3 算法在实际应用中存在的一些问题，昆兰（Quinlan）对 ID3 算法进行了改进，并于 1993 年提出了 C4.5 算法,其名称来源于算法的编程语言为 C 语言。虽然由 C4.5 发展起来的 C5.0 算法,在执行效率和内存使用方面都比 C4.5 有了很大的改进,并用于解决商业银行等大数据集上的分类问题。但因为 C5.0 是 RuleQuest Research 商业系统中的算法,而 C4.5 是开源的算法,因此下面仅讨论 C4.5 对 ID3 的改进和应用实例。

C4.5 算法不仅继承了 ID3 算法的优点,并在 ID3 的基础上增加了对连续型属性和属性值空缺情况的处理,对树剪枝也使用了当时更为成熟的方法。特别地,C4.5 采用基于信息增益率(information gain ratio)作为选择分裂属性的度量标准。

1. 信息增益率

定义 9-7 设 S 是有限个样本点的集合,条件属性 A 划分 S 所得子集为 $\{S_1, S_2, \cdots, S_v\}$,则定义 A 划分样本集 S 的信息增益率为

$$\text{gainRatio}(S, A) = \text{gain}(S, A \mid C) / E(S, A) \tag{9-8}$$

其中,$\text{gain}(S, A \mid C)$ 由公式(9-7)计算,$E(S, A)$ 由公式(9-4)给出。

由定义 9-7 可知,一个属性 A 的信息增益率等于其信息增益与其分类信息熵的比值。

2. 连续型属性的处理

C4.5 算法不仅可以处理离散属性,还可以处理连续属性。基本思想是把连续型属性的值域分割为离散的区间集合。若 A 是在连续区间取值的连续型属性,则按照以下方法将 A 分为二元属性。

(1) 将训练集 S 中的样本在属性 A 上的取值从小到大排序。假设训练样本集中属性 A 有 q 个不同的取值,且按非递减方式排序结果为 $v_1, v_2, \cdots, v_q$。

(2) 按顺序将两个相邻的平均值 $v_i^a = \dfrac{(v_i + v_{i+1})}{2}$,$(i = 1, 2, \cdots, q-1)$ 作为分割点,共获得 $q-1$ 个分割点。每个分割点都将样本集 S 划分为两个子集,分别对应 $A \leqslant v_i^a$ 和 $A > v_i^a$。

(3) 计算分割点 $v_i^a (i = 1, 2, \cdots, q-1)$ 划分 S 的信息增益率,选择具有最大信息益 $\text{gain}(A_{v'})$ 的分割点 v',将 S 划分为 $A \leqslant v'$ 和 $A > v'$ 的两个子集,并将 $\text{gain}(A_{v'})$ 作为属性 A 划分 S 的信息增益。

3. 空值的处理

考虑到一些样本的某些属性可能取空值(缺失数据),C4.5 一般采用两类方法对空值进行处理。

(1) 从训练集 S 中将有空值的样本删除,使 S 的任何属性都没有空值;

(2) 以某种方法填充缺失数据,其目的也是使训练集 S 的任何属性都没有空值。通常可以根据属性的类型选择恰当的方法。

① 对于数值属性,通常可用该属性非空值的平均值去填充缺失数据;也可以用出现频率最高的值去填充缺失数据;

② 对于离散属性,不仅可以用该属性出现频率最高的值去填充空值,还可将空值作为该属性的一种特殊取值对待,或者先统计该属性每个非空值出现的概率,然后依据非空值的概率大小,随机选择它们去填充空值。

例 9-3 设网球俱乐部有打网球与气候条件的历史统计数据(表 9-9)。它共有"天气"、"温度"、"湿度"和"风力"4 个描述气候的条件属性,其中"湿度"为连续属性,类别属性为"是"与"否"的二元取值,分别表示在当时的气候条件下是否适宜打球的两种类别。请用 C4.5 算法构造不同气候条件是否适宜打球的决策树。

表 9-9 打球与气候情况的历史数据样本集 S

样本 id	天气	温度	湿度	风力	类别	样本 id	天气	温度	湿度	风力	类别
X_1	晴	高	95	无	否	X_8	晴	中	85	无	否
X_2	晴	高	90	无	否	X_9	晴	低	70	无	是
X_3	云	高	85	无	是	X_{10}	雨	中	75	无	是
X_4	雨	中	80	无	是	X_{11}	晴	中	70	有	是
X_5	雨	低	75	无	是	X_{12}	云	中	80	有	是
X_6	雨	低	70	有	否	X_{13}	云	高	75	无	是
X_7	云	低	65	有	是	X_{14}	雨	中	78	有	否

解:根据 C4.5 算法的要求,必须先对连续属性进行离散化才能构造决策树。

第一步:对属性 A_3="湿度"进行离散化。

将表 9-9 中"湿度"的取值排序为 65,70,75,78,80,85,90,95,则其分割点分别为 67.5,72.5,76.5,79,82.5,87.5,92.5。

若用 C_1 表示分类标号为"是"的样本,C_2 表示为"否"的样本,则
$$C_1=\{X_3,X_4,X_5,X_7,X_9,X_{10},X_{11},X_{12},X_{13}\},C_2=\{X_1,X_2,X_6,X_8,X_{14}\}$$
因此 C 的分类信息熵 $E(S,C)=(9/14)\log_2(9/14)+(5/14)\log_2(5/14)=0.94$。

(1) 计算湿度值的每个分割点对应的信息增益。

① 分割点 67.5 将属性 A_3="湿度"变成取值 $A_3\leqslant67.5$ 和 $A_3>67.5$ 的二元属性,下面先计算它对 C 的信息熵。

分割点 67.5 将 S 划分"$A_3\leqslant67.5$"和"$A_3>67.5$"两个集合 $S_1=\{X_7\}$ 和 $S_2=S-S_1$。

可得 C 分类 S_1 的信息熵 $E(S_1,C)=(1/1)\log_2(1/1)+(0/1)\log_2(0/1)=0$。

C 分类 S_2 的信息熵 $E(S_2,C)=(8/13)\log_2(8/13)+(5/13)\log_2(5/13)=0.961$。

所以属性 A_3 相对 C 的分类信息熵 $E(S,A_3|C)=(1/14)E(S_1,C)+(13/14)E(S_2,C)=0.892$。

故可得属性 A_3 关于分割点 67.5 的信息增益
$$\text{gain}(S,A_3)=E(S,C)-E(S,A_3|C)=0.94-0.892=0.048$$

② 类似计算可得属性 A_3

关于分割点 72.5 的信息增益 $\text{gain}(S,A_3)=E(S,C)-E(S,A_3|C)=0.014$

关于分割点 76.5 的信息增益 $\text{gain}(S,A_3)=0.151$

关于分割点 79.0 的信息增益 $\text{gain}(S,A_3)=0.048$

关于分割点 82.5 的信息增益 $\text{gain}(S,A_3)=0.192$

关于分割点 87.5 的信息增益 $\text{gain}(S,A_3)=0.245$

关于分割点 92.5 的信息增益 $\text{gain}(S,A_3)=0.114$

由以上计算可知,分割点 87.5 的信息增益 0.245 最高,因此将属性 A_3="湿度"转化为

"$A_3 \leqslant 87.5$"和"$A_3 > 87.5$"二元属性。

为计算方便,湿度 87.5 及其以下的对象标记为"小",其他的标记为"大",则可将表 9-9 转化为表 9-10。至此,S 的所有属性都是离散属性。

表 9-10　湿度值离散化的打球与气候历史数据样本集 S

样本 id	天气	温度	湿度	风力	类别	样本 id	天气	温度	湿度	风力	类别
X_1	晴	高	大	无	否	X_8	晴	中	小	无	否
X_2	晴	高	大	无	否	X_9	晴	低	小	无	是
X_3	云	高	小	无	是	X_{10}	雨	中	小	无	是
X_4	雨	中	小	无	是	X_{11}	晴	中	小	有	是
X_5	雨	低	小	无	是	X_{12}	云	中	小	有	是
X_6	雨	低	小	有	否	X_{13}	云	高	小	无	是
X_7	云	低	小	有	是	X_{14}	雨	中	小	有	否

第二步:构造决策树。

由于 C4.5 构造决策树的步骤与 ID3 完全一样,其差别仅在于 C4.5 按信息增益率最大选择分裂属性。注意到表 9-10 与表 9-5 的训练样本数、属性类型和数目完全相同,唯一差别在于"湿度"属性的取值不相同。因此,下面的部分计算结果直接取自例 9-2 而不重复计算。

(1) 选择 S 增益率最大的属性构造决策树的根结点。

① 计算类别属性 C 的分类信息熵

由例 9-2 计算结果可知 $E(S,C) = 0.94$。

② 计算每个条件属性 A_j 相对 C 的信息熵

(a) 条件属性 A_1 为"天气"相对 C 的分类信息熵为 $E(S,A_1 \mid C) = E(S,天气 \mid C) = 0.694$。

(b) 条件属性 A_2 为"温度"相对 C 的分类信息熵为 $E(S,A_2 \mid C) = E(S,温度 \mid C) = 0.911$。

(c) 条件属性 A_3 为"湿度",按取值"大","小"将 S 划分为

$S_1 = \{X_1, X_2\}, S_2 = \{X_3, X_4, X_5, X_6, X_7, X_8, X_9, X_{10}, X_{11}, X_{12}, X_{13}, X_{14}\}$。

因此可得 $E(S_1,C) = 0$;$E(S_2,C) = 0.811$;$E(S,A_3 \mid C) = 0.695$。

(d) 条件属性 A_4 为"风力"相对 C 的分类信息熵为 $E(S,A_4 \mid C) = E(S,风力 \mid C) = 0.937$。

③ 计算每个条件属性 A_j 的分类信息熵

(a) 按 A_1 为"天气"的取值"晴","云","雨",将 S 划分得

$S_1 = \{X_1, X_2, X_8, X_9, X_{11}\}, S_2 = \{X_3, X_7, X_{12}, X_{13}\}, S_3 = \{X_4, X_5, X_6, X_{10}, X_{14}\}$。

因此,计算可得 $E(S,A_1) = E(S,天气) = 1.577$。

(b) 对 A_2 为"温度",有 $E(S,A_2) = E(S,温度) = 1.566$

(c) 对 A_3 为"湿度"有 $E(S,A_3) = E(S,湿度) = 0.591$

(d) 对 A_4 为"风力"有 $E(S,A_4) = E(S,风力) = 0.940$

④ 计算每个条件属性的信息增益率

根据公式(9-7)可计算每个属性的信息增益

(a) 对 A_1 为"天气",$\text{gain}(S,\text{天气}|C)=E(S,C)-E(S,\text{天气}|C)=0.246$

(b) 对 A_2 为"温度",$\text{gain}(S,\text{温度}|C)=0.029$

(c) 对 A_3 为"湿度",$\text{gain}(S,\text{湿度}|C)=0.245$

(d) 对 A_4 为"风力",$\text{gain}(S,\text{风力}|C)=0.003$

再根据公式(9-8)可计算每个属性的信息增益率

(a) 对 A_1 为"天气",$\text{gainRatio}(S,\text{天气}|C)=\text{gain}(S,\text{天气}|C)/E(S,\text{天气})=0.246/1.577=0.156$

(b) 对 A_2 为"温度",$\text{gainRatio}(S,\text{温度}|C)=\text{gain}(S,\text{温度}|C)/E(S,\text{温度})=0.019$

(c) 对 A_3 为"湿度",$\text{gainRatio}(S,\text{湿度}|C)=\text{gain}(S,\text{湿度}|C)/E(S,\text{湿度})=0.415$

(d) 对 A_4 为"风力",$\text{gainRatio}(S,\text{风力}|C)=\text{gain}(S,\text{风力}|C)/E(S,\text{风力})=0.003$

因此,以"湿度"作为根结点,并以"湿度"划分 S 所得子集 S_1 和 S_2 分别由表 9-11 和表 9-12 给出。

表 9-11　湿度="大"的子集 S_1

样本 id	天气	温度	风力	类别
X_1	晴	高	无	否
X_2	晴	高	无	否

表 9-12　湿度="小"的子集 S_2

样本 id	天气	温度	风力	类别	样本 id	天气	温度	风力	类别
X_3	云	高	无	是	X_9	晴	低	无	是
X_4	雨	中	无	是	X_{10}	雨	中	无	是
X_5	雨	低	无	是	X_{11}	晴	中	有	是
X_6	雨	低	有	否	X_{12}	云	中	有	是
X_7	云	低	有	是	X_{13}	云	高	无	是
X_8	晴	中	无	否	X_{14}	雨	中	有	否

因此,为根结点"湿度"创建 S_1 和 S_2 两个子女结点(见图 9-6),由于 S_1 中样本点的类别已经全部为"否",因此将类别全"否"的 S_1 作为叶结点而无需进一步分裂,下面只需对 S_2 继续划分即可。

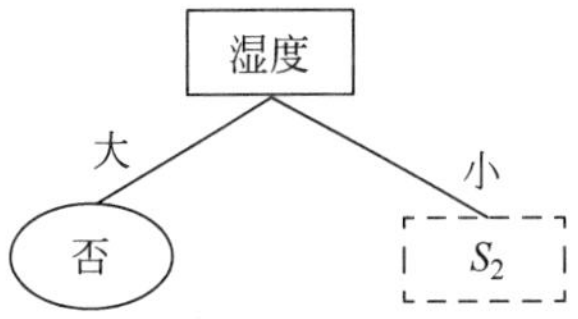

(2) 令 $S=S_2$,即把 S_2 看作根结点,重复第一步的计算过程。

图 9-6　以"湿度"作为根结点并划分 S 的结果

① 计算类别属性 C 的分类信息熵 $E(S,C)=0.8113$

② 计算每个属性 A_j 相对 C 的分类信息熵

(a) 条件属性 A_1 为"天气"相对 C 的分类信息熵为 $E(S,A_1|C)=E(S,\text{天气}|C)=0.634$

(b) 条件属性 A_2 为"温度"相对 C 的分类信息熵为 $E(S,A|C)=E(S,\text{温度}|C)=0.729$

(c) 条件属性 A_4 为"风力"相对 C 的分类信息熵为 $E(S,A_4|C)=E(S,\text{风力}|C)=$

0.784

③ 计算每个条件属性的分类信息熵

$E(S,A_1)=E(S,天气)=1.555, E(S,A_2)=E(S,温度)=1.459, E(S,A_4)=E(S,风力)=0.980$

④ 计算每个条件属性的信息增益率

gainRatio$(S,天气|C)=$gain$(S,天气|C)/E(S,天气)=(0.8113-0.634)/1.555=0.114$

gainRatio$(S,温度|C)=$gain$(S,温度|C)/E(S,温度)=0.056$

gainRatio$(S,风力|C)=$gain$(S,风力|C)/E(S,风力)=0.028$

由于"天气"属性的信息增益率最高,故将图 9-6 的虚结点"S_2"改为"天气"实结点,并根据属性"天气"取值将 S 进行分割为 S_1(见表 9-13),S_2(见表 9-14)和 S_3(见表 9-15),并得到图 9-7。

表 9-13　天气＝"晴"的子集 S_1

样本 id	温度	风力	类别
X_8	中	无	否
X_9	低	无	是
X_{11}	中	有	是

表 9-14　天气＝"云"的子集 S_2

样本 id	温度	风力	类别
X_3	高	无	是
X_7	低	有	是
X_{12}	中	有	是
X_{13}	高	无	是

表 9-15　天气＝"雨"的子集 S_3

样本 id	温度	风力	类别
X_4	中	无	是
X_5	低	无	是
X_6	低	有	否
X_{10}	中	无	是
X_{14}	中	有	否

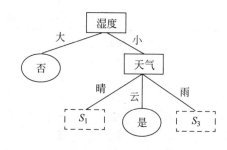

图 9-7　以"湿度"作为根结点并划分 S 的结果

因为 S_2 的类别标记都为"是"故可作为叶子结点,而 S_1 和 S_3 需要进一步分割。

(3) 对图 9-7 的 S_1 进行分割,即令 $S=S_1$,并计算可得每个条件属性的信息增益率

$$\text{gainRatio}(S,温度\,|\,C)=0.273$$
$$\text{gainRatio}(S,风力\,|\,C)=0.273$$

由于"温度"和"风力"属性的信息增益率一样,我们选择"温度"作为分割的属性,因此图 9-7 中的虚结点 S_1 改为"温度结点",再根据"温度"属性的"中"和"低"将 S 划分为 $S_1=\{X_8,X_{11}\}$,$S_2=\{X_9\}$,因 S_2 有唯一样本,故为"温度"结点的叶子结点。而 S_1 唯一属性"风力"为温度的子结点,其两个样本被风力＝"无"和风力＝"有"分割为两个叶子结点(见图 9-8)。

(4) 对图 9-8 的 S_3 进行分割,计算可知"风力"属性的信息增益率最高,将其作为分割的属性,并将图 9-8 中虚结点 S_3 改为"风力"结点,并根据其"有"和"无"的取值,将 S 划分为 $S_1=\{X_6,X_{14}\}$,$S_2=\{X_4,X_5,X_{10}\}$,其中 S_1 中所有对象类别标号为"否",S_2 中的所有对象类别标号为"是",因此它们都是叶子结点。

至此我们得到完整的决策树(见图 9-9),并可从图 9-9 可以生成 7 条分类规则。

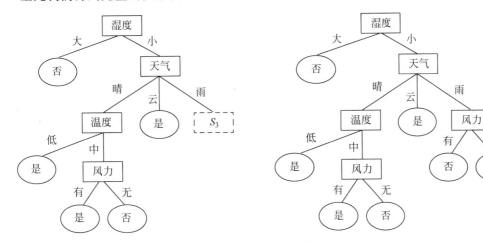

图 9-8 以"温度"作为内部点并划分 S_1 的结果　　图 9-9 关于表 9-8 数据样本集 S 的决策树

(a) 如果湿度="大",则适宜打球="否"。

(b) 如果湿度="小"∧天气="晴"∧温度="低",则适宜打球="是"。

(c) 如果湿度="小"∧天气="晴"∧温度="中"∧风力="有",则适宜打球="是"。

(d) 如果湿度="小"∧天气="晴"∧温度="中"∧风力="无",则适宜打球="否"。

(e) 如果天气="云",则适宜打球="是"。

(f) 如果湿度="小"∧天气="雨"∧风力="有",则适宜打球="否"。

(g) 如果湿度="小"∧天气="雨"∧风力="无",则适宜打球="是"。

下面将例 9-2 与例 9-3 进行一个全面地比较和分析。

(1) 从表 9-5 和表 9-9 可以看出,例 9-2 和例 9-3 不仅样本个数相同,而且天气、温度、风力 3 个条件属性和类别属性及其取值都完全相同,唯一差别是后者的湿度为连续型属性。

(2) 例 9-3 的表 9-9 中湿度属性按照信息增益最大分割点离散化后得到了表 9-10,但每个数据对象的湿度属性取值与例 9-2 中表 9-5 的湿度属性取值并不相同。

(3) 显然,例 9-2 的决策树(见图 9-3)比例 9-3 的决策树(见图 9-9)更优,前者的树高比后者低两层,而且前者生成的分类规则,不仅条数少(5 条),且涉的条件属性也是少而精,即每条规则至多检查 2 个条件属性,而后者的 7 条分类规则中,有 5 条规则都至少需要检查 3 个甚至 4 个条件属性。

(4) 在例 9-3 生成的分类规则中,第(c)条与第(d)条似乎有"矛盾"之处,因为风力="有"既适宜打球又不适宜打球。

(5) 例 9-3 的表 9-9 中湿度属性按照信息增益最大分割点离散化的结果,与现实生活经验不符。因为它将湿度值为 87.5 都认为空气湿度"小",而人体舒适的湿度是 40~60,如果空气中湿度值超过 75,一般就认为湿度比较大了。

(6) 正是例 9-3 中湿度属性离散化不尽合理,导致离散化结果与例 9-2 中湿度属性取值差别很大。其实,我们只要按照生活常识,将湿度值 75 及其以下认定为湿度小,其他认定为湿度大,则例 9-3 的表 9-9 就和例 9-2 的表 9-5 完全一样了。ID3 和 C4.5 都会得到图 9-3 相同的决策树。

（7）通过例 9-2 和例 9-3 比较分析说明，连续属性的离散化方法是否合理，直接影响 C4.5 生成的决策树质量以及所生成的分类规则质量。因此，连续属性的离散化方法也是值得深入研究的问题。

9.4　贝叶斯分类方法

贝叶斯（Bayes）分类方法是一系列分类算法的总称，它们均以贝叶斯定理为基础。贝叶斯定理是以研究者 Thomas Bayes 的姓氏命名的，他是一位英国牧师，也是 18 世纪概率论和决策论的早期研究者之一。

贝叶斯分类方法以概率统计进行学习分类，可预测一个数据对象属于某个类别的概率，以下几种分类器都是以贝叶斯定理为基础的分类模型。

1. 朴素贝叶斯（Naive Bayes，NB）分类器

NB 分类器是贝叶斯分类器中最简单有效的，并且在实际中使用最多也是较为成功的一种分类器。其性能可以与神经网络、决策树分类器相比，在某些场合甚至优于其他分类器。NB 分类器假定训练集的每个属性都是有用的，且对于指定的类别标识，样本集各个条件属性之间是相互独立，即属性之间不存在任何依赖联系，这就是朴素贝叶斯分类器的属性独立性假设。

2. 树扩展的朴素贝叶斯（Tree-Augmented Naive Bayes，TANB）分类器

由于条件属性独立性假设在实际情况中经常是不成立的，TANB 分类器就是在朴素贝叶斯分类器的基础上，在一定程度上消除朴素贝叶斯分类器的条件属性独立性假设，即允许条件属性之间存在函数依赖，并将存在这种依赖的属性之间添加连接弧（也称扩展弧），构成树扩展的贝叶斯网络，从而形成树扩展的朴素贝叶斯分类器。

3. 贝氏增强网络朴素贝叶斯（Bayesian network-Augmented Naive Bayes，BAN）分类器

BAN 分类器是一种增强的朴素贝叶斯分类器，它改进了朴素贝叶斯分类器的条件属性独立假设，并取消了 TANB 分类器中属性之间必须满足树状结构的要求，它假定属性之间存在贝叶斯网络联系而不是树状联系，从而能够表达属性之间的各种依赖联系。

4. 贝叶斯多网（Bayesian Multi-Net，BMN）分类器

BMN 分类器是 TANB 或 BAN 分类器的一个扩展。TANB 或 BAN 分类器认为不同类别，条件属性之间的依赖联系是不变的，即对于不同的类别都具有相同的网络结构。而 BMN 分类器则认为对于类别属性的不同取值，条件属性之间的联系可以是不一样的。

5. 一般贝叶斯网络（General Bayesian Network，GBN）分类器

如果直接抛弃条件属性独立性假设，就可以得到一般贝叶斯网络分类器。GBN 分类器就是一种无约束的贝叶斯网络分类器，它把类别属性结点作为一个普通结点，而不像前面 4 种分类器那样，把类别属性作为一个特殊结点，即类别属性结点在网络结构中是其他条件属

性的父结点。

鉴于朴素贝叶斯分类器在其他贝叶斯分类模型中的基础作用,以及它在实际应用中的普遍性,下面详细介绍朴素贝叶斯分类器。

9.4.1 贝叶斯定理

给定一个类标号未知的样本点 X,用 H 表示"样本 X 属于类别 C"的假设,则分类问题就是计算概率 $p(H|X)$ 值的问题,即计算对于给定的样本 X,假设 H 成立的概率。

为了介绍贝叶斯定理,我们首先介绍两个相关的概念和几个符号。

1. 先验概率

先验概率(prior probability),指人们可以根据历史数据统计或历史经验分析得到的概率,其值一般通过对历史数据的分析和计算得到,或由专家根据专业知识人为的指定。

本章用 $p(H)$ 表示假设 H 的先验概率,用 $p(X)$ 表示没有类别标号的样本点 X 的先验概率。

2. 后验概率

后验概率(posterior probability),也称条件概率。

若把 X 和 H 当作两个随机变量,则它们的联合概率 $p(X=x, H=h)$ 是指 X 取值 x 且 H 取值 h 的概率。条件概率是指一个随机变量在另一个随机变量取值已知的情况下取某一个特定值的概率。例如,$p(H=h|X=x)$ 是指在已知变量 X 取 x 值的情况下,变量 H 取 h 值的概率,一般简记作 $p(H|X)$,称为在已知 X 取某个值的条件下,H 成立的后验概率。而 $p(X=x|H=h)$ 是指在已知变量 H 取 h 值的情况下,变量 X 取 x 值的概率,一般地记作 $p(X|H)$,称为假设 H 成立的条件下,样本 X 取某个值的后验概率。

例 9-4 假设某证券营业部存有 100 个顾客的样本集 S(表 9-16),条件属性为性别和年龄段,类别属性为"是否买了基金"。

表 9-16 证券部 100 位顾客样本集 S

顾客 id	性别	年龄段	是否买了基金
X_1	男	30~39	是
X_2	女	40~49	是
...	...	...	...
X_{100}	男	30~39	否

如果用随机变量 H 表示顾客购买了基金,即 H 表示"是否买了基金='是'"这么一个假设,用 X 表示一个新的顾客(样本点),其性别="男"且年龄段="30~39",其类别标号未知,即不知道它是否会买基金。因此,我们可以通过 S,估计 H 和 X 的先验概率。

(1) 若 $p(H)$ 表示顾客买了基金的先验概率,则可用样本集 S 中类别属性"是否买了基金='是'"的顾客数 λ 再除以顾客总数 $|S|$ 作为其估计值,即 $p(H)=\lambda \div |S|$。为了后续例子使用,假设 $p(H)=0.60$。

(2) 由于 X 是一个没有类别标号的新样本,因此 $p(X)$ 其实是无法计算的,但可以用

S 中性别＝'男'且年龄段＝'30～39'的顾客数 τ 与 $|S|$ 的比值作为其估计值，即 $p(X)=\tau \div |S|$。为方便后续例子使用，假设 $p(X)=0.30$。

（3）$p(X|H)$ 表示在已经购买了基金的顾客中，其性别＝'男'且年龄段＝'30～39'的条件概率。类似地，只要先统计 S 中买了基金的顾客数 α，然后统计买了基金的顾客中性别＝'男'且年龄段＝'30～39'的顾客数 β，则 $p(X|H)=\beta \div \alpha$，这里假设 $p(X|H)=0.20$。

（4）$p(H|X)$ 表示在已知新顾客性别＝'男'和年龄段＝'30～39'条件下，该顾客可能购买基金的概率。这个概率是预测一个新顾客将来可能购买基金的概率。贝叶斯定理就是在已知先验概率 $p(H)$，$p(X)$ 和后验概率 $p(X|H)$ 的情况下，计算后验概率 $p(H|X)$ 的方法。

定理 9-1　（贝叶斯定理），假设 X 和 H 是两个随机变量，则

$$p(H \mid X) = \frac{p(X \mid H)p(H)}{p(X)} \tag{9-9}$$

证明：由于 X 和 H 的联合概率和条件概率满足如下关系

$$p(X,H) = p(H \mid X) \times p(X) = p(X \mid H) \times p(H)$$

即

$$p(H \mid X) \times p(X) = p(X \mid H) \times p(H) \tag{9-10}$$

将公式（9-10）左端 $p(X)$ 移到右端即可。

如果设 X 是类标号未知的数据样本，H 为关于类别属性 C 的某种假定，则 $p(H|X)$ 就是 H 在 X 已知的条件概率。

从公式（9-9）可以看出，$p(H|X)$ 随着 $p(H)$ 和 $p(X|H)$ 的增长而增长，同时 $p(H|X)$ 也随着 $p(X)$ 的增加而减小。

例 9-5　在已知例 9-4 的基础上，假设证券营业部刚新增一位顾客 X，其登记信息如表 9-17 所示。

表 9-17　证券部新登记的顾客 X

顾客 id	性别	年龄段	是否买了基金
X	男	30～39	?

试计算 X 最近可能购买基金的概率，即计算 $p(H|X)$。

解：根据例 9-4 假设，$p(H)$ 表示"S 中顾客买了基金的概率"且 $p(H)=0.60$；因为顾客 X 的性别＝"男"，且年龄段＝"30～39"，所以，根据例 9-4 有 $p(X)=0.30$；而 $p(X|H)=0.20$，即在购买了基金的顾客中，有 20% 是男性且年龄段为 30～39。故根据贝叶斯定理的公式（9-9）可知

$$p(H \mid X) = \frac{p(X \mid H)p(H)}{p(X)} = \frac{0.20 \times 0.60}{0.30} = 0.40$$

即新顾客最近可能购买基金的概率为 0.40。

9.4.2　朴素贝叶斯分类器

贝叶斯分类器的原理是根据训练样本集 S 估算样本 X（未知类别标号）的先验概率，再利用贝叶斯公式计算其后验概率，即该样本 X 属于某个类别的概率，其方法是选择具有最

大后验概率的类别作为样本 X 所属的类别。因此,贝叶斯分类器是最小错误率意义上的分类方法。

1. 训练集的要求

(1) 训练集 $S = \{X_1, X_2, \cdots, X_n\}$ 由表 9-1 给出,且每个数据样本 $X_i = \{x_{i1}, x_{i2}, \cdots, x_{id}\}$ 为一个 d 维向量,$A_1, A_2, \cdots, A_d$ 为样本集的 d 个条件属性。

(2) 训练集 S 的类别属性 $C = \{C_1, C_2, \cdots, C_k\}$,其中 C_q 为类别属性的属性值或类别标号,它也表示训练集 S 中属于该类别的样本集合。

2. 贝叶斯分类器

对于一个给定且没有类别标号的数据样本 X,称公式(9-11)和公式(9-12)为朴素贝叶斯分类器,且它们将类别标号 C_i 赋予 X,其中 C_i 满足

$$p(C_i \mid X) = \max\{p(C_1 \mid X), p(C_2 \mid X), \cdots, p(C_k \mid X)\} \tag{9-11}$$

这个最大 $p(C_i|X)$ 对应的类 C_i,称为最大后验假定,而 $p(C_j|X)(j=1,2,\cdots,k)$ 是在已知 X 的条件下,X 属于类 C_j 的条件概率。根据贝叶斯定理 9-1 的公式(9-9)有

$$p(C_j \mid X) = \frac{p(X \mid C_j)p(C_j)}{p(X)} \quad (j = 1, 2, \cdots, k) \tag{9-12}$$

3. 进一步说明

(1) 从公式(9-12)可知,$p(X)$ 对于所有的类 $C_j(j=1,2,\cdots,k)$ 均为同一个值,因此,C_i 满足公式(9-11)的条件可以变成 C_i 满足公式(9-13)。

$$p(X \mid C_i)p(C_i) = \max\{p(X \mid C_1)p(C_1), p(X \mid C_2)P(C_2), \cdots, p(X \mid C_k)p(C_k)\} \tag{9-13}$$

即只需取 $p(X|C_j)p(C_j)(j=1,2,\cdots,k)$ 中最大值对应的 C_i 即可。

(2) 如果类 $C_j(j=1,2,\cdots,k)$ 的先验概率未知,则通常假定这些类是等概率的,即令 $p(C_1) = p(C_2) = \cdots = p(C_k) = 1/k$,则(9-13)转换为对 $p(X|C_j)$ 的最大化。

(3) 如果类 $C_j(j=1,2,\cdots,k)$ 的先验概率未知,又不是等概率的,那么类 C_j 的先验概率可以通过训练集 S 来估算,即

$$p(C_j) = \frac{|C_j|}{|S|} \tag{9-14}$$

其中是 $|C_j|$ 类 C_j 中的训练样本点个数,而 $|S|$ 是训练样本总数。在实际应用中大多采用这个方法对 $p(C_j)$ 进行估值。

(4) 如果样本集具有许多属性,则计算 $p(X|C_j)$ 的开销可能非常大。为降低计算 $p(X|C_j)$ 的开销,可以假设,对于任意给定类别标号,条件属性之间是相互独立的,即在属性间不存在任何依赖联系的情况下,

$$p(X \mid C_j) = p(x_1, x_2, \cdots, x_d \mid C_j) = \prod_{k=1}^{d} p(x_k \mid C_j) \tag{9-15}$$

其中概率 $p(X_1|C_j), p(X_2|C_j), \cdots, p(X_d|C_j)$ 可以由训练集 S 按以下方式进行估值。

① 如果 A 是离散属性,令 S_{jq} 是 S 中属性 A 上取值为 z_q 且属于类 C_j 训练样本集,则

$$P(x_k \mid C_j) = \frac{|S_{jk}|}{|C_j|} \tag{9-16}$$

② 如果 A 是连续型属性,则通常假定该属性服从高斯分布,即

$$p(x_k \mid C_j) = g(x_k, \mu_{C_j}, \sigma_{C_j}) = \frac{1}{\sqrt{2\pi}\sigma_{C_j}} \mathrm{e}^{\frac{(x_k - \mu_{C_j})^2}{2\sigma_{C_j}^2}} \tag{9-17}$$

其中 $g(x_k, \mu_{C_j}, \sigma_{C_j})$ 是高斯分布函数,而 μ_{C_j}, σ_{C_j} 分别为平均值和标准差。

从以上分析可知,要利用贝叶斯分类器对一个没有类别标号的样本 X 进行分类,首先要对每个类 C_j 计算 $p(X|C_j)$,则将样本 X 指派为类 C_i 当且仅当 $p(X|C_i)p(C_i) \geqslant p(X|C_j)p(C_j)$,其中 $1 \leqslant j \leqslant k$ 且 $j \neq i$,即 X 被指派到 $p(X|C_i)p(C_i)$ 值最大的类 C_i。

例 9-6　设某网球俱乐部有表 9-18 给出的打球与气候情况的历史数据样本集 S。俱乐部计划后天安排一次网球比赛活动,而后天的天气预报情况如下

$$X = (天气 = "晴", 温度 = "高", 湿度 = "小", 风力 = "无")$$

请根据历史数据样本集 S,利用朴素贝叶斯分类器,判断后天是否适宜进行网球比赛。

解：由于 S 的类别属性 C 取值为"是"和"否",因此,C 将 S 分为两个类别集合

$C_1 = C_是 = \{X_3, X_4, X_5, X_7, X_9, X_{10}, X_{11}, X_{12}, X_{13}\}$,$C_2 = C_否 = \{X_1, X_2, X_6, X_8, X_{14}\}$

根据公式(9-13),我们只需计算 $p(X|C_1)p(C_1)$ 和 $p(X|C_2)p(C_2)$。

表 9-18　打球与气候情况的历史数据样本集 S

样本 id	天气	温度	湿度	风力	类别	样本 id	天气	温度	湿度	风力	类别
X_1	晴	高	大	无	否	X_8	晴	中	大	无	否
X_2	晴	高	大	无	否	X_9	晴	低	小	无	是
X_3	云	高	大	无	是	X_{10}	雨	中	小	无	是
X_4	雨	中	大	无	是	X_{11}	晴	中	小	有	是
X_5	雨	低	小	无	是	X_{12}	云	中	大	有	是
X_6	雨	低	小	有	否	X_{13}	云	高	小	无	是
X_7	云	低	小	有	是	X_{14}	雨	中	大	有	否

(1) 计算 $p(C_1)$ 和 $p(C_2)$。

根据先验概率公式(9-14),有

$$p(C_1) = \frac{|C_1|}{|S|} = \frac{9}{14}, \quad p(C_2) = \frac{|C_2|}{|S|} = \frac{5}{14}$$

(2) 计算 $p(X|C_1)$。

因为已知 $X = (x_1, x_2, x_3, x_4) = (天气 = "晴", 温度 = "高", 湿度 = "小", 风力 = "无")$,所以根据公式(9-15),有 $p(X|C_1) = \prod_{k=1}^{4} p(x_k \mid C_1)$,其中

$p(x_1 | C_1) = \frac{|S_{11}|}{|C_1|} = \frac{2}{9}$,这里 $S_{11} = \{X_9, X_{11}\}$ 是 S 中天气 = "晴"且属于 C_1 的样本数。

$p(x_2 | C_1) = \frac{|S_{12}|}{|C_1|} = \frac{2}{9}$,这里 $S_{12} = \{X_3, X_{13}\}$ 是 S 中温度 = "高"且属于 C_1 的样本数。

$p(x_3 | C_1) = \frac{|S_{13}|}{|C_1|} = \frac{6}{9}$,这里 $S_{13} = \{X_5, X_7, X_9, X_{10}, X_{11}, X_{13}\}$ 是 S 中湿度 = "小"且属于 C_1 的样本数。

$p(x_4 | C_1) = \frac{|S_{14}|}{|C_1|} = \frac{6}{9}$,这里 $S_{14} = \{X_3, X_4, X_5, X_9, X_{10}, X_{13}\}$ 是 S 中风力 = "无"且属于

C_1 的样本数。

因此，$p(X|C_1)=\dfrac{2}{9}\times\dfrac{2}{9}\times\dfrac{6}{9}\times\dfrac{6}{9}=0.022$。

（3）计算 $p(X|C_2)$。

同理，可分别计算得到

$p(x_1|C_2)=\dfrac{|S_{21}|}{|C_2|}=\dfrac{3}{5}$，这里 $S_{21}=\{X_1,X_2,X_8\}$ 是 S 中天气＝"晴"且属于 C_2 的样本数。

$p(x_2|C_2)=\dfrac{|S_{22}|}{|C_2|}=\dfrac{2}{5}$，这里 $S_{22}=\{X_1,X_2\}$ 是 S 中温度＝"高"且属于 C_2 的样本数。

$p(x_3|C_2)=\dfrac{|S_{23}|}{|C_2|}=\dfrac{1}{5}$，这里 $S_{23}=\{X_6\}$ 是 S 中湿度＝"小"且属于 C_2 的样本数。

$p(x_4|C_2)=\dfrac{|S_{24}|}{|C_2|}=\dfrac{3}{5}$，这里 $S_{24}=\{X_1,X_2,X_8\}$ 是 S 中风力＝"无"且属于 C_2 的样本数。

因此，$p(X|C_2)=\dfrac{3}{5}\times\dfrac{2}{5}\times\dfrac{1}{5}\times\dfrac{3}{5}=0.029$。

（4）求最大 $p(X|C_i)p(C_i)$。

因为

$$p(X\mid C_1)p(C_1)=0.022\times 9/14=0.014,$$
$$p(X\mid C_2)p(C_2)=0.029\times 5/14=0.010$$

所以，根据公式(9-13)有

$$\max\{p(X\mid C_1)p(C_1),p(X\mid C_2)p(C_2)\}=p(X\mid C_1)p(C_1)$$

即把类别标号 C_1＝"是"赋予 X，也就是后天的气象条件为 X 时，适宜进行网球比赛。

此例说明，贝叶斯分类器的确能将 X 指派到最大值 $p(X|C_1)p(C_1)$ 对应的类 C_1 之中。

从理论上讲，与其他各种分类方法相比，贝叶斯分类具有最小的出错率。然而，实践应用中的结果并非如此。这是因为贝叶斯分类方法的属性独立性假设在实际应用中大都得不到满足。但研究结果表明，贝叶斯分类器对于属性之间完全独立(Completely Independent)的数据集以及属性之间存在函数依赖(Functionally Dependent)的数据集都具有较好的分类效果。

9.4.3　朴素贝叶斯分类方法的改进

1. 条件概率的修正

在公式(9-14)和公式(9-15)的后验概率计算过程中，若有一个属性的条件概率等于 0，将导致整个类的后验概率等于 0。因此，简单地使用记录比例来估计类别条件概率的方法有时显得过于脆弱，尤其是在训练样本很少而属性数目很大的情况下更是如此。

例 9-7　设 C_1 表示"类别属性＝'是'"，并假设在某训练集 S 中，C_1 包含 1000 个样本，因此 $p(C_1)=1000/|S|$。

又设 S 的条件属性 A，代表温度，它有高、中、低三种取值，且在类 C_1 的 1000 个样本中，有 0 个样本的属性 A＝"低"，990 个样本的属性 A＝"中"，10 个样本的属性 A＝"高"，则

$$p(低\mid C_1)=0,\quad p(中\mid C_1)=0.99,\quad p(高\mid C_1)=0.010$$

即出现了条件概率值为 0 的情况,它导致后验概率

$$p(A \mid C_1) = p(低 \mid C_1) \times p(中 \mid C_1) \times p(高 \mid C_1) = 0$$

为避免出现条件属性后验概率等于 0 这类问题,一般采用拉普拉斯(Laplace)估计对属性的条件概率进行修正,因此拉普拉斯估计又称为拉普拉斯校准或拉普拉斯估计法,它是用法国数学家 Pierre Laplace 的姓氏命名的。

拉普拉斯估计法的思想比较简单,即在训练集中人为地增加一些训练样本来实现。

设属性 A 可以取 v 个不同值 $\{a_1, a_2, \cdots, a_v\}$,则属性 A 划分 C_j 所得子集为 $\{S_1, S_2, \cdots, S_v\}$,而类 C_j 中在属性 A 上取值为 a_q 的样本为 0 个,即 $p(a_q \mid C_j)=0$。为此,在 S_q 中增加 $r > 0$ 个在属性 A 上取值为 a_q 的样本。为了平衡,同时在其他的 $S_t (t=1, 2, \cdots, v, t \neq q)$ 中也增加 r 个样本,这相当于在类 C_j 中增加了 $r \times v$ 个样本,因此,其后验概率修正为

$$p(a_q \mid C_j) = \frac{\mid S_q \mid + r}{\mid C_j \mid + r \times v}, \quad (q = 1, 2, \cdots, v) \tag{9-18}$$

因此,即便是 $\mid S_q \mid = 0$,但因为 $r > 0$,其后验概率 $p(a_q \mid C_j)$ 也不会为 0。

例 9-8   请利用拉普拉斯估计法,将例 9-7 中值为 0 的后验概率进行校准。

解:由于在例 9-7 中假设 $\mid C_1 \mid = 1000$,属性 A 取低、中、高 3 个值,即 A 将 C_j 划分为 $\{S_1, S_2, S_3\}$,且 $\mid S_1 \mid = 0$,$\mid S_2 \mid = 990$,$\mid S_3 \mid = 10$。

因为后验概率 $p(低 \mid C_1) = 0$,则根据拉普拉斯估计法,需在 C_1 中增加 r 个属性 $A =$"低"的样本,同时分别增加 r 个属性 $A =$"高"和属性 $A =$"中"的样本。

为了计算方便,本例中取 $r = 1$,则根据公式(9-18)可得校准的后验概率为

$$p(低 \mid C_1) = \frac{\mid S_1 \mid + 1}{\mid C_1 \mid + 1 \times 3} = \frac{1}{1003} = 0.001$$

同理,可得 $p(中 \mid C_1) = 991/1003 = 0.988$,$p(高 \mid C_1) = 11/1003 = 0.011$。

从此例可以看出,经过拉普拉斯估计法校准的概率值,与原先的概率值非常接近,却避免了概率值为 0 的情形。

由此,可得属性 A 在已知 C_1 的条件概率为

$$p(A \mid C_1) = p(低 \mid C_1) \times p(中 \mid C_1) \times p(高 \mid C_1) = 0.001 \times 0.988 \times 0.011 = 0.000\,010\,8$$

即经拉普拉斯估计法校准的条件概率 $p(A \mid C_1)$ 也不为 0 了。

2. 概率乘积转换为对数求和

对于概率值 $p(X \mid C_j) = p(x_1, x_2, \cdots, x_d \mid C_j) = \prod\limits_{k=1}^{d} p(x_k \mid C_j)$,即使每个乘积因子都不为零,但当 d 较大时,$p(X \mid C_j)$ 也可能几乎为零(例 9-8 中仅有 3 个概率值的乘积就已经很小了),这在多个类别的条件概率进行比较时,将难以区分它们大小,即不利于选择最大 $p(X \mid C_j) p(C_j) (j = 1, 2, \cdots, k)$。

注意到

$$p(X \mid C_j) p(C_j) = p(C_j) \prod\limits_{k=1}^{d} p(x_k \mid C_j) \tag{9-19}$$

$$\log_2 p(X \mid C_j) p(C_j) = \log_2 \prod\limits_{k=1}^{d} p(x_k \mid C_j) p(C_j)$$

$$= \log_2 p(C_j) + \sum\limits_{k=1}^{d} \log_2 p(x_k \mid C_j) \tag{9-20}$$

两式取极大值是一一对应的。因此,可以将(9-19)的乘积计算问题转化为(9-20)的加法计算问题,这样就可以避免所谓的"溢出"现象。

9.5　其他分类方法

本章前面几节介绍的 k-最近邻分类法、决策树分类法和贝叶斯分类法等是在实际应用中最为常见的分类方法,也是许多其他算法的基础。本节简要介绍一些其他的分类方法,它们不仅在某些实际应用中有着明显的优点,而且为我们研究和发现分类质量更高的分类方法提供了新的思路。

1. 粗糙集方法

粗糙集(Rough Set,RS)理论是建立在分类机制的基础上的,它将分类理解为在特定空间上的等价关系,而等价关系构成了对该空间的划分。粗糙集能够在缺少关于数据先验知识的情况下,只以考察数据的分类能力为基础,解决模糊或不确定数据的分析和处理问题。粗糙集用于从数据库中发现分类规则的基本思想是将数据库中的属性分为条件属性和决策属性,对数据库中的元组根据各个属性不同的取值将其分为相应的子集,然后对条件属性划分的子集与决策属性划分的子集之间上下近似关系生成判定规则。参考文献[11]中有比较详细的叙述,可供有兴趣的读者参考。

2. 支持向量机方法

支持向量机(Support Vector Machine,SVM)一种对线性和非线性数据进行分类的方法。简要地说,SVM 是一种算法,它使用一种非线性映射,将向量映射到一个更高维的空间,在这个空间里建立一个最大间隔超平面。在分开数据的超平面的两边建有两个互相平行的超平面。平行超平面间的距离或差距越大,分类器的总误差越小。支持向量机分类器的特点是能够同时最小化经验误差和最大化几何边缘区,因此也被称为最大边缘区分类器。参考文献[4]和[5]等都对 SVM 有比较详细的叙述,有兴趣的读者可阅读参考。

3. 神经网络方法

神经网络,即人工神经网络(Artificial Neural Network,ANN)是模拟人脑思维方式的数学模型,是在现代生物学研究人脑组织成果的基础上提出的。神经网络是以大量简单神经元按一定规则连接构成的网络系统,从物理结构上模拟人类大脑的结构和功能,通过某种学习算法从训练样本中学习,并将获取的知识存储在网络各单元之间的连接权中。神经网络主要有前向神经网络、后向神经网络和自组织网络。前向神经网络是以感知机模型、反向传播模型、函数型网络为代表,可以用于预测和模式识别等。因此,在数据挖掘领域,主要采用前向神经网络来提取分类规则。

神经网络的分类知识体存储在网络连接的权值上,是一个分布式矩阵结构;神经网络的学习过程体现在神经网络权值的逐步计算和更新过程中,包括反复迭代或累加计算存储。

除此以外,还有基于模糊集,模糊神经网络和遗传算法的分类方法,这里不予赘述。读者可参考文献[24]和[25]等综述性论文。

习题 9

1. 给出下列英文短语或缩写的中文名称,并简述其含义。

(1) Data Classification

(2) Classifiter

(3) Classification Analysis

(4) k-Nearest Neighbour

(5) Decision Tree

(6) Entropy

(7) Information Entropy

(8) Information Gain

(9) Information Gain Ratio

(10) Prior Probability

(11) Posterior Probability

2. 什么是数据分类?

3. 什么是分类模型或分类器?

4. 简述分类分析步骤。

5. 设有 C_1、C_2、C_3 共 3 个类,它们的类中心分别为 $(2,2.5)$、$(6,2.5)$ 和 $(4,7.5)$,即它们分别作为 3 个类的代表。试将表 9-19 中 4 个数据点分配到恰当的类中。

表 9-19　数据集 S 有 4 个无类别标号的数据对象

样本 id	坐标 x_{i1}	坐标 x_{i2}	样本 id	坐标 x_{i1}	坐标 x_{i2}
X_6	1	2	X_9	8	4
X_7	5	2	X_{10}	7	2

6. 设网球俱乐部有打球与气候条件的历史统计数据如表 9-20 所示。它有"天气"、"温度"、"湿度"和"风力"4 个描述气候的条件属性,类别属性为"是"与"否"的二元取值,分别表示在当时的气候条件下是否适宜打球的两种类别。

表 9-20　打球与气候情况的历史数据样本集 S

样本 id	天气	温度	湿度	风力	类别	样本 id	天气	温度	湿度	风力	类别
X_1	晴	高	大	无	否	X_8	晴	中	大	无	否
X_2	晴	高	大	无	否	X_9	晴	低	小	无	是
X_3	云	高	大	无	是	X_{10}	雨	中	小	无	是
X_4	雨	中	大	无	是	X_{11}	晴	中	小	有	是
X_5	雨	低	小	无	是	X_{12}	云	中	大	有	是
X_6	雨	低	小	有	否	X_{13}	云	高	小	无	是
X_7	云	低	小	有	是	X_{14}	雨	中	大	有	否

对 S 中的任意两个数据对象 X,Y，定义其在 4 个条件属性上的相异度为

$$d(X,Y) = \sum_{j=1}^{r}\delta(x_j,y_j)$$

其中 x_j,y_j 是数据对象 X,Y 的第 j 个分量值；如果 $x_j=y_j$，$\delta(x_j,y_j)=0$，否则 $\delta(x_j,y_j)=1$。

根据天气预报得知，后天的气候情况 $X_H=$（雨、高、小、无），若令 $k=3$，请用 k-最近邻分类算法预测后天是否适合打球。

7. 设有动物分类样本集（见表 9-21），其中是否温血、有无羽毛、有无毛皮、会否游泳为条件属性，卵生为类别属性，取值 1 表示该动物为卵生动物，0 表示非卵生动物。试用 ID3 算法对样本集 S 进行学习并生成其决策树，再由决策树获得动物的分类规则。

表 9-21　数据集 S 有 8 个带类别标号的数据对象

动物 id	是否温血	有无羽毛	有无毛皮	会否游泳	是否卵生
X_1	1	1	0	0	1
X_2	0	0	0	1	1
X_3	1	1	0	0	1
X_4	1	1	0	0	1
X_5	1	0	0	1	0
X_6	1	0	1	0	0

8. 设网球俱乐部有打网球与气候条件的历史统计数据（见表 9-22）。它共有"天气"、"温度"、"湿度"和"风力"4 个描述气候的条件属性，其中"湿度"为连续属性，类别属性为"是"与"否"的二元取值，分别表示在当时的气候条件下是否适宜打球的两种类别。假设湿度离散化为高中低三个等级，湿度值<75 被认为湿度为低，湿度>85 被认为湿度为高，其他情况湿度为中。请用 C4.5 算法构造关于气候条件与是否适宜打球的决策树。

表 9-22　打球与气候情况的历史数据样本集 S

样本 id	天气	温度	湿度	风力	类别	样本 id	天气	温度	湿度	风力	类别
X_1	晴	高	95	无	否	X_8	晴	中	85	无	否
X_2	晴	高	90	无	否	X_9	晴	低	70	无	是
X_3	云	高	85	无	是	X_{10}	雨	中	75	无	是
X_4	雨	中	80	无	是	X_{11}	晴	中	70	有	是
X_5	雨	低	75	无	是	X_{12}	云	中	80	有	是
X_6	雨	低	70	有	否	X_{13}	云	高	75	无	是
X_7	云	低	65	有	是	X_{14}	雨	中	78	有	否

9. 设有 4 个属性 14 条记录的数据库（见表 9-23），它记录了顾客身份、年龄、收入和信用等级等个人信息，以及前来商店咨询电脑事宜，其中"电脑"属性标记了一个顾客咨询结束后买了电脑，或者没买就直接离开商店的信息。

表 9-23　记录了 14 位顾客购买电脑与否的数据库

样本 id	学生	年龄	收入	信用	电脑	样本 id	学生	年龄	收入	信用	电脑
X_1	否	≤30 岁	高	一般	否	X_8	否	≤30 岁	中	一般	否
X_2	否	≤30 岁	高	优等	否	X_9	是	≤30 岁	低	一般	是
X_3	否	31～40 岁	高	一般	是	X_{10}	是	≥41 岁	中	一般	是
X_4	否	≥41 岁	中	一般	是	X_{11}	是	≥41 岁	中	优等	是
X_5	是	≥41 岁	低	一般	是	X_{12}	否	31～40 岁	中	优等	是
X_6	是	≥41 岁	低	优等	否	X_{13}	是	31～40 岁	高	一般	是
X_7	是	31～40 岁	低	优等	是	X_{14}	否	≥41 岁	中	优等	否

现在来了一位新顾客 X＝(学生＝是,年龄≤30 岁,收入＝中等,信用＝一般),试用贝叶斯分类方法,预测顾客 X 是否会买电脑。

第 10 章

聚类分析方法

聚类分析(clustering analysis)是数据挖掘研究最为活跃、内容最为丰富的领域之一,其目的是通过对数据的深度分析,将一个数据集拆分成若干个子集(每个子集称为一个簇,cluster),使得同一个簇中数据对象(也称数据点)之间的距离很近或相似度较高,而不同簇中的对象之间距离很远或相似度较低。

本章主要介绍聚类分析相关的基本概念和经典聚类挖掘算法,首先介绍聚类分析的基础知识,如聚类的数学定义、簇的常见类型、簇内距离和簇间距离定义等;10.2 节介绍基于划分的聚类算法框架,以及基于距离的划分聚类算法,特别是 k-平均聚类算法和 k-中心点算法等;10.3 节介绍基于层次的划分聚类方法,包括层次聚类的两种策略,以及凝聚层次和分裂层次聚类方法;10.4 节专门介绍非划分聚类的有关概念,重点介绍基于密度的非划分聚类方法——DBSCAN 算法。10.5 节讨论聚类的质量评价问题,例如簇的数目估计、外部质量评价与内部质量评价等内容。由于离群点挖掘无论在理论上,还是在技术方法上,都与聚类分析有许多共同之处,因此,10.6 节介绍离群点挖掘的有关概念,基于距离和相对密度的离群点挖掘算法,最后简单地介绍对前几节算法的一些改进算法,以及一些基于新理论的聚类方法,为我们进一步研究、设计更多更好的聚类算法提供新的思路。

10.1 聚类分析原理

10.1.1 聚类分析概述

聚类分析就是根据某种相似性度量标准,将一个没有类别标号的数据集 S(见表 10-1)直接拆分成若干个子集 $C_i(i=1,2,\cdots,k;k{\leqslant}n)$,并使每个子集内部数据对象之间相似度很

表 10-1 没有类别标号的数据集 S

数据 id	A_1	A_2	$\cdots$	A_d	C
X_1	x_{11}	x_{12}	$\cdots$	x_{1d}	?
X_2	x_{21}	x_{22}	$\cdots$	x_{2d}	?
$\vdots$	$\vdots$	$\vdots$	$\vdots$	$\vdots$	?
X_i	x_{i1}	x_{i2}	$\cdots$	x_{id}	?
$\vdots$	$\vdots$	$\vdots$	$\vdots$	$\vdots$	?
X_n	x_{n1}	x_{n2}	$\cdots$	x_{nd}	?

高,而不同子集的对象之间不相似或相似度很低。每一个子集 C_i 称为一个簇,这些簇所构成的集合 $C = \{C_1, C_2, \cdots, C_k\}$ 称为 S 的一个聚类。

聚类分析与分类规则挖掘不同,前者是一种探索性的分析过程。聚类分析的数据集 S 中没有已知的先验知识(即对象的类别标号)来指导,它要求直接从 S 本身出发,依据某种相似度标准为 S 的每个对象给出类别标号。因此,聚类分析也称为无监督的分类(unsupervised classification)。对于同一个数据集,就算使用同一个聚类算法,如果选择了不同的“相似度”标准,也常常会得到不同的聚类结果。

聚类分析作为数据挖掘的一个热门研究领域,在帮助人们获取潜在的、有价值的信息并过滤掉无用的信息方面起到了至关重要的作用。

目前,数据聚类技术在许多领域都已得到实际应用。在生物学的研究中,科学家们可以通过聚类算法来分析大量的遗传信息,从而发现哪些基因组具有类似的功能,以此获得对种群的认识;在信息检索方面,聚类算法可以将搜索引擎返回的结果划分为若干个类,从每个类中获取查询的某个特定方面,从而产生一个类似树状的层次结构来帮助用户进一步探索查询结果;在医学领域的研究中,一种疾病通常会有多个变种,而聚类分析可以根据患者的症状描述来确定患者的疾病类型,以此提高诊断效率和治疗效果;在气象领域,聚类已经被用来发现对气候具有明显影响的海洋大气压力模式;在电子商务中,聚类分析可以对用户群体进行细分,并针对不同类型的用户进行不同的营销策略,以提升销售额。

10.1.2　聚类的数学定义

定义 10-1　设有数据集 $S = \{X_1, X_2, \cdots, X_n\}$,其中 X_i 为 d 维向量(见表 10-1),$s(X, Y)$ 为定义在 S 上的相似度函数。如果用函数 $s(X, Y)$ 将 S 拆分成 k 个子集 C_i,并记 $C = \{C_1, C_2, \cdots, C_k\}(k \leqslant n)$,使 C 满足以下条件:

(1) $C_i \neq \varnothing \quad (i = 1, 2, \cdots, k)$ (10-1)

(2) $C_1 \cup C_2 \cup \cdots \cup C_k = S$ (10-2)

(3) $C_i \cap C_j = \varnothing \quad (i, j = 1, 2, \cdots, k; i \neq j)$ (10-3)

(4) 对 $X, Y \in C_i$ 有 $s(X, Y) = 1$ 或接近于 1,对 $X \in C_i$ 和 $Y \in C_j (i \neq j)$ 有 $s(X, Y) = 0$ 或接近于 0;则称 C_i 为 S 由相似度 $s(X, Y)$ 生成的一个簇(cluster),简称簇 $C_i (i = 1, 2, \cdots, k)$;称 C 为 S 由相似度 $s(X, Y)$ 生成的一个划分聚类(partitional clustering),简称 C 为 S 的划分聚类。

由于 S 的划分聚类满足公式(10-2)和公式(10-3),即 S 的每个对象都分配到单个簇中,因此,也将 C 称为互斥(exclusive)的聚类。

(2)$^+$ 如果将定义 10-1 中的公式(10-2),即第(2)个条件改为

$$C_1 \cup C_2 \cup \cdots \cup C_k \subset S \tag{10-4}$$

而其他假设不变,则称 $C = \{C_1, C_2, \cdots, C_k\}$ 为 S 的部分聚类(partial clustering),这时,S 中的某些对象没有被分配到任何簇中。

(2)$^{++}$ 如果将定义 10-1 中的公式(10-2),即第(2)个条件改为

$$C_1 \cup C_2 \cup \cdots \cup C_k \subseteq S \tag{10-5}$$

且至少存在两个簇 $C_i \cap C_j \neq \varnothing$，而其他假设不变，则称 $C = \{C_1, C_2, \cdots, C_k\}$ 为 S 的非互斥聚类（non-exclusive clustering），也称为重叠聚类（overlapping clustering）。

对于定义 10-1 中的相似度函数 $s(X, Y)$，通常可选用第 7 章介绍的某种相似度，但一般都需要根据实际数据集 S 的属性类型来选择或确定，此外，也可选择第 7 章定义的距离或相异度 $d(X, Y)$ 来作为相异性的度量标准，这时只要将定义 10-1 中的第（4）条改为"对 $X, Y \in C_i$，$d(X, Y) = 0$ 或接近 0，对 $X \in C_i$ 和 $Y \in C_j (i \neq j)$，$d(X, Y)$ 很大"即可。当然，还可以定义其他广义的"相似度"，比如簇内点的密度，或者要求每个簇构成某种形状等。总之，聚类分析不仅与数据集 S 有关，而且与其所选择的相似性度量有关。

然而，在许多实际应用中，对于一个给定的数据集 S，如何选择恰当的相似性度量却没有普遍适用的标准，至今仍是一个困难而富有挑战性的问题。

例 10-1 假设数据集 S 有 20 个点，其在平面上的位置如图 10-1(a) 所示。我们可将数据集 S 分别交给甲、乙、丙 3 个同学，希望他们自己选择恰当的相似度对 S 进行聚类。假设甲同学选择的相似度将 S 划分成 2 个簇（见图 10-1(b)），且用相同形状的点表示它们属于同一个簇，而乙同学将 S 划分成 4 个簇（见图 10-1(c)），丙同学则将 S 划分成 6 个簇（见图 10-1(d)）。总体上说，甲同学的结果似乎更符合大多数人的直观感觉。然而，乙同学和丙同学的聚类结果也不能说没有道理，因为他俩可能选择了比甲同学更为细致的相异度标准，比如，在使用欧几里得距离函数时，乙、丙同学要求在同一个簇中的对象之间距离更近一些。

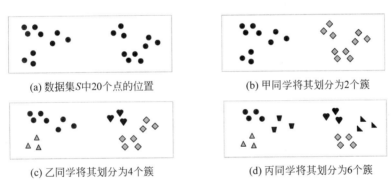

(a) 数据集 S 中 20 个点的位置　　　(b) 甲同学将其划分为 2 个簇

(c) 乙同学将其划分为 4 个簇　　　(d) 丙同学将其划分为 6 个簇

图 10-1　数据集 S 的 3 种聚类结果

此例说明，即使是同一个数据集，如果相似度选择不同，其聚类结果也会不同。看上去聚类分析似乎过于随性了，其结果又难于把握。但反过来看，这也正是聚类分析的魅力所在。因为人们完全可以根据实际问题的特点，并结合自身经验和愿望，选择或定义恰当的相似度并得到自己希望的聚类结果。

10.1.3　簇的常见类型

聚类分析旨在发现"有用"或"有意义"的簇，这里的有用性或有意义完全由数据挖掘目的来决定。虽然一个集合可能实际存在很多种类的簇，但数据挖掘的实践表明，无论多么奇怪的簇在实际应用中都可能是有用的。为了便于理解簇的常见类型以及这些类型之间的差别，又不失一般性，我们使用平面数据集来可视化地介绍它们，因为这里介绍的簇类型同样适用于更高维的数据集。

簇的类型一般可从簇的形状和簇间关系来划分。

1. 簇的形状

从簇的形状来看,主要分为类球状(凸形)的簇和非球状的簇两种类型。类球状的簇(见图 10-2),一般是聚类算法使用距离函数所产生的簇,而非球状的簇,通常由基于密度或基于原型的聚类算法获得的簇。图 10-3 就是一个包括 3 个非球状簇的聚类,它们分别是 S 状簇、哑铃状簇和反 C 状簇。

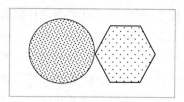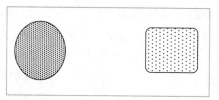

(a) 两个邻近的类球状簇　　　　　　　(b) 两个明显分离的类球状簇

图 10-2　两个类球状的簇

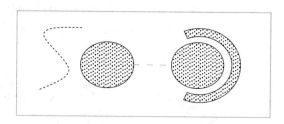

图 10-3　三个非球状的簇

2. 簇间关系

1) 明显分离的簇

簇是数据对象的集合,簇中的每个数据对象到同簇中其他对象的距离,比到不同簇中任意对象的距离更近。一般可以使用一个阈值来具体说明簇中所有对象相互之间接近的最低限度。当然,簇的这种理想定义仅当数据集包含相互远离的自然簇时才能得到满足。图 10-2(b)就是平面上两个明显分离的类球状簇的例子。显然,图 10-2(b)中不同簇中任意两点之间的距离都大于簇内任意两点之间的距离。当然,明显分离的簇不必是球形的,也可以具有其他任意形状的簇。

2) 基于原型的簇

所谓原型其实就是簇中最具代表性的点或质心。对于具有连续属性的数据,簇的原型通常就是质心,即簇中所有点的平均值。当数据包括分类属性时,簇的原型通常是中心点,即簇中最有代表性的点或者某种方式获得的虚拟点。基于原型的簇中每个对象到它原型的距离比到其他簇的原型的距离更近。对于许多数据类型,原型可以视为最靠近中心的点,因此,通常把基于原型的簇看作基于中心的簇(center-based cluster),图 10-2(b)也是一个基于中心的簇的例子。

3）基于连片的簇

基于连片的簇（contiguity-based cluster）中两个相邻对象的距离都在指定的阈值之内，即如果两个相邻对象的距离不超过指定的阈值就将其归为同一个簇。

图10-3就是具有3个基于临近的簇的例子。当簇的形状不规则或缠绕，且数据集没有噪声时，用这种方式来定义簇通常会收到很好的聚类效果。如果数据集中存在噪声，其聚类效果就不一定理想，比如图10-3中的哑铃状簇，就是由连片得到的线状簇（在图10-4的情况下是噪声点集）连接两个球状簇形成的一个簇。

4）基于密度的簇

基于密度的簇由对象间相对稠密的区域组成，且其周围是低密度的区域。一般通过指定簇中任何一个对象周围的最少点数（即密度）实现。图10-4就有3个基于密度的簇，它是在图10-3添加了一些低密度的对象创建的。由于增加了低密度噪声点的缘故，原先的S状、线状簇不能形成较稠密的簇而被当作噪声排斥在外。当簇的形状不规则或互相盘绕，并且有噪声和离群点时，使用基于密度的簇定义通常能得到较理想的聚类效果。

5）基于概念的簇

基于概念的簇，也就是具有某种“共同性质”的数据对象集合。从理论上讲，这个定义其实已经包括了前面定义的所有类型的簇，比如，基于中心的簇中的对象都具有共同的性质——它们都离相同的质心或中心点最近。然而，基于共同性质的簇定义还包含了更为广泛的簇类型。比如，三角状的簇、梯形状的簇、圆环状的簇等（见图10-5）。

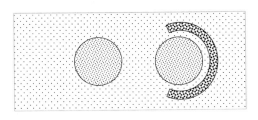

图 10-4　基于密度的 3 个簇

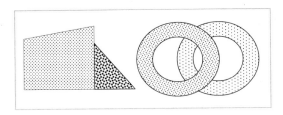

图 10-5　基于“圆环状”、“三角状”和“梯形”概念的簇

在这三种情况下，聚类算法都需要非常具体的簇概念，才能成功地检测出这些簇。值得特别注意的是，图10-5右边就是基于“圆环状”概念的簇，而这也是重叠聚类（overlapping clustering）的一个例子。

10.1.4　聚类框架及性能要求

根据聚类的数学定义10-1可知，聚类分析就是要对给定的数据集 S，选择恰当的相似性度量，有时还要指定簇的个数 k，经过一定的计算得到聚类 C。因此，我们可以给出一个聚类分析的算法框架（见图10-6）。

算法 10-1：聚类算法框架
输入：数据集 S、相似度 s，以及簇的个数 k
输出：聚类 $C=\{C_1,C_2,\cdots,C_k\}$
（1）任意产生 S 的一个聚类 C
（2）以 s 为相似性标准对 S 循环更新聚类 C 的簇 $C_1,C_2,\cdots,C_k$ 直到“满意”为止

图 10-6　聚类分析的算法框架

从这个聚类算法框架可以发现,聚类分析的输入是数据集 S,相似度 s 以及簇的个数 k,其聚类过程就是循环地对 S 中的对象计算相似度 s 并更新簇 $C_1,C_2,\cdots,C_k$,而算法停止的标准就是聚类 C 令人"满意",而"满意"标准一般是簇内对象之间的距离很近,簇与簇之间的距离很远。

算法 10-1 仅仅是一个聚类分析算法框架,还需要根据具体问题选择恰当的相似度,并设计或构造簇的更新方法。

随着大数据时代的到来,聚类分析的数据集 S 不仅数据量特别巨大,而且维度高,属性类型多样。因此,数据挖掘的实际应用对聚类算法提出了以下性能要求。

1. 对数据集的可伸缩能力

许多聚类算法通常在只有几百个对象的小数据集上工作得很好,但是在包含几百万或者几千万个对象的大规模数据集上进行聚类时性能不佳。而随着大型数据库、数据仓库的广泛应用,特别是大数据时代的到来,对大数据的聚类已成为现实的迫切需要。因此,聚类算法必须具有可伸缩能力,即不仅在小数据集上聚类效果好,而且在大数据集上的聚类也要效率高、效果好。

2. 处理混合属性的能力

许多聚类算法对数值型属性数据集的聚类效果很好,但对混合属性的数据集却无能为力。在实际应用中,大型数据库和数据仓库等通常都是混合属性的,因此,要求聚类算法能够处理同时含有二元、分类、序数和数值等属性的混合数据集。

3. 发现任意形状簇的能力

传统基于距离的聚类算法倾向于发现凸型球状的、大小和密度都比较相近的簇。然而,实际应用的数据集中完全可能存在其他任意形状,且大小和密度差异较大的簇。因此,要求聚类算法能够发现这些特殊形状的簇,也是实际应用提出的必然要求。

4. 聚类参数自适应能力

大多数聚类算法都要求用户输入一些初始参数,如簇的个数 k,密度半径 ε 和最少点数 MinPts 等,这些参数不仅难以确定,而且聚类结果对这些输入参数非常敏感。因此,要求聚类算法对输入参数的自适应能力,可以减少甚至克服初始参数对聚类的结果影响,以保障聚类的质量。

5. 噪声数据的处理能力

大多数的数据集中会存在不少的孤立点、未知数据或是错误的数据。由于许多聚类算法无法识别这一类数据,就有可能导致聚类质量的下降。具有噪声数据处理能力的聚类算法,可以减轻或者消除"噪声"数据影响,提高聚类结果的质量。

6. 数据输入顺序的适应能力

有些聚类算法对输入数据的顺序敏感,按不同的顺序输入提交同一组数据时,聚类算法都会产生显著不同的聚类结果。聚类算法具有适应数据集任意输入顺序的能力,有助于提高聚类结果的稳定性。

7. 处理高维数据的能力

很多聚类算法只能高效地处理二或三维的数据集,对高维数据处理时,不仅性能下降,聚类效果也变得很差,但实际数据库或数据仓库中的数据,可能包含几十个甚至更多的属性,因此,能够有效处理高维数据的聚类算法才更加符合实际需要。

8. 带约束条件的聚类能力

在现实世界中,要求聚类算法在一定的约束条件下进行,以使聚类算法不仅能满足客户特定的约束条件,又能得到具有良好聚类特性的簇。

当然,上述内容并没有包括聚类算法应该具有的全部能力。例如,有些用户需要算法具有提供中间结果的能力、在预置内存中处理数据的能力等。此外,用户还希望聚类结果是可理解和可用的。

值得注意的是,在实际的算法设计中,要求一个聚类算法同时具备以上所有能力是不现实的,如果能够同时具备其中的 3～4 个能力已算是相对优质的算法了。

10.1.5 簇的距离

聚类分析过程的质量,取决于相似性或相异性度量标准的选择,因此我们在 7.3 节针对连续属性和离散属性,分别定义了两个数据对象之间的各种距离函数(相异度),以及多种相似性度量函数。

由于相异度与相似度是相互对立的概念,即两个数据对象的相似度高等价于相异度低,反之,相似度低等价于相异度高。因此,下面均以距离函数为例来讨论聚类的质量,而对相似度也有类似的结论。

一个聚类 $C=\{C_1,C_2,\cdots,C_k\}$ 的质量,包括每个簇 C_i 的质量和聚类 C 的总体质量。前者用簇内距离来刻画,后者用簇间距离来衡量。因此,下面首先给出几种常见的簇内距离,然后定义若干常用的簇间距离。

1. 簇内距离

因为簇中任意两个对象之间都有一个距离,比如数值型数据就有欧几里得距离、二次型距离等,因此可以分别定义簇的直径(最大距离)、内径(最小距离)、平均距离,以及距离平方和等。

1) 簇的直径

簇 C_i 中任意两个对象之间欧氏距离的最大者,称为簇的直径,或簇外径,并记作

$$\Phi(C_i) = \max\{d(X,Y) \mid X,Y \in C_i\} \tag{10-6}$$

2) 簇的内径

簇 C_i 中任意两个对象之间欧氏距离的最小者,称为簇的内径,并记作

$$\phi(C_i) = \min\{d(X,Y) \mid X,Y \in C_i\} \tag{10-7}$$

如果簇 C_i 的对象都在平面上,则根据簇的直径和内径概念,可以发现簇中的对象分布在一个外径为 $\Phi(C_i)$,内径为 $\phi(C_i)$ 的圆环之间。同时,内径还从某个角度描述了簇中对象分布的稀疏程度。

3) 簇内平均距离

簇 C_i 中任意两个对象之间欧氏距离之和与 $C^2_{|C_i|}$ (C_i 中元素个数取 2 的组合数)比值,称为簇内平均距离,并记作

$$d_a(C_i) = \frac{1}{C^2_{|C_i|}} \sum_{X,Y \in C_i} d(X,Y) \tag{10-8}$$

同样,簇内平均距离从另一个角度描述了簇中对象分布的稀疏程度。

4) 簇内中心距离和

设 $\overline{X}_i$ 为簇 C_i 的中心点,簇中每个点到中心点的距离之和,称为簇 C_i 的中心距离和,并记作

$$d_\sigma(C_i) = \sum_{X \in C_i} d(X, \overline{X}_i) \tag{10-9}$$

与簇的直径、内径等簇内距离概念相比,簇内平均距离与簇内中心距离和能够更加细腻地描述簇中对象分布的稀疏程度。

2. 簇间距离

设任意两个簇为 C_i 和 C_j,且任意 $X \in C_i$,$Y \in C_j$ 的距离为 $d(X,Y)$,则 C_i 和 C_j 之间的距离 $d(C_i,C_j)$,一般可采用以下几种方式来定义。

1) 簇间最小距离

以两个簇中任意两个元素距离的最小者(smallest)定义为两个簇之间的一种距离度量,即

$$d_s(C_i,C_j) = \min\{d(X,Y) \mid X \in C_i, Y \in C_j\} \tag{10-10}$$

2) 簇间最大距离

以两个簇中任意两个元素距离的最大者(largest)定义为两个簇之间的一种距离度量,即

$$d_l(C_i,C_j) = \max\{d(X,Y) \mid X \in C_i, Y \in C_j\} \tag{10-11}$$

3) 簇间中心距离

以两个簇 C_i 和 C_j 的中心点 $\overline{X}_i$ 和 $\overline{X}_j$ 之间的距离定义为两个簇之间的一种距离度量,即

$$d_c(C_i,C_j) = d(\overline{X}_i, \overline{X}_j) \tag{10-12}$$

其中簇 C_i 的中心定义为

$$\overline{X}_i = \frac{1}{|C_i|} \sum_{X \in C_i} X \tag{10-13}$$

簇间中心距离也称为簇间均值距离。值得注意的是,一个簇的中心常常不是该簇中的一个对象,因此,簇中心也称为虚拟对象。

4) 簇间平均距离

以两个簇中任意两个元素距离的平均值作为两个簇之间的一种距离度量,即

$$d_a(C_i, C_j) = \frac{1}{|C_i||C_j|} \sum_{X \in C_i} \sum_{X \in C_j} d(X, Y) \tag{10-14}$$

由于任意两个正实数 $x < y$ 的充分必要条件是 $x^2 < y^2$，因此在实际应用中，公式(10-5)至公式(10-14)中的距离 $d(X,Y)$ 都可用距离平方，即用 $d(X,Y)^2$ 替换，并得到诸如簇间直径平方、簇间内径平方，簇间均值距离平方等概念。

5）簇间离差距离

若在公式(10-9)中用距离的平方替代原先的距离，则称为簇内中心距离平方和，并记作

$$r^2(C_i) = \sum_{X \in C_i} d(X, \overline{X}_i)^2 \tag{10-15}$$

对于任意两个簇 C_i, C_j，如果令 $C_{i+j} = C_i \bigcup C_j$，则簇 C_i 与簇 C_j 之间的平方和离差定义为

$$d^2(C_i, C_j) = r^2(C_{i+j}) - r^2(C_i) - r^2(C_j) \tag{10-16}$$

并简称 $d(C_i, C_j)$ 为簇 C_i 与 C_j 之间的离差距离，亦即簇间离差距离。

10.2 划分聚类算法

10.2.1 划分聚类框架

由定义 10-1 可知，数据集 S 的划分聚类 $C = \{C_1, C_2, \cdots, C_k\}$ 有两个特点：

（1）每个簇至少包括一个数据对象；

（2）每个数据对象属于且仅仅属于一个簇。

因此，我们将聚类算法框架 10-1 进一步具体化，可得到一个划分聚类算法框架（见图 10-7）。

算法 10-2：划分聚类算法框架
输入：数据对象集 S 和正整数 k
输出："好"的划分聚类 C
（1）生成初始划分聚类 $C^{(0)} = \{C_1, C_2, \cdots, C_k\}$
（2）REPEAT
（3）依照某种评价函数 f 改变 $C^{(i)}$，使新划分聚类 $C^{(i+1)}$ 比 $C^{(i)}$ 更好
（4）UNTIL $C^{(i+1)}$ 没有改变为止
（5）将 $C^{(i+1)}$ 作为聚类 C 输出

图 10-7 划分聚类算法框架

10.2.2 划分聚类的质量

1. 聚类 C 的簇内差异

算法 10-2 中输出一个"好"的划分聚类 C，通俗地说就是 C 的每个簇 C_i 是紧凑的，而任意两个不同簇 C_i 与 $C_j (i \neq j)$ 之间是疏远的。因此，算法 10-2 中要求的评价函数就是衡量每个簇是否紧凑，不同簇之间是否疏远的标准。一般是根据实际问题需要，选择或重新定义一种距离函数或相似度函数作为评价标准。算法的优化目标是使同一个簇内的对象之间越近

越好,比如选择某种簇内距离或距离的平方之和来刻画;而不同簇中对象之间越远越好,比如选择某种簇间距离或距离的平方之和来描述。

设聚类 $C=\{C_1,C_2,\cdots,C_k\}$,则它的簇内差异可用每个簇的簇内中心距离平方和之和来表示,即聚类 C 的簇内差异定义为

$$w(C) = \sum_{i=1}^{k} w(C_i) = \sum_{i=1}^{k} \sum_{X \in C_i} d(X,\overline{X}_i)^2 \tag{10-17}$$

其中 $\overline{X}_i$ 是簇 C_i 的中心点,并由公式(10-13)给出。

$w(C)$ 从总体上评价聚类 C 中每个簇的紧凑性,在其他一些文献资料中也称为误差平方和(Sum of the Squared Error,SSE),并用 $SSE(C)$ 表示。

2. 聚类 C 的簇间差异

这里选用 C 中任意两个簇的簇间中心距离平方和来刻画聚类 C 的簇间疏远性,并记作

$$b(C) = \sum_{1 \leqslant j < i \leqslant k} d(\overline{X}_j,\overline{X}_i)^2 \tag{10-18}$$

由于 C 有 k 个簇,因此公式(10-18)右边是 $k(k+1)/2$ 个距离平方项之和。

3. 聚类 C 的评价函数

为了同时评价聚类 C 的每个簇是紧凑的,以及不同簇之间是疏远的,即评价聚类 C 的总体质量,其基本思想是同时考虑聚类 C 的簇内差异 $w(C)$ 以及簇间差异 $b(C)$ 的影响。因此,可考虑使用以下几种形式的评价函数作为聚类的质量标准。

(1) $f(C)=w(C)$;

(2) $f(C)=1/b(C)$;

(3) $f(C)=w(C)/b(C)$;

(4) $f(C)=\alpha w(C)+\beta(1/b(C))$,其中 α,β 为指定的权值,且 $\alpha+\beta=1$;

(5) $F(C)=(w(C),1/b(C))$,这里的 F 为二元评价函数。

因此,算法 10-2 就是寻找使 $f(C)$ 达到最小,或使 $F(C)$ 达到最小的聚类 C,即是我们需要的好聚类。

10.2.3　k-means 算法

1. 算法描述

k-means 算法也称 k-平均算法,是一个简单而经典的划分聚类算法(图 10-8),它采用距离作为相异度的评价指标,以公式(10-17)表示的簇内差异函数 $w(C)$ 作为聚类质量的优化评价函数,即将所有数据对象到它的簇中心点的距离平方和作为评价函数,算法寻找最优聚类的策略是使评价函数达到最小值。

2. 计算实例

例 10-2　设有数据集 $S=\{(1,1),(2,1),(1,2),(2,2),(4,3),(5,3),(4,4),(5,4)\}$,令 $k=2$,试用 k-平均算法将 X 划分为 k 个簇。

> 算法 10-3：基本 k-平均算法
>
> 输入：数据对象集 $S=\{X_1,X_2,\cdots,X_n\}$ 和正整数 k
>
> 输出：划分聚类 $C=\{C_1,C_2,\cdots,C_k\}$
>
> (1) 初始化：从 S 中随机选择 k 个对象作为 k 个簇的中心，并将它们分别分配给 $C_1,C_2,\cdots,C_k$
>
> (2) REPEAT
>
> (3) 将 S 的每个对象 X_i 归入距中心最近的那个簇 C_j
>
> (4) 重新计算每个簇 C_i 的中心，即每个簇中对象的平均值
>
> (5) Until 所有簇中心不再变化

图 10-8　基本 k-means 算法

解：显然，数据集 S 可用表 10-2 表示。

表 10-2　数据集 S 的属性

id	A_1	A_2	id	A_1	A_2
X_1	1	1	X_5	4	3
X_2	2	1	X_6	5	3
X_3	1	2	X_7	4	4
X_4	2	2	X_8	5	4

此外，数据集 S 中的对象也可在平面上给出它们的相对位置（见图 10-9）。

由于 $k=2$，因此 S 的聚类 $C=\{C_1,C_2\}$，根据 k-平均算法 10-3，循环计算如下。

(1) 初始化：任选 $X_1=(1,1)$，$X_3=(1,2)$ 分别作为簇的中心，即 $C_1=\{X_1\}$ 和 $C_2=\{X_3\}$。

(2) 第一轮循环。

注意到 X_1,X_3 已分配到 C_1 和 C_2，因此

① 计算 X_2 的归属：因为 $d(X_2,X_1)^2=1$，$d(X_2,X_3)^2=2$ 且 $1<2$；

所以 X_2 归 X_1 代表的簇，即 $C_1=\{X_1,X_2\}$，$C_2=\{X_3\}$；

② 计算 X_4 的归属：因为 $d(X_4,X_1)^2=2$，$d(X_4,X_3)^2=1$ 且 $2>1$；

所以 X_4 归 X_3 代表的簇，即 $C_1=\{X_1,X_2\}$，$C_2=\{X_3,X_4\}$；

③ 计算 X_5 的归属：因为 $d(X_5,X_1)^2=13$，$d(X_5,X_3)^2=10$ 且 $13>10$；

所以 X_5 归 X_3 代表的簇，即 $C_1=\{X_1,X_2\}$，$C_2=\{X_3,X_4,X_5\}$；

④ 同理 X_6,X_7,X_8 也归入 X_3 代表的簇，故得初始簇为
$$C_1=\{X_1,X_2\}, \quad C_2=\{X_3,X_4,X_5,X_6,X_7,X_8\},$$

⑤ 重新计算得 C_1 和 C_2 的中心点分别是 $\overline{X}_1=(1.5,1)$，$\overline{X}_2=(3.5,3)$。

(3) 第二轮循环。

分别将 $X_1,X_2,\cdots,X_8$ 分配到最近的中心点 $\overline{X}_1$ 或 $\overline{X}_2$。

① 因为 $d(X_1,\overline{X}_1)^2=0.25<d(X_1,\overline{X}_2)^2=10.25$

所以，将 X_1 分配给 $\overline{X}_1$ 代表的簇，即 $C_1=\{X_1\}$，$C_2=\varnothing$；

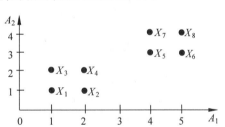

图 10-9　数据集 S 的对象在平面上的位置

② 因为 $d(X_2,\overline{X}_1)^2=0.25<d(X_2,\overline{X}_2)^2=6.25$

所以，将 X_2 分配给 $\overline{X}_1$ 代表的簇，即 $C_1=\{X_1,X_2\}$，$C_2=\varnothing$；

③ 类似计算可知应将 X_3,X_4 分配给 $\overline{X}_1$ 代表的簇，可得

$$C_1=\{X_1,X_2,X_3,X_4\}, \quad C_2=\varnothing;$$

④ 因为 $d(X_5,\overline{X}_1)^2=10.25>d(X_2,\overline{X}_2)^2=0.25$

所以，将 X_5 分配给 $\overline{X}_2$ 代表的簇，即 $C_1=\{X_1,X_2,X_3,X_4\}$，$C_2=\{X_5\}$；

⑤ 同理将 X_6,X_7,X_8 分配给 $\overline{X}_2$ 代表的簇，最后可得划分

$$C_1=\{X_1,X_2,X_3,X_4\}, \quad C_2=\{X_5,X_6,X_7,X_8\}$$

⑥ 重新计算得 C_1 和 C_2 的中心点分别是

$$\overline{X}_1=(1.5,1.5), \quad \overline{X}_2=(4.5,3.5)$$

(4) 第三轮循环。

将 $X_1,X_2,\cdots,X_8$ 分配到最近的中心点 $\overline{X}_1$ 或 $\overline{X}_2$。

类似第二轮循环的计算，最终可得 S 的两个簇

$$C_1=\{X_1,X_2,X_3,X_4\}, \quad C_2=\{X_5,X_6,X_7,X_8\}$$

重新计算得 C_1 和 C_2 的中心点分别是

$$\overline{X}_1=(1.5,1.5), \quad \overline{X}_2=(4.5,3.5)$$

由于簇中心已经没有变化，因此算法停止，并输出聚类

$$C=\{C_1,C_2\}=\{\{X_1,X_2,X_3,X_4\},\{X_5,X_6,X_7,X_8\}\}。$$

读者可以思考或试算一下，如果在此例中指定 $k=3$，而初始点选择为 X_1,X_2,X_3 或 X_1,X_5,X_6，其聚类结果会有什么变化。

3. 算法分析说明

1) 算法的优点

① k-平均算法计算简单，是解决聚类问题的一种经典算法。

② k-平均算法以 k 个簇的误差平方和最小为目标，当聚类的每个簇是密集的，且簇与簇之间区别明显时，其聚类效果较好。

③ k-平均算法对处理大数据集是高效的，且具较好的可伸缩性。因为它的计算复杂性为 $O(n\times k\times t)$，其中 n 是数据对象的个数，k 为簇的个数，t 是迭代的次数，在通常情况下 $k\ll n$ 且 $t\ll n$。

2) 算法的缺点

(1) k-平均算法对初始中心点的选择比较敏感，即使是同一个数据集，如果初始中心点选择不同，其聚类结果也可能不一样。然而算法必须由初始聚类中心确定初始划分，才能循环地对初始划分进行迭代优化，而初始中心点的选择对聚类结果有较大的影响。

(2) k-平均算法对参数 k 是比较敏感的，即使是同一个数据集，如果 k 选择不同，其聚类结果可能完全不一样。而算法要求用户必须事先给定簇的个数 k，它才能运行，而这个 k 值的选定却是非常难以估计的。因为在很多时候，事先并不知道给定的数据集应该划分成多少个簇才是最合适的。

(3) k-平均算法以簇内对象的平均值作为簇中心来计算簇内误差，在连续属性的数据集上很容易实现，但在具有离散属性的数据集上却不能适用。

10.2.4 空簇与离群点

1. 空簇问题

基本 k-平均算法在实际计算中可能出现的空簇现象,导致算法下一轮循环无法进行。

例 10-3 假设 S 由表 10-3 给出,即 S 为二维平面上 7 个点的数据集。令 $k=3$,请用 k-平均算法将 S 聚类成 3 个簇。

表 10-3 数据集 S 及其属性值

id	A_1	A_2	id	A_1	A_2
X_1	0	0	X_5	3	3
X_2	1.9	3	X_6	7	3
X_3	2	3	X_7	8	2
X_4	2.1	3			

解:数据集 S 在平面上的相对位置如图 10-10 所示。

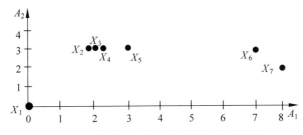

图 10-10 数据集 S 的对象在平面上的位置

(1)初始化:选择 X_1、X_6、X_7 作为初始中心 $\overline{X}_1=(0,0)$,$\overline{X}_2=(7,3)$,$\overline{X}_3=(8,2)$,并将它们分别指派给三个簇,即得 $C_1=\{X_1\}$,$C_2=\{X_6\}$,$C_3=\{X_7\}$。

(2)第一次迭代

计算 X_2,X_3,X_4,X_5 与中心点 $\overline{X}_1=(0,0)$,$\overline{X}_2=(7,3)$,$\overline{X}_3=(8,2)$ 的距离平方

① $d(X_2,\overline{X}_1)^2=12.61,d(X_3,\overline{X}_1)^2=13,d(X_4,\overline{X}_1)^2=13.41,d(X_5,\overline{X}_1)^2=18$;

② $d(X_2,\overline{X}_2)^2=26.01,d(X_3,\overline{X}_2)^2=25,d(X_4,\overline{X}_2)^2=24.01,d(X_5,\overline{X}_2)^2=16$;

③ $d(X_2,\overline{X}_3)^2=38.21,d(X_3,\overline{X}_3)^2=37,d(X_4,\overline{X}_3)^2=39.81,d(X_5,\overline{X}_3)^2=26$;

将它们指派给距离平方最近的中心点,可得
$$C_1=\{X_1,X_2,X_3,X_4\}, \quad C_2=\{X_5,X_6\}, \quad C_2=\{X_7\}$$
计算得 C_1,C_2,C_3 新的中心点为 $\overline{X}_1=(1.5,2.25)$,$\overline{X}_2=(5,3)$,$\overline{X}_3=(8,2)$。

(3)第二次迭代

计算 $X_1,X_2,\cdots,X_7$ 与中心点 $\overline{X}_1=(1.5,2.25)$,$\overline{X}_2=(5,3)$,$\overline{X}_3=(8,2)$ 的距离平方

① $d(X_1,\overline{X}_1)^2=7.31,d(X_2,\overline{X}_1)^2=0.72,d(X_3,\overline{X}_1)^2=0.81,d(X_4,\overline{X}_1)^2=0.92$,
$\qquad d(X_5,\overline{X}_1)^2=2.81,d(X_6,\overline{X}_1)^2=30.81,d(X_7,\overline{X}_1)^2=42.31$;

② $d(X_1,\overline{X}_2)^2=34,d(X_2,\overline{X}_2)^2=9.61,d(X_3,\overline{X}_2)^2=9,d(X_4,\overline{X}_2)^2=8.41$,
$\qquad d(X_5,\overline{X}_2)^2=4,d(X_6,\overline{X}_2)^2=4,d(X_7,\overline{X}_2)^2=10$;

③ $d(X_1,\overline{X}_3)^2=68, d(X_2,\overline{X}_3)^2=38.21, d(X_3,\overline{X}_3)^2=37, d(X_4,\overline{X}_3)^2=35.81,$
$$d(X_5,\overline{X}_3)^2=26, d(X_6,\overline{X}_3)^2=2, d(X_7,\overline{X}_3)^2=0$$

将它们指派给距离平方和最小的中心点,可得

$$C_1=\{X_1,X_2,X_3,X_4,X_5\}, \quad C_2=\varnothing, \quad C_3=\{X_6,X_7\}$$

这时 C_2 就是一个空簇,因此没有簇的中心点,导致下一步计算无法进行。

为了在这种情况使算法继续下去,一般用以下两种策略来选择一个替补的中心,如果有多个空簇,重复选择的策略即可。

(1) 选择一个距离当前任何质心最远的点,并可消除当前对总平方误差影响最大的点。

(2) 从具有最大 $w(C_i)$ 的簇中选择一个替补质心,并对该簇进行分裂簇,以此降低聚类的 $w(C)$。

2. 离群点问题

k-平均算法使用误差平方和 $w(C)$ 作为优化目标时,离群点可能过度影响所发现的簇质量,即当存在离群点时,聚类结果簇的质心可能不如没有离群点时那样具有代表性,并且 $w(C)$ 也比较高。在例 10-3 中出现的空簇的现象,除了 $k=3$ 选择不当($k=2$ 为宜)的原因以外,存在明显的离群点 X_1 也是其原因之一。因此,如果能够提前发现离群点(10.6 节介绍)并删除它们,在 k-平均算法的聚类应用中常常是有用的。

当然,在聚类问题研究中,删除离群点并非总是最好或最恰当的选择。在有些实际应用中,如股票市场交易分析,一些明显的离群点(股票黑马)恰恰可能是最令人感兴趣的。

10.2.5　k-中心点算法

为了降低 k-平均算法对噪声数据的敏感性,k-中心点(k-medoids)算法不采用簇的平均值(通常不是簇中的对象,称为虚拟点)作为簇中心点,而是选择簇中一个离平均值最近的具体对象作为簇中心。

1. 算法原理

k-中心点算法选择一个簇中位置距平均值点最近的对象替换 k-平均算法的平均值中心点。其基本计算过程为,首先为每个簇随机选择一个代表对象(中心点),其余对象(非中心点)分配给最近的代表对象所在的簇。然后反复地用一个用非代表对象替换一个代表对象,使其聚类质量更高(用某种代价函数评估),直到聚类质量无法提高为止。

设数据集 $S=\{X_1,X_2,\cdots,X_n\}$,任选 k 个对象,记作 $O_i(i=1,2,\cdots,k)$ 作为中心点,则剩余 $n-k$ 个对象称为非中心点,并将它们分配给最近的中心点,并得聚类 $C=\{C_1,C_2,\cdots,C_k\}$,其中 C_i 的中心点为 O_i。

若中心点 O_i 被一个非中心点 Q_r 替换,就得到新的中心点集合 $O=\{O_1,\cdots,O_{i-1},Q_r,O_{i+1},\cdots,O_k\}$(将 Q_r 称为新中心点,其余的称为老中心点),则可能引起 S 中每个对象 X_j 到新中心点的距离变化,将这种变化之和称为代价,记作

$$E_{ir}=\sum_{j=1}^{n}W_{jir} \tag{10-19}$$

其中 W_{jir} 表示 X_j 因 O_i 被 Q_r 替换后产生的代价,并用替换前后 X_j 到中心点的距离之差表示,且 W_{jir} 的值因 X_j 原先是否在 O_i 代表的簇中而有两种不同的计算方法。

(1) 若 X_j 原先属于 O_i 的簇 C_i,则又有两种情况。

① X_j 现在离某个老中心点 $O_m(m \neq i)$ 最近(见图 10-11(a)),则 X_j 被重新分到 O_m 的簇,其代价

$$W_{jir} = d(X_j, O_m) - d(X_j, O_i)$$

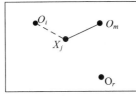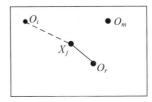

(a) X_j被重新分到O_m的簇   (b) X_j被重新分到O_r的簇

图 10-11 X_j 原先属于 O_i 的簇被重新分配的两种情况

② X_j 现在离新中心点 Q_r 最近(见图 10-11(b)),则 X_j 被重新分配到 Q_r 的簇中,其代价

$$W_{jir} = d(X_j, Q_r) - d(X_j, O_i)$$

(2) 若 X_j 原先属于某个老中心点 O_m 的簇 $C_m(m \neq i)$,这时也有两种情况。

① X_j 现在离该中心点 O_m 仍然最近(见图 10-12(a)),则 X_j 保留在 O_m 的簇中,其代价

$$W_{jir} = 0$$

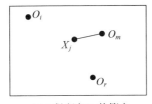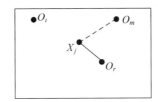

(a) X_j保留在O_m的簇中   (b) X_j被重新分到O_r的簇

图 10-12 X_j 原先不属于 O_i 的簇被重新分配的两种情况

② X_j 现在离新中心点 Q_r 最近(见图 10-12(b)),则将 X_j 重新分配到 Q_r 的簇中,其代价

$$W_{jir} = d(X_j, Q_r) - d(X_j, O_m)$$

由于中心点有 k 个,非中心点有 $n-k$ 个,因此,中心点 O_i 被一个非中心点 Q_r 替换就有 $(n-k) \times k$ 个不同的方案及其对应的代价。

如果 $E_{ih} = \min\{E_{ir} | i=1,2,\cdots,k; r=1,2,\cdots,n-k\}$ 且 $E_{ih} < 0$,则将中心点 O_i 用非中心点 Q_h 替换,使 S 中每个点到新中心点集的距离之和减少,即提高了聚类的总体质量。

在得到新的中心点集之后,继续寻找可替换的中心点,直到中心点集合没有变化为止。

2. 算法描述

经过前面的讨论分析,我们可总结得到 k-中心点聚类算法的计算步骤(见图 10-13)。

算法 10-4 k-中心点聚类算法

输入：簇的个数 k 和数据集 $S=\{X_1,X_2,\cdots,X_n\}$

输出：代价最小的聚类 $C=\{C_1,C_2,\cdots,C_k\}$

(1) 从 S 中随机选 k 个对象作为中心点集 $O=\{O_1,O_2,\cdots,O_k\}$

(2) REPEAT

(3) 将所有非中心点分配给离它最近的中心点，并得聚类 C

(4) FOR $i=1,2,\cdots,k$

(5)   FOR $r=1,2,\cdots,n-k$

(6)   计算 S 中每个 X_j 因中心点 O_i 被非中心点 Q_r 替换后重新分配的代价 W_{jir}

(7) $E_ir=W_{1ir}+W_{2ir}+\cdots+W_{nir}$

(8)   END FOR

(9) END FOR

(10) $E_{ih}=\min\{E_{ir}\mid i=1,2,\cdots,k;\ r=1,2,\cdots,n-k\}$

(11) 如果 $E_{ih}<0$，则将 O_i 用 Q_r 替换，得新中心点集 $O=\{O_1,\cdots,O_{i-1},Q_r,O_{i+2},\cdots,O_k\}$

(12) UNTIL 中心点集 O 无须变化

(13) 输出 $C=\{C_1,C_2,\cdots,C_k\}$

图 10-13　k-中心点聚类算法的计算步骤

3. 计算实例

例 10-4　设 $S=\{X_1,X_2,X_3,X_4,X_5\}$，各点之间的距离由表 10-4 给出。令 $k=2$，试用 k-中心点聚类算法将其聚类为 2 个簇。

表 10-4　数据集 S 任意两点之间的距离

id	X_1	X_2	X_3	X_4	X_5
X_1	0	1	2	2	3
X_2	1	0	2	3	3
X_3	2	2	0	1	4
X_4	2	3	1	0	3
X_5	3	3	4	3	0

解：由于仅已知 S 中各点之间的距离，因此这些点可看作是三维甚至多维空间中的点。为便于理解，可以将其投影到平面上，并得到 S 中各点之间的部分距离连线示意图（见图 10-14）。即 S 中任意两点的距离连线构成完全图，但我们仅画出了部分距离连线，且图中边的长度并不表示两点之间实际的距离长度。

初始化，随机选 X_1，X_2 为中心点，则中心点集 $O=\{X_1,X_2\}$，非中心点集 $Q=\{X_3,X_4,X_5\}$

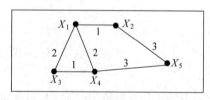

图 10-14　数据集 S 结点之间的部分距离示意图

得两个代表簇 $C_1=\{X_1\}$，$C_2=\{X_2\}$

第一步，第一次迭代 REPEAT

将非中心点分配给距离最近的中心点代表的簇

1) 因为 $d(X_3,X_1)=2,d(X_3,X_2)=2$，所以将 X_3 分配给 C_1 簇，得 $C_1=\{X_1,X_3\}$；

因为 $d(X_4,X_1)=2,d(X_4,X_2)=3$，所以将 X_4 分配给 C_1 簇，得 $C_1=\{X_1,X_3,X_4\}$；

因为 $d(X_5,X_1)=3,d(X_5,X_2)=3$,所以将 X_5 分配给 C_2 簇,得 $C_2=\{X_2,X_5\}$;

因此,初始聚类 $C=\{C_1,C_2\}=\{\{X_1,X_3,X_4\},\{X_2,X_5\}\}$。

2) 注意到 $\{X_1,X_2\}$ 为两个簇的中心点,$\{X_3,X_4,X_5\}$ 为非中心点,下面分别计算每个中心点被非中心点替换后的代价。

(1) 计算 X_1 分别被 $\{X_3,X_4,X_5\}$ 替换的代价 E_{13},E_{14},E_{15}。

① 若用 X_3 替换中心点 X_1,则中心点集合变成 $O=\{X_3,X_2\}$,需要计算由此引起的非中心点 X_1,X_2,X_3,X_4,X_5 的代价变化。

• X_1 的代价:因为 X_3 原先属于 X_1 所在的簇,此时为中心点被替换的第(1)种情况。

由于 X_1 到中心点的距离 $d(X_1,X_2)=1,d(X_1,X_3)=2$,即 X_1 离老中心点 X_2 最近,即处于(1)的第①种情况。

因此,将 X_1 分配给 X_2 代表的簇,其代价 $W_{113}=d(X_1,X_2)-d(X_1,X_1)=1$。

• X_2 的代价:因为 X_2 仍然属于老中心点 X_2 的簇,此时为中心点被替换的第(2)的第①种情况,故 $W_{213}=0$。

• X_3 的代价:因为 X_3 原先属于 X_1 所在的簇,处于为中心点被替换的第(1)种情况。

现在 X_3 为新的中心点,即 X_3 离新中心点最近,此时就是(1)的第②种情况,因此将 X_3 分配给新中心点 X_3 代表的簇,其代价 $W_{313}=d(X_3,X_3)-d(X_3,X_1)=0-2=-2$。

• X_4 的代价:因为 X_4 原先属于 X_1 所在的簇,且 $d(X_4,X_2)=3,d(X_4,X_3)=1$,即 X_4 到新中心点 X_3 的距离最近,因此为中心点被替换(1)的第②种情况。

因此,将 X_4 分配给 X_3 代表的簇,其代价 $W_{413}=d(X_4,X_3)-d(X_4,X_1)=-1$。

• X_5 的代价:因为 X_5 原先属于 X_2 所在的簇,且 $d(X_5,X_2)=3,d(X_5,X_3)=4$,即 X_5 到老中心点 X_2 的距离最近,因此是(1)第①种情况。

因此,将 X_5 分配给 X_2 代表的簇,其代价 $W_{513}=d(X_5,X_2)-d(X_5,X_1)=0$。

故当用 X_3 替换 X_1 的总代价 $E_{13}=W_{113}+W_{213}+W_{313}+W_{413}+W_{513}=1+0-2-1-0=-2$。

② 若用 X_4 替换 X_1,则中心点集和变成 $O=\{X_4,X_2\}$,需要计算 X_1,X_2,X_3,X_4,X_5 的代价变化。

类似前面的计算,当用 X_4 替换 X_1 时的总代价 $E_{14}=-2$;

③ 若用 X_5 替换 X_1,则中心点集变成 $O=\{X_4,X_2\}$,需要计算 X_1,X_2,X_3,X_4,X_5 的代价变化。

类似地计算可得用 X_5 替换 X_1 的总代价 $E_{15}=-2$;

(2) 计算 X_2 分别用 $\{X_3,X_4,X_5\}$ 替换的代价 E_{23},E_{24},E_{25}。

按照类似替换 X_1 的计算,可得 $E_{23}=E_{24}=E_{25}=-2$。

由于 $E_{13}=\min\{E_{13},E_{14},E_{15},E_{23},E_{24},E_{25}\}=-2<0$,

因此,确定用 X_3 替换 X_1,得到替换后的中心点集 $O=\{X_2,X_3\}$,非中心点集 $\{X_1,X_4,X_5\}$。

第二步、第二次迭代 REPEAT。

将非中心点分配给距离最近的中心点 $\{X_2,X_3\}$ 代表的簇

① 因为 $d(X_1,X_2)=1,d(X_1,X_3)=2$,所以将 X_1 分配给 X_2 代表的簇,得 $C_1=\{X_1,X_2\}$;

因为 $d(X_4,X_2)=3,d(X_4,X_3)=1$,所以将 X_4 分配给 X_3 代表的簇,得 $C_2=\{X_3,X_4\}$;

因为 $d(X_5,X_2)=3,d(X_5,X_3)=4$,所以将 X_5 分配给 X_2 代表的簇,得 $C_1=\{X_1,X_2,X_5\}$;

所以得到新的聚类 $C=\{C_1,C_2\}=\{\{X_1,X_2,X_5\},\{X_3,X_4\}\}$。

② 注意到 $\{X_2,X_3\}$ 为两个簇的中心点，$\{X_1,X_4,X_5\}$ 为非中心点。类似地可计算中心点被非中心点替换的代价。

（1）计算 X_2 分别被 $\{X_1,X_4,X_5\}$ 替换的代价 $E_{21}=1,E_{24}=2,E_{25}=0$；

（2）计算 X_3 分别被 $\{X_1,X_4,X_5\}$ 替换的代价 $E_{31}=,E_{34}=0,E_{35}=1$。

由于 $\min\{E_{21},E_{24},E_{25},E_{31},E_{34},E_{35}\}=0$

因此，中心点 X_2,X_3 以无须用任何非中心点替换，所以，最终的聚类结果为

$C=\{C_1,C_2\}=\{\{X_1,X_2,X_5\},\{X_3,X_4\}\}$。

10.3　层次聚类方法

10.3.1　层次聚类策略

层次聚类方法对给定的数据集进行层次的分解，直到某种条件满足为止。具体又可采用凝聚的（agglomerative）和分裂的（divisive）两种策略。

1. 凝聚的层次聚类

这是一种自底向上的策略。首先将每个对象作为一个簇，然后合并这些原子簇为越来越大的簇，直到所有的对象都在一个簇中，或者某个终结条件被满足。绝大多数层次聚类方法属于这一类，其区别仅在于簇间相似度的选择上有所不同。

2. 分裂的层次聚类

这个策略与凝聚的层次聚类相反的，为自顶向下的策略。它首先将所有对象放置在同一个簇中，然后逐渐细分为越来越小的簇，直到每个对象自成一簇，或者达到了某个终止条件。

层次凝聚的代表是 AGNES（AGglomerative NESting）算法，层次分裂的代表是 DIANA（DIvisive ANAlysis）算法。图 10-15 描述了对 5 个数据对象进行层次聚类计算过程。

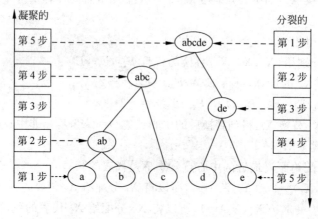

图 10-15　凝聚与分裂的层次聚类过程

最初,AGNES将每个对象作为一个簇,然后根据某种准则(簇间距离最近或簇间相似度最大),将这些簇一步一步地合并成较大的簇。例如,如果簇 C_1 与簇 C_2 之间的距离,比其他任意两个簇的距离都小,则将 C_1 和 C_2 合并为一个簇。合并后的簇与其他簇同等看待,继续寻找簇间距离最小的两个簇,并将其合并,直到所有的对象最终都在一个簇中。

在DIANA算法的处理过程中,所有的对象开始都放在一个簇中,然后根据某种原则将该簇分裂(见10.3.3节介绍),其分裂过程反复进行,直到每个新的簇只包含一个对象为止。

10.3.2　AGNES算法

1. 算法描述

AGNES算法是一个典型的凝聚层次聚类方法。它最初将每个对象作为一个簇,然后根据某种准则(簇间距离最近或簇间相似度最大),将这些簇一步一步地合并成较大的簇,直到所有数据对象都在同一个簇或者簇数达到用户指定的数目。

从理论上讲,簇的凝聚准则可以选择10.1.5节介绍的簇间最短距离、最长距离、中心距离和平均距离之一。图10-16介绍的算法,采用簇间中心距离为评价函数。

算法 10-5　AGNES算法(凝聚层次算法)

输入:数据集 $S=\{X_1,X_2,\cdots,X_n\}$ 和正整数 k(簇的数目)

输出:含 k 个簇的一个聚类 $C=\{C_1,C_2,\cdots,C_k\}$

(1) 将 S 的每个对象当成一个初始簇,形成初始聚类 C

(2) REPEAT

(3) 　找出中心距离最近的两个簇

(4) 　合并这两个簇,并生成新的聚类 C

(5) UNTIL 簇的数目等于 k

图 10-16　AGNES算法的计算步骤

2. 计算实例

例 10-5　设 S 为有 8 个数据对象的数据集 S(见表 10-5),用户需要的簇数 $k=2$。试用AGNES算法对其进行划分聚类。

表 10-5　有 8 个数据对象的数据集 S

id	A_1	A_2	id	A_1	A_2
X_1	1	1	X_5	3	4
X_2	1	2	X_6	3	5
X_3	2	1	X_7	4	4
X_4	2	2	X_8	4	5

解:为了计算方便,首先将表 10-5 个各点的位置在二维平面给出(见图 10-17)。

根据算法 10-5,因为 S 有 8 个数据对象,因此,刚开始每个对象为一个簇,详见表 10-6第 0 步对应的行。

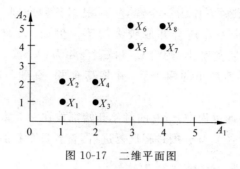

图 10-17　二维平面图

表 10-6　AGNES 聚类算法的计算步骤

计算步骤	最近距离	最近的两个簇	合并后的新簇	簇个数 k
0	—	—	$\{X_1\},\{X_2\},\{X_3\},\{X_4\},\{X_5\},\{X_6\},\{X_7\},\{X_8\}$	8
1	1	$\{X_1\},\{X_2\}$	$\{X_1,X_2\},\{X_3\},\{X_4\},\{X_5\},\{X_6\},\{X_7\},\{X_8\}$	7
2	1	$\{X_3\},\{X_4\}$	$\{X_1,X_2\},\{X_3,X_4\},\{X_5\},\{X_6\},\{X_7\},\{X_8\}$	6
3		$\{X_1,X_2\},\{X_3,X_4\},$	$\{X_1,X_2,X_3,X_4\},\{X_5\},\{X_6\},\{X_7\},\{X_8\}$	5
4	1	$\{X_5\},\{X_6\}$	$\{X_1,X_2,X_3,X_4\},\{X_5,X_6\},\{X_7\},\{X_8\}$	4
5	1	$\{X_7\},\{X_8\}$	$\{X_1,X_2,X_3,X_4\},\{X_5,X_6\},\{X_7,X_8\}$	3
6	1	$\{X_5,X_6\},\{X_7,X_8\}$	$\{X_1,X_2,X_3,X_4\},\{X_5,X_6,X_7,X_8\}$	2

第 1 步，为了避免开方运算，此例使用簇间中心距离平方。一般 n 个簇需要计算 $n(n-1)/2$ 个簇间中心距离平方，并选择最小中心距离平方对应的簇进行合并。此例刚开始有 8 个簇，共需计算 28 个簇间距离平方。从图 10-17 可知，以下簇间距离平方

$$d(X_1,X_2)^2 = d(X_1,X_3)^2 = d(X_2,X_4)^2 = d(X_3,X_4)^2 = 1$$
$$d(X_5,X_6)^2 = d(X_5,X_7)^2 = d(X_6,X_8)^2 = d(X_7,X_8)^2 = 1$$

而其他对象之间的中心距离平方，比如 $d(X_1,X_4)^2$、$d(X_1,X_5)^2$、$d(X_5,X_8)^2$ 等都大于 1。

由于有多个簇间中心距离最小且相等。因此，按照数据对象坐标编号小者顺序优先合并，即选择 $\{X_1\}$、$\{X_2\}$ 合并为 $\{X_1,X_2\}$，其结果见表 10-6 计算步骤 1 所在的行。

第 2 步，重新计算簇 $\{X_1,X_2\}$ 的中心点 $C^{(1)}=(1,1.5)$，并增加计算 $C^{(1)}$ 与 $\{X_3\}$，…，$\{X_8\}$ 的距离平方。

$d(C^{(1)},X_3)^2=1.25,d(C^{(1)},X_4)^2=1.25$，其他 $d(C^{(1)},X_5)^2,\cdots,d(C^{(1)},X_8)^2$ 等都大于 1.25。

由于 $d(X_3,X_4)^2=1$，因此将簇 $\{X_3\}$ 和 $\{X_4\}$ 合并为 $\{X_3,X_4\}$，其结果见表 10-6 计算步骤 2 所在的行。

第 3 步，重新计算簇 $\{X_3,X_4\}$ 的中心点为 $C^{(2)}=(2,1.5)$，并增加计算 $C^{(2)}$ 与 $C^{(1)}$，$\{X_5\}$，$\{X_6\}$，$\{X_7\}$，$\{X_8\}$ 的距离平方。

$d(C^{(1)},C^{(2)})^2=1,d(C^{(2)},X_5)^2=7.25$，且 $d(C^{(2)},X_6)^2,d(C^{(2)},X_7)^2,d(C^{(2)},X_8)^2$ 更大。

因此，将簇 $\{X_1,X_2\}$ 和 $\{X_3,X_4\}$ 合并为 $\{X_1,X_2,X_3,X_4\}$，其结果见表 10-6 计算步骤 3 所在的行。

第 4 步，重新计算簇 $\{X_1,X_2,X_3,X_4\}$ 的中心点为 $C^{(3)}=(1.5,1.5)$，并增加计算 $C^{(3)}$ 与

$\{X_5\}$,$\{X_6\}$,$\{X_7\}$,$\{X_8\}$的距离平方。

因为$d(C^{(3)},X_5)^2=8.5$,且$d(C^{(3)},X_6)^2$,$d(C^{(3)},X_7)^2$,$d(C^{(3)},X_8)^2$更大。

而$d(X_5,X_6)=1$,因此,将簇$\{X_5\}$和$\{X_6\}$合并$\{X_5,X_6\}$,其结果见表10-6计算步骤4所在的行。

第5步,重新计算簇$\{X_5,X_6\}$的中心点$C^{(4)}=(3,4.5)$,并增加计算$C^{(4)}$与$C^{(3)}$,$\{X_7\}$,$\{X_8\}$的距离平方。

$d(C^{(4)},C^{(3)})^2=11.25$,$d(C^{(4)},X_7)^2=1.25$,$d(C^{(4)},C^{(3)})^2=1.25$,而$d(X_7,X_8)^2=1$。

因此,将簇$\{X_7\}$和$\{X_8\}$合并$\{X_7,X_8\}$,其结果见表10-6计算步骤5所在的行。

第6步,重新计算簇$\{X_7,X_8\}$的中心点$C^{(5)}=(4,4.5)$,并增加计算$C^{(5)}$与$C^{(3)}$,$C^{(4)}$和$C^{(1)}$的距离平方。

$d(C^{(5)},C^{(3)})^2=11.25$,$d(C^{(5)},C^{(4)})^2=1$,而$d(C^{(5)},C^{(1)})^2=15.25$

因此,将簇$\{X_5,X_6\}$和$\{X_7,X_8\}$合并$\{X_5,X_6,X_7,X_8\}$,其结果见表10-6计算步骤6所在的行。

由于合并后的簇的数目$k=2$已经达到用户输入的终止条件,程序结束。

3. 算法的性能分析

AGNES算法思想比较简单,但经常会因为出现多个簇间距离相等的情况,这时究竟选择哪两个簇优先合并是非常关键的,但又是比较困难的。因为两个簇合并的决定一经做出,以后的处理只能在新生成的簇上进行,即使后来发现聚类效果不好,但前面已经做过的合并处理却不能撤销,而每个簇之间又不能交换对象。因此,如果在某一步对簇进行合并时没有选择恰当,最终可能导致低质量的聚类结果。

AGNES算法的时间复杂性为$O(n^2)$,因为对有n个对象的数据集,算法必须计算所有对象两两之间的距离,其乘法计算量就达到$n(n-1)/2$。此外,因为刚开始的时候就有n个簇,如果最后以1个簇结束,则主循环中有n次迭代,在第i次迭代中,我们必须在$n-i+1$个簇中找到最靠近的两个簇进行合并。因此,这种聚类方法不具有很好的可伸缩性,即该算法在n很大的情况就不是很适用。

10.3.3 DIANA 算法

1. 算法描述

DIANA算法属于分裂的层次聚类。它的计算思路与凝聚的层次聚类方法相反,采用一种自顶向下的分裂策略。它首先将所有对象置于一个簇中,然后逐渐将其细分为越来越小的簇,直到每个对象自成一簇,或者达到了某个终结条件,例如达到了用户希望的簇数目,或者是两个最近簇之间的距离超过了指定的某个阈值等。

在DIANA算法的处理过程中,刚开始将所有的对象都放在一个簇中,然后根据一定的评价函数将其分裂为两个子簇,其中一个叫原始(original)簇,简记为C_o,另一个叫分裂(split或divisive)的子簇,记作C_s,再从中找出最应该被分裂(比如,直径最大)的子簇将其分裂为两个子簇,重复进行这个分裂过程,直到每个子簇中仅包含一个对象,或者已经达到用户指定的终止条件。

与 AGNES 算法类似,用户可以在 DIANA 聚类算法中指定簇的数目 k 作为算法的一个结束条件。因此,根据算法 10-2(划分聚类算法框架),我们可以得到 DIANA 算法的详细计算步骤(见图 10-18)。

算法 10-6:DIANA 算法(分裂层次算法)

输入:数据对象集 $S=\{X_1,X_2,\cdots,X_n\}$ 和正整数 k(簇的数目)

输出:含 k 个簇的聚类 $C=\{C_1,C_2,\cdots,C_k\}$

(1) 将 S 作为聚类的唯一初始簇,即聚类 $C=\{S\}$

(2) FOR $h=1,2,\cdots,k-1$

(3) 在聚类 C 中挑出具有最大直径的簇记作 C_o,且令 $C_s=\varnothing$

(4) 计算簇 C_o 中每个点到其余点的平均距离,找出具有最大平均距离的一个点 X,并令 $C_o=C_o-\{X\}$,$C_s=C_s\bigcup\{X\}$

(5) REPEAT

(6) 从 C_o 中任取一点 X_o,计算 X_o 到 C_s 的最小距离 $d_s(X_o,C_s)$

(7) 计算 $C_o-\{X_o\}$ 到 X_o 的最小距离,并记 $X_t\in C_o-\{X_o\}$ 是取得最小距离的点

(8) 若 $d_s(X_o,C_s)\leqslant d(X_o,X_t)$,则将 X_o 从 C_o 分裂出去,并分配给 C_s
   即令 $C_o=C_o-\{X_o\}$,$C_s=C_s\bigcup\{X_o\}$

(9) UNTIL 集合 C_o 中没有新的点可以分配给 C_s

(10) 将簇 C_o、簇 C_s 和 C 中未被分裂的簇共同组成新的聚类 C

(11) END FOR

图 10-18　DIANA 算法的计算步骤

在算法 10-6 中,使用了簇的直径(10.1.5 节)作为簇内差异的度量,且每次都把直径最大的簇 C_o 分裂成两个簇。在分裂过程中先使用平均距离,将 C_o 中一个点 X 分裂出去,并分配给 C_s,然后使用最小距离,即选择 C_o 中的一点 X_o,如果它与 $C_o-\{X_o\}$ 的最小距离大于 X_o 到 C_s 的最小距离,则将 X_o 分裂出去,并分配给 C_s,直到 C_o 中没有可分裂的点为止。

2. 计算实例

例 10-6　设 S 为有 8 个数据对象的数据集(见例 10-5 的表 10-5),用户需要的簇数 $k=2$。试用 DIANA 算法对其进行划分聚类。

解:根据算法 10-6,因为 S 有 8 个数据对象,因此,刚开始所有对象作为一个簇,详见表 10-7 计算步骤 0 对应的行。

表 10-7　DIANA 聚类算法的计算步骤

计算步骤	最大直径的簇	C_o	C_s	簇个数 k
0	$\{X_1,X_2,X_3,X_4,X_5,X_6,X_7,X_8\}$	$\{X_1,X_2,X_3,X_4,X_5,X_6,X_7,X_8\}$	—	1
1	$\{X_1,X_2,X_3,X_4,X_5,X_6,X_7,X_8\}$	$\{X_2,X_3,X_4,X_5,X_6,X_7,X_8\}$	$\{X_1\}$	1
2	$\{X_1,X_2,X_3,X_4,X_5,X_6,X_7,X_8\}$	$\{X_3,X_4,X_5,X_6,X_7,X_8\}$	$\{X_1,X_2\}$	1
3	$\{X_1,X_2,X_3,X_4,X_5,X_6,X_7,X_8\}$	$\{X_4,X_5,X_6,X_7,X_8\}$	$\{X_1,X_2,X_3\}$	1
4	$\{X_1,X_2,X_3,X_4,X_5,X_6,X_7,X_8\}$	$\{X_5,X_6,X_7,X_8\}$	$\{X_1,X_2,X_3,X_4\}$	1
5	$\{X_1,X_2,X_3,X_4,X_5,X_6,X_7,X_8\}$	$\{X_5,X_6,X_7,X_8\}$	$\{X_1,X_2,X_3,X_4\}$	2

(1) 初始步：此时数据集 $S=\{X_1, X_2, X_3, X_4, X_5, X_6, X_7, X_8\}$ 本身就是唯一具有最大直径的簇，记作 C_o，并按照算法 10-6，即 DIANA 算法将其分裂成两个子集合。因此，我们需要计算 C_o 中每个对象 X_i 到其他对象 $X_j (j=1,2,\cdots,8; i\neq j)$ 的平均相异度，即利用公式(10-14)计算 X_i 到 $\{X_1,\cdots,X_{i-1},X_{i+1},\cdots,X_8\}$ 的平均距离。为叙述方便，我们用记号 $d_a(\{X_i\},\{\cdot\})$ 来表示这个平均距离 $d_a(\{X_i\},\{X_1,\cdots,X_{i-1},X_{i+1},\cdots,X_8\})$。

(2) 第一轮循环(FOR $h=1$)时，

① $d_a(\{X_1\},\{\cdot\})=(1+1+1.41+3.6+4.47+4.24+5)/7=2.96$；

② $d_a(\{X_2\},\{\cdot\})=(1+1.41+1+2.83+3.6+3.6+4.24)/7=2.53$；

③ $d_a(\{X_3\},\{\cdot\})=(1+1.41+1+3.16+4.12+3.6+4.47)/7=2.68$；

④ $d_a(\{X_4\},\{\cdot\})=(1.414+1+1+2.24+3.16+2.828+3.6)/7=2.18$；

⑤ $d_a(\{X_5\},\{\cdot\})=(3.6+2.83+3.16+2.24+1+1+1.41)/7=2.18$；

⑥ $d_a(\{X_6\},\{\cdot\})=(4.24+3.6+4.12+3.16+1+1.41+1)/7=2.68$；

⑦ $d_a(\{X_7\},\{\cdot\})=(4.47+3.6+3.6+2.83+1+1.41+1)/7=2.53$。

⑧ $d_a(\{X_8\},\{\cdot\})=(5+4.24+4.47+3.6+1.41+1+1)/7=2.96$。

由于 $d_a(\{X_1\},\{\cdot\})=d_a(\{X_8\},\{\cdot\})=2.96$ 取得最大平均距离，按照对象下标编号小者优先的原则，将 X_1 从 C_o 中分裂出去，并分配给 C_s，即得 $C_s=\{X_1\}$，$C_o=\{X_2,X_3,X_4,X_5,X_6,X_7,X_8\}$。

内循环 REPEAT 包括以下 4 个步骤：

第 1 步(1) 从 $C_o=\{X_2,X_3,X_4,X_5,X_6,X_7,X_8\}$ 取一点 X_2，计算它到 C_s 最小距离，经计算可得 $d_s(X_2,C_s)=1$；

(2) 计算点 X_2 到 C_o 中其他点的最小距离，即有 $d(X_2,X_4)=1$；

(3) 由于 $d(X_2,C_s)\leqslant d(X_2,X_4)$，因此把 X_2 从 C_o 中分裂出去，并分配给 C_s，即得 $C_o=\{X_3,X_4,X_5,X_6,X_7,X_8\}$，$C_s=\{X_1,X_2\}$。

第 2 步：(1) 从 $C_o=\{X_3,X_4,X_5,X_6,X_7,X_8\}$ 取一点 X_3，计算它到 C_s 最小距离，经计算可得

$d_s(X_3,C_s)=1$；

(2) 计算点 X_3 到 C_o 中其他点的最小距离，即有 $d(X_3,X_4)=1$；

(3) 由于 $d(X_3,X_s)\leqslant d(X_3,X_4)$，因此把 X_3 从 C_o 中分裂出去，并分配给 C_s，即得 $C_o=\{X_4,X_5,X_6,X_7,X_8\}$，$C_s=\{X_1,X_2,X_3\}$。

第 3 步：(1) 从 $C_o=\{X_4,X_5,X_6,X_7,X_8\}$ 取一点 X_4，计算它到 C_s 最小距离，经计算可得

$d_s(X_4,C_s)=1$；

(2) 计算点 X_4 到 C_o 中其他点的最小距离，即有 $d(X_4,X_5)=2.24$；

(3) 由于 $d(X_4,X_2)\leqslant d(X_4,X_5)$，因此把 X_4 从 C_o 中分裂出去，并分配给 C_s，即得 $C_o=\{X_5,X_6,X_7,X_8\}$，$C_s=\{X_1,X_2,X_3,X_4\}$。

第 4 步：按照上面方法，分别计算 X_5,X_6,X_7,X_8 到 C_s 的最小距离 $d_s(X_i,C_s) (i=5,6,7,8)$，但有

$d_s(X_i,C_s) > d(X_i,X_j) (i=5,6,7,8; i\neq j)$，即 C_o 中没有点需要分裂出去分配给 C_s；

至此，得到聚类 $C=\{\{X_1,X_2,X_3,X_4\},\{X_5,X_6,X_7,X_8\}\}=\{C_1,C_2\}$。

由于 $k=2$，因此算法结束并输出聚类 C，将其与图 10-17 比较可以发现，这个聚类结果还是相当令人满意的。

但是，如果在例 10-6 中指定 $k=4$，则算法需要进入第二轮和第三轮循环计算，并得到包含 4 个簇的聚类 $C=\{\{X_1,X_2\},\{X_3\},\{X_4\},\{X_5,X_6,X_7,X_8\}\}=\{C_1,C_2,C_3,C_4\}$。

将以上结果与图 10-17 比较发现，虽然 DIANA 算法得到了包括 4 个簇的聚类，但这个聚类 $C=\{\{X_1,X_2\},\{X_3\},\{X_4\},\{X_5,X_6,X_7,X_8\}\}$ 显得很不靠谱，这个例子进一步说明，DIANA 算法对 k 值的选取也是敏感的。

3. 算法的性能分析

DIANA 算法与 AGNES 算法一样，其时间复杂性为 $O(n^2)$，因为对有 n 个数据对象的数据集，算法也必须计算所有对象两两之间的距离，其乘法计算量就达到 $n(n-1)/2$。因此，这种聚类方法同样不具有很好的可伸缩性，即当 n 很大时 DIANA 算法就不是很适用。

10.4 密度聚类方法

密度聚类方法的指导思想是，只要一个区域中对象的密度大于某个域值，就把它加到与之相近的簇中去。这种算法能克服基于距离的算法只能发现"类圆形"聚类的缺点，并可发现任意形状的簇，对噪声数据也不敏感。但计算密度单元的计算复杂性高，需要建立空间索引来降低计算量，且对数据维数的伸缩性较差。这类方法需要扫描整个数据库，每个数据对象都可能引起一次查询，因此当数据量大时会造成频繁的 I/O 操作。

DBSCAN(Density Based Spatial Clustering of Applications with Noise)是一个比较有代表性的基于密度的聚类算法，且是一种部分聚类算法，即聚类 C 中所有簇的并集不能覆盖数据集 S 本身。它与划分聚类和层次聚类方法的最大不同之处，它将一个簇定义为所有密度相连的对象构成的最大集合，即能够把密度足够高的区域聚成一个簇，并能在有"噪声"的数据集中发现任意形状的簇。

10.4.1 基本概念

定义 10-2 给定一个对象集 S 和实数 $\varepsilon>0$，则对于任意 $X\in S$，称 $\varepsilon(X)=\{Y\,|\,Y\in S, d(Y,X)\leqslant\varepsilon\}$ 为 X 在 S 中的 ε-邻域，简称 X 的 ε-邻域。

显然，如果 S 为在平面上有 20 个对象的集合，且距离函数采用欧几里距离，则 X 的 ε-邻域是以 X 为中心，ε 为半径的圆内所有对象构成。对于图 10-19 所示的数据集 S，其 X 的 ε-邻域就由圆内(含圆周上)的 8 个深色点构成。另外，如果在定义 10-2 中采用的距离函数 $d(Y,X)$ 不同，则 X 在 S 中的 ε-邻域 $\varepsilon(X)$ 也会不同。比如，当 $d(Y,X)$ 选用切比雪夫距离时，$\varepsilon(X)$ 确定的区域就是一个矩形而不是圆形。因此，我们一般应该根据实际问题的特点选用合适的距离函数。

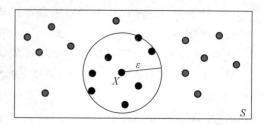

图 10-19 对象 X 在 S 中的 ε-邻域

定义 10-3 对于给定的实数 $\varepsilon > 0$ 和正整数 MinPts，称 $(\varepsilon, \text{MinPts})$ 是为 S 指定的一个密度，简称 $(\varepsilon, \text{MinPts})$ 为密度。

在 DBSCAN 算法中，密度 $(\varepsilon, \text{MinPts})$ 专门用于刻画一个簇中对象的密集程度，为此引入核心对象的概念。

定义 10-4 对于给定的密度 $(\varepsilon, \text{MinPts})$ 和任意 $X \in S$，如果 $|\varepsilon(X)| \geqslant \text{MinPts}$，则称 X 是 S 关于密度 $(\varepsilon, \text{MinPts})$ 的一个核心点，简称 X 为核心点或核心对象。

例 10-7 假设给定 $\varepsilon = 2.5\text{cm}$，$\text{MinPts} = 8$，则图 10-19 中的点 X 就是 S 的一个核心对象，即核心点。但如果指定 $\text{MinPts} = 10$，即使 ε 取值不变，X 也不再是 S 的核心点了。同样地，如果令 $\varepsilon = 2\text{cm}$，而 $\text{MinPts} = 8$ 不变，这时的 X 也不是 S 的核心点了。因此，S 中的对象是否为核心点，不仅依赖于密度参数 ε，而且与 MinPts 的取值有关。

定义 10-5 对于任意 $Y, X \in S$，如果 X 是一个核心点，且 $Y \in \varepsilon(X)$，则称点 Y 从 X 出发关于 $(\varepsilon, \text{MinPts})$ 是直接密度可达的，简称从 X 到 Y 是直接密度可达的。

例 10-8 为了更清楚地描述密度可达，我们从图 10-19 的数据集 S 中将 X 的 ε-邻域及其附近的 3 个点单独画出来，即得如图 10-20 所示圆形区域外加 3 个数据点。

根据定义 10-5，图 10-20 中的对象 Y 从 X 出发关于 $(\varepsilon, \text{MinPts})$ 是直接密度可达的，即从 X 到 Y 是直接密度可达的。其实，对于任意点 $Y \in \varepsilon(X)$，从 X 到 Y 都是直接密度可达的。然而，从 X 到 $Z_i (i = 1, 2, 3)$ 就不是直接密度可达的。

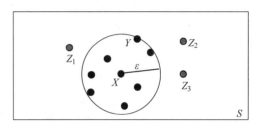

图 10-20 从 X 到 Y 是关于 $(\varepsilon, \text{MinPts})$ 直接密度可达的

定义 10-6 如果 S 存在一个对象链 $X_1, X_2, \cdots, X_n, X_1 = X, X_n = Y$，且从 $X_i (1 \leqslant i \leqslant n-1)$ 到 X_{i+1} 是直接密度可达的，则称从 X 到 Y 是密度可达的。

例 10-9 对包含 21 个点的平面数据集 S（见图 10-21），如果密度参数 $\varepsilon = 2.5\text{cm}$ 且 $\text{MinPts} = 8$，请说明从 X 到 Y 关于 $(\varepsilon, \text{MinPts})$ 是密度可达的。

解：（1）首先以 X 为中心，以半径 $\varepsilon = 2.5\text{cm}$ 画一个圆（图 10-22 左边第 1 个圆），注意该圆内包含 8 个点，即 X 的 ε-邻域满足密度要求，亦即 X_2 是核心点，因此，从 X 到 X_2 是直接密度可达的。因为 Y 在 X 的右侧，所以选最靠近 Y 的 X_2 作为 X 的直接密度可达对象。

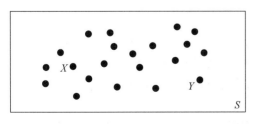

图 10-21 包含 21 个点的平面数据集 S

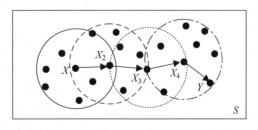

图 10-22 从 X 到 Y 是关于 $(\varepsilon, \text{MinPts})$ 密度可达的

（2）再以 X_2 为中心，以半径 $\varepsilon = 2.5\text{cm}$ 画一个圆（图 10-22 左边第 2 个长虚线的圆），该圆内包含 9 个点，即 X_2 的 ε-邻域满足密度要求，亦即 X_2 是核心点，因此，从 X_2 到 X_3 是直

接密度可达的。

（3）又以 X_3 为中心，以半径 $\varepsilon=2.5\mathrm{cm}$ 画一个圆（图 10-22 左边第 3 个点虚线的圆），该圆内包含 8 个点，即 X_3 的 ε-邻域满足密度要求，亦即 X_3 是核心点，因此，从 X_3 到 X_4 是直接密度可达的。

（4）最后以 X_4 为中心，以半径 $\varepsilon=2.5\mathrm{cm}$ 画一个圆（图 10-22 右边第 1 个圆），该圆内包含 9 个点，即 X_4 的 ε-邻域满足密度要求，亦即 X_4 是核心点，因此，从 X_4 到 Y 是直接密度可达的。

因此，根据定义 10-6，从 X 到 Y 关于 $(\varepsilon,\mathrm{MinPts})$ 是密度可达的。

结合此例可以发现，定义 10-6 中的 $X_1,X_2,\cdots,X_{n-1}$ 都必须是核心点，仅有 X_n 可以不是核心点。

定义 10-7 对于任意 $Y,Z\in S$，如果存在 $X\in S$，使从 X 到 Y，从 X 到 Z 都是关于 $(\varepsilon,\mathrm{MinPts})$ 密度可达的，则称 Y 和 Z 关于 $(\varepsilon,\mathrm{MinPts})$ 是密度相连的。

例 10-10 对图 10-23 中的点 Y 和 Z，如果密度参数 $\varepsilon=2.5\mathrm{cm}$ 且 $\mathrm{MinPts}=8$，请说明 Y 和 Z 关于 $(\varepsilon,\mathrm{MinPts})$ 是密度相连的。

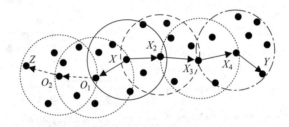

图 10-23 从 X 到 Y 是关于 $(\varepsilon,\mathrm{MinPts})$ 密度相连的

解：观察图 10-23 可以发现，从 X 到 Y 的右边部分就是图 10-22，因此，从 X 到 Y 关于 $(\varepsilon,\mathrm{MinPts})$ 是密度可达的。同样，使用类似于例 10-9 的分析方法可知，从 X 到 Z 关于 $(\varepsilon,\mathrm{MinPts})$ 也是密度可达的。因此，根据定义 10-7 可知，Y 和 Z 关于 $(\varepsilon,\mathrm{MinPts})$ 是密度相连的。

从图 10-23 可以看出，除了 Y 和 Z 可以不是核心点以外，处于中间的 X_1、X_2、X_3、X_4 和 O_1、O_2 等都是核心点。

定义 10-8 设有对象集 S，若它的非空子集 C_0 满足以下条件：

（1）对于任意 $X,Y\in S$，如果 $X\in C_0$，且从 X 到 Y 关于 $(\varepsilon,\mathrm{MinPts})$ 是密度可达的，则 $Y\in C_0$；

（2）对于任意 $X,Y\in C_0$，X 和 Y 关于 $(\varepsilon,\mathrm{MinPts})$ 是密度相连的。

则称 C_0 是一个关于密度 $(\varepsilon,\mathrm{MinPts})$ 的簇，简称 C_0 是基于密度的簇。

从定义 10-8 可知，一个基于密度的簇是基于密度可达性的最大的密度相连对象的集合。

定义 10-9 对于任意 $Y\in S$，若 Y 不是关于密度 $(\varepsilon,\mathrm{MinPts})$ 的核心点，但存在核心点 X，使 $Y\in\varepsilon(X)$，则称 Y 为 S 边界点。

定义 10-10 对于任意 $Y\in S$，如果 Y 既不是关于密度 $(\varepsilon,\mathrm{MinPts})$ 核心点，也不是边界点，则称 Y 为 S 关于密度 $(\varepsilon,\mathrm{MinPts})$"噪声"点，简称 Y 为 S 的噪声点。

从定义 10-10 可知，S 的一个对象 Y 是否为噪声点，完全与给定的密度$(\varepsilon, \text{MinPts})$相关。一般地说，若 Y 关于$(\varepsilon, \text{MinPts})$为噪声点，则只要让 ε 足够大，或适当减小 MinPts，就可以使 Y 不再是噪声点。

根据以上定义，我们可以得出以下两个有用的定理。

定理 10-1 对于任意 $X \in S$，如果 X 是一个核心点，即 $|\varepsilon(X)| \geqslant \text{MinPts}$，则集合

$$C_X = \{Y | Y \in S \text{ 且从 } X \text{ 到 } Y \text{ 关于}(\varepsilon, \text{MinPts})\text{是密度可达的}\}$$

称为 S 上一个关于密度$(\varepsilon, \text{MinPts})$的簇。

此定理其实是一个关于密度$(\varepsilon, \text{MinPts})$的簇的生成方法，即由核心对象 X 及其所有从 X 密度可达对象 Y 所构成的集合，就是一个关于密度$(\varepsilon, \text{MinPts})$的簇，我们将其称为由核心对象 X 生成的簇。

定理 10-2 设 C_o 为一个关于密度$(\varepsilon, \text{MinPts})$的簇，$X \in C_o$ 且 $|\varepsilon(X)| \geqslant \text{MinPts}$，则

$$C_o = \{Y | Y \in S \text{ 且从 } X \text{ 到 } Y \text{ 关于}(\varepsilon, \text{MinPts})\text{是密度可达的}\}$$

此定理进一步说明，一个关于密度$(\varepsilon, \text{MinPts})$的簇 C_o，都等同于它的任一核心对象 X 生成的簇。

10.4.2 算法描述

DBSCAN 算法的基本思想就利用定理 10-1，即通过检查数据集 S 中每个点 X 的 ε-邻域 $\varepsilon(X)$ 来寻找一个由 X 生成的簇。对于每一个 $X \in S$，如果有 $\varepsilon(X) \geqslant \text{MinPts}$，则创建一个以 X 为核心点的新簇，并将从 X 密度可达的所有对象并入这个新簇，直到没有任何新的点可以添加到这个簇时，才开始检查 S 中下一个点，直到 S 中的每个点都已经检查完毕。在这个过程中，如果后面检查的某些点已经属于前面某个已经生成的簇，则无须对该点再生成新簇。

算法 10-7：DBSCAN 算法

输入：数据对象集 $S = \{X_1, X_2, \cdots, X_n\}$ 和密度$(\varepsilon, \text{MinPts})$

输出：达到密度要求的聚类 $C = \{C_1, C_2, \cdots, C_k\}$

(1) $C = \varnothing$

(2) REPEAT

(3) 从数据集 S 中抽取一个未处理过的对象 X_u。

(4) 如果 X_u 是核心对象且 X_u 不在 C 的任何簇中，则将 X_u 连同从它出发密度可达的所有对象形成簇 C_u，并令 $C = C \cup \{C_u\}$

(5) 否则转第(2)步

(6) UNTIL 所有对象都被处理

图 10-24 DBSCAN 聚类算法

10.4.3 计算实例

例 10-11 设数据集 S 共有 12 个对象（见表 10-8），给定密度$(\varepsilon = 1, \text{MinPts} = 4)$。试用 DBSCAN 算法对其进行聚类。

表 10-8 已知数据集 S

id	A_1	A_2	id	A_1	A_2
X_1	1	0	X_7	4	1
X_2	4	0	X_8	5	1
X_3	0	1	X_9	0	2
X_4	1	1	X_{10}	1	2
X_5	2	1	X_{11}	4	2
X_6	3	1	X_{12}	1	3

解：为了方便理解算法的计算步骤，现将 S 中 12 个对象及其相对位置展示在平面上（见图 10-25）。

按照算法步骤，依次选择 S 中的点 X_i，并检查它是否为关于密度($\varepsilon=1$，MinPts$=4$)的核心点，如果是则将 $X_i(i=1,2,\cdots,12)$ 以及所有从它密度可达的点形成一个新簇。其详细计算过程描述如下：

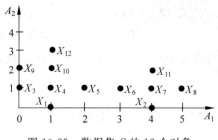

图 10-25 数据集 S 的 12 个对象及其相对位置

第 1 步，在 S 中选择一点 X_1，由于以 X_1 为中心，$\varepsilon=1$ 半径的圆内仅包含 2 个点 $\{X_1,X_4\}$，即 $\varepsilon(X_1)=2<$ MinPts，因此它不是核心点，继续选择下一个点。

第 2 步，在 S 中选择一点 X_2，由于以 X_2 为中心，$\varepsilon=1$ 为半径的圆内仅包含 2 个点 $\{X_2,X_7\}$，即 $\varepsilon(X_2)=2<$ MinPts，因此它也不是核心点，继续选择下一个点。

第 3 步，在 S 中选择一点 X_3，由于以 X_3 为中心，$\varepsilon=1$ 为半径的圆内仅包含 3 个点 $\{X_3,X_4,X_9\}$，即 $\varepsilon(X_3)=3<$ MinPts，因此它也不是核心点，继续选择下一个点。

第 4 步，在 S 中选择一点 X_4，由于以 X_4 为中心，$\varepsilon=1$ 为半径的圆内仅包含 5 个点 $\{X_1,X_3,X_4,X_5,X_{10}\}$，即 $\varepsilon(X_4)=5\geqslant$ MinPts，因此它是关于密度($\varepsilon=1$，MinPts$=4$)的一个核心点，寻找从它出发密度可达的点，其中直接密度可达 4 个，密度可达 3 个，因此，得到以核心点 X_4 出发密度可达的所有对象形成的簇，记作 $C_1=\{X_1,X_3,X_4,X_5,X_9,X_{10},X_{12}\}$。按算法步骤继续选择下一个点。

第 5 步，在 S 中选择一点 X_5，由于 X_5 已在簇 C_1 中，因此无需判断是否为核心点，继续选择下一个点。

第 6 步，在 S 中选择一点 X_6，由于以 X_6 为中心，$\varepsilon=1$ 为半径的圆内仅包含 3 个点，即 $\varepsilon(X_6)=3<$ MinPts，因此它不是核心点，继续选择下一个点。

第 7 步，在 S 中选择一点 X_7，由于以 X_7 为中心，$\varepsilon=1$ 为半径的圆内仅包含 5 个点，即 $\varepsilon(X_7)=5\geqslant$ MinPts，因此它是关于密度($\varepsilon=1$，MinPts$=4$)的一个核心点，寻找从它出发密度可达的点，可得到以核心点 X_7 出发密度可达的所有对象形成的簇，记作 $C_2=\{X_2,X_6,X_7,X_8,X_{11}\}$。按算法步骤继续选择下一个点。

第 8 步，在 S 中选择一点 X_8，由于 X_5 已在簇 C_2 中，因此无需判断是否为核心点，继续选择下一个点。

第 9 步，在 S 中选择一点 X_9，由于 X_9 已在簇 C_1 中，因此，继续选择下一个点。

第 10 步,在 S 中选择一点 X_{10},由于 X_{10} 已在簇 C_1 中,因此,继续选择下一个点。

第 11 步,在 S 中选择一点 X_{11},由于 X_{11} 已在簇 C_2 中,因此,继续选择下一个点。

第 12 步,在 S 中选择一点 X_{12},由于 X_{12} 已在簇 C_1 中,且 S 中点已经全部检查完毕,因此,输出聚类 $C=\{C_1,C_2\}$ 而结束,其中

$$C_1=\{X_1,X_3,X_4,X_5,X_9,X_{10},X_{12}\}, \quad C_2=\{X_2,X_6,X_7,X_8,X_{11}\}$$

将以上计算过程汇总于表 10-9,可帮助我们总体上把握 DBSCAN 算法计算的关键步骤。

表 10-9 DBSCAN 算法的执行过程总结

步骤	选择对象 X_i	$\varepsilon(X_i)$ 中对象数	X_i 生成的簇
(1)	X_1	2	无
(2)	X_2	2	无
(3)	X_3	3	无
(4)	X_4	5	$C_1=\{X_1,X_3,X_4,X_5,X_9,X_{10},X_{12}\}$
(5)	X_5	3	已在一个簇 C_1 中
(6)	X_6	3	无
(7)	X_7	5	$C_2=\{X_2,X_6,X_7,X_8,X_{11}\}$
(8)	X_8	2	已在一个簇 C_2 中
(9)	X_9	3	已在一个簇 C_1 中
(10)	X_{10}	4	已在一个簇 C_1 中
(11)	X_{11}	2	已在一个簇 C_2 中
(12)	X_{12}	2	已在一个簇 C_1 中

10.4.4 算法的性能分析

DBSCAN 需要对数据集中的每个点进行考察,通过检查每个点的 ε 邻域来寻找聚类。如果某个点 X 为核心对象,则创建一个以该点 X 为核心对象的新簇,该簇包括核心对象 X 以及从 X 出发密度可达的所有点。如果 S 中有 n 个对象,则其时间复杂性是 $O(n^2)$。

DBSCAN 算法将达到或超过密度 $(\varepsilon,\text{MinPts})$ 生成的区域划分为簇,并可以在带有"噪声"的数据集中发现任意形状的簇,形成 S 的一个部分聚类。

值得注意的是,DBSCAN 算法对用户定义的密度 $(\varepsilon,\text{MinPts})$ 参数是敏感的,即 ε 和 MinPts 的设置将直接影响聚类的效果。两个参数的设置稍有不同,就可能导致完全不同的聚类结果。

10.5 聚类的质量评价

聚类分析是将一个数据集分解成若干个子集,每个子集称为一个簇,所有子集形成的集合称为该对象集的一个聚类。一个好的聚类算法应该产生高质量的簇和高质量的聚类,即簇内相似度总体最高,同时簇间相似度总体最低。鉴于许多聚类算法,包括 k-平均算法、DBSCAN 算法等都要求用户事先指定聚类中簇的数目 k,因此,下面首先讨论 k 的简单估计方法。

10.5.1　簇的数目估计

许多聚类算法,比如 k-平均算法,甚至 DIANA 算法等,都需要事先指定簇的数目 k,并且 k 的取值会极大地影响聚类的质量,然而事先确定簇的数目 k 并非易事。

我们可以先考虑两种极端情况:

(1) 把整个数据集 S 当作一个簇,即令 $k=1$,这样做看上去既简单又方便,但这种聚类分析结果没有任何价值。

(2) 把数据集 S 的每个对象当作一个簇,即令 $k=|S|=n$,这样就产生了粒度最细的聚类,因为每个簇只有一个点,即每个簇都不存在簇内差异,簇内相似度因此达到最高,就应该算是最准确的聚类结果了。但这种一个对象一个簇的聚类,并不能提供任何关于数据集 S 的概括性描述。

由此可知,簇的数目 k 至少应该满足 $2 \leqslant k \leqslant n-1$,但簇数 k 具体取什么值最为恰当仍然是含糊不清的。一般认为,k 的取值可以通过数据集分布的形状和尺度,以及用户要求的聚类分辨率来进行估计,且学者们已经有许多不同的估计方法,比如肘方法(elbow method)、交叉验证法以及基于信息论的方法等,有兴趣的读者可以阅读参考文献[4]的相关章节。

一种简单而常用的 k 值经验估计方法认为,对于具有 n 个对象的数据集,其聚类的簇数 k 取 $\sqrt{\dfrac{n}{2}}$ 为宜。这时,在平均期望情况下每个簇大约有 $\sqrt{2n}$ 个对象。在此基础上,有人提出了进一步的附加限制,即簇数 $k < \sqrt{n}$。

比如,设 $n=8$,则簇数取 $k=2$ 为宜。那么平均情况下每个簇有 4 个点,而由附加经验公式有 $k < 2.83$。利用这两个关于簇数 k 的经验公式,似乎也从一个侧面说明,例 10-5 中 $k=2$ 是最恰当的簇数。

10.5.2　外部质量评价

如果我们已经很好地通过估计得到了聚类的簇数 k,就可以使用一种或多种聚类方法,比如 k-平均算法,凝聚层次算法或者 DBSCAN 算法等对已知数据集进行聚类分析,并得到多种不同的聚类结果。现在的问题是哪一种方法的聚类结果更好一些,或者说,如何比较由不同方法产生的聚类结果,这就是聚类的质量评价。

目前,对聚类的质量评价已有许多方法可供选择,但一般可以分为两大类,即外部(extrinsic)质量评价和内部(intrinsic)质量评价。

外部质量评价假设数据集已经存在一种理想的聚类(通常由专家构建),并将其作为常用的基准方法与某种算法的聚类结果进行比较,其比较评价主要有聚类熵和聚类精度两种常用方法。

1. 聚类熵方法

假设数据集 $S=\{X_1, X_2, \cdots, X_n\}$,且 $T=\{T_1, T_2, \cdots, T_m\}$ 是由专家给出的理想标准聚类,而 $C=\{C_1, C_2, \cdots, C_k\}$ 是由某个算法关于 S 的一个聚类,则对于簇 C_i 相对于基准聚类 T 的聚类熵定义为

$$E(C_i \mid T) = -\sum_{j=1}^{m} \frac{\mid C_i \bigcap T_j \mid}{\mid C_i \mid} \log_2 \frac{\mid C_i \bigcap T_j \mid}{\mid C_i \mid} \tag{10-20}$$

而 C 关于基准 T 的整体聚类熵定义为所有簇 C_i 关于基准 T 的聚类熵的加权平均值,即

$$E(C) = \frac{1}{\sum\limits_{i=1}^{k} \mid C_i \mid} \sum_{i=1}^{k} \mid C_i \mid \times E(C_i \mid T) \tag{10-21}$$

聚类熵方法认为,$E(C)$ 值越小,其聚类 C 相对于基准 T 的聚类质量就越高。

值得注意的是,公式(10-21)的右端第 1 项的分母 $\sum\limits_{i=1}^{k} \mid C_i \mid$ 是每个簇中元素个数之和,且不能用 n 去替换。因为,只有当 C 是一个划分聚类时,分母才为 n,而一般的聚类方法,比如 DBSCAN 的聚类,其分母可能小于 n。

2. 聚类精度

聚类精度(precision)评价的基本思想是使用簇中数目最多的类别作为该簇的类别标记,即对于簇 C_i,如果存在 T_j 使 $\mid C_i \bigcap T_j \mid = \max\{\mid C_i \bigcap T_1 \mid, \mid C_i \bigcap T_2 \mid, \cdots, \mid C_i \bigcap T_m \mid\}$,则认为 C_i 的类别为 T_j。

因此,簇 C_i 关于基准 T 的精度定义为

$$J(C_i \mid T) = \frac{\max\{\mid C_i \bigcap T_1 \mid, \mid C_i \bigcap T_2 \mid, \cdots, \mid C_i \bigcap T_m \mid\}}{\mid C_i \mid} \tag{10-22}$$

而 C 关于基准 T 的整体精度定义为所有簇 C_i 关于基准 T 的聚类精度的加权平均值,即

$$J(C) = \frac{1}{\sum\limits_{i=1}^{k} \mid C_i \mid} \sum_{i=1}^{k} \mid C_i \mid \times J(C_i \mid T) \tag{10-23}$$

聚类精度方法认为,$J(C)$ 值越大,其聚类 C 相对于基准 T 的聚类质量就越高。

此外,一般将 $1-J(C)$ 称为 C 关于基准 T 的整体错误率。因此,聚类精度 $J(C)$ 大或整体错误率 $1-J(C)$ 小,都说明聚类算法将不同类别的对象较好地聚集到了不同的簇中,即聚类准确性高。

10.5.3　内部质量评价

内部质量评价没有已知的外在基准,仅仅利用数据集 S 和聚类 C 的固有特征和量值来评价一个聚类 C 的质量。即一般通过计算簇内平均相似度、簇间平均相似度或整体相似度来评价聚类效果。

内部质量评价与聚类算法有关,聚类的有效性指标主要用来评价聚类效果的优劣或判断簇的最优个数,理想的聚类效果是具有最小的簇内距离和最大的簇间距离,因此,聚类有效性一般都通过簇内距离和簇间距离的某种形式的比值来度量。这类指标常用有 CH 指标、Dunn 指标、I 指标、Xie-eni 指标等,本书仅简单介绍前面两种指标,以引起读者对聚类的内部质量评价问题和评价指标的关注,其他指标可以阅读文献[26]和[27]等。

1. CH 指标

CH 指标是 Calinski-Harabasz 指标的简写,它用每个簇的各点与其簇中心的距离平方和来度量类内的紧密度;再计算各个簇中心点与数据集中心点距离平方和来度量数据集的

分离度,而分离度与紧密度的比值就是 CH 指标。

设 $\overline{X}_i$ 表示簇 C_i 的中心点(均值),$\overline{X}$ 表示数据集 S 的中心点,$d(\overline{X}_i,\overline{X})$ 为 $\overline{X}_i$ 到 $\overline{X}$ 的某种距离函数,则聚类 C 中簇的紧密度定义为

$$\text{Trace}(A) = \sum_{i=1}^{k} \sum_{X_j \in C_i} d(X_j,\overline{X}_i)^2 \tag{10-24}$$

因此,$\text{Trace}(A)$ 是聚类 C 的簇内中心距离平方和之和。

而聚类 C 的分离度定义为

$$\text{Trace}(B) = \sum_{i=1}^{k} \mid C_i \mid d(\overline{X}_i,\overline{X})^2 \tag{10-25}$$

即 $\text{Trace}(B)$ 是聚类 C 的每个簇中心点到 S 的中心点距离平方的加权和。

由此,若令 $N = \sum_{i=1}^{k} \mid C_i \mid$,则 CH 指标可定义为

$$V_{\text{CH}}(k) = \frac{\text{Trace}(B)/(k-1)}{\text{Trace}(A)/(N-k)} \tag{10-26}$$

公式(10-26)一般在以下两种情况下使用:

(1) 评价两个算法所得聚类哪个更好。

假设用两个算法对数据集 S 进行聚类分析,分别得到两个不同的聚类(都包含 k 个簇),则 CH 值大者对应的聚类更好,因为 CH 值越大意味着聚类中的每个簇自身越紧密,且簇与簇之间更分散。

(2) 评价同一算法所得两个簇数不同的聚类哪个更好。

假设某个算法对于数据集 S 进行聚类分析,分别得到簇数为 k_1 和 k_2 的两个聚类,则 CH 值大的聚类结果更好,同时说明该聚类对应的簇数更恰当。因此,反复应用公式(10-26)还可以求得一个数据集 S 聚类的最佳簇数。

2. Dunn 指标

Dunn 指标使用簇 C_i 与簇 C_j 之间的最小距离 $d_S(C_i,C_j)$ 来计算簇间分离度,同时使用所有簇中最大的簇直径 $\max\{\Phi(C_1),\Phi(C_2),\cdots,\Phi(C_k)\}$ 来刻画簇内的紧密度,Dunn 指标就是前者与后者比值的最小值:

$$V_D(k) = \min_{i \neq j} \frac{d_S(C_i,C_j)}{\max\{(\Phi C_1),\Phi(C_2),\cdots,\Phi(C_k)\}} \tag{10-27}$$

从公式(10-27)容易看出,Dunn 值越大,则簇与簇之间的间隔越远,从而对应的聚类就越好。类似 CH 评价指标,Dunn 指标既可以用于评价不同算法所得聚类的优劣,也可用于评价同一算法所得包含不同簇数的聚类哪个更好,即可以用于寻求 S 的最佳簇数。

10.6　离群点挖掘

离群点(Outlier)是数据集中明显偏离大部分数据的特殊数据。本书第 8 章、第 9 章和本章前面几节介绍的分类、聚类等数据挖掘算法,其重点是发现适用于大部分数据的常规模式,因此,许多数据挖掘算法都试图降低或消除离群数据的影响,并在实施挖掘时将离群点

作为噪音而剔除或忽略掉,但在许多实际应用场合,人们怀疑离群点的偏离并非由随机因素产生,而可能是由其他完全不同的机制产生,需要将其挖掘出来特别分析利用。比如,在安全管理、风险控制等应用领域,识别离群点的模式比正常数据的模式显得更有应用价值。

10.6.1 相关问题概述

由于 Outlier 一词通常翻译为离群点,也有的翻译为异常,在英文文献中还有使用与 Outlier 含义相近的 Exception、Rare event 等单词来描述,因此,离群点在不同的应用场合就有许多的别名,如孤立点、异常点、新颖点、偏离点、例外点、噪音、异常数据等,而离群点挖掘在中文文献中又有异常数据挖掘、异常数据检测、离群数据挖掘、例外数据挖掘和稀有事件挖掘等类似术语。本书中主要使用离群点和离群点挖掘术语进行叙述。

1. 离群点的产生

一般来说,离群点产生的主要原因有以下 3 个方面:

(1) 数据来源于异常,如由于网络欺诈、网络入侵、疾病爆发和不寻常的实验结果等引起。比如,某人的住宅电话费平时都是每月 200 元左右,某月突然增加到数千元,就可能是因为被盗打或其他特殊原因所导致;某人的信用卡通常每月消费 5000 元左右,而某个月消费超过 3 万,且每笔消费都是 1999 元,则该卡极有可能是被盗刷了。

这类离群点在数据挖掘中通常都是相对有趣的,即用户比较关系的,因此是离群点挖掘研究与应用的重点之一。

(2) 数据变量固有变化引起,反映了数据分布的自然特征,如气候变化、顾客新的购买模式、基因突变等。这类离群点也是有趣的,也是离群点挖掘关注的重点领域之一。

(3) 数据测量和收集误差,主要是由于人为错误、测量设备故障或存在噪音。例如,一个学生某门课程的成绩为 −100,可能是由于程序设置默认值引起的;一个公司的高层管理人员的工资明显高于普通员工的工资看上去像是一个离群点,但却是合理的数据。

类似高层管理人员工资这样的离群点,并不能提供有趣的信息,只会降低数据及其数据挖掘的质量,因此,许多数据挖掘算法都设法消除这类离群点。

2. 离群点挖掘问题

通常,离群点挖掘问题可分解成 3 个子问题来描述。

1) 定义离群点

由于离群点与实际问题密切相关,明确定义什么样的数据是离群点或异常数据,是离群点挖掘的前提和首要任务,一般需要结合领域专家的经验知识,才能对离群点给出恰当的描述或定义。

2) 挖掘离群点

离群点被明确定义之后,用什么算法有效地识别或挖掘出所定义的离群点则是离群点挖掘的关键任务。离群点挖掘算法通常从数据能够体现的规律角度为用户提供可疑的离群点数据,以便引起用户的注意。

3) 理解离群点

对挖掘结果的合理解释、理解并指导实际应用是离群点挖掘的目标。由于离群点产生的机制是不确定的,离群点挖掘算法检测出来的"离群点"是否真正对应实际的异常行为,不可能由离群点挖掘算法来说明和解释,而只能由行业或领域专家来理解和解释说明。

3. 离群点的相对性

我们知道,离群点是数据集中明显偏离大部分数据的特殊数据,但这里的"明显"以及"大部分"都是相对的,即离群点虽然与众不同,但却具有相对性。因此,在定义和挖掘离群点时需要考虑以下几个问题。

1) 全局或局部的离群点

一个数据对象相对于它的局部近邻对象可能是离群的,但相对于整个数据集却不是离群的。例如,一位身高 1.9 米的同学在我校数学专业 1 班就是一个离群点,但当把他放在包括姚明等职业篮球员在内的全国人民中,他就算不上离群点了。

2) 离群点的数量

对于一个数据集,虽然其离群点的数量通常是未知的,但正常点的数量应该远远超过离群点的数量,即离群点的数量在大规模的数据集中所占的比例应该是较低的,一般认为离群点数应该低于 5% 甚至低于 1%。

3) 数据对象的离群因子

正是由于离群点的相对性,如果仅仅使用"是"与"否"的二值逻辑来报告对象是否为离群点,就不能反映某些对象比其他对象更加偏离群体的基本事实。因此,可以通过定义对象的偏离程度,即离群因子(Outlier Factor)或离群值得分(Outlier Score)来刻画一个数据偏离群体的程度,然后将离群因子高于某个阈值的对象过滤出来,提供给决策者或领域专家理解和解释,并在实际工作中应用。

10.6.2 基于距离的方法

基于距离的离群点检测方法认为,一个对象如果远离其余大部分对象,则它就是一个离群点。这种方法不仅原理简单而且使用方便。基于距离的离群点检测方法有多种改进方法,下面介绍的是一种基于 k-最近邻(k-Nearest Neighbour, kNN)距离的离群点挖掘方法。

1. 基本概念

定义 10-11 设有正整数 k,对象 X 的 k-最近邻距离是满足以下条件的非负实数 $d_k(X)$:

(1) 除 X 以外,至少有 k 个对象 Y 满足 $d(X,Y) \leqslant d_k(X)$。

(2) 除 X 以外,至多有 $k-1$ 个对象 Y 满足 $d(X,Y) < d_k(X)$。

其中 $d(X,Y)$ 是对象 X 与 Y 之间的某种距离函数。

一个对象的 k-最近邻的距离越大,越可能远离大部分数据对象,因此可以将对象 X 的 k-最近邻距离 $d_k(X)$ 当作它的离群因子,为此引入如下定义。

定义 10-12 令 $D(X,k) = \{Y \mid d(X,Y) \leqslant d_k(X) \wedge Y \neq X\}$,则称 $D(X,k)$ 是 X 的 k-最近邻域(Domain)。

从定义 10-12 可知,$D(X,k)$ 是以 X 为中心,距离 X 不超过 $d_k(X)$ 的对象 Y 所构成的集合。值得特别注意的是,X 不属于它的 k-最近邻域,即 $X \notin D(X,k)$。特别地,X 的 k-最

近邻域 $D(X,k)$ 包含的对象个数可能远远超过 k，即 $|D(X,k)| \geqslant k$。

定义 10-13 设有正整数 k，对象 X 的 k-最近邻离群因子定义为

$$\mathrm{OF}_1(X,k) = \frac{\sum\limits_{Y \in D(X,k)} d(X,Y)}{|D(X,k)|} \tag{10-28}$$

2. 算法描述

对于给定的数据集和最近邻距离的个数 k，我们可利用公式(10-28)计算每个数据对象的 k-最近邻离群因子，并将其从大到小排序输出，其中离群因子较大的若干对象最有可能是离群点，一般要由决策者或行业领域专家进行分析判断，它们中的哪些点真的是离群点。因此，基于距离的离群点检测算法步骤可用图 10-26 来描述。

算法 10-8 基于距离的离群点检测算法

输入：数据集 S、最近邻距离的个数 k

输出：疑似离群点及对应的离群因子降序排列表

(1) REPEAT

(2) 取 S 中一个未被处理的对象 X

(3) 确定 X 的 k-最近邻域 $D(X,k)$

(4) 计算 X 的 k-最近邻离群因子 $\mathrm{OF}_1(X,k)$

(5) UNTIL S 中每个点都已经处理

(6) 对 $\mathrm{OF}_1(X,k)$ 降序排列，并输出 $(X, \mathrm{OF}_1(X,k))$

图 10-26 基于距离的离群点检测算法

3. 计算实例

例 10-12 设有 11 个点的二维数据集 S 由表 10-10 给出，令 $k=2$，试用欧几里得距离平方计算 X_7, X_{10}, X_{11} 到其他所有点的离群因子。

表 10-10 有 11 个点的二维数据集 S

id	A_1	A_2	id	A_1	A_2
X_1	1	2	X_7	6	8
X_2	1	3	X_8	2	4
X_3	1	1	X_9	3	2
X_4	2	1	X_{10}	5	7
X_5	2	2	X_{11}	5	2
X_6	2	3			

解：为了直观地理解算法原理，我们将 S 中的数据对象展示在如图 10-27 所示的平面上。

下面分别计算指定的点和其他点的离群因子。

(1) 计算对象 X_7 的离群因子。

从图 10-27 可以看出，距离 $X_7 = (6,8)$ 最近的一个点为 $X_{10} = (5,7)$，且 $d(X_7, X_{10}) = 1.41$，而其他最近的点可能是 $X_{11} = (5,2)$，$X_9 = (3,2)$，$X_8 = (2,4)$；

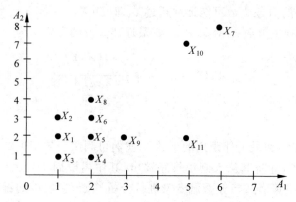

图 10-27　数据集 S 中的点在平面上的分布情况

经计算得 $d(X_7,X_{11})=6.08, d(X_7,X_9)=6.71, d(X_7,X_8)=5.66$

因为 $k=2$，所以 $d_2(X_7)=5.66$，故根据定义 10-11 得 $D(X_7,2)=\{X_{10},X_8\}$

按照公式(10-28)，X_7 的离群因子

$$\text{OF}_1(X_7,2)=\frac{\sum\limits_{Y\in N(X_7,2)}d(X_7,Y)}{|N(X_7,2)|}=\frac{d(X_7,X_{10})+d(X_7,X_8)}{2}$$

$$=\frac{1.41+5.66}{2}=3.54$$

(2) 计算对象 X_{10} 的离群因子。

从图 10-27 可以看出，距离 $X_{10}=(5,7)$ 最近的一个点为 $X_7=(6,8)$，且 $d(X_{10},X_7)=$
1.41，而其他最近的点可能是 $X_{11}=(5,2), X_9=(3,2), X_8=(2,4)$；经计算得

$$d(X_{10},X_{11})=5,\quad d(X_{10},X_9)=5.39,\quad d(X_{10},X_8)=4.24$$

因为 $k=2$，所以 $d_2(X_{10})=4.24$，故得 $D(X_{10},2)=\{X_7,X_8\}$，因此，X_{10} 的离群因子

$$\text{OF}_1(X_{10},2)=\frac{\sum\limits_{Y\in N(X_{10},2)}d(X_{10},Y)}{|N(X_{10},2)|}=\frac{d(X_{10},X_7)+d(X_{10},X_8)}{2}$$

$$=\frac{1.41+4.24}{2}=2.83$$

(3) 计算对象 X_{11} 的离群因子。

从图 10-27 可以看出，距离 $X_{11}=(5,2)$ 最近的一个点为 $X_9=(3,2)$，且 $d(X_{11},X_9)=2$，
而其他最近的点可能是 $X_4=(2,1), X_5=(2,2), X_6=(2,3)$；

经计算得 $d(X_{11},X_4)=3.16, d(X_{11},X_5)=3, d(X_{11},X_6)=3.16$。

因为 $k=2$，所以 $d_2(X_{11})=3$，故得 $D(X_{11},2)=\{X_9,X_5\}$，因此，X_{11} 的离群因子

$$\text{OF}_1(X_{11},2)=\frac{\sum\limits_{Y\in N(X_{11},2)}d(X_{11},Y)}{|N(X_{11},2)|}=\frac{d(X_{11},X_9)+d(X_{11},X_5)}{2}$$

$$=\frac{2+3}{2}=2.5$$

(4) 计算对象 X_5 的离群因子。

从图 10-27 可以看出，距离 $X_5=(2,2)$ 最近的点有 $X_1=(1,2), X_4=(2,1), X_6=$

$(2,3)$，$X_9 = (3,2)$，它们到 $d(X_5, X_i) = 1(i = 1,4,6,9)$。因为 $k = 2$，所以 $d_2(X_5) = 1$。

根据定义 10-11 得 $D(X_5, 2) = \{X_1, X_4, X_6, X_9\}$，因此，$X_5$ 的离群因子

$$\begin{aligned}
\text{OF}_1(X_5, 2) &= \frac{\sum\limits_{Y \in N(X_5, 2)} d(X_5, Y)}{|N(X_5, 2)|} \\
&= \frac{d(X_5, X_1) + d(X_5, X_4) + d(X_5, X_6) + d(X_5, X_9)}{4} \\
&= \frac{4}{4} = 1
\end{aligned}$$

类似地，可以计算得到其余对象的离群因子（见表 10-11）。

表 10-11 有 11 二维数据点离群因子排序表

id	序号	OF_1 值	id	序号	OF_1 值	id	序号	OF_1 值
X_7	1	3.54	X_8	5	1.21	X_3	9	1
X_{10}	2	2.83	X_5	6	1	X_2	10	1
X_{11}	3	2.5	X_6	7	1	X_1	11	1
X_9	4	1.27	X_4	8	1			

4. 离群因子阈值

算法 10-8 计算所有数据对象的离群因子，并按降序排列输出。按照 k-最近邻的理论，离群因子越大，越有可能是离群点。但面对所有对象的离群因子序列时，必须指定一个阈值来区分离群点和正常点，即筛选出可能的离群点集合。当然，最简单的方法就是指定离群点个数，但这种方法过于简单，有时会漏掉一些真实的离群点或者把过多的正常点也归于可能的离群点，给领域专家或决策者对离群点的理解和解释带来困难。下面介绍一种简单的离群因子分割阈值法。

它首先将离群因子降序排列，同时把数据对象按照离群因子重新编升序号。然后以离群因子 $\text{OF}_1(X, k)$ 作为纵坐标，以离群因子顺序号作为横坐标，即以（序号，OF_1 值）为点在平面上标出，并连接形成一条非增的折线，并从中找到折线急剧下降与平缓下降交叉的点对应离群因子作为阈值，离群因子小于等于这个阈值的对象为正常对象，其他就是可能的离群点。

例 10-13 对例 10-12 的数据集 S，其离群因子按降序排列与序号汇总在表 10-11 中。试根据离群因子分割阈值法找到离群点的阈值。

解： 首先以表 10-11 的（序号，OF_1 值）作为平面上的点，在平面上标出并用折线连接（图 10-28），其中横坐标是离群因子的序号，纵坐标是对应对象的离群因子。比如，图中左边第一个点为 $(1, 3.54)$，表示排在第 1 位离群因子值为 3.54，且是最大的；而图最右边一个点为 $(11, 1)$，表示排在第 11 位的离群因子值为 1，且是最小的。

然后观察图 10-28 可以发现，第 4 个点，即 $(4, 1.27)$ 左边的折线下降非常陡，而右端的折线则下降非常平缓，因此，选择离群因子 1.27 作为阈值。这样，由于 X_7、X_{10} 和 X_{11} 的离群因子分别是 3.54、2.83 和 2.5，它们都大于 1.27，因此，这 3 个点最有可能是离群点，而其余点就是普通点。再观察图 10-27 可以发现，X_7、X_{10} 和 X_{11} 的确远离左边密集的多数对象，因此，将它们当作数据集 S 的离群点是合理的。

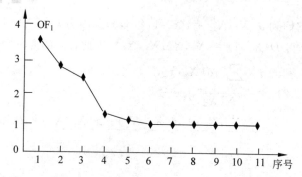

图 10-28　对应表 10-11 的点（序号，OF_1）在平面上的折线图

5. 算法评价

基于距离的离群点检测方法最大的优点是原理简单且使用方便，其不足点主要体现在以下几个方面。

（1）参数 k 的选择缺乏简单有效的方法来确定，检测结果对参数 k 敏感性程度大家也没有一致接受的分析结果。

（2）时间复杂性为 $O(|S|^2)$，对于大规模数据集缺乏伸缩性。

（3）由于使用全局离群因子阈值，在具有不同密度区域的数据集中挖掘离群点困难。

10.6.3　基于相对密度的方法

基于距离的方法一种全局离群点检查方法，但不能处理不同密度区域的数据集，即无法检测出局部密度区域内的离群点，而实际应用中数据并非都是单一密度分布的。当数据集含有多种密度分布或由不同密度子集混合而成时，类似距离这种全局离群点检测方法通常效果不佳，因为一个对象是否为离群点不仅取决于它与周围数据的距离大小，而且与邻域内的密度状况有关。

1. 相对密度的概念

从密度邻域的角度来看，离群点是在低密度区域中的对象，因此，需要引进对象的局部邻域密度及相对密度的概念。

定义 10-14　（1）一个对象 X 的 k-最近邻局部密度（density）定义为

$$\text{dsty}(X,k) = \frac{|D(X,k)|}{\sum\limits_{Y \in D(X,k)} d(X,Y)} \tag{10-29}$$

（2）一个对象 X 的 k-最近邻局部相对密度（relative density）

$$\text{rdsty}(X,k) = \frac{\sum\limits_{Y \in D(X,k)} \text{dsty}(Y,k)/|D(X,k)|}{\text{dsty}(X,k)} \tag{10-30}$$

其中 $D(X,k)$ 就是对象 X 的 k-最近邻域（定义 10-12 给出），$|D(X,k)|$ 是该集合的对象个数。

2. 算法描述

基于相对密度的离群点检测方法通过比较对象的密度与它的邻域中对象的平均密度来

检测离群点,其基本步骤是,首先根据指定的近邻个数 k,计算每个对象 X 的 k-最近邻局部密度 $\mathrm{dsty}(X,k)$,然后计算 X 的近邻平均密度,再利用它们计算 X 的 k-最近邻局部相对密度 $\mathrm{rdsty}(X,k)$,并将其作为离群因子 $\mathrm{OF}_2(X,k)$。

一个数据集由多个自然簇构成,在簇内靠近核心点的对象的相对密度接近于 1,而处于簇的边缘或是簇的外面的对象的相对密度相对较大。因此,相对密度值越大就越可能是离群点。

基于相对密度的离群点检测算法计算步骤详见图 10-29。

例 10-14 对于例 10-12 给出的二维数据集 S(详见表 10-10),令 $k=2$,试用欧几里得距离计算 X_7,X_{10},X_{11} 等对象基于相对密度的离群因子。

解: 因为 $k=2$,所以根据算法 10-9,我们需要所有对象的 2-最近邻局部密度。

(1) 找出表 10-11 中每个数据对象的 2-最近邻域 $D(X_i,2)$。

算法 10-9 基于相对密度的离群点检测算法。

输入:数据集 S;最近邻个数 k

输出:疑似离群点及对应的离群因子降序排列表

(1) REPEAT

(2) 取 S 中一个未被处理的对象 X

(3) 确定 X 的 k-最近邻域 $D(X,k)$

(4) 利用 $D(X,k)$ 计算 X 的密度 $\mathrm{dsty}(X,k)$

(5) UNTIL S 中所有对象都已经处理

(6) REPEAT

(7) 取 S 中第一个对象 X

(8) 确定 X 的相对密度 $\mathrm{rdsty}(X,k)$,并赋值给 $\mathrm{OF}_2(X,k)$

(9) UNTIL S 中所有对象都已经处理

(10) 对 $\mathrm{OF}_2(X,k)$ 降序排列,并输出 $(X,\mathrm{OF}_2(X,k))$

图 10-29 基于相对密度的离群点检测算法

按照例 10-12 的相同计算方法可得

$D(X_1,2)=\{X_2,X_3,X_5\}$, $D(X_2,2)=\{X_1,X_6\}$, $D(X_3,2)=\{X_1,X_4\}$,

$D(X_4,2)=\{X_3,X_5\}$, $D(X_5,2)=\{X_1,X_4,X_6,X_9\}$, $D(X_6,2)=\{X_2,X_5,X_8\}$,

$D(X_7,2)=\{X_{10},X_8\}$, $D(X_8,2)=\{X_2,X_6\}$, $D(X_9,2)=\{X_5,X_4,X_6\}$,

$D(X_{10},2)=\{X_7,X_8\}$, $D(X_{11},2)=\{X_9,X_5\}$

(2) 计算每个数据对象的密度 $\mathrm{dsty}(X_i,2)$:

① 计算 X_1 的密度。

由于 $D(X_1,2)=\{X_2,X_3,X_5\}$,因此经计算有 $d(X_1,X_2)=1,d(X_1,X_3)=1,d(X_1,X_5)=1$;

根据公式(10-28)得:

$$\mathrm{dsty}(X_1,2)=\frac{|N(X_1,2)|}{\displaystyle\sum_{Y\in N(X_1,2)}d(X_1,Y)}$$

$$=\frac{|N(X_1,2)|}{d(X_1,X_2)+d(X_1,X_3)+d(X_1,X_5)}$$

$$=\frac{3}{1+1+1}=1$$

② 计算 X_2 的密度。

由于 $D(X_2,2)=\{X_1,X_6\}$，因此经计算的 $d(X_2,X_1)=1,d(X_2,X_6)=1$

根据公式(10-28)得

$$\mathrm{dsty}(X_2,2)=\frac{\mid N(X_2,2)\mid}{\sum\limits_{Y\in N(X_2,2)}d(X_2,Y)}=\frac{2}{1+1}=1$$

③ 类似计算可得 X_3、X_4、X_5、X_6 的密度都是1。

④ 计算 X_7 的密度。

由于 $D(X_7,2)=\{X_{10},X_8\}$，因此经计算得

$$d(X_7,X_{10})=1.41,d(X_7,X_8)=5.66$$

根据公式(10-28)得

$$\mathrm{dsty}(X_7,2)=\frac{\mid N(X_7,2)\mid}{\sum\limits_{Y\in N(X_7,2)}d(X_7,Y)}=\frac{2}{5.66+1.41}=0.28$$

⑤ 类似计算可得 X_8、X_9、X_{10}、X_{11} 的密度，并全部汇总于表 10-12。

表 10-12　有 11 对象的二维数据集密度表

id	$\mid D(X_i,k)\mid$	dsty 值	id	$\mid D(X_i,k)\mid$	dsty 值	id	$\mid D(X_i,k)\mid$	dsty 值
X_1	3	1	X_5	4	1	X_9	3	0.78
X_2	2	1	X_6	3	1	X_{10}	2	0.35
X_3	2	1	X_7	2	0.28	X_{11}	2	0.4
X_4	2	1	X_8	2	0.83			

（3）计算每个数据对象的密度 $\mathrm{rdsty}(X_i,2)$。

根据算法 10-9，当获得每个对象的密度值后，就需要计算每个对象 X_i 的相对密度 $\mathrm{rdsty}(X_i,2)$，并将其作为离群因子 $\mathrm{OF}_2(X_i,2)$。

① 计算 X_1 的相对密度；

利用表 10-12 中每个对象的密度值，根据相对密度公式(10-30)有

$$\mathrm{rdsty}(X_1,2)=\frac{\sum\limits_{Y\in N(X_1,2)}\mathrm{dsty}(Y,2)/\mid N(X_1,2)\mid}{\mathrm{dsty}(X_1,2)}$$

$$=\frac{(1+1+1)/3}{1}=1=\mathrm{OF}_2(X_1,2)$$

② 类似计算可得 X_2、X_3、X_4 的密度都是1；

③ 计算 X_5 的相对密度。

利用表 10-12 中每个对象的密度值，根据相对密度公式(10-30)有

$$\mathrm{rdsty}(X_5,2)=\frac{\sum\limits_{Y\in N(X_5,2)}\mathrm{dsty}(Y,2)/\mid N(X_5,2)\mid}{\mathrm{dsty}(X_5,2)}$$

$$=\frac{(1+1+1+0.79)/4}{1}=0.95$$

$$=\mathrm{OF}_2(X_5,2)$$

④ 类似计算可得 X_6、X_7、X_8、X_9、X_{10}、X_{11} 的密度，其结果汇总于表 10-13。

表 10-13　有 11 对象的二维数据集相对密度表

id	rdsty 值	id	rdsty 值	id	rdsty 值
X_1	1	X_5	0.95	X_9	1.28
X_2	1	X_6	0.94	X_{10}	1.57
X_3	1	X_7	2.09	X_{11}	2.23
X_4	1	X_8	1.21		

例 10-15　设有如表 10-14 所示的数据集，请用欧式距离对 $k=2,3,5$，计算每个点的 k-最近邻局部密度，k-最近邻局部相对密度（离群因子 OF_2）以及基于 k-最近邻距离的离群因子 OF_1。

表 10-14　有 16 对象的二维数据集 S

id	A_1	A_2	id	A_1	A_2	id	A_1	A_2
X_1	35	90	X_7	145	165	X_{13}	160	160
X_2	40	75	X_8	145	175	X_{14}	160	170
X_3	45	95	X_9	150	170	X_{15}	50	240
X_4	50	80	X_{10}	150	170	X_{16}	110	185
X_5	60	96	X_{11}	155	165			
X_6	70	80	X_{12}	155	175			

解：（1）为了便于理解，可将 S 的点的相对位置在二维平面标出（见图 10-30）。

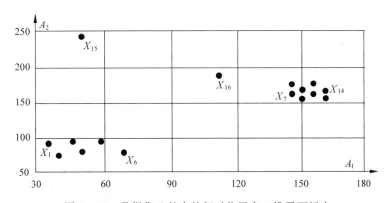

图 10-30　数据集 S 的点的相对位置在二维平面标出

（2）分别利用基于距离和相对密度的算法 10-8 和 10-9，计算每个对象的 k-最近邻局部密度 dsty、k-最近邻局部相对密度（离群因子 OF_2）以及基于 k-最近邻距离的离群因子 OF_1，其结果汇总于表 10-15。

（3）简单分析。

① 从图 10-30 可以看出，X_{15} 和 X_{16} 是 S 中两个明显的离群点，基于距离和相对密度的方法都能较好地将其挖掘出来；

② 从这个例子来看，两种算法对 k 没有预想的那么敏感，也许是离群点 X_{15} 和 X_{16} 与其他对象分离十分明显的缘故。

表 10-15　当 $k=2$、3、5 时的 dsty、OF_1 和 OF_2 的比较

id	$k=2$			$k=3$			$k=5$		
	dsty	OF_2	OF_1	dsty	OF_2	OF_1	dsty	OF_2	OF_1
X_1	0.07	1.01	13.50	0.07	1.01	15.01	0.05	1.05	21.43
X_2	0.07	1.00	13.50	0.06	1.08	15.87	0.05	1.05	21.40
X_3	0.08	0.86	13.11	0.07	0.89	14.01	0.05	0.87	18.36
X_4	0.07	1.01	13.50	0.07	1.01	15.01	0.06	0.78	16.78
X_5	0.06	1.18	17.59	0.06	1.07	17.59	0.05	1.05	21.50
X_6	0.05	1.27	19.43	0.04	1.47	22.67	0.04	1.37	26.97
X_7	0.14	1.25	7.07	0.12	1.31	8.54	0.10	1.36	9.66
X_8	0.14	1.25	7.07	0.12	1.31	8.54	0.10	1.36	9.66
X_9	0.18	0.84	5.66	0.18	0.79	5.66	0.18	0.71	5.66
X_{10}	0.18	0.84	5.66	0.18	0.79	5.66	0.18	0.71	5.66
X_{11}	0.14	1.08	7.07	0.14	0.98	7.07	0.12	1.03	8.05
X_{12}	0.14	1.17	7.07	0.14	1.10	7.07	0.12	1.15	8.24
X_{13}	0.12	1.21	8.54	0.09	1.72	11.34	0.08	1.74	12.83
X_{14}	0.14	1.00	7.07	0.11	1.28	8.83	0.11	1.20	8.83
X_{15}	0.01	**8.23**	**98.25**	0.01	**9.14**	**105.85**	0.01	**13.14**	**112.33**
X_{16}	0.03	**5.42**	**38.96**	0.02	**5.96**	**40.54**	0.02	**5.68**	**41.65**

③ 从表 10-15 看出,不管 k 取 2、3 或 5,X_1 所在区域的 dsty 值都明显低于 X_7 所在区域的 dsty 值,这与图 10-30 显示的区域密度一致。但两个区域的相对密度值 OF_2 却几乎没有明显的差别。这是相对密度的性质决定的,即对于均匀分布的数据点,其核心点相对密度都是 1,而不管点之间的距离是多少。

10.7　其他聚类方法

本章前面几节介绍的 k-平均算法、k-中心点算法、层次聚类方法、密度聚类方法等,都是实际应用中最为常见的经典聚类方法,特别是 k-平均算法、DBSCAN 等都是许多其他聚类算法的基础。聚类分析是数据挖掘中最为活跃的研究领域之一,且有着丰富的内容和研究结果。本节首先简要介绍一些针对前面算法的改进算法,以及利用其他理论提出的聚类方法,为我们进一步设计更多更好的聚类方法指出了新的研究方向。

1. 改进的聚类算法

k-模(k-modes)算法是针对 k-平均算法仅适合数值属性的限制,实现对离散数据快速聚类而提出的。它在保留了 k-平均算法高效率的同时,将 k-平均算法的应用范围扩大到了离散数据集。由于 k-模算法采用简单 0-1 匹配方法来计算同一离散属性下两个属性值之间的距离,弱化了序数属性取值之间的差异性,即不能充分反映同一序数属性下两个属性值之间的真实距离,还有进一步改进和完善的空间。

k-prototype(k-原型)算法结合了 k-平均算法与 k-模算法的优点,可以对具有离散和数值两类属性(称为混合属性)的数据集进行聚类。k-原型算法针对数据集的混合属性,首先

对数据集的离散属性采用 k-模算法计算对象 X 与 Y 之间的距离 $d_1(X,Y)$,对数值属性采用 k-平均算法中的方法计算对象之间的距离 $d_2(X,Y)$,最后利用加权方法,即以 $\alpha d_1(X,Y)+(1-\alpha)d_2(X,Y)$ 作为数据集中对象 X 与 Y 之间的距离 $d(X,Y)$,其中 $\alpha \in [0,1]$ 是权重系数,通常可取 $\alpha=0.5$。如果认为离散属性更重要,则增加权系数 α,否则就减少 α 的值。当 $\alpha=0$ 时,k-原型算法就是 k-平均算法,可对纯数值属性数据集进行聚类;而当 $\alpha=1$ 时,k-原型算法就是 k-模算法,可完成对纯离散属性数据集的聚类任务。第 11 章将详细地叙述 k-原型算法及其有关的改进算法。

BIRCH 算法,全称为 Balanced Iterative Reducing and Clustering Using Hierarchies,即利用层次方法的平衡迭代归约和聚类,是一个综合的层次聚类方法。它用聚类特征(Clustering Features,CF)和聚类特征树(CF Tree,类似于 B-树)来概括描述聚类的簇 C_i,其中 $CF_i=(n_i,LS_i,SS_i)$ 是一个三元组,n_i 是簇中对象的个数,LS_i 是 n_i 个对象分量的线性和,SS_i 是 n_i 个对象分量的平方和。利用聚类特征 CF 可以方便地进行簇的中心、半径、直径及簇内、簇间距离的计算。

BIRCH 算法通过一次扫描就可以进行较好的聚类。由于其计算复杂度是 $O(|S|)$,因此可高效地处理大量数据集,其不足之处在于仅处理数值属性的数据集,而对于非球形的簇,其聚类挖掘效果不佳。

CURE(Clustering Using Representatives,使用多个代表的聚类)算法,是对 k-平均算法的另一种改进。很多聚类算法只擅长聚类球形的簇,而有些聚类算法对孤立点又比较敏感。CURE 算法为了解决上述两方面的问题,改变了 k-平均算法用簇中心和 k-中心点算法用单个具体对象代表一个簇的传统方法,而是选用簇中多个代表对象来表示一个簇,使其可以适应非球形簇的聚类,并降低了噪声对聚类的影响。CURE 算法不仅对含有孤立点的数据集聚类效果很好,而且能识别非球形和大小变化比较大的簇,其计算复杂性为 $O(n)$,因此对大数据集也有很好的伸缩性,其不足之处在于仅能处理纯数值属性的数据集。

ROCK(RObust Clustering using linK)算法,就是针对二元或分类属性数据集而提出的一个聚类算法,文献[28]对 BIRCH、CURE 和 ROCK 算法进行了简单评述,并指出了具体的参考文献,可供有兴趣的读者参考阅读。

OPTICS(Ordering Points To Identify the Clustering Structure)算法,是为降低 DBSCAN 算法对密度(ε,MinPts)参数的敏感性而提出的。它并不显示的产生结果聚类,而是为聚类分析生成一个增广的簇排序(比如,以可达距离为纵轴,样本点输出次序为横轴的坐标图)。这个排序代表了各样本点基于密度的聚类结构。它包含的信息等价于从一个广泛的参数设置所获得的基于密度的聚类,换句话说,我们可以从这个排序中得到基于任何密度参数(ε,minPts)的 DBSCAN 算法的聚类结果。

2. 其他聚类新方法

针对传统聚类算法存在的缺点或不足进行改进得到新算法,是聚类算法研究中的一种常见手段,而利用一些新的理论或技术,设计基于这些理论或技术的聚类新方法则是聚类算法研究中的另一种思路[28]。下面就来简单地介绍几种聚类新方法。

1) 基于网格的聚类方法

基于网格的方法把对象空间量化为有限数目的单元格,形成一个网格结构,而每一维上分割点的位置信息存储在数组中,分割线贯穿整个空间,所有的聚类操作都在这个网格结构(即量化空间)上进行。这种方法的主要优点是它的处理速度很快,其处理速度独立于数据对象的数目,只与量化空间中每一维的单元格数目有关,但其效率的提高是以降低聚类结果的精确性为代价的。由于网格聚类算法存在量化尺度的问题,因此,通常先从小单元开始寻找聚类,再逐渐增大单元的体积,重复这个过程,直到发现满意的聚类为止。

2)基于模型的聚类方法

基于模型的方法为每一个簇假定一个模型,寻找数据对给定模型的最佳拟合。基于模型的方法通过建立反映样本空间分布的密度函数定位聚类,试图优化给定的数据和某些数据模型之间的适应性。

3)基于模糊集的聚类方法

在实践中大多数对象究竟属于哪个簇并没有严格的归属值,它们的归属值和形态存在着中介性或不确定性,适合进行软划分。由于模糊聚类分析具有描述样本归属中介性的优点,能客观地反映现实世界,成为当今聚类分析研究中的热点之一。

模糊聚类算法是基于模糊数学理论的一种非监督学习方法,是一种不确定聚类方法。模糊聚类一经提出,就得到了学术界极大关注,国内外的研究工作也十分活跃。

4)基于粗糙集的聚类方法

粗糙聚类是基于粗糙集理论的一种不确定聚类方法。从粗糙集与聚类算法的耦合来看,可以把粗糙聚类方法分为两大类:强耦合粗糙聚类和弱耦合粗糙聚类。所谓弱耦合粗糙聚类,就是粗糙集扮演着数据预处理等角色,最主要的应用就是用粗糙集的属性约简理论对进行聚类的数据集进行降维,所谓的强耦合是指利用粗糙集的上、下近似理论对聚类算法上、下近似处理。

当然,聚类分析新的研究方向远不止这些,比如,即将在第12章介绍的数据流挖掘与聚类算法,第13章介绍的不确定数据及其聚类算法、第14章介绍的量子计算与量子遗传聚类算法等等,都是近些年兴起的聚类研究前沿课题。

3. 其他离群点挖掘方法

我们在10.6节中介绍的两个方法——基于距离和相对密度的离群点挖掘方法,仅是离群点挖掘方法的两个代表,实际应用中还有很多比较成熟的离群点挖掘方法,可以从挖掘方法使用的技术类型,或利用先验知识的程度两个角度来进行分类。

1)使用技术类型

从使用的主要技术类型来看,离群点挖掘方法的类型主要有基于统计的方法、基于距离的方法、基于密度的方法、基于聚类的方法、基于偏差的方法、基于深度的方法、基于小波变换的方法、基于图的方法、基于模式的方法、基于神经网络的方法等。

2)先验知识利用

依据先验知识,即正常或离群的类别信息可利用程度,离群点挖掘方法可分为以下三种方法:

(1)无监督的离群点检测方法,即在数据集中没有任何类别标号等先验知识;

(2)有监督的离群点检测方法,即通过存在包含离群点和正常点的训练集中提取离群点的特征;

（3）半监督的离群点检测方法，训练数据包含被标记的正常数据，但是没有关于离群数据对象的信息。

习题 10

1. 给出下列与聚类分析有关的英文短语或缩写的中文名称，并简述其含义。

（1）clustering analysis

（2）cluster

（3）partitional clustering

（4）partial clustering

（5）overlapping clustering

（6）contiguity-based cluster

（7）k-means

（8）AGNES

（9）DIANA

（10）DBSCAN

（11）Outlier

2. 简述聚类算法应具备有的能力。

（1）对数据集的可伸缩能力

（2）处理混合属性的能力

（3）发现任意形状簇的能力

（4）聚类参数自适应能力

（5）噪声数据的处理能力

（6）数据输入顺序的适应能力

（7）处理高维数据的能力

（8）带约束条件的聚类能力

3. 什么是簇内距离？常见的有哪几种簇内距离？

4. 什么是簇间距离？常见的有哪几种簇间距离？

5. 设有数据集 $S=\{(1,1),(2,1),(1,2),(2,2),(4,3),(5,3),(4,4),(5,4)\}$，令 $k=3$，假设初始簇中心选取为：

①（1,1），(1,2)，(2,2)；　②(4,3)，(5,3)，(5,4)；　③(1,1)，(2,2)，(5,3)}

试分别用 k-平均算法将 S 划分为 k 个簇，并对 3 次聚类结果进行比较分析。

6. 已知数据集 S 为平面上 14 个数据点（见表 10-16），令 $k=2$ 和 $k=3$，请用 AGNES 算法分别将 S 聚类为 2 个簇和 3 个簇。

7. 对如表 10-16 所示的数据点集 S，令 $k=2$ 和 $k=3$，请用 DIANA 算法分别将 S 聚类为 2 个簇和 3 个簇。

8. 对如表 10-16 所示的数据点集 S，给定密度（$\varepsilon=1$，MinPts$=4$）。试用 DBSCAN 算法对其聚类。

表 10-16　有 14 个数据点的数据集 S

id	A_1	A_2	id	A_1	A_2
X_1	1	0	X_8	5	1
X_2	4	0	X_9	0	2
X_3	0	1	X_{10}	1	2
X_4	1	1	X_{11}	4	2
X_5	2	1	X_{12}	1	3
X_6	3	1	X_{13}	4	5
X_7	4	1	X_{14}	5	6

9. 对如表 10-16 所示的数据点集 S,令 $k=4$,试用欧几里得距离平方计算 X_{12},X_{13},X_{14} 到其他所有点的离群因子。

10. 对表 10-16 的数据集 S,试求出所有的离群因子并按降序排列,再根据离群因子分割阈值法找到离群点的阈值和所有可能的离群点。

11. 对表 10-16 的数据集 S,令 $k=4$,试用欧几里得距离计算 X_{12},X_{13},X_{14} 等对象基于相对密度的离群因子,并根据离群因子分割阈值法找到离群点的阈值和所有可能的离群点。

12. 假设距离函数采用欧式距离,对表 10-16 的数据集 S,用 $k=2,3,5$ 分别计算每个点的 k-最近邻局部密度、k-最近邻局部相对密度(离群因子 OF_2)以及基于 k-最近邻距离的离群因子 OF_1。

第 **11** 章
混合属性数据的聚类分析

一个数据集如果既包括连续属性又包括离散属性,则称其为混合属性数据集(见 7.3.4 节)。混合属性数据集中的数据对象称为混合属性数据。细心的读者可能已经发现,我们在第 10 章中学习聚类算法时,不管是 k-means 聚类算法、层次聚类算法,还是密度聚类算法,其数据集的所有属性都是数值型的。

由于混合属性数据集在包括数值属性的同时,还包括二元属性、分类属性和序数属性等多种离散属性,其数据挖掘问题,特别是聚类分析问题,是一个迄今为止都未能很好解决,且富有挑战性的研究课题。

本章主要内容来源于参考文献[29],并按照教材要求补充了大量的计算实例,以说明算法的聚类有效性和可用性。首先介绍了 k-prototypes(k-原型)算法,这是一种面向混合属性数据集的传统聚类算法。在分析它存在的主要问题基础上,介绍混合属性数据集的加权频率原型选择方法、离散属性的频率相异度计算公式和改进的 k-prototypes 算法。然后介绍一种强连通聚类融合算法和聚类融合优化算法。

11.1 混合属性数据集聚类

11.1.1 混合属性数据普遍存在

混合属性数据在现实世界中是普遍存在的。比如,一个描述大学教师特征的数据对象,可以有工龄、月薪这样的数值型属性,还可以有性别、职称、婚姻状况、岗位级别等离散属性。显然,工龄和月薪等数值属性都可以用一个实数来量化表示,因此非常容易度量不同对象在工龄和月薪的数值属性上的相异度,比如使用传统的距离函数等。而对于性别、职称、婚姻状况、岗位级别等离散属性,一般就不能用实数来进行量化。虽然教师的职称教授、副教授、讲师、助教等可以分别用 4、3、2、1 排位数来表示,但 4+1 却没有传统数值运算的实际意义。因此,原则上可以用 7.3.4 节介绍的混合属性相异度公式(7-22),作为刻画混合属性数据对象之间的相异度,并构造相应的聚类算法。但由于公式(7-22)依赖于序数属性值的排位数,因此在学术研究和实际问题中应用并不多见。比如,将教师职称的排位数重新定义为 100、70、40、20,即使同样使用公式(7-22)计算,其相异度值与前面 4、3、2、1 的相异度值比较也会有很大的差异,其聚类结果也会大相径庭。

正因为如此,学术界从未停止过对混合属性数据集聚类问题的研究,人们也希望能够根据实际问题的需求，重新定义合适的混合属性数据的相异性度量标准，以期构造出质量更佳的聚类算法。比如，k-prototypes 算法，就专门定义了一种混合属性数据的相异度计算公式。

11.1.2　k-prototypes 算法

聚类分析是一种重要的无监督学习方法，也是数据挖掘领域中的一个热门研究方向。通过聚类算法可以将相似性较高的数据对象聚集到同一个簇中。聚类的主要方法有划分聚类、层次聚类、基于密度的聚类以及基于网格的聚类（见第 10 章）等。传统的聚类算法如 k-means、DBSCAN 等只能处理数值属性的数据，因为它们通常使用距离函数来度量数据对象之间的相异性，而对于离散属性数据却无能为力。

Huang 等针对 k-means 算法无法解决混合属性数据集的聚类问题，于 1997 年提出了一种适用于混合属性数据聚类的 k-prototypes 算法[30]。基本思想是将数据集的属性分为两个部分，即设数据集 $S = \{X_1, X_2, \cdots, X_n\}$，$X_i = (x_{i1}, \cdots, x_{ir}, x_{ir+1}, \cdots, x_{id})$ 是 d 维的混合属性数据对象（见表 11-1）。

表 11-1　没有类别标号的混合属性数据集 S

数据 id	A_1	$\cdots$	A_r	A_{r+1}	$\cdots$	A_d	C
X_1	x_{11}	$\cdots$	x_{1r}	x_{1r+1}	$\cdots$	x_{1d}	?
X_2	x_{21}	$\cdots$	x_{2r}	x_{2r+1}	$\cdots$	x_{2d}	?
$\vdots$	$\vdots$	$\vdots$	$\vdots$	$\vdots$	$\vdots$	$\vdots$	?
X_i	x_{i1}	$\cdots$	x_{ir}	x_{ir+1}	$\cdots$	x_{id}	?
$\vdots$	$\vdots$	$\vdots$	$\vdots$	$\vdots$	$\vdots$	$\vdots$	?
X_n	x_{n1}	$\cdots$	x_{nr}	x_{nr+1}	$\cdots$	x_{nd}	?

不失一般性，假设前面 r 个分量（$r < d$）为离散属性，在 k-prototypes 算法中称为分类属性。后面 d-r 个分量为数值属性，则对于任意数据对象 $X, Y \in S$，它们之间的相异度定义为

$$d(X, Y) = \gamma \times d_1(X, Y) + (d_2(X, Y))^2 \tag{11-1}$$

其中，$d_1(X, Y)$ 为 X, Y 在 r 个离散属性上的相异度，k-prototypes 算法将其定义为

$$d_1(X, Y) = \sum_{j=1}^{r} \delta(x_j, y_j) \tag{11-2}$$

而 x_j, y_j 分别是数据对象 X, Y 的第 j 个分量值；如果 $x_j = y_j$，$\delta(x_j, y_j) = 0$，否则 $\delta(x_j, y_j) = 1$。

$d_2(X, Y)$ 为两个数据对象在 d-r 个数值属性上的相异度，一般选用欧几里得距离；参数 γ 是一个正实数，为离散属性部分相异度的权重，它的作用是为了调节离散属性数据相异度和数值属性数据相异度在聚类时的权重关系，通常是各个数值属性数据标准差（Standard Deviation）的平均值。

$$\gamma = \frac{1}{d-r} \sum_{j=r+1}^{d} \text{stdev}(A_j) \tag{11-3}$$

其中 $\text{stdev}(A_j) = \sum_{i=1}^{n} \sqrt{\frac{(x_{ij} - \bar{x}_j)^2}{n}}$ 为数据集 S 在数值属性 $A_j (j = r+1, r+2, \cdots, d)$ 上的标准差，

$$\bar{x}_j = \frac{1}{n} \sum_{i=1}^{n} x_{ij} \tag{11-4}$$

为数据集 S 在数值属性 A_j 上的平均值。

设 $C = \{C_1, C_2, \cdots, C_k\}$ 为 S 的一个聚类，$V_i = (v_{i1}, \cdots, v_{ir} \ v_{ir+1}, \cdots, v_{id})$ 是簇 $C_i = \{X_{i1}, X_{i2}, \cdots, X_{i|C_i|}\}$ 的簇中心，在 k-prototypes 算法中将 V_i 称为簇 C_i 的原型。

其中 $v_{ij}(j=1,2,\cdots,r)$ 是簇 C_i 在离散属性 A_j 上的原型值，它是所有对象在 A_j 上出现次数最多（频率最大）的那个属性值，可将这种离散属性原型值的选择方法称为"频率最大原型"法。

而 $v_{ij}(j=r+1,r+2,\cdots,d)$ 则是簇 C_i 所有对象在数值属性 A_j 上的平均值，由公式(11-4)针对簇 C_i 进行计算，称为平均值方法。

因此，对任意 $X \in S$，X 与簇 C_i 的相异度定义为

$$d(X, C_i) = \gamma \times d_1(X, V_i) + (d_2(X, V_i))^2 \tag{11-5}$$

其中 $d_1(X, V_i)$ 为 X 与簇 C_i 的原型 V_i 在 r 个离散属性上的相异度；$d_2(X, V_i)$ 为 X 与簇 C_i 的原型 V_i 在 $d-r$ 个数值属性上的相异度；参数 γ 的含义与公式(11-1)相同。

例 11-1 设混合属性数据集 S 的一个簇 $C_1 = \{X_1, X_2, X_3\}$（见表 11-2）。

表 11-2 簇 C_1 的数据对象和原型 V_1

id	A_1	A_2	A_3	A_4	A_5
X_1	蓝	绿	红	1	1
X_2	绿	绿	蓝	2	2
X_3	蓝	红	红	3	6
V_1	蓝	绿	红	2	3

试计算参数 γ、X_1 与 X_2 的相异度，C_1 的原型 V_1（簇中心）。现有一个数据对象 $Y = \{红, 绿, 红, 4, 5\}$，请计算 Y 与簇 C_1 的相异度。

解：（1）计算簇 C_1 的原型。

对簇 C_1 的离散属性 A_1，其 3 个对象的取值为{蓝、绿、蓝}，所以"蓝"的频率最高，作为原型 V_1 在 A_1 上的属性值，称"蓝"为簇 C_1 在属性 A_1 上的原型值；同理，"绿"作为原型 V_1 在 A_2 上的属性值，"红"作为原型 V_1 在 A_3 上的属性值。

原型 V_1 在数值属性上取值为该属性所有取值的平均值，因此，V_1 在 A_4 上的属性值为 $(1+2+3)/3 = 2$，在 A_5 上的属性值为 $(1+2+6)/3 = 3$。

故得簇 C_1 的原型 $V_1 = (蓝, 绿, 红, 2, 3)$，详见表 11-2 中最后一行。

（2）计算参数 γ。

根据 k-prototypes 算法的公式(11-3)，即参数 γ 为各个数值属性数据标准差的平均值。

簇 C_1 在属性 A_4 上的平均值为 $(1+2+3)/3 = 2$，因此其标准差为

$$\sigma(A_4) = \sqrt{\frac{(1-2)^2 + (2-2)^2 + (3-2)^2}{3}} = \sqrt{\frac{2}{3}} = 0.82$$

同理可得簇 C_1 在属性 A_5 上的平均值为 3，因此其标准差为 $\sigma(A_5) = 2.16$。

由于簇 C_1 有 2 个数值属性，所以参数 $\gamma = (0.82 + 2.16)/2 = 1.49$。

（3）计算 X_1 与 X_2 的相异度。

根据公式(11-1)，必须计算 X_1 与 X_2 在 r 个离散属性上的相异度 $d_1(X_1, X_2)$。

根据公式(11-2)有 $d_1(X_1, X_2) = \sum_{j=1}^{r} \delta(x_{1j}, x_{2j})$。

由于 X_1 的离散属性值为(蓝,绿,红),而 X_2 的离散属性值为(绿,绿,蓝),因此有

$$\delta(x_{11}, x_{21}) = \delta(蓝,绿) = 1, \delta(x_{12}, x_{22}) = \delta(绿,绿) = 0, \delta(x_{13}, x_{23}) = \delta(红,蓝) = 1,$$

故得

$$d_1(X_1, X_2) = 1 + 0 + 1 = 2$$

而 X_1 与 X_2 在数值属性上相异度为欧几里得距离的平方,因此有

$$(d_2(X_1, X_2))^2 = (1-2)^2 + (1-2)^2 = 2$$

故得

$$d(X_1, X_2) = \gamma \times d_1(X_1, X_2) + (d_2(X_1, X_2))^2 = 1.49 \times 2 + 2 = 4.98$$

(4) 计算 Y 与簇 C_1 的相异度。

根据公式(11-5),$Y = \{红,绿,红,4,5\}$ 与簇 C_1 的相异度即是 Y 与 C_1 的原型 V_1 的相异度,按照第(2)步的类似计算,可得

$$d(Y, C_1) = \gamma \times d_1(Y, V_1) + d_2(Y, V_1)$$
$$= 1.49 \times 2 + 8 = 10.98$$

综上讨论分析并对 k-means 算法进行改进,可得 k-prototypes 算法的计算步骤(见图 11-1)。

算法 11-1：k-prototypes 算法

输入：混合属性数据集 $S = \{X_1, X_2, \cdots, X_n\}$ 和正整数 k

输出：划分聚类 $C = \{C_1, C_2, \cdots, C_k\}$

(1) 初始步：从 S 中随机选择 k 个对象作为 k 个簇的原型,并将它们分别分配给 $C_1, C_2, \cdots, C_k$

(2) REPEAT

(3) 按公式(11-5)将 S 的每个对象 X_i 归入相异度 $d(X_i, C_j)$ 最小的簇 C_j

(4) 按照"频率最大原型"法重新计算每个簇 C_j 的离散属性原型,按平均值方法计算簇 C_j 的数值属性原型

(5) UNTIL 所有簇的原型不再变化

(6) 输出聚类 $C = \{C_1, C_2, \cdots, C_k\}$

图 11-1　k-prototypes 算法的计算步骤

与 k-means 算法一样,k-prototypes 算法的结果就是希望同一个簇中对象之间相异度尽可能的小,而不同簇的对象之间相异度尽可能的大。

11.1.3　k-prototypes 算法的不足

k-prototypes 算法不仅能处理数值属性,也能处理离散属性,且具有算法实现简单,效率较高的特点,但在实际应用中仍然存在不少缺点。

1. 对初始原型的选取敏感

因为 k-prototypes 算法是由 k-means 算法改进而来的,因而,它也与 k-means 算法一样,其聚类结果对于初始原型(初始中心点)的选取十分敏感。

2．分辨率低

在离散属性上仅用简单的 0 和 1 二值来衡量同一维度离散属性取值之间的相异度，而对多于两个取值的离散属性，却不能真实刻画两个对象在该分量不同取值的细节差异。比如，按照二值方法，$\delta(红, 黄) = 1$，$\delta(红, 紫) = 1$，即红与黄，红与紫的差异度相同，因为它们的差异度值都等于 1，但从人们的常识可知，红与黄的差异度远比红与紫的差异度小得多。

3．产生空簇

与 k-means 算法类似，k-prototypes 算法在聚类分析过程中也容易产生空簇（有关概念请参阅 10.2.3 节），且聚类结果随机性大、不稳定。

因此，下面将介绍一种离散属性的频率相异度（Frequency Dissimilarity），改进的 k-prototypes 算法，以及基于强连通融合的聚类融合优化算法。

11.2　改进的 k-prototypes 算法

11.2.1　加权频率最大原型

从例 11-1 可以发现，k-prototypes 算法选择一个簇的离散属性原型方法非常简单方便，然而，这种原型选取方法也存在明显的缺陷。

例 11-2　假设表 11-2 中的簇 C_1 共有 9 个数据对象，且离散属性 A_1 仅有 α, β, η 三种可能的取值（对应蓝，绿，红）。如果 9 个数据对象在属性 A_1 上的取值情况为 $\{\alpha, \beta, \alpha, \beta, \alpha, \beta, \eta, \eta, \eta\}$（见表 11-3），则 α, β, η 的取值在属性 A_1 上的频率完全一样，即 $f(\alpha) = f(\beta) = f(\eta) = 1/3$。因此，根据"频率最大原型"选择方法，$\alpha, \beta, \eta$ 都可以是属性 A_1 上的原型。因此，k-prototypes 算法只能随机地选择其中一个作为原型，但由于 k-prototypes 算法对原型的选择十分敏感，因而导致聚类结果具有随机性和不稳定性。

表 11-3　簇 C_1 在离散属性 A_1 上的取值情况

id	X_1	X_2	X_3	X_4	X_5	X_6	X_7	X_8	X_9
A_1	α	β	α	β	α	β	η	η	η

为了弥补"频率最大原型"选择方法的不足，我们提出一种"加权频率最大原型"选择方法，即在某个属性 A_1 上出现属性值最大频率相同时，则依据其他具有唯一最大频率属性取值对应的属性，比如 A_2 的最大频率取值，对属性 A_1 中的第 i 种取值的频率 $f(v_i)$ 赋予一个权重 ω_i，然后选择使 $\omega_i \times f(v_i)$ 达到最大的 v_i 作为原型。

对于某个簇 C_i，假设在属性 A_1 上有 $v_1, v_2, \cdots, v_q$ 种取值，如果 u_{max} 是属性 A_2 上频率最大的取值，则权重 $\omega_i (i = 1, 2, \cdots, q)$ 的计算公式如下：

$$\omega_i = \max \frac{\text{count}(A_1 = v_i, A_2 = u_{max})}{|C_i|} \tag{11-6}$$

例 11-3 假设簇 C_1 在离散属性 A_1 和 A_2 上的取值情况如表 11-4 所示。因为属性 A_1 的三个取值频率均为 $1/3$，即 $f(\alpha) = f(\beta) = f(\eta) = 1/3$，出现 A_1 的原型选择两难困境。

表 11-4 簇 C_1 在离散属性 A_1 和 A_2 上的取值情况

id	X_1	X_2	X_3	X_4	X_5	X_6	X_7	X_8	X_9
A_1	α	α	α	β	β	β	η	η	η
A_2	θ	δ	τ	δ	τ	δ	λ	δ	λ

请用"加权频率最大原型"选择方法，确定属性 A_1 的原型。

解：从表 11-4 可知，属性 A_2 上频率最高的取值是 δ；

因为簇 C_1 中有 9 个数据对象，在属性 A_1 上有 α, β, η 共 3 种取值，假设其编号为 $1, 2, 3$，注意到 $u_{max} = \delta$ 是属性 A_2 上频率最大的取值，按照公式(11-6)计算权重系数可得

$$\omega_1 = \text{count}(\alpha, \delta) = 1/9, \quad \omega_2 = \text{count}(\beta, \delta) = 2/9, \quad \omega_3 = \text{count}(\eta, \delta) = 1/9$$

故得 $\omega_1 \times f(\alpha) = 1/27, \omega_2 \times f(\beta) = 2/27, \omega_3 \times f(\eta) = 1/27$，其最大值为 $\omega_2 \times f(\beta) = 2/27$，因此，应选 β 为属性 A_1 的原型值。

11.2.2 离散属性的频率相异度

从公式(11-2)和公式(11-5)可知，k-prototypes 算法将数据对象 X 与簇 C_i 的相异度用 X 与其原型 V_i 的相异度表示，X 的一个属性值与原型对应属性值相同则用 0 表示，否则用 1 表示。这种属性值相异度的 0/1 计算方法并不能准确地描述一个数据点与原型对应的簇中其他数据点的差异。数据点 X 是否该分配到某个簇中，不仅取决于数据点与原型之间的差别，同时也取决于数据点与簇中每个数据点的整体差异。

针对公式(11-2)的不足，我们提出一种数据对象 X 与簇 C_i 的频率相异度公式

$$d_1(X, V_i) = \sum_j^r d_f(x_j, v_{ij}) \tag{11-7}$$

其中：

(1) V_i 为簇 C_i 的离散属性原型，即簇 C_i 离散属性的中心点；

(2) x_j 表示 X 在离散属性 A_j 上的取值；

(3) v_{ij} 表示 V_i 在离散属性 A_j 上的原型值；

$$(4) \; d_f(x_j, v_{ij}) = \begin{cases} 1 + \dfrac{a_j}{N_j(v)}, & x_j \neq v_{ij} \\ 1 - \dfrac{N_f(x_j)}{N_j(v)}, & x_j = v_{ij} \end{cases} \tag{11-8}$$

其中：

① $N_j(v)$ 表示簇 C_i 在离散属性 A_j 上的不同取值个数；

② $N_f(x_j)$ 表示 x_j 在簇 C_i 的离散属性 A_j 上出现的次数，即频数；

③ 当 $N_f(x_j) > N_j(v)$ 时，$N_f(x_j)/N_j(v)$ 的值取 1；

④ 当 x_j 在 C_i 的离散属性 A_j 上出现过，则 a_j 取 0，否则取 1。

例 11-4 设 $C_1 = \{X_2, X_4, X_5\}$，$C_2 = \{X_1, X_3, X_6\}$ 为某个聚类的两个簇(见表 11-5 与表 11-6)，且根据 k-prototypes 算法可得到它们的原型，即中心点分别为 V_1 和 V_2。

表 11-5 簇 C_1 的数据对象和原型 V_1

id	A_1	A_2	A_3	A_4	A_5
X_2	蓝	绿	蓝	蓝	蓝
X_4	绿	绿	蓝	蓝	蓝
X_5	蓝	红	红	蓝	蓝
V_1	蓝	绿	蓝	蓝	蓝

表 11-6 簇 C_2 的数据对象和原型 V_2

id	A_1	A_2	A_3	A_4	A_5
X_1	绿	蓝	绿	蓝	绿
X_3	绿	绿	蓝	绿	绿
X_6	红	绿	绿	蓝	红
V_2	绿	绿	绿	蓝	绿

现有一个新的数据对象 $X=$（红,绿,红,蓝,红），请将 X 分配给最恰当的簇 C_1 或簇 C_2。

解：（1）按 k-prototypes 算法原先的相异度,即按公式(11-5)计算。

① X 与簇 C_1 的原型 V_1 在 1、3、5 分量上取值不同,故 $d_1(X_7,V_1)=1+0+1+0+1=3$

② X 与簇 C_2 的原型 V_2 在 1、3、5 分量上取值不同,故 $d_1(X_7,V_2)=1+0+1+0+1=3$

由此可知,X 与原型 V_1 和 V_2 的相异度相同,这就出现两难决策的困境,即 X 既可分配给簇 C_1,也可以分配给簇 C_2,而随机性地分配给簇 C_1 或 C_2 将导致聚类结果的随机性。

（2）按新的相异度公式(11-7)计算。

① 数据对象 X 与簇 C_1 的相异度。

第一步,X 与 V_1 在离散属性 A_1 上取值不同,即 $x_1=$"红"$\neq$"蓝"$=v_{11}$,且 C_1 在 A_1 上取"蓝"和"绿"2 种值,因此 $N_1(v)=2$,而 X 在 A_1 上的取值 $x_1=$"红"在 C_1 的属性 A_1 上没有出现过,因此 $a_1=1$。故得 $d_f(x_1,v_{11})=1+a_1/N_1(v)=1+1/2=3/2$。

第二步,X 与 V_1 在离散属性 A_2 上取值相同,即 $x_2=$"绿"$=v_{12}$,且 C_1 在 A_2 上取"红"和"绿"2 种值,因此 $N_2(v)=2$,而 X 在 A_2 上的取值 $x_2=$"绿"已在 C_1 的 A_2 上出现了 2 次,因此 $N_f(v_{12})=2$。故得 $d_f(x_1,v_{11})=1-N_f(v_{12})/N_2(v)=1-2/2=0$。

第三步,X 与 V_1 在离散属性 A_3 上取值不相同,即 $x_3=$"红"$\neq$"蓝"$=v_{13}$,且 C_1 在 A_3 上取"红"和"蓝"2 种值,因此 $N_3(v)=2$,而 X 在 A_3 上的取值 $x_3=$"红"已在 C_1 的 A_3 中出现,因此 $a_3=0$。故得 $d_f(x_3,v_{13})=1+a_3/N_3(v)=1+0/2=1$。

第四步,X 与 V_1 在离散属性 A_4 上取值相同,即 $x_4=$"蓝"$=v_{14}$,且 C_1 在 A_4 上取"蓝"1 种值,因此 $N_4(v)=1$,而 X 在 A_4 上的取值 $x_4=$"蓝"却在 C_1 的 A_4 上出现了 3 次,因此 $N_f(v_{14})=3$。由于 $N_f(v_{14})>N_4(v)$,因此令 $N_f(v_{14})/N_4(v)=1$,因此 $d_f(x_4,v_{14})=1-N_f(v_{14})/N_4(v)=1-1/1=0$。

第五步,X 与 V_1 在离散属性 A_5 上取值不相同,即 $x_5=$"红"$\neq$"蓝"$=v_{15}$,且 C_1 在 A_5 上取"蓝"这 1 种值,因此 $N_5(v)=1$,而 X 在 A_5 上的值 $x_5=$"红"却在 C_1 的 A_5 上没有出现,因此 $a_5=1$。故得 $d_f(x_5,v_{15})=1+a_5/N_5(v)=1+1/1=2$。

因此,根据公式(11-5),可得数据对象 X 与簇 C_1 的相异度

$$d_1(X,C_1)=3/2+0+1+0+2=4.5$$

② 计算数据对象 X 与簇 C_2 的相异度。

同理,可得 $d_1(X,C_2)=1+0+3/2+0+1=3.5$

因此,使用(11-7)的相异度公式,可以明确地将 X 分配到 C_2 中,不会产生两难决策困局。其实,这个分配方案也符合我们对颜色的认知常识,因为 $x_5=$ "红"与 C_1 的原型在 A_5 上值"蓝"的相异度大于 $x_5=$ "红"与 C_2 的原型在 A_5 上值"绿"的相异度。因此,采用改进后的相异度公式(11-7),能更加准确地体现数据点与簇内各个对象的总体相异度,在处理各属性取值变化不明显的数据集时,较传统方法有更好的区分能力。

11.2.3　改进的 k-prototypes 算法

将"加权频率最大原型"选择方法和离散属性的频率相异度公式(11-7),分别替代传统 k-prototypes 算法原先的"频率最大原型"法和相异度公式(11-2),就得到一个改进的 k-prototypes 算法(见图 11-2)。

算法 11-2:改进的 k-prototypes 算法

输入:混合属性数据集 $S=\{X_1,X_2,\cdots,X_n\}$ 和正整数 k

输出:划分聚类 $C=\{C_1,C_2,\cdots,C_k\}$

(1) 初始步:从 S 中随机选择 k 个对象作为 k 个簇的原型,并将它们分别分配给 $C_1,C_2,\cdots,$
　　 C_k

(2) REPEAT

(3) 将公式(11-7)代入公式(11-5),将 S 的每个对象 X_i 归入相异度 $d(X_i,C_j)$ 最小的簇 C_j

(4) 按"加权频率最大原型"法重新确定每个簇 C_j 的离散属性原型,按平均值方法计算簇
　　 C_j 的数值属性原型

(5) UNTIL 所有簇的原型不再变化

(6) 输出聚类 $C=\{C_1,C_2,\cdots,C_k\}$

图 11-2　改进的 k-prototypes 算法步骤

11.3　强连通聚类融合算法

11.3.1　聚类融合方法

除了对数值型数据聚类算法进行扩展来使之适用于混合属性数据的聚类之外,聚类融合(Clustering fusion)则是另一种解决混合属性数据集聚类问题的方法。聚类融合算法最早由 Alexander S 和 Joydeep G 于 2002 年提出。此后,赵宇等提出了一种基于聚类融合的混合属性聚类算法[18],成功将聚类融合方法用于解决混合属性数据的聚类问题。聚类融合的方法由两个基本步骤构成。

(1) 用多种不同的聚类算法对数据集进行聚类,得到不同的聚类划分;

(2) 设计一个融合函数 Γ(又称为共识函数)将得到的聚类结果进行合并,由此获得最终的聚类结果。

文献[18]给出了聚类融合算法的示意图(见图 11-3),图中的 S 为数据集,$A_i(i=1,$

$2,\cdots,m)$为m个聚类算法。若对数据集S分别使用算法$\mathcal{A}_i$进行聚类,则通常可产生m个不同的聚类$C^{(i)}(i=1,2,\cdots,m)$,即对任意两个不同的聚类$C^{(i)}=\{C_{i1},C_{i2},\cdots,C_{ik}\}$和$C^{(j)}=\{C_{j1},C_{j2},\cdots,C_{jk'}\}$($i\neq j$),则至少存在一个$p\in\{1,2,\cdots,k\}$、$q\in\{1,2,\cdots,k'\}$使$C_{ip}\neq C_{jq}$,其中$k$和$k'$可以不同,即$m$个聚类的簇数$|C^{(i)}|$可以不相等。

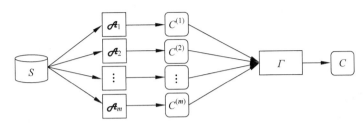

图 11-3　聚类融合算法示意图

然后再设计一个融合函数Γ,对上述m个聚类$C^{(i)}(i=1,2,\cdots,m)$进行融合,得到最终的聚类$C=\{C_1,C_2,\cdots,C_k\}$。

11.3.2　强连通聚类融合

1. 强连通的概念

根据聚类融合的思想,可以在混合属性数据集S上选择2组不同的初始原型,分别使用算法11-2(改进的k-prototypes算法)进行聚类,从而得到S的两个不同聚类$C^{(1)}$和$C^{(2)}$,其中$C^{(1)}=\{C_{11},C_{12},\cdots,C_{1k}\}$和$C^{(2)}=\{C_{21},C_{22},\cdots,C_{2k'}\}$,且至少存在一个$i\in\{1,2,\cdots,k\}$,$j\in\{1,2,\cdots,k'\}$,使$C_{1i}\neq C_{2j}$,这里假设每次执行改进的$k$-prototypes算法时,其簇数$k$和$k'$可以不相等。

如果将两个聚类的每个簇都作为图中的一个结点,并定义结点C_{1i}与C_{2j}有边邻接的充分必要条件是$C_{1i}\cap C_{2j}\neq\varnothing$,则由聚类$C^{(1)}$和$C^{(2)}$可以生成一个二部图$G=(V,E)$,其中

结点集 $V=\{C_{11},C_{12},\cdots,C_{1k},C_{21},C_{22},\cdots,C_{2k'}\}$

边集 $E=\{(C_{1i},C_{2j})\mid C_{1i}\cap C_{2j}\neq\varnothing,\text{且 }i=1,2,\cdots,k;\ j=1,2,\cdots,k'\}$

如果$C_{1i}\cap C_{2j}\neq\varnothing$且

$$\frac{\mid C_{1i}\cap C_{2j}\mid}{\mid C_{1i}\cup C_{2j}\mid} \tag{11-9}$$

的值足够大,可以推断,对于数据集S而言这两个簇应该合并为一个簇。

定义 11-1　假设$C_{1i}\in C^{(1)}$,$C_{2j}\in C^{(2)}$,且$C_{1i}\cap C_{2j}\neq\varnothing$,则称$C_{1i}$和$C_{2j}$是直接连通的,并定义结点$C_{1i}$和$C_{2j}$之间边的权值为:

$$w(C_{1i},C_{2j})=\frac{\mid C_{1i}\cap C_{2j}\mid}{\mid C_{1i}\cup C_{2j}\mid} \tag{11-10}$$

因此,根据定义11-1可以得到两个簇之间直接连通的权值矩阵

$$W(C^{(1)},C^{(2)})=(w(C_{1i},C_{2j}))_{k\times k'} \tag{11-11}$$

并得到由聚类$C^{(1)}$和$C^{(2)}$生成的加权二部图$G=(V,E)$,如图11-4所示。

例 11-5　设$k=5$,并对某数据集S执行两次改进的k-prototypes算法得到两个聚类

$$C^{(1)}=\{C_{11},C_{12},\cdots,C_{15}\}\quad\text{和}\quad C^{(2)}=\{C_{21},C_{22},\cdots,C_{25}\}$$

又假设结点 C_{1i} 和 C_{2j} 之间边的权值如表 11-7 所示(权值为零者未给出)。

表 11-7　两个聚类的簇之间权值

$w(C_{11},C_{21})$	0.25	$w(C_{14},C_{24})$	0.25
$w(C_{12},C_{21})$	0.5	$w(C_{15},C_{23})$	0.3
$w(C_{13},C_{22})$	0.5	$w(C_{15},C_{24})$	0.11
$w(C_{13},C_{23})$	0.25	$w(C_{15},C_{25})$	0.22

试画出 $C^{(1)}$ 和 $C^{(2)}$ 生成的加权二部图。

解：将 $C^{(1)}$ 和 $C^{(2)}$ 的每个簇作为一个结点,表 11-7 中权值非零则表示两个结点之间有邻接边,即它们对应的簇交集非空。由此可得由 $C^{(1)}$ 和 $C^{(2)}$ 生成的加权二部图(见图 11-4)。

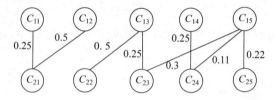

图 11-4　聚类 $C^{(1)}$ 和 $C^{(2)}$ 生成的加权二部图

定义 11-2　设 C_{1i} 和 C_{2j} 是直接连通的,对于给定的阈值 $\omega \in (0,1)$,如果

$$w(C_{1i},C_{2j}) > \omega \qquad (11\text{-}12)$$

则称 C_{1i} 和 C_{2j} 是强直接连通的。

如果令 $\omega=0.25$,则 C_{12} 与 C_{21},C_{13} 与 C_{22},C_{15} 与 C_{23} 都是强直接连通的。

定义 11-3　对于给定的阈值 $\omega \in (0,1)$ 和数据集 S 的两个聚类 $C^{(1)}=\{C_{11},C_{12},\cdots,C_{1k}\}$ 和 $C^{(2)}=\{C_{21},C_{22},\cdots,C_{2k'}\}$。假设 $C_p,C_q \in C^{(1)} \bigcup C^{(2)}$ $(p\neq q)$,若存在一个簇序列 $C_1,C_2,\cdots,$ $C_n \in C^{(1)} \bigcup C^{(2)}$,其中 $C_1=C_p,C_n=C_q$,使 C_i 与 C_{i+1} $(i=1,2,\cdots,n-1)$ 之间是强直接连通的,则称 C_p 与 C_q 为强间接连通的,并称 $C_1 \rightarrow C_2 \rightarrow \cdots \rightarrow C_n$ 为强间接连通链。

显然,如果簇 C_p 与 C_q 是强直接连通的,也可以将其看作是强间接连通的,即 $C_p \rightarrow C_q$ 是一个特殊的强间接连通链。因此,可以将强直接连通和强间接连通统称为强连通。

由定义 11-3,还可定义强间接连通链的权值

$$w(C_1,C_n) = \min\{w(C_1,C_2),w(C_2,C_3),\cdots,w(C_{n-1},C_n)\} \qquad (11\text{-}13)$$

如果两个簇 C_p 与 C_q 是强直接连通的,则根据定义 11-2,簇 C_p 与 C_q 必属于不同的聚类。如果簇 C_p 与 C_q 是强间接连通的,则它们可以来自同一个聚类,但根据定义 11-3,必存在簇序列 $C_1,C_2,\cdots,C_n(C_1=C_p,C_n=C_q)$ 是由 $C^{(1)}$ 和 $C^{(2)}$ 中的簇形成的交替序列,即如果 $C_1 \in C^{(1)}$,则 $C_1,C_3,\cdots \in C^{(1)}$,且 $C_2,C_4,\cdots \in C^{(2)}$。

如果取阈值 $\omega=0.24$,则从图 11-4 可知,$C_{11} \rightarrow C_{21} \rightarrow C_{12}$,$C_{14} \rightarrow C_{24}$ 以及 $C_{22} \rightarrow C_{13} \rightarrow C_{23} \rightarrow$ C_{15} 都是强间接连通链。

如果令阈值 $\omega=0.2$,则除了 $C_{11} \rightarrow C_{21} \rightarrow C_{12}$,$C_{14} \rightarrow C_{24}$ 以外,$C_{22} \rightarrow C_{13} \rightarrow C_{23} \rightarrow C_{15} \rightarrow C_{25}$ 也是强间接连通链。

除了人为凭经验指定阈值 ω,在实际应用中也可以通过直接连通的权值矩阵 $W(C^{(1)},$ $C^{(2)})$ 中各个权值之和的平均值来定义,即令

$$\omega = \frac{1}{k \times k'} \sum_{i=1}^{k} \sum_{j=1}^{k'} w(C_{1i}, C_{2j}) \tag{11-14}$$

2. 强连通聚类融合

定义 11-4　对 S 的两个聚类 $C^{(1)} = \{C_{11}, C_{12}, \cdots, C_{1k}\}$ 和 $C^{(2)} = \{C_{21}, C_{22}, \cdots, C_{2k'}\}$，如果 $C_i \rightarrow C_{i+1} \rightarrow \cdots \rightarrow C_j$ 是一条强间接连通链，则称 $C_i \bigcup C_{i+1} \bigcup \cdots \bigcup C_j$ 是由簇 $C_i, C_{i+1}, \cdots, C_j$ 融合的簇，记作 $C_f = C_i \bigcup C_{i+1} \bigcup \cdots \bigcup C_j$。

根据聚类融合原理、强连通和强连通聚类融合概念，就可以得到两个聚类的强连通聚类融合算法(见图 11-5)。

算法 11-3：两个簇的强连通聚类融合算法

输入：强直接连通阈值 ω，混合属性数据集 S 的两个聚类

$$C^{(1)} = \{C_{11}, C_{12}, \cdots, C_{1k}\} \text{ 和 } C^{(2)} = \{C_{21}, C_{22}, \cdots, C_{2k'}\}$$

输出：聚类融合结果 $C^{(f)} = \{C_{f1}, C_{f2}, \cdots, C_{fk''}\}$

(1) BEGIN

(2) 计算聚类 $C^{(1)}$ 与 $C^{(2)}$ 簇之间直接连通的权值矩阵

$$W(C^{(1)}, C^{(2)}) = (w(C_{1i}, C_{2j}))_{k \times k'};$$

(3) 将直接连通权值矩阵 $W(C^{(1)}, C^{(2)})$ 平均权值作为阈值 ω，遍历 $W(C^{(1)}, C^{(2)})$，找出权值大于 ω 的强连通链，假设共有 m 条

$$L_q = C_{q1'} \rightarrow C_{q2'} \rightarrow \cdots \rightarrow C_{qj'} \ (q = 1, 2, \cdots, m), \text{ 且 } C_{q1'}, C_{q2'}, \cdots, C_{qj'} \in C^{(1)} \bigcup C^{(2)}$$

(4) 融合每一条强连通链，可得簇 $C_{fq} = C_{q1'} \bigcup C_{q2'} \bigcup \cdots \bigcup C_{qj'} \ (q = 1, 2, \cdots, m)$

(5) 假设 $W(C^{(1)}, C^{(2)})$ 中有 n 个满足 $0 < w(C_{1i}, C_{2j}) \leqslant \omega$，且仅 C_{1i}(或 C_{2j})出现在某些强连通链中，而 C_{2j}(或 C_{1i})不出现在任何强连通链中。

FOR $r = 1$ TO n

对第 r 个 $0 < w(C_{1i}, C_{2j}) \leqslant \omega$，设 C_{1i} 出现在 L_1, L_2, L_3 等强连通链中，而 C_{2j} 不出现在以上强连通链中，则令 $C_{f,m+r} = C_{2j} - C_{f1} - C_{f2} - C_{f3}$

END FOR

(6) 输出 $C^{(f)} = \{C_{f1}, C_{f2}, \cdots, C_{fm}, C_{f,m+1}, C_{f,m+2}, \cdots, C_{f,m+n}\}$

(7) END

图 11-5　两个簇的强连通聚类融合算法

例 11-6　设数据集 S 的两个聚类 $C^{(1)}$ 和 $C^{(2)}$ 由例 11-5 给出，其对应的加权二部图如 11-4 所示。令 $\omega = 0.24$，试求出所有的融合簇，以及由聚类 $C^{(1)}$ 和 $C^{(2)}$ 融合生成 S 的聚类。

解：(1) 计算所有融合簇。

因为阈值 $\omega = 0.24$，因此 $C_{11} \rightarrow C_{21} \rightarrow C_{12}, C_{14} \rightarrow C_{24}, C_{22} \rightarrow C_{13} \rightarrow C_{23} \rightarrow C_{15}$ 为其强间接连通链，则可以得到 S 的 3 个融合簇：

$$C_{f1} = C_{14} \bigcup C_{24}, \quad C_{f2} = C_{11} \bigcup C_{21} \bigcup C_{12}, \quad C_{f3} = C_{22} \bigcup C_{13} \bigcup C_{23} \bigcup C_{15}$$

(2) 计算由聚类 $C^{(1)}$ 和 $C^{(2)}$ 融合生成 S 的聚类。

鉴于 $w(C_{15}, C_{24}) = 0.11, w(C_{15}, C_{25}) = 0.22$，即 $C_{15} \bigcap C_{24} \neq \varnothing, C_{15} \bigcap C_{25} \neq \varnothing$，而 C_{24} 和 C_{25} 都没有出现在包含 C_{15} 的强间接连通链中，因此令 $C_{f4} = C_{15} - C_{24} - C_{25}$。

故由 $C^{(1)}$ 和 $C^{(2)}$ 融合生成的聚类 $C^{(f)} = \{C_{f1}, C_{f2}, C_{f3}, C_{f4}\}$，且是 S 的一个划分聚类。

由此可知，两个具有 5 个簇的聚类，其融合得到的聚类 $C^{(f)}$ 包括 4 个簇。

11.3.3　聚类融合优化算法

1. 聚类质量函数

设有混合属性数据集 $S=\{X_1,X_2,\cdots,X_n\}$，$C=\{C_1,C_2,\cdots,C_k\}$ 是对 S 执行某个聚类算法得到的聚类，簇 C_i 的原型为 V_i，则聚类 C 的质量可以用以下函数来刻画

$$Q_k(C) = \sum_{i=1}^{k} \sum_{X_j \in C_i} d(X_j, V_i) \tag{11-15}$$

其中 $d(X_j,V_i)$ 是数据对象 X_j 与簇 C_i 的原型 V_i 的相异度，详见公式(11-5)，其中 $d_1(C_i,V_i)$ 由公式(11-7)计算。

显然，对于给定的 S 和 k，$Q_k(C)$ 的值越小，则聚类的效果越好。此外，对 S 的两个聚类 $C^{(1)}=\{C_{11},C_{12},\cdots,C_{1k}\}$，$C^{(2)}=\{C_{21},C_{22},\cdots,C_{2k'}\}$，如果 $k<k'$，且 $Q_k(C^{(1)})=Q_{k'}(C^{(2)})$，则聚类 $C^{(1)}$ 的效果更好。

2. 强连通聚类融合优化算法

对于混合属性数据集 S，强连通聚类融合优化算法的基本思想是，先两次调用算法 11-2(改进的 k-prototypes 算法)，得到聚类 $C^{(1)}=\{C_{11},C_{12},\cdots,C_{1k'}\}$ 和 $C^{(2)}=\{C_{21},C_{22},\cdots,C_{2k''}\}$，计算聚类质量 $Q_{k'}(C^{(1)})$，然后调用算法 11-3(两个簇的强连通聚类融合算法)，得到包含 k 个簇的融合聚类 $C^{(f)}$，并计算聚类质量 $Q_k(C^{(f)})$，如果 $(Q_k(C^{(f)})-Q_{k'}(C^{(1)}))>0$，说明聚类融合结果比先前质量还差，因此，输出聚类结果 $C^{(1)}$ 即可，否则，将 $C^{(f)}$ 记作 $C^{(1)}$，继续调用算法 11-2，得到聚类记作 $C^{(2)}=\{C_{21},C_{22},\cdots,C_{2k''}\}$ 与 $C^{(1)}$ 融合得到包含 k 个簇的 $C^{(f)}$，计算 $Q_k(C^{(f)})$ 并 $Q_{k'}(C^{(1)})$ 比较，直到 $(Q_k(C^{(f)})-Q_{k'}(C^{(1)}))>0$，即聚类融合的质量没有改善为止。其算法详细步骤请见图 11-6。

算法 11-4：强连通聚类融合优化算法
输入：混合属性数据对象集 S，参数 k，最大融合循环次数 T
输出：优化的聚类融合 $C^{(1)}=\{C_{11},C_{12},\cdots,C_{1k'}\}$
(1) 调用算法 11-2(改进的 k-prototypes 算法)，可得预聚类
　　$C^{(1)}=\{C_{11},C_{12},\cdots,C_{1k'}\}$，令 $Q_1=Q_k(C^{(1)})$；$T_0=0$
(2) 调用算法 11-2(改进的 k-prototypes 算法)得预聚类 $C^{(2)}=\{C_{21},C_{22},\cdots,C_{2k''}\}$
(3) 用 $(C^{(1)},C^{(2)})$ 调用算法 11-3(强连通聚类融合)得 $C^{(f)}=\{C_{f1},C_{f2},\cdots,C_{fk'}\}$
(4) 令 $Q_2=Q_{k'}(C^{(f)})$，$T_0=T_0+1$
(5) IF $(Q_2-Q_1)>0$ 或者 $T_0>T$ THEN 转(8)
(6) ELSE $C^{(1)}=C^{(f)}$，$Q_1=Q_2$ 转(2)
(7)　END IF
(8)　输出 $C^{(1)}$

图 11-6　强连通聚类融合优化算法

在强连通聚类融合优化算法(见图 11-6)中，每次调用算法 11-2(改进的 k-prototypes 算法)时，使用了 k、k''(每个聚类中簇的个数)这两个不同的参数符号，在实际应用中一般都是相同的。由于聚类融合所得的聚类 $C^{(f)}$ 中簇的个数 k' 可能变化。因此，为了算法描述更

加清晰,才分别使用了 k、k' 和 k'' 共 3 个参数符号。

文献[31]对于参数 k 的选择进行了研究,并给出一个常用推荐值 $k \approx n^{3/8}$;由于两个聚类的融合通常产生簇数更少的聚类,因此,算法 11-4 中预聚类使用的参数 k 和 k' 应该等于或者适当大于实际希望的聚类中簇的个数。

此外,最大融合循环次数 T 的选择,也需要结合问题实际和根据经验选择,一般来说,预聚类次数愈多,其聚类融合有可能产生更好的结果,然而,随着预聚类次数的增加,融合计算的代价也会相应上升,因此,还需要在聚类融合质量和计算代价之间进行折中。

例 11-7　设混合属性数据集 S(见表 11-8)有 20 个数据对象,它们共有 2 个数值属性,3 个离散属性。

表 11-8　有 20 个数据对象的混合属性数据集 S

id	A_1	A_2	A_3	A_4	A_5	id	A_1	A_2	A_3	A_4	A_5
序号	天气	颜色	湿度	温度	降水量	序号	天气	颜色	湿度	温度	降水量
X_1	晴	蓝	低	35	0	X_{11}	雨	红	高	11	9
X_2	晴	蓝	低	31	0	X_{12}	雨	红	高	11	10
X_3	雨	红	高	10	9	X_{13}	阴	绿	中	22	0
X_4	晴	蓝	低	32	0	X_{14}	阴	黄	中	21	0
X_5	阴	绿	中	18	0	X_{15}	晴	蓝	低	33.5	0
X_6	雨	红	高	9	10	X_{16}	雨	红	高	12	10
X_7	阴	绿	中	21	0	X_{17}	阴	黄	中	20	0
X_8	晴	蓝	低	31.5	0	X_{18}	阴	绿	中	22	0
X_9	阴	绿	中	20	0	X_{19}	雨	红	高	11	11
X_{10}	晴	蓝	低	35	0	X_{20}	阴	绿	中	19	0

试用强连通聚类融合优化算法求出 S 的聚类。

解:(1)确定聚类的簇数 k 和分类属性的权重 γ。

因为数据集共有 20 个对象,按聚类簇数 $k \approx n^{3/8} = 20^{3/8} = 3.08$ 取整得 $k = 4$,即一般应将 S 聚类为 4 个簇为宜。

根据公式(11-3),参数 γ 是数值属性 A_4 和 A_5 上的数据标准差(Standard Deviation)的平均值,计算可得 $\gamma = 6.82$;

(2)第一次分别选择 X_1, X_2, X_3, X_4 作为 4 个簇的初始原型,并执行改进的 k-prototypes 算法,可得聚类 $C^{(1)} = \{C_{11}, C_{12}, C_{13}, C_{14}\}$,其中

$$C_{11} = \{X_1, X_{10}\}, \quad C_{12} = \{X_3, X_6, X_{11}, X_{12}, X_{16}, X_{19}\}$$

$$C_{13} = \{X_5, X_7, X_9, X_{13}, X_{14}, X_{17}, X_{18}, X_{20}\}, \quad C_{14} = \{X_2, X_4, X_8, X_{15}\}$$

每个簇的原型如表 11-9 所示。

表 11-9　簇 $C_{11}, C_{12}, C_{13}, C_{14}$ 的原型

原型	A_1	A_2	A_3	A_4	A_5
V_1	晴	蓝	低	35.00	0
V_2	雨	红	高	7.00	9
V_3	阴	绿	中	20.38	0
V_4	晴	蓝	低	30.13	0

根据公式(11-15)，可得

$$Q_1 = Q_4(C^{(1)}) = 42.64$$

(3) 第二次分别选择 X_1,X_3,X_5,X_6 作为 4 个簇的初始原型，并再次执行改进的 k-prototypes 算法，可得聚类 $C^{(2)} = \{C_{21},C_{22},C_{23},C_{24}\}$，其中

$$C_{21} = \{X_1,X_2,X_4,X_8,X_{10},X_{15}\}, \quad C_{22} = \{X_3,X_{11},X_{12},X_{16}\}$$

$$C_{23} = \{X_5,X_7,X_9,X_{13},X_{14},X_{17},X_{18},X_{20}\}, \quad C_{24} = \{X_6,X_{19}\}$$

(4) 计算 $C^{(1)}$ 与 $C^{(2)}$ 的直接连通权值矩阵

$$\boldsymbol{W}(C^{(1)},C^{(2)}) = \begin{bmatrix} w(C_{11},C_{21}) & w(C_{12},C_{21}) & w(C_{13},C_{21}) & w(C_{14},C_{21}) \\ w(C_{11},C_{22}) & w(C_{12},C_{22}) & w(C_{13},C_{22}) & w(C_{14},C_{22}) \\ w(C_{11},C_{23}) & w(C_{12},C_{23}) & w(C_{13},C_{23}) & w(C_{14},C_{23}) \\ w(C_{11},C_{24}) & w(C_{12},C_{24}) & w(C_{13},C_{24}) & w(C_{14},C_{24}) \end{bmatrix}$$

$$= \begin{bmatrix} 2/6 & 0 & 0 & 4/6 \\ 0 & 4/6 & 0 & 0 \\ 0 & 0 & 1 & 0 \\ 0 & 2/6 & 0 & 0 \end{bmatrix}$$

(5) 由直接连通权值矩阵 $W(C^{(1)},C^{(2)})$ 可得聚类 $C^{(1)}$ 与 $C^{(2)}$ 生成的加权二部图(见图 11-7)，而根据公式(11-14)可计算阈值 $\omega = (2/6+4/6+2/6+1+4/6)/16 = 0.19$。

鉴于阈值 $\omega = 0.19$，可知 C_{11}-C_{21}-C_{14}，C_{22}-C_{12}-C_{24}，C_{13}-C_{23} 都是强连通链，融合后得到 3 个簇

$$C_{f1} = C_{11} \bigcup C_{21} \bigcup C_{14} = \{X_1,X_2,X_4,X_8,X_{10},X_{15}\}$$

$$C_{f2} = C_{22} \bigcup C_{12} \bigcup C_{24} = \{X_3,X_6,X_{11},X_{12},X_{16},X_{19}\}$$

$$C_{f3} = C_{13} \bigcup C_{23} = \{X_5,X_7,X_9,X_{13},X_{14},X_{17},X_{18},X_{20}\}$$

因此，聚类 $C^{(1)}$ 与 $C^{(2)}$ 的聚类融合 $C^{(f)} = \{C_{f1},C_{f2},C_{f3}\}$。

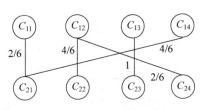

图 11-7　聚类 $C^{(1)}$ 与 $C^{(2)}$ 生成的加权二部图

根据公式(11-15)，可得 $Q_2 = Q_3(C^{(f)}) = 25.98$。

由于 $Q_2 - Q_1 < 0$，根据算法需要继续优化，因此令 $C^{(1)} = C^{(f)}$，$Q_1 = Q_2$。

(6) 第三次分别选择 $X_{10},X_{11},X_{13},X_{14}$ 作为 4 个簇的初始原型，并执行改进的 k-prototypes 算法，可得聚类 $C^{(2)} = \{C_{21},C_{22},C_{23},C_{24}\}$，其中

$$C_{21} = \{X_1,X_2,X_4,X_8,X_{10},X_{15}\}; \quad C_{22} = \{X_3,X_6,X_{11},X_{12},X_{16},X_{19}\}$$

$$C_{23} = \{X_5,X_7,X_9,X_{13},X_{18},X_{20}\}; \quad C_{24} = \{X_{14},X_{17}\}$$

(7) 计算 $C^{(1)}$ 与 $C^{(2)}$ 的直接连通权值矩阵

$$\boldsymbol{W}(C^{(1)},C^{(2)}) = \begin{bmatrix} w(C_{11},C_{21}) & w(C_{12},C_{21}) & w(C_{13},C_{21}) \\ w(C_{11},C_{22}) & w(C_{12},C_{22}) & w(C_{13},C_{22}) \\ w(C_{11},C_{23}) & w(C_{12},C_{23}) & w(C_{13},C_{23}) \\ w(C_{11},C_{24}) & w(C_{12},C_{24}) & w(C_{13},C_{24}) \end{bmatrix}$$

$$= \begin{bmatrix} 1 & 0 & 0 \\ 0 & 1 & 0 \\ 0 & 0 & 0.75 \\ 0 & 0 & 0.25 \end{bmatrix}$$

（8）由直接连通权值矩阵 $W(C^{(1)},C^{(2)})$ 可得聚类 $C^{(1)}$ 与 $C^{(2)}$ 生成的加权二部图（见图 11-8），而根据公式（11-14）可计算权重阈值 $\omega=(1+1+0.75+0.25+1)/12=0.33$。

鉴于阈值 $\omega=0.33$，因此，$C_{11}\to C_{21}$，$C_{12}\to C_{22}$，$C_{13}\to C_{23}$ 是强连通链，融合后得到 3 个簇

$$C_{f1}=C_{11}\bigcup C_{21}=\{X_1,X_2,X_4,X_8,X_{10},X_{15}\}$$
$$C_{f2}=C_{12}\bigcup C_{22}=\{X_3,X_6,X_{11},X_{12},X_{16},X_{19}\}$$
$$C_{f3}=C_{13}\bigcup C_{23}=\{X_5,X_7,X_9,X_{13},X_{14},X_{17},X_{18},X_{20}\}$$

由于 $w(C_{13},C_{24})=0.25$，C_{13} 与 C_{24} 不是强连通的，且 C_{13} 在 $C_{13}\to C_{23}$ 强连通链中，而 C_{24} 不在 $C_{13}\to C_{23}$ 强连通链中，由算法 11-3 有 $C_{f4}=C_{24}-C_{f3}=\varnothing$。

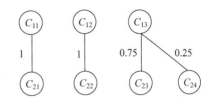

图 11-8　聚类 $C^{(1)}$ 与 $C^{(2)}$ 的加权二部图

因此，根据算法 11-4 可得聚类 $C^{(1)}$ 与 $C^{(2)}$ 的聚类融合 $C^{(f)}=\{C_{f1},C_{f2},C_{f3}\}$，并根据公式（11-14），可得 $Q_2=Q_3(C^{(f)})=25.98$。

由于 $Q_2-Q_1=0$，根据算法输出 $C^{(1)}=\{C_{11},C_{12},C_{13}\}$，即是第（5）步聚类融合所得的 $C^{(f)}$。其中

$$C_{11}=\{X_1,X_2,X_4,X_8,X_{10},X_{15}\}$$
$$C_{12}=\{X_3,X_6,X_{11},X_{12},X_{16},X_{19}\}$$
$$C_{13}=\{X_5,X_7,X_9,X_{13},X_{14},X_{17},X_{18},X_{20}\}$$

这就是算法 11-4（强连通聚类融合优化算法）对数据集 S 的聚类结果。

本章介绍的 k-prototypes 算法、改进的 k-prototypes 算法和聚类融合优化算法，在对混合属性数据集进行聚类分析时都需要为每个簇选择原型，故存在对原型选择比较敏感，聚类过程中也会出现空簇的问题。因此，提出不需要为每个簇选择原型，能够直接对混合属性数据集进行聚类分析的算法，是一个值得期待的研究结果。

习题 11

1. 举一个生活中的实际例子，说明混合数据集是普遍存在的。

2. 简述 k-means 算法与 k-prototypes 算法的关系。

3. 简述 k-prototypes 算法优点和缺点。

4. 设 $C_1=\{X_2,X_4,X_5\}$ 为某个聚类的一个簇（见表 11-5），且根据 k-prototypes 算法可得到它们的原型，即中心点为 V_1。

现有一个新的数据对象 $X=($ 蓝，红，红，绿，绿$)$，请分别按公式（11-5）和公式（11-7）计算 X 与簇 C_1 的相异度。

5. 对表 11-8 所示的数据集 S，假设 $k=4$，且初始原型为 X_1,X_3,X_5,X_6，试用改进的 k-prototypes 算法求出 S 的聚类。

第12章 数据流挖掘与聚类分析

在第 8、9、10 和 11 章介绍的关联规则、分类规则和聚类分析等数据挖掘方法,其挖掘的对象都是一个已知的静态数据集,即数据都存储在文件或数据库里,数据挖掘算法可以多次反复地读取这些数据。随着信息化技术的发展,特别是物联网,"互联网＋"的应用和普及,一种以流的形式传输的数据——数据流(Data Stream)出现在越来越多的应用领域,如股票交易、无线通信、用户搜索、交通导航、网络监控等,因此,对数据流的挖掘和分析利用,已成为国内外数据挖掘研究的前沿课题之一。

本章主要内容来源于参考文献[32],并在内容上做了适当补充和调整。首先介绍了数据流的概念、数据流挖掘的任务和数据流处理技术,如概要数据结构和时间倾斜技术等,其次,在介绍著名的两层数据流聚类框架基础上,重点介绍我们提出的三层数据流聚类框架及其数据流聚类算法设计思路,最后介绍基于三层数据流聚类框架的最优 $2k$-近邻聚类算法,并展示了一个实例和计算结果。

12.1 数据流挖掘的概念

12.1.1 数据流的定义

数据流最初是通信领域使用的概念,表示传输中信息的数字编码信号序列,但在数据挖掘领域至今还没有学界公认的精确定义。常常通过描述其主要特征方式来给出数据流的概念。比如,数据流就是以非常高的速度到达的输入数据;大量连续到达的、潜在无限的有序数据的序列就是数据流等。因此,根据以上关于数据流的描述,我们可以给出一个形象且易于理解的数据流定义。

定义 12-1 数据流就是大量连续到达的、潜在无限的有序数据序列,而且这些数据或其摘要信息只能按照数据到来的顺序被读取一次。

在网络监控、入侵检测、情报分析、金融服务、股票交易、电子商务、移动通信、卫星遥感、Web 页面访问和科学研究等众多领域中,数据都以流的形式出现,因此,可将数据流中的数据称为流数据。相较于存储在文件里的静态数据,以流形式到达的数据,即流数据具有以下特点:

(1) 数据实时到达。

类似网络监控、入侵检测、卫星遥感等环境产生的数据流,其数据都是高速实时到达的。

（2）数据量无限性。

由于数据流随着时间的推移不断到达，数据量随时间增长而不断增长，且没有增长的上限规定，因此，不可能把所有的流数据都放入内存或者存储在硬盘上。

（3）读取处理一次。

由于数据流高速实时到达，所有数据一经处理就不能被再次取出处理，或者数据经特意保存后再次读取处理，但其代价十分昂贵。

正是流数据的实时到达、数据量无上限、仅能被读取处理一次等特性，对数据流的分析处理和挖掘提出了更高的要求，即对数据流实时到达的数据，应以几近实时的方式完成复杂的分析或挖掘。

12.1.2　数据流挖掘的任务

数据挖掘从 20 世纪 90 年代提出至今，已有长足的发展并取得丰硕的研究成果，在社会各个领域的实际应用也非常成功。对数据流的挖掘研究，虽然国内外学者的研究已取得不少研究成果，但仍然是一个充满机遇和挑战的新领域。

在数据流的分析和管理系统建设方面已有多个成功的项目。国际上较有影响的两个研究机构分别是伊利诺伊大学 Jiawei Han（韩家炜）教授，以及斯坦福大学 Motwani 教授分别领导的研究小组。前者研究的主要内容是对数据流的分析，后者研究的侧重点在于数据流的管理和查询。国内也有北京大学开发的数据流系统项目——Argus，该系统实现了对数据流的实时监控。

与传统数据挖掘类似，数据流挖掘的任务也主要有以下四个方面。

1. 数据流分类规则挖掘

由于数据流与传统静态数据的差异，传统的朴素贝叶斯分类、支持向量机和决策树分类方法，以及 C4.5 算法等，一般不能直接用于数据流分类规则的挖掘。因此，人们一般根据数据流的特点，改进传统分类算法或提出新的分类方法，以便有效地解决计算机内存资源有限、数据流快速流入以及数据量无限的数据流分类规则挖掘问题。

2. 数据流关联规则挖掘

由于数据流随时间实时到达的特性，数据流关联规则挖掘一般是与时间有关的，因此，传统的关联规则挖掘算法大多不能在数据流上应用，人们常常对传统算法进行修改，并结合时间窗口技术来提出针对数据流的关联规则。例如 FP-Stream 算法就是根据传统 FP-树算法，并结合倾斜时间窗口技术提出的，专门挖掘数据流频繁项集的新算法，并解决了传统算法对时间比较敏感的问题。

3. 数据流聚类分析技术

由于数据以流的形式传输，传统的聚类算法同样不能适应数据流环境，因为数据流聚类算法需要随着数据的不断到来，能实时地给出相应的聚类结果，即应该是一种增量式聚类算法。因此，人们针对数据流的聚类问题提出了 STREAM 算法、Clustream 算法等，且不少数据流聚类算法都是在传统聚类算法基础上结合时间窗口技术改进而来的。

4. 数据流异常数据检测

数据流异常数据检测问题对应于传统离群点挖掘问题。同样由于数据流的特殊性,传统孤立点检测算法很难直接用于数据流的异常检测,通常需要对其改进才能实现数据流的异常数据检测,才能将其应用到股票交易、Web 访问等各种数据流环境。

12.2　数据流处理技术

从数据流的定义 12-1 以及流数据所具有的特性可知,数据流分析处理系统必须能够很好地解决数据流只能被读取处理一次、保障实时处理精度、数据量无限但存储空间有限 3 大关键问题。因此,人们一般通过存储数据流概要数据结构,并结合时间窗口技术等来解决数据流分析处理所面临的问题。

12.2.1　概要数据结构

为了解决数据流处理面临的 3 大关键问题,特别是数据量无限与存储空间有限的问题,人们提出了概要数据结构存储技术,比如采用抽样、直方图等技术来存储或维护在指定起止时间内(time windows,时间窗口)数据流的一个概括信息。直方图能有效地表示大数据集的轮廓,而抽样技术则利用统计学的相关理论,可以有效地得到数据流中的一些数据特征。

1. 直方图

直方图包括等宽直方图、压缩直方图、最大差异直方图、V-最优直方图等。该方法主要根据数据流中的数据分布信息将数据对象划分到一系列区间中,再以区间为单位估算各个数据对象的大小。直方图有几种延伸的方法,比如相对频率直方图、二维直方图等。

2. 抽样

抽样包括总体抽样、随机抽样、水库抽样和计数抽样等。该方法运用统计学的相关理论,提取出数据流中数据对象的相关特征。

如果使用抽样技术,就需要考虑样本容量如何选取的问题。如果选取的样本容量过大,虽然对于样本本身来说是好事,即增大了其代表性,但却相当于选择了整个数据集作为样本来使用,抵消了使用抽样技术的优势;如果选择的样本容量过小,那么该样本就可能没有足够的信息来概括整个数据集,从而导致得出错误的分析结果。

由于确定样本容量,即抽样数据量的大小是一个困难的问题,人们提出了自适应(渐进)抽样技术,这种方法的策略是先从小样本开始,然后逐渐增大其容量直到满足抽样分析任务的需求。即便如此,如何使用恰当的方法确定小样本逐渐达到满足抽样任务需求的容量平衡点也是一个需要解决的问题。

12.2.2　时间倾斜技术

虽然数据流实时到达,并有数据量无限性的特点,但在许多应用场合,用户可能更倾向于关注某一个时间段,特别是最近一段时间内到达的数据,而不是从数据流开始至今的所有流数据。这就是时间倾斜技术产生的基本原因,其技术主要包括滑动窗口、衰减函数和金字塔时间框架等。

1．滑动窗口

滑动窗口(sliding window)模型,也称时间滑动窗口,包括窗口的宽度 w 和窗口滑动的步长 λ 两个参数,两者均为正整数且满足 $w>\lambda$。

假设数据流 $S=\{X_1,X_2,\cdots\}$,其中 X_i 是时间 i 到达的数据对象,则基于滑动窗口的数据流处理方式主要由两步构成。

(1) 起始步。

刚开始的时候,窗口放在时间 $t_0=1$ 到达的数据位置,直到时间 w 到达的数据进入窗口,系统才开始处理该窗口内的数据。这时窗口内包括了在时间 $1\sim w$ 之间到达的所有数据。

(2) 循环步。

当系统处理完初始步滑动窗口中的数据,并伴随后续数据的到达,开始第 $k(=1,2,\cdots)$ 次循环,即将窗口移动到 $t_0=1+k\lambda$ 时间到达的数据位置,直到窗口内数据个数等于 w 才开始处理。这时窗口内包括了时间 $1+k\lambda$ 至 $k\lambda+w$ 之间到达的数据。

例 12-1 一个 $w=6,\lambda=2$ 的时间滑动窗口模型如图 12-1 所示。初始步窗口内包括数据流的 X_1 至 X_6 之间的 6 个数据,循环 $k=1$ 时,窗口内包括数据流的 X_3 至 X_8 之间的 6 个数据。当循环 $k=3$ 时,窗口内包括数据流的 X_7 至 X_{12} 之间的 6 个数据。

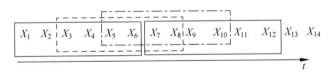

图 12-1　一个简单的滑动窗口模型

滑动窗口技术主要处理的是到达窗口内部的数据流数据,虽然它是被用来处理符合当前时间窗口内的数据,但由于要把过期的数据及时地从内存清除掉,以便处理后续的数据对象。因此,使用滑动窗口的数据流挖掘算法需要解决过期数据对当前窗口数据挖掘带来的影响等问题。

2．衰减函数

前面介绍的滑动窗口技术,更多地考虑了近期数据对当前挖掘任务的重要性,且对当前窗口内的所有数据对象无区别对待,但在很多实际问题中需要对数据流窗口中的数据对象进行区别对待。

正是基于区别对待这一基本要求,Aggarwal 等人提出用衰减函数(Fading Function)来解决这一问题。其基本思想基于这样的假设,即越接近于当前时间的数据对象越重要,因此应该赋予更大的权值,以突出其重要性。其具体的处理方法是引进衰减函数,比如,常用衰减函数 $f(t)=2^{-\lambda t}(\lambda>0)$。每个数据对象的分量在参与计算前,先经过衰减函数的作用,使其对最终结果的影响随着时间的推移而逐渐减小。

3. 倾斜时间框架

滑动窗口和衰减函数都只能在单一时间维的窗口上得到计算结果,但很多应用要求在不同的时间粒度层次上对数据流进行分析和挖掘。比如,超市部门管理者通常对细粒度(每日)层上的当前变化感兴趣,而在粗粒度(月,季)层上的长期变化不感兴趣。

为此,人们提出构建不同层次的时间粒度窗口,使最近的数据在最细的粒度层上记录和运算,时间较久远的数据在较粗的粒度上记录和运算,使其不仅可以满足决策需求,而且也不会占用太多的存储空间。

根据应用需要和当前存储条件构建的时间粒度层次,被称为倾斜时间框架(Titled Time Frame),常见的倾斜时间框架模型有以下几种。

1) 自然倾斜时间框架模型

自然(natural)倾斜时间框架模型直接按日常时间层次来定义时间的粒度层次。比如,时间槽按"刻钟-小时-天-月-年"的粒度层次组织就是一个自然倾斜时间框架模型,其数据存储按每 1 刻钟存储 1 次(通常存储的是 1 刻钟内所有数据的概要信息,如平方和、均值等),每 4 个 1 刻钟存储为小时的数据,每 24 个小时存储为天的数据,每 28～31 天就存储为月的数据,每 12 个月存储为年的数据。因此,按照这个自然倾斜时间框架模型,一年只需要 4 个刻钟,24 个小时,最多 31 天、12 个月和一个年的数据存储,即需要 $4+24+31+12+1=72$ 个存储单元,而不是 $4 \times 24 \times 365 = 35\,040$ 个存储单元,大大节约了内存的消耗。

2) 对数尺度倾斜时间框架模型

对数尺度倾斜时间框架模型(logarithmic scale)是一种根据对数刻度来构造时间粒度层次的累计存储结构,其时间槽按"$1t$-$1t$-$2t$-$4t$-$8t$-$16t$-$32t$-$64t$-…"的粒度层次组织,其中 t 为单位时间,根据实际需要可以是分钟,刻钟或小时等。

比如,单位时间 t 为 1 小时,则最前面的 $1t$ 为数据流系统工作单元,当累计接收到 1 个小时的数据时,将其存储到第 2 个 $1t$ 代表的存储单元。因此,它保存的是 1 小时之前的数据,同样,$2t$、$8t$、$16t$、$32t$、$64t$ 分别保存 2 小时,8 小时、16 小时、32 小时、64 小时之前的数据。因此,按对数尺度倾斜时间框架,一年仅需要 $\lceil \log_2(24 \times 365) \rceil + 1 = \lceil 13.2 \rceil + 1 = 15$ 个存储单元,而不是 $24 \times 365 = 8740$ 个存储单元。下面以一个简单例子来说明这种时间框架的工作方法。

(1) 当第 8 个单位时间结束时,数据流已经到来 $X_1, X_2, \cdots, X_8$ 等 8 个单位时间的数据,则模型对应的数据存储情况是(工作单元除外):

$$1t: \oplus X_8, \quad 2t: (X_8 \oplus X_7), \quad 4t: (X_8 \oplus X_7 \oplus X_6 \oplus X_5),$$
$$8t: (X_8 \oplus X_7 \oplus X_6 \oplus X_5 \oplus X_4 \oplus X_3 \oplus X_2 \oplus X_1)$$

其中的符号 $\oplus$ 表示对这些数据的某种处理,比如求均值或平方和等。

(2) 当第 9 个单位时间结束时,数据流已经到来 $X_1, X_2, \cdots, X_9$ 等 9 个单位时间的数据,则模型对应的数据存储情况是

$$1t: \oplus X_9, 2t: (X_9 \oplus X_8),$$
$$4t: (X_9 \oplus X_8 \oplus X_7 \oplus X_6),$$
$$8t: (X_9 \oplus X_8 \oplus X_7 \oplus X_6 \oplus X_5 \oplus X_4 \oplus X_3 \oplus X_2);$$
$$16t: (X_9 \oplus X_8 \oplus X_7 \oplus X_6 \oplus X_5 \oplus X_4 \oplus X_3 \oplus X_2 \oplus X_1)$$

并等待后续 $X_{10},X_{11},X_{13},X_{14},X_{15},X_{16}$ 的到来。

4. 金字塔时间框架

金字塔时间框架(Pyramidal Time Frame)是一种层次结构的数据流快照存储方案——快照时间表,也是一种倾斜时间框架模型。它通过设置 a 和 l 两个参数(其中 a 决定框架的时间粒度,l 决定框架所产生的快照精度),并依据数据流从开始至今所经历的时间 T,把数据流新到来数据的时间值插入到正确的时间粒度层中,并替换掉最老的数据。它在确保必要的数据存储数量的基础上,又记录了离线处理阶段对于不同查询时间所具有的时间跨度值。

金字塔时间框架具有如下特点:

(1) 框架的最大层数为 $\lfloor \log_a(T) \rfloor + 1$,但层级的编号从 0 开始;

(2) 每层最多存放 $a^l + 1$ 个快照时间值;

(3) 第 i 层存储的快照时间值可被 a^i 整除,但不能被 a^{i+1} 整除;

(4) 时间段 T 内维护的快照值数最多为 $(a^l + 1) \log_a(T)$ 个。

例 12-2　设数据流从开始至今收到了 15 个数据,它们分别是 $X_1,X_2,\cdots,X_{15}$。因此,当前时刻 $T=15$,假设 $a=2,l=2$,试构造金字塔时间框架对应的数据快照时间表,即计算所需要保存的数据快照对应的时间值。

解:根据金字塔时间框架的定义,每层最多存放 $2^2+1=5$ 个时间值;因为当前时间 $T=15$,因此框架的行数,即金字塔框架的层数为 $\lfloor \log_2 15 \rfloor + 1 = 4$。因此,按照金字塔时间框架特点,经过详细计算,可得 $T=15$ 时刻的数据快照时间表(见表 12-1)。

表 12-1　$T=15$ 时刻的数据快照时间表

层号 i	数据快照的时间值				
0	11	13	15	7	9
1	2	6	10	14	
2	4	12			
3	8				

从表 12-1 可以发现,在时刻 $T=15$ 时,按照金字塔框架模型,只需保留数据流在 2,4,6,7,8,9,10,11,12,13,14,15 时刻的数据,即 1,3,5 时刻的数据已经被删除。

下面从 $T=1$ 时刻开始,介绍金字塔框架时刻表的详细计算过程。

(1) 时刻 $T=1$ 时,这时只有第 $i=0$ 层,因为 $a=2$,$T=1$ 时仅当 $i=0$ 时被 $a^i=1$ 整除,且不能被 $a^{i+1}=2$ 整除,因此,$T=1$ 放在第 0 层(见表 12-2)。

(2) 时刻 $T=2$ 时,这时可以有第 $i=0,1$ 层,$T=2$ 仅当 $i=1$ 时被 $a^i=2$ 整除,且不能被 $a^{i+1}=4$ 整除,故 $T=2$ 放在第 1 层(见表 12-2)。

(3) 同理,$T=3$ 放在第 0 层(见表 12-2)。

(4) 时刻 $T=4$ 时,这时可以有第 $i=0,1,2$ 层,$T=4$ 仅当 $i=2$ 时被 $a^i=4$ 整除,且不能被 $a^{i+1}=8$ 整除,故 $T=4$ 放在第 2 层(见表 12-2)。

(5) 类似地计算,$T=5$ 放在第 0 层,$T=6$ 放在第 1 层,$T=7$ 放在第 0 层,$T=8$ 放在第 3 层,$T=9$ 放在第 0 层,$T=10$ 放在第 1 层(见表 12-2)。

表 12-2　T＝10 时刻的数据快照时间表

层号 i	数据快照的时间值				
0	1	3	5	7	9
1	2	6	10		
2	4				
3	8				

（6）时刻 $T＝11$ 时，对 $i＝0$ 就有 T 被 $a^i＝1$ 整除，且不能被 $a^{i+1}＝2$ 整除，因此，$T＝11$ 放在第 0 层，由于该层已经被时刻 1,3,5,7,9 填满了，因此，将最早的时刻 1 用时刻 11 覆盖（见表 12-1）。

（7）时刻 $T＝12$ 时，对 $i＝0,1,2$，$T＝12$ 仅当 $i＝2$ 时被 $a^i＝4$ 整除，且不能被 $a^{i+1}＝8$ 整除，因此，$T＝12$ 放在第 2 层（见表 12-1）。

（8）同理，时刻 $T＝13$ 放在层号为 0 的层，并将时刻 3 覆盖（见表 12-1），时刻 $T＝14$ 放在第 1 层，时刻 $T＝15$ 放在第 0 层，并将时刻 5 覆盖（见表 12-1）。

从此例可以看出，金字塔时间倾斜框架突出了近期数据的重要性，即距离当前时间越近的数据被存储的概率越大。当同一层的存储空间用完后，新的快照时间会替换掉最旧的时间。

12.2.3　数据流聚类的要求

传统的聚类算法处理的是存储在磁盘文件中的静态数据集，因此，聚类算法可以对数据集进行多次读取来提高聚类的效果。但是，由于数据流一般仅能读取一次的特殊性质，使得传统聚类算法很难对其进行挖掘或分析处理，并且由于数据量的无限性，传统聚类算法也不能在数据流环境中直接应用。因此，人们对数据流的聚类方法方法提出了以下基本要求。

1．能够发现任意形状的簇

由于很多聚类算法都使用欧几里德等距离函数作为数据对象之间相异度的判断，所以只能得到近似圆形或类球状簇，而不管这是什么样的数据集，其聚类结果必然带来较多的误差。由于一个簇完全可能是某种不规则的形状，所以如何设计或开发能够发现不规则形状簇的聚类算法显得非常重要。

2．对数据到来的顺序不敏感

即使是被普遍使用的传统聚类算法，其聚类效果也可能与数据输入的顺序有很大关系。比如 k-平均算法，如果选择的初始点不同（相当于流数据到来的顺序变化），那么它的聚类结果也可能有很大不同，而且不同的初始选择点也会对该算法的时间复杂度产生很大的影响。因此，对数据流的挖掘来说，研究对数据对象的顺序不敏感的算法更有实际意义。

3．对噪声数据不敏感

由于噪声数据的存在是不可预测的，而类似于基于划分的聚类算法，即使对于静态数据，也有可能将噪声数据点作为初始聚类中心，轻则影响聚类分析的效率，重则导致不精确的聚类。因此，对噪声数据不敏感是对数据流聚类算法的又一个基本要求。

4. 具有良好的可伸缩性

很多聚类算法在小数据集上得到的聚类结果可能比较理想，一旦应用到大型数据集上时就会出现很多问题，其聚类结果也可能很糟。鉴于数据流数据量的无限性，研究即可满足小数据集聚类需求，又能胜任大型数据集的聚类算法具有更加重大的理论和实际意义。

12.2.4　数据流聚类的一般步骤

数据流聚类的步骤与传统聚类方法类似，主要由以下几个步骤组成。

1. 确定聚类的对象

在开始聚类之前，首先要确定好清晰的聚类对象（这里主要是指定时间窗口），且能对整个过程中可能出现的问题有所准备。对发现的问题能及时提出相应的解决方案，而不至于遇到问题时不知所措。

2. 选择时间倾斜技术

就是要选择恰当的处理数据流数据对象的时间倾斜框架，因为它对数据流数据进行接收和分析处理，以及微簇生成都有影响。这一步还涉及到是否需要保存旧数据，究竟要保存旧数据的哪些细节等，同时还要兼顾在线算法的时间复杂度。

3. 数据标准化

如果数据流中的各维度量纲不同，那么就需要对数据进行标准化，再做进一步的处理。在某些情况下，标准化后的数据还要转换成其他的数据形式，如向量，向量的模等。同时，这一步还可以对数据的维度进行约简，即将无意义或意义不大的维度删除，将数据进行降维处理。

4. 聚类分析

利用数据流的基础聚类算法或其他更好的算法对流数据进行在线分析，生成微簇，然后对微簇进行宏聚类等。这一步有较多问题需要解决，比如对聚类初始点的选择是否敏感、算法的时间复杂度、对噪声点是否敏感等问题。

5. 结果展示应用

这一步主要将聚类结果以文件记录的形式，或者以表格的形式，或者以图形的形式展示给用户，并提供给决策者参考或应用。

12.3　两层数据流聚类框架

虽然数据流不同于传统的文件数据集，但是许多数据流聚类算法都是对传统聚类算法进行改进或扩展的基础上提出的。比如，STREAM 算法就是 O'callaghan 等人于 2002 年

对传统 k-平均算法改进而提出的一个数据流聚类算法。它将 k-平均算法作为局部搜索算法,对数据流数据进行分块聚类,最后利用分块聚类结果得到整个数据流的聚类。STREAM 算法虽然解决了数据不断增加的增量聚类问题,但却是对整个数据流进行的聚类,因而不能提供数据流任意时间窗口内的聚类结果。

针对 Stream 算法的这个缺陷,Aggarwal 等人于 2003 年提出了 CluStream 算法[33],这是目前最为流行的一个数据流聚类框架(见图 12-2)。它把数据流聚类过程分为"在线微聚类"和"离线宏聚类"两个过程,因此 CluStream 也被称为两层数据流聚类框架。在线微聚类(On-line Micro Clustering)结果称为微簇(Micro Cluster),通常作为一种概要数据结构依照金字塔时间框架存储在磁盘上,离线宏聚类(Off-line Macro Clustering)阶段根据用户要求,将在线微聚类结果,即对微簇进行宏聚类,并生成最终的聚类结果。

图 12-2　CluStream——两层数据流聚类框架

设数据流当前时刻到达的数据对象全体为 $S=\{X_1,X_2,\cdots,X_n\}$,其中 $\boldsymbol{X}_i=(x_{i1},x_{i2},\cdots,x_{id})$ 为 d 维向量,其对应的时间序列为 $\{t_1,t_2,\cdots,t_n\}$,则 CluStream 算法用概要数据结构来定义微簇结构 MCS(Micro Cluster Structure),即

$$\text{MCS} = (\overline{\text{CF2}^x},\overline{\text{CF1}^x},\text{CF2}^t,\text{CF1}^t,n) \tag{12-1}$$

是一个 $(2d+3)$ 维的向量,其中 n 为数据流当前到达的数据对象个数,$\overline{\text{CF2}^x}$ 和 $\overline{\text{CF1}^x}$ 都是 d 维向量,具体定义如下:

$$\overline{\text{CF2}^x} = \left(\sum_{j=1}^{n}(x_{1j})^2,\sum_{j=1}^{n}(x_{2j})^2,\cdots,\sum_{j=1}^{n}(x_{dj})^2\right) \tag{12-2}$$

即 $\overline{\text{CF2}^x}$ 的第 k 个分量为 S 中每个数据对象第 k 分量的平方和。

$$\overline{\text{CF1}^x} = \left(\sum_{j=1}^{n}x_{1j},\sum_{j=1}^{n}x_{2j},\cdots,\sum_{j=1}^{n}x_{dj}\right) \tag{12-3}$$

即 $\overline{\text{CF1}^x}$ 的第 k 个分量为 S 中每个数据对象第 k 分量之和。

而 CF2^t 和 CF2^t 都是标量,其中 CF2^t 为数据对象的时间戳之平方和,即

$$\text{CF2}^t = \sum_{j=1}^{n}(t_j)^2 \tag{12-4}$$

CF1^t 为数据对象的时间戳之和,即

$$\text{CF1}^t = \sum_{j=1}^{n}t_j \tag{12-5}$$

在微聚类阶段,算法使用金字塔倾斜时间框架(类似表 12-1),将微簇的快照保存在不同的时间粒度层次之中。距离当前时间越近,则快照的保存越频繁,即时间粒度越细;距离当前时间越远,快照保存的时间间隔越长,即时间粒度越粗。因此,离当前时间越近的微簇保存了更多的细节,且从整个数据流看,又能观察到数据流的变化情况。

12.4　三层数据流聚类框架

两层数据流聚类框架,即 CluStream 算法很好地利用了数据流的特点,将整个聚类过程分解为在线微聚类和离线宏聚类两步(见图 12-2)。在线过程主要利用 k-平均算法对数据流数据进行微聚类操作,即在线地将数据流数据聚类为很多数据对象较少的簇,并及时地将微簇信息保存到磁盘上。离线部分则根据用户的具体要求(如指定时间窗口),读出存储在磁盘上的微簇,对其进行再分析和宏聚类,并把最终结果呈现给用户。但两层框架没有利用离线层处理微簇的优势(可以多次读取等),以及处理过程与数据流无关等特点。因此,我们在两层数据流聚类框架的基础之上,将离线层宏聚类扩展成"微簇优化"和"宏聚类"两个过程,形成三层数据流聚类框架,即"在线微聚类"层＋离线"微簇优化"层＋离线"宏聚类"层(见图 12-3)。

图 12-3　三层数据流聚类框架

三层数据流聚类框架为数据流聚类算法的研究提供了广阔的扩展空间,即在"微簇优化"层采用不同的优化策略,就可以发掘出更多的数据流聚类新算法,它比两层聚类框架更能体现出数据流聚类的实际过程,并可能得到更好的聚类结果。同时,三层框架为数据流聚类算法的研究提供了一种新的思路,即在三层框架中任何一层采用新的方法,都会得到一个新的数据流聚类算法(见表 12-3),即在 8 种组合中,共有 7 种新算法的构造途径。

表 12-3　基于三层框架的数据流聚类新算法构造途径

序号	在线微聚类方法	微簇优化方法	宏聚类方法	数据流聚类算法
1	新	新	新	新
2	新	新	旧	新
3	新	旧	新	新
4	新	旧	旧	新
5	旧	新	新	新
6	旧	新	旧	新
7	旧	旧	新	新
8	旧	旧	旧	旧

12.5　最优 $2k$-近邻聚类算法

12.5.1　算法设计动因

CluStream 算法在线层使用 k-平均算法产生微簇,并按照金字塔时间框架存储微簇。

离线层读出微簇,并分析生成最终聚类结果。由于在线层所得的微簇都是类球形的,所以不能够很好地发现任意形状的簇;另外,离线层没有充分利用宏聚类不受数据流影响的优势,致使宏聚类质量未能得到提升。

针对 CluStream 算法所得微簇为类球形的不足,Cao Feng 等人 2006 年提出了针对动态数据流的 DenStream 聚类算法,可以发现带噪声的数据流中任意形状的微簇,但由于算法中采用了全局一致的绝对密度参数,故其聚类结果对密度参数值也非常敏感。

刘青宝等人在 2010 年提出了基于相对密度的 RDFCluStream 算法,该算法能发现任意形状、数据密度分布有差异的簇,但由于算法采用了网格方法来处理数据流,存在因网格被分得过细导致空间占用较大,或因网格分得过大导致聚类精度受损的缺点。另外,算法中基于相对密度的近邻值和聚类因子在聚类过程中保持不变,忽视了数据流中数据分布的密集性和稀疏性并存的客观事实,影响了聚类精度。

数据流聚类一直是吸引许多学者关注的热点研究问题,现有算法的聚类结果通常不能很好地支持任意形状簇的聚类,或不能适应高速度的数据流环境,或对分辨被低密度簇包围的高密度簇效果不理想。我们提出了基于三层数据流聚类框架和最优 $2k$-近邻聚类算法(Opt2kCluster)。在线微聚类利用数据对象之间的空间分布密相似性来生成微簇。离线阶段先对微簇进行优化,在得到最优 $2k$-近邻集的基础上再进行宏聚类。

12.5.2　定义 $2k$-最近邻集

1. 传统 k-最近邻集

设数据流当前时刻已经到达的数据对象全体为 $S=\{X_1,X_2,\cdots,X_n\}$,其中 $X_i=\{X_{i1},X_{i2},\cdots,X_{id}\}$ 为 d 维向量。

定义 12-2　设 X 为 S 的一个数据对象,计算 X 到 $S-\{X\}$ 中每一对象 X_i 的距离 $d(X_i,X)$ 并将其按非递减方式排序。对给定的正整数 k,取前面 k 个最小距离对应的点,不妨记作 $X_1,X_2,\cdots,X_k$,则称

$$N(X,k)=\{X_1,X_2,\cdots,X_k\}$$

为对象 X 的 k-最近邻(k-Neaerest Neighbor,kNN)集,并称 $d_{mk}(X)=\max\{d(X,X_1),d(X,X_2),\cdots,d(X,X_k)\}$ 为 X 的最大 k 近邻距离。

由此定义可知 $X\notin N(X,k)$ 且 $|N(X,k)|=k$,它与 X 的 k-最近邻域 $D(X,k)$(定义 10-12)的不同之处在于 $|D(X,k)|\geqslant k$。

定义 12-3　设 $Y\in N(X,k)\subseteq S$ 且 $N(Y,k)\subseteq S$,则称

$$d_{knn}(Y,X)=\max\{d_{mk}(Y),d(Y,X)\} \tag{12-6}$$

为对象 Y 关于 X 的 k-最近邻(Neighbour)距离。

定义 12-4　对数据集 S,设 $X\in S$,$Y\in N(X,k)\subseteq S$,则称

$$\mathrm{dsty}(X,k)=\frac{\sum\limits_{Y\in N(X,k)}d_{knn}(Y,X)}{|N(X,k)|} \tag{12-7}$$

为 X 的 k-最近邻密度。

定义 12-5 对数据集 S,设 $X \in S, Y \in N(X,k) \subseteq S$,则称

$$\mathrm{rdsty}(X,k) = \frac{\sum\limits_{Y \in N(X,k)} \mathrm{dsty}(Y,k)}{|N(X,k)| * \mathrm{dsty}(X,k)} \tag{12-8}$$

为 X 关于其 k-最近邻集 $N(X,k)$ 的相对密度。

定义 12-6 对于给定阈值 $\mathrm{ratio} > 0$,若 $|\mathrm{rdsty}(X,k) - 1| \leqslant \mathrm{ratio}$,则称数据点 X 为核心对象。

定义 12-7 设 $X \in S$ 为核心对象,若 $Y \in N(X,k) \subseteq S$,则称 Y 关于核心对象 X 密度可达。

定义 12-8 设 $X \in S$ 为核心对象,则称

$$\mathrm{Core}(X) = \{Y \mid Y \in N(X,k) \subseteq S \text{ 且 } Y \text{ 是核心对象}\} \tag{12-9}$$

为核心对象 X 的核心集合。

2. 传统 k-最近邻聚类算法

在以上定义的基础上,传统 k-最近邻聚类基本思想为:从数据集 S 中选择一个核心对象 X,并根据定义 12-8 得到 X 的核心集合 $\mathrm{Core}(X)$,将其记作一个簇 C_X;然后对簇 C_X 进行扩展,即将 C_X 能够密度可达的所有对象并入 C_X,直到 S 中所有数据对象都处理完毕;重新在 S-C_X 中确立一个核心对象且仍记作 X,计算出核心集合 C_X 且重复上述扩展过程,循环计算直至 S-C_X 中没有核心对象为止。

3. 传统 k-最近邻聚类算法的不足

1) 对参数 k 敏感

因为算法在整个聚类过程中 k 值一直保持不变,不能随着数据的分布特性而进行相应改变。所以,这样的设置有两个明显的不足:一是如果设置的 k 值过大,可能导致聚类效果很不精确,即将本不属于该簇的噪声点也归入其中;二是如果设置的 k 值过小,可能使得一个较大的簇被分成若干个小簇,导致聚类结果与实际情况不符。

2) 参数 ratio 设置困难

由于不同的数据流环境需要的聚类阈值 ratio 有差异,而且传统算法只给出一个阈值区间,对于新用户来说,很快设置出一个合适的阈值比较困难。另外,如果将参数设置得过小,用户将更难找到合适的阈值。

3) 一个簇需要两个计算步骤

在上述传统 k-最近邻聚类算法中,一个簇的形成被分成了核心点集合生成以及围绕核心点的密度可达扩展两个计算步骤。对于数据快速到达的数据流而言,这样的两步计算方法可能会降低算法的响应能力。

4. 引进 $2k$-最近邻集

针对传统 k-最近邻算法存在的问题,考虑到数据流中数据分布的密集和稀疏相伴的特性,提出了基于传统 k-最近邻的自适应 $2k$-最近邻集概念。它本质上是 k-最近邻集的一种推广,即数据对象 X 的 $2k$-最近邻集就是 $N(X,2k)$,即由 S 中距离 X 最近的 $2k$ 个数据点构

成的集合。

为了算法描述和举例方便，也不失一般性，在此后的叙述中都假设 $N(X,2k)$ 中的数据对象已经按照到 X 的距离从小到大排序，即如果 $N(X,2k)=\{Y_1,Y_2,\cdots,Y_{2k}\}$，则有 $d(X,Y_1)\leqslant d(X,Y_2)\leqslant\cdots\leqslant d(X,Y_{2k})$。

12.5.3 在线 $2k$-最近邻集生成

假设数据流集合为 $S=\{X_1,X_2,\cdots,X_n,\cdots\}$，其中 X_1 最先到达。对于给定正整数 k 和内存缓冲区大小 $b(\geqslant 2k)$，即缓冲区至多能够保存 b 个微簇。在线 $2k$-最近邻集生成算法（见图 12-4），亦即在线微簇生成算法，就是当数据流的一个数据点 X_i 到达到时，为其生成一个 $2k$-最近邻集 $N(X_i,2k)$，并按以下两种情况将其作为一个新的微簇保留在内存缓冲区中，将早期微簇永久性存入磁盘。

（1）如果内存缓冲区未满，则将当前生成的微簇 $N(X_i,2k)$ 放在缓冲区的最后面。

（2）如果内存缓冲区已满，则先将缓冲区前第 1 个微簇永久性存入磁盘，释放该微簇所占的空间，将缓冲区内其余微簇按顺序移到缓冲区头部，把当前生成的微簇放在缓冲区最后。

例 12-3 假设数据流 $S=\{X_1,X_2,\cdots,X_n,\cdots\}$，前面到来的 20 个数据对象由表 12-4 给出，令 $k=3$，请在线生成 X_1 至 X_{20} 的微簇，即它们的 $2k$-最近邻集。另假设缓冲区缓冲区 $b=10$，即只能存放 10 个微簇。

算法 12-1：$2k$-最近邻集生成算法 genNear2k()，即在线微簇生成算法
输入：$S=\{X_1,X_2,\cdots,X_n,\cdots\}$，
输出：每个点 X_i 的 $2k$-最近邻集 $N(X_i,2k)$
（1）REPEAT
（2）读取数据流当前到来的数据点 X_i
（3）如果 $i\leqslant b$，则 $N(X,2k_i)$ 为 $\{X_1,X_2,\cdots,X_{i+b-1}\}$ 中距离 X_i 最近且不超过 $2k$ 个数据点构成的子集合，并放到缓冲区的最后面
（4）否则 $N(X,2k_i)$ 为 $\{X_{i-b+1},X_{i-b+2},\cdots,X_{i+b-1}\}$ 中距离 X_i 最近的 $2k$ 个数据点构成的子集合
　　将 $N(X_{i-b},2k)$ 存入硬盘，并从缓冲区中清除；
　　将 $N(X_i,2k)$ 放到缓冲区的最后面
（5）UNTIL 满足用户设置的结束条件

图 12-4　数据对象 x_i 的 $2k$-最近邻集生成算法

表 12-4　数据流窗口中数据对象及坐标

数据 id	坐标	数据 id	坐标	数据 id	坐标
X_1	(1,0)	X_8	(0,2)	X_{15}	(6,3)
X_2	(2,0)	X_9	(1,2)	X_{16}	(7,3)
X_3	(3,0)	X_{10}	(2,2)	X_{17}	(4,4)
X_4	(0,1)	X_{11}	(5,2)	X_{18}	(5,4)
X_5	(1,1)	X_{12}	(6,2)	X_{19}	(6,4)
X_6	(2,1)	X_{13}	(7,2)	X_{20}	(7,4)
X_7	(3,1)	X_{14}	(5,3)		

解：算法 12-1 的具体计算过程如下($k=3$)：

(1) 当 X_1 到达时，因为 X_1 是缓冲区中唯一数据对象，因此，以 X_1 为核心点创建一个微簇 $N(X_1, 2k) = \varnothing$。

(2) 当 X_2 到达时，因为 X_1 和 X_2 是缓冲区中的两个对象，计算 $d(X_1, X_2) = 1$，根据算法和 $2k$-最近邻集定义，以 X_2 为核心点创建一个新的微簇，故得 $N(X_1, 2k) = \{X_2\}$，$N(X_2, 2k) = \{X_1\}$。

(3) 当 X_3 到达时，计算 $d(X_3, X_1) = 2$，$d(X_3, X_2) = 1$，算法以 X_3 为核心点创建一个新的微簇。因此有 $N(X_1, 2k) = \{X_2, X_3\}$，$N(X_2, 2k) = \{X_1, X_3\}$，$N(X_3, 2k) = \{X_2, X_1\}$。

(4) 当 X_4 到达时，计算 $d(X_4, X_1) = 2^{1/2}$，$d(X_4, X_2) = 5^{1/2}$，$d(X_4, X_3) = 10^{1/2}$，根据算法以 X_4 为核心点创建一个新的微簇，因此可得

$$N(X_1, 2k) = \{X_2, X_4, X_3\}, \quad N(X_2, 2k) = \{X_1, X_3, X_4\},$$
$$N(X_3, 2k) = \{X_2, X_1, X_4\}, \quad N(X_4, 2k) = \{X_1, X_2, X_3\}$$

(5) 当 X_5、X_6、X_7 相继到达时，分别计算它们到缓冲区中其他各个数据对象的距离，并分别为它们生成新的微簇（见表 12-5），并按照距核心点的距离从小到大排序。

表 12-5 有 7 个数据进入缓冲区后的微簇

微簇核心点	核心点 X_i 的 $2k$-最近邻集（微簇）					
X_1	X_2	X_5	X_4	X_6	X_3	X_7
X_2	X_1	X_3	X_6	X_5	X_7	X_4
X_3	X_2	X_7	X_6	X_1	X_5	X_4
X_4	X_5	X_1	X_6	X_2	X_7	X_3
X_5	X_1	X_4	X_6	X_2	X_7	X_3
X_6	X_2	X_5	X_7	X_1	X_3	X_4
X_7	X_3	X_6	X_2	X_5	X_1	X_4

(6) 当 X_8 到达时，首先计算 $d(X_8, X_1) = 5^{1/2}$，$d(X_8, X_2) = 8^{1/2}$，$d(X_8, X_3) = 13^{1/2}$，$d(X_8, X_4) = 1$，$d(X_8, X_5) = 2^{1/2}$，$d(X_8, X_6) = 5^{1/2}$，$d(X_8, X_7) = 10^{1/2}$，并得新微簇 $N(X_8, 2k) = \{X_4, X_5, X_1, X_6, X_2, X_7\}$。

随后比较 $d(X_i, X_8)$ 与表 12-5 中 X_i 到 $2k$-最近邻集中所有点的距离（$i = 1, 2, 3, 4, 5, 6, 7$），如果 $d(X_i, X_8)$ 小于 X_i 到该行最右端的数据对象的距离，则将 X_i 行最右端数据对象删除，将 X_8 放入 X_i 的 $2k$-最近邻集中，并按距离从小到大重新排序。

比如，因为 $d(X_4, X_8) = 1 < d(X_4, X_3) = 10^{1/2}$，因此，将表 12-5 中 X_4 的 $2k$-最近邻集 $N(X_4, 2k) = \{X_5, X_1, X_6, X_2, X_7, X_3\}$ 最右边的 X_3 删除，将 X_8 放入 $N(X_4, 2k)$ 并按照到 X_4 距离排序，得到 $N(X_4, 2k) = \{X_5, X_8, X_1, X_6, X_2, X_7\}$，这是因为 $d(X_4, X_5) = d(X_4, X_8) = 1 < d(X_4, X_1) = 2^{1/2}$。

同理，表 12-5 中 X_5 的 $2k$-最近邻集 $N(X_5, 2k) = \{X_1, X_4, X_6, X_2, X_7, X_3\}$ 也需将 X_3 删除，并将 X_8 放入 $N(X_5, 2k) = \{X_1, X_4, X_6, X_2, X_8, X_7\}$，而其他的微簇不变，因此可得表 12-6。

表 12-6　有 8 个数据进入缓冲区后的微簇

微簇核心	核心点 X_i 的 $2k$-最近邻集（微簇）					
X_1	X_2	X_5	X_4	X_6	X_3	X_7
X_2	X_1	X_3	X_6	X_5	X_7	X_4
X_3	X_2	X_7	X_6	X_1	X_5	X_4
X_4	X_5	X_8	X_1	X_6	X_2	X_7
X_5	X_1	X_4	X_6	X_2	X_8	X_7
X_6	X_2	X_5	X_7	X_1	X_3	X_4
X_7	X_3	X_6	X_2	X_5	X_1	X_4
X_8	X_4	X_5	X_1	X_6	X_2	X_7

（7）当 X_8，X_9，X_{10} 相继到达时，计算微簇后可得表 12-7。

表 12-7　有 10 个数据进入缓冲区后的微簇

微簇核心点	核心点 X_i 的 $2k$-最近邻集（微簇）					
X_1	X_2	X_5	X_4	X_6	X_3	X_9
X_2	X_1	X_3	X_6	X_5	X_7	X_{10}
X_3	X_2	X_7	X_6	X_1	X_5	X_{10}
X_4	X_5	X_8	X_1	X_9	X_6	X_2
X_5	X_1	X_4	X_6	X_9	X_2	X_8
X_6	X_2	X_5	X_7	X_{10}	X_1	X_3
X_7	X_3	X_6	X_2	X_{10}	X_5	X_1
X_8	X_4	X_9	X_5	X_{10}	X_1	X_6
X_9	X_5	X_8	X_{10}	X_4	X_6	X_1
X_{10}	X_6	X_9	X_5	X_7	X_2	X_8

（8）当 X_{11} 到达时，由于缓冲区 $b=10$ 在 X_{10} 到达后已经充满，因此需将缓冲区（见表 12-7）的第 1 行，即以 X_1 为核心点的微簇存入磁盘，并释放该微簇所占空间，所有微簇按顺序移到缓冲区前部。再以 X_{11} 为核心点创建新簇，并放在缓冲区的最后，同时检查 X_{11} 是否可插入 $X_2 \sim X_{10}$ 的 $2k$-最近邻集，其计算结果如表 12-8 所示。

表 12-8　当 X_{11} 到达后缓冲区中的微簇

微簇核心点	核心点 X_i 的 $2k$-最近邻集（微簇）					
X_2	X_1	X_3	X_6	X_5	X_7	X_{10}
X_3	X_2	X_7	X_6	X_1	X_5	X_{10}
X_4	X_5	X_8	X_1	X_9	X_6	X_2
X_5	X_1	X_4	X_6	X_9	X_2	X_8
X_6	X_2	X_5	X_7	X_{10}	X_1	X_3
X_7	X_3	X_6	X_2	X_{10}	X_5	X_1
X_8	X_4	X_9	X_5	X_{10}	X_1	X_6
X_9	X_5	X_8	X_{10}	X_4	X_6	X_1
X_{10}	X_6	X_9	X_5	X_7	X_2	X_8
X_{11}	X_7	X_3	X_{10}	X_6	X_2	X_9

（9）同理，当 $X_{12} \sim X_{20}$ 相继到达时，用类似处理 X_{11} 到达的方法，分别将以 $X_2 \sim X_{10}$ 为核心的簇存入硬盘，形成 $X_{12} \sim X_{20}$ 为核心点的新簇。当 X_{20} 处理结束后，缓冲区 b 内的微簇如表 12-9 所示。

表 12-9 当 X_{20} 到达后缓冲区中的微簇

微簇核心点	核心点 X_i 的 $2k$-最近邻集（微簇）					
X_{11}	X_{12}	X_{14}	X_{15}	X_{13}	X_{18}	X_{16}
X_{12}	X_{11}	X_{13}	X_{15}	X_{14}	X_{16}	X_{19}
X_{13}	X_{12}	X_{16}	X_{15}	X_{11}	X_{20}	X_{14}
X_{14}	X_{11}	X_{15}	X_{18}	X_{12}	X_{17}	X_{19}
X_{15}	X_{12}	X_{14}	X_{16}	X_{19}	X_{11}	X_{13}
X_{16}	X_{13}	X_{15}	X_{20}	X_{12}	X_{19}	X_{14}
X_{17}	X_{18}	X_{14}	X_{19}	X_{11}	X_{15}	X_{12}
X_{18}	X_{14}	X_{17}	X_{19}	X_{15}	X_{11}	X_{20}
X_{19}	X_{15}	X_{18}	X_{20}	X_{14}	X_{16}	X_{12}
X_{20}	X_{16}	X_{19}	X_{15}	X_{13}	X_{18}	X_{12}

而已经存到磁盘上微簇如表 12-10 所示。

表 12-10 当 X_{20} 到达后磁盘上保存的微簇

微簇核心点	核心点 X_i 的 $2k$-最近邻集（微簇）					
X_1	X_2	X_5	X_4	X_6	X_3	X_9
X_2	X_1	X_3	X_6	X_5	X_7	X_{10}
X_3	X_2	X_7	X_6	X_1	X_5	X_{10}
X_4	X_5	X_8	X_1	X_9	X_6	X_2
X_5	X_1	X_4	X_6	X_9	X_2	X_8
X_6	X_2	X_5	X_7	X_{10}	X_1	X_3
X_7	X_3	X_6	X_2	X_{10}	X_5	X_1
X_8	X_4	X_9	X_5	X_{10}	X_1	X_6
X_9	X_5	X_8	X_{10}	X_4	X_6	X_1
X_{10}	X_6	X_9	X_5	X_7	X_2	X_8

即在 $t=20$ 时刻，我们已经生成了 20 个微簇（$2k$-最近邻集），即完成了数据流的在线微簇生成计算，下面将介绍如何对这 20 个微簇进行优化和宏聚类。

12.5.4 最优 $2k$-近邻集算法

设以点 X 为核心的 $2k$-最近邻集（在线微簇）$N(X,2k)=\{Y_1,Y_2,\cdots,Y_{2k}\}$，可将它们距离 X 最近的 $r(\geqslant k)$ 个点的平均距离记作 d_{pre}，称为 X 的先前平均距离，即

$$d_{\text{pre}} = \sum_{i=1}^{r} d(X,Y_i)/r \qquad (12\text{-}10)$$

则对于任意给定的 $j=r+1\leqslant 2k$，称

$$d_{\text{now}} = \sum_{i=1}^{j} d(X,\overline{Y}_i)/j \qquad (12\text{-}11)$$

为 X 的当前平均距离。

　　对给定参数 $\omega\in(0,1)$，X 的最优 $2k$-近邻集记作 $\mathrm{Opt}_{2k}(X)$，它是 $N(X,2k)$ 中距 X 最近的 L $(k\leqslant L\leqslant 2k)$ 个数据对象构成的子集合，其 L 的值由微簇优化层算法 genOpt2k() 计算得到。

　　由算法 12-2(见图 12-5)可知 $L\geqslant k$，且 $\mathrm{Opt}_{2k}(X)=\{Y_1,Y_2,\cdots,Y_L\}\subseteq N(X,2k)$。算法中的参数 ω 在于保证微簇平均距离变化不剧烈的情况下，使微簇中的数据对象尽可能的多，以弥补传统 k-最近邻算法可能忽略周围有价值数据点的不足，这样可以极大地改善聚类的质量。

算法 **12-2**：最优 $2k$-近邻集生成算法 genOpt2k()

输入：参数 $\omega\in(0,1)$，$N(X,2k)=\{Y_1,Y_2,\cdots,Y_{2k}\}$

输出：L 及 $\mathrm{Opt}_{2k}(X)$

(1) 令 $r=k$，按公式(12-10)计算 d_{pre}

(2) $j=r+1$

(3) 按公式(12-11)计算 d_{now}

(4) 如果 $|d_{\mathrm{pre}}-d_{\mathrm{now}}|/d_{\mathrm{pre}}\leqslant\omega$，则令 $d_{\mathrm{pre}}=d_{\mathrm{now}}$，$j=j+1$ 转(3)，否则转(5)

(5) 令 $L=j-1$，输出 L 及 $\mathrm{Opt}_{2k}(X)=\{Y_1,Y_2,\cdots,Y_L\}$ 后结束

图 12-5　最优 $2k$-最近邻集生成算法

　　例 12-4　设 $k=3,\omega=0.1$，请对例 12-3 中的 $N(X,2k)=\{X_2,X_5,X_4,X_6,X_3,X_9\}$ 进行优化，即求 $\mathrm{Opt}_{2k}(X_1)$。

　　解：先计算 X_1 到 $\{X_2,X_5,X_4,X_6,X_3,X_9\}$ 中各点的距离，并汇总于表 12-11 中。

表 12-11　微簇 X_1 中各点与核心点的距离

微簇核心	微簇中各点及其与 X_1 的距离					
X_1	X_2	X_5	X_4	X_6	X_3	X_9
	1	1	1.414	1.414	2	2

　　根据算法 12-2，先令 $r=k=3$，所以 $d_{\mathrm{pre}}=[d(X_1,X_2)+d(X_1,X_5)+d(X_1,X_4)]/3=1.138$；

　　(1) $j=r+1=4$，计算 d_{now}。

　　① $d_{\mathrm{now}}=[d(X_1,X_2)+d(X_1,X_5)+d(X_1,X_4)+d(X_1,X_6)]/4=1.207$。

　　② 计算比值，因为 $|d_{\mathrm{pre}}-d_{\mathrm{now}}|/d_{\mathrm{pre}}=0.06\leqslant\omega=0.1$，所以更新 $d_{\mathrm{pre}}=d_{\mathrm{now}}$。

　　(2) $j=j+1=5$，重新计算 d_{now}。

　　① $d_{\mathrm{now}}=[d(X_1,X_2)+d(X_1,X_5)+d(X_1,X_4)+d(X_1,X_6)+d(X_1,X_3)]/5=1.366$；

　　② 计算比值，因为 $|d_{\mathrm{pre}}-d_{\mathrm{now}}|/d_{\mathrm{pre}}=|(1.207-1.366)/1.207=0.13>\omega=0.1$，故计算结束。

　　(3) 输出 $L=j-1=4$，以 X_1 为核心点的最优 $2k$-近邻集 $\mathrm{Opt}_{2k}(X_1)=\{X_2,X_5,X_4,X_6\}$。

　　类似地计算可得以 X_5 为核心点的最优 $2k$-近邻集 $\mathrm{Opt}_{2k}(X_5)=\{X_1,X_4,X_6,X_9,X_2,X_8\}$。

12.5.5　最优 $2k$-近邻聚类算法

　　为了介绍基于最优 $2k$-近邻集的宏聚类算法，下面先引进 3 个符号。

1. 标准差与聚合度

在数据流中,方差能反映数据点之间的偏离程度。标准差(σ)是方差的算术平方根,它能反映一个数据集的离散程度。因此,我们引入数据点 X 的标准差以及相对聚合度的概念。

设 $Y_i \in \text{Opt}_{2k}(X) = \{Y_1, Y_2, \cdots, Y_L\}$,$d(X, Y_i)$ 表示 X 与 Y_i 之间的距离,则称

$$\mu_X = \frac{1}{L} \sum_{i=1}^{L} d(X, Y_i) \tag{12-12}$$

为以 X 为核心点的最优 $2k$-近邻距离的平均值。而以 X 为核心点的最优 $2k$-近邻距离的标准差记作

$$\sigma_X = \sqrt{\frac{1}{L} \sum_{i=1}^{L} \left[d(X, Y_i) - \mu_X \right]^2} \tag{12-13}$$

以 X 为核心点的最优 $2k$-近邻的相对聚合度记作

$$\gamma_X = \frac{1}{L} \frac{\sum_{i=1}^{L} (\mu_{Y_i} + \sigma_{Y_i})}{\mu_X + \sigma_X} \tag{12-14}$$

其中 μ_{Y_i} 表示 Y_i 作为核心点时的最优 $2k$-近邻集距离的平均值;σ_{Y_i} 表示 Y_i 作为核心点时的最优 $2k$-近邻集距离的标准差。

从公式(12-14)可知,如果整个数据集分布是均匀的,则相对聚合度 γ_X 的值应接近于1。为了叙述方便,并增加可读性,下面将用"X. 相对聚合度"来表示它。

2. 最优 $2k$-近邻聚类算法

当在微簇优化层利用算法 12-2 获得每个微簇 $N(X, 2k)$ 的最优 $2k$-近邻集 $\text{Opt}_{2k}(X)$ 之后,我们就可以对所有 $\text{Opt}_{2k}(X)$ 进行宏聚类,并得到数据流的聚类结果。

1)基于最优 $2k$-近邻集的基础聚类算法

基于最优 $2k$-近邻集的基础聚类算法(见图 12-6)的输入是最优 $2k$-近邻集 $\text{Opt}_{2k}(X)$,输出是聚类的所有微簇及其编号,其聚类参数 ratio 在 $(0,1)$ 之间取值。

算法 12-3:基于最优 $2k$-近邻集的基础聚类 baseCluster()
输入:聚类参数 ratio,数据流最大时刻 t 及最优 $2k$-近邻集 $\text{Opt}_{2k}(X_i)$
输出:基础聚类的所有簇及其编号
(1) FOR $i = 1$ to t
(2) 读入未处理核心点 X_i 的最优 $2k$-近邻集 $\text{Opt}_{2k}(X_i)$
(3) 若 $|X_i$. 相对聚合度 $-1| \leqslant \text{ratio}$
   创建一个新簇 C_h,并将 X_i 及其 $\text{Opt}_{2k}(X_i)$ 中各元素归入簇 C_h
   ① FOR $j = 1$ to $|\text{Opt}_{2k}(X_i)|$
   取元素 $Y_j \in \text{Opt}_{2k}(X_i)$
   如果 $|Y_j$. 相对聚合度 $-1| \leqslant \text{ratio}$,则将 $\text{Opt}_{2k}(Y_j)$ 中各元素归入簇 C_h
   将核心点 Y_j 的 $\text{Opt}_{2k}(Y_j)$ 标记为已处理
   ② END FOR j
   将核心点 X_i 的 $\text{Opt}_{2k}(X_i)$ 标记为已处理
(4) END FOR i
(5) 输出所有基础聚类 $C = \{C_1, C_2, \cdots, C_n\}$ 结束

图 12-6 基于最优 $2k$-近邻集的基础聚类算法

在通常情况下，如果输入的聚类参数 ratio 比较合适，则算法 12-3 所得的聚类，就是用户需要的聚类结果。但如何指定合适的聚类参数 ratio 却是一个困难的问题。因此，设计具有一定自适应调整能力的 ratio 参数优化算法具有实际应用价值。

2）聚类参数 ratio 优化算法

聚类参数 ratio 优化算法（见图 12-7）的基本思想是，从基础聚类算法 baseCluster() 的结果中选择 m 个有代表性的簇及其编号；然后计算它们的相对集合度，用它们的平均值作为优化的 ratio 值。

算法 12-4：聚类参数 ratio 优化算法 computeRatio()

输入：基础聚类的簇编号

输出：优化的参数 ratio

(1) 用户查看算法 baseCluster() 的聚类结果，并选择输入 m 个主要的簇编号；

(2) FOR $i=1$ to m

　　读出基础聚类的簇 C_i

　　计算 C_i 中每个元素 Y_j 的相对聚合度，将它们中的最大者记作 r_i

(3) END FOR

(4) ratio$=(r_1+r_2+\cdots+r_m)/m$

(5) 输出 ratio 并结束

图 12-7　聚类参数 ratio 优化算法

3）最优 $2k$-近邻聚类算法

将基础聚类算法 baseCluster() 和聚类参数 ratio 优化算法的结合，形成最优 $2k$-近邻聚类算法（见图 12-8），从而得到质量更高的聚类。

算法 12-5：最优 $2k$-近邻聚类算法 Opt2kCluster()

输入：① 最优 $2k$-近邻集 $\text{OPT}_{2k}(X_i)$ $(i=1,2,\cdots,t)$

　　　② 初始 ratio 估计值

输出：优化的聚类结果，即每个簇及其编号

(1) 调用 baseCluster(ratio, $\text{OPT}_{2k}(X_i)$) 算法，得到基础聚类 $C=\{C_1,C_2,\cdots,C_n\}$

(2) 选择 m 个簇调用 computeRatio() 算法，得到新的 ratio

(3) 如果用户对聚类结果不满意转(1)

(4) 否则输出优化的聚类结果 $C=\{C_{o1},C_{o2},\cdots,C_{ov}\}$，程序结束

图 12-8　最优 $2k$-近邻聚类算法

12.5.6　实例计算结果

假设初始聚类阈值 ratio$=0.2$，对如表 12-4 所示数据流前 20 个数据，应用算法 12-2（最优 $2k$-近邻集生成算法），可以得到各个最优 $2k$-近邻集，表 12-12 仅展示了 $X_1 \sim X_{10}$ 的相关信息，包括它们距离的平均值、标准差和相对聚合度等。

调用算法 12-5 可得最终聚类 $C=\{C_1,C_2\}$，其中

$$C_1=\{X_1,X_2,X_3,X_4,X_5,X_6,X_7,X_8,X_9,X_{10}\},$$

$$C_2=\{X_{11},X_{12},X_{13},X_{14},X_{15},X_{16},X_{17},X_{18},X_{19},X_{20}\}$$

表 12-12 前 10 个数据的最优 2k-近邻集微簇信息

微簇核心点	最优 2k-近邻集						平均距离	标准差	相对聚合度
X_1	X_2	X_5	X_4	X_6	—	—	1.207	0.207	0.90
X_2	X_1	X_3	X_6	—	—	—	1	0	1.36
X_3	X_2	X_7	X_6	—	—	—	1.138	0.195	0.94
X_4	X_5	X_8	X_1	X_9	—	—	1.207	0.207	0.90
X_5	X_1	X_4	X_6	X_9	X_2	X_8	1.138	0.195	0.94
X_6	X_2	X_5	X_7	X_{10}	X_9	X_3	1.138	0.195	0.94
X_7	X_3	X_6	X_2	X_{10}	—	—	1.207	0.207	0.90
X_8	X_4	X_9	X_5	—	—	—	1.138	0.195	0.94
X_9	X_5	X_8	X_{10}	—	—	—	1	0	1.36
X_{10}	X_6	X_9	X_5	X_7	—	—	1.207	0.207	0.90

除了基于两层或三层数据流聚类框架的聚类算法以外,还有许多其他新的研究方法和研究结果,比如,张建朋等针对现有算法聚类精度不高、处理离群点能力较差以及不能实时检测数据流变化的缺陷,提出一种基于密度与近邻传播融合的数据流聚类算法。罗清华等利用区间数,并结合不确定性数据的统计信息表示多维不确定性数据流,提出一种基于区间数的多维不确定性数据流聚类算法(UIDMicro)等。

总之,数据流的挖掘问题还有许多新的研究领域,有兴趣的读者可查阅相关文献了解其最新研究进展和研究成果。

习题 12

1. 给出下列英文短语或缩写的中文名称,并简述其含义。

(1) data stream

(2) FP-Stream

(3) time windows

(4) sliding window

(5) Titled Time Frame

(6) Pyramidal Time Frame

(7) CluStream

(8) On-line Micro Clustering

(9) Off-line Macro Clustering

(10) Micro Cluster Structure

2. 简述数据流的定义。

3. 简述数据流的特点。

4. 什么是时间倾斜技术? 它有何作用?

5. 在例 12-2 的假设和计算基础上,当前时刻进入 $T=20$,试构造金字塔时间框架对应的数据快照时间表,即计算所需要保存的数据快照对应的时间值。

第 13 章

不确定数据的聚类分析

当读者看到本章标题时就会想到，前面 12 章使用的所有数据，不管是数据仓库中的数据，还是数据挖掘的数据都是确定性数据。然而，在经济、军事、物流、金融和通信等领域的许多数据都具有某种不确定性，并在管理决策中扮演着十分重要，甚至关键的角色，但传统数据管理和挖掘技术已无法有效管理和处理这种不确定数据，因此，对不确定数据的管理和分析技术的研究已成为国内外的前沿课题之一。

本章主要内容来源于参考文献[34]，并根据教学需要补充了适量的计算实例，以说明有关概念和聚类算法的有效性和可用性。首先介绍了不确定数据的概念、种类和聚类分析方法，并在对不确定数据集定义不确定相异度、不确定 k-最近邻集，不确定 k-最近邻密度和不确定 k-近邻相对密度的基础上，提出了基于相对密度的不确定数据聚类算法 RDBCAU。其次，在对传统确定数据分类属性相似度进行缺陷分析的基础上，提出了分类属性双重加权相似度，并将其推广到不确定数据集，进而提出了基于连通图的不确定数据分类属性聚类算法 U2CAB2C。最后对本章进行了简单总结，并介绍不确定数据的一些其他研究方法。

13.1 不确定数据挖掘概述

数据的不确定性主要是指不可靠性、不可预知性、随机性、意义含糊性、易变性、不完整和不规则性等等。在传统数据库管理和数据挖掘的研究中，其管理和挖掘的对象都是确定性数据。但在许多实际应用领域，比如在无线传感器网络（Wireless Sensor Network）和无线射频识别（Radio Frequency Identification，RFID）的应用中，由于受到环境干扰和仪器精度等的影响，传感器结点所监测到的数据往往是不确定的。

此外，在经济、军事、金融、电信和 GPS 等领域，数据的不确定性不仅普遍存在，而且在其中扮演着十分关键的角色。然而，传统的数据管理和挖掘技术却无法有效管理和分析利用这些不确定数据（Uncertain Data，有些中文文献也将其称为不确定性数据）。因此，开展对不确定数据的管理技术和分析挖掘技术的研究，已经成为国内外研究和应用的热点。

13.1.1 不确定数据的产生

数据采集工作在不同的应用领域常常因为存在误差或人为干扰带来差错，这就产生了数据的不确定性。一般来说，数据的不确定主要由以下原因产生。

1．人工引进的扰动

在电信、银行、股票等行业,出于对客户隐私的保护,往往会对客户信息数据进行一定程度的扰动,从而把这些数据变成了不确定数据。另一种情况是,有些企业想推出新的相关产品,并希望对客户数据进行深度分析和挖掘,以便寻找出潜在的目标客户,但对客户数据分析挖掘的任务通常委托给第三方数据分析公司完成,因此,企业一般也会将原始数据进行某种扰动,然后才提供给第三方公司进行分析,以保证客户敏感信息不被泄露。

2．技术和环境限制

由于数据采集设备或相关技术手段的限制,环境受到干扰或进一步处理的非精确性等,都会导致数据的不确定性。比如,在射频识别技术 RFID 应用领域,接收设备的准确率就不可能达到100%,精度一般在90%左右;在无线网络传输中,数据的准确性也会受到网络带宽、传输时延和传输信号强度等影响;在各种传感器网络中,由于工作环境千差万别,在传感器采集过程中温度、湿度、压力等这些相关环境因素都会对数据产生影响,从而导致大量不确定数据的产生。

3．数据集成处理需要

人们在利用数据归纳、数据压缩或抽样等统计学方法构造数据时,会因为数据量的减少带来信息的减少,从而导致数据的不确定性。例如,在天文深空天体光谱观测中,由于数据量极为庞大,给数据的存储、传输和查询带来很大压力。因此在对观测数据进行实际应用前,一般都要对数据进行约简或压缩存储。

13.1.2 不确定数据的种类

从不确定数据的表现形式,大致可将其分为属性级不确定性和实例存在级不确定性两类。

1．属性级不确定性

属性级不确定性(Attribute Level Uncertainty)也称属性值的不确定性,它是指一个属性的取值存在不确定性。在元组数目和数据模型已经确定的前提下,通常用概率密度函数或其他统计量来描述属性的不确定信息。这种不确定性又可以根据属性的类型,分为数值不确定性和非数值不确定性。

假设一个 d 维的数据对象 $X = \{x_1, x_2, \cdots, x_d\}$ 在每个维的属性值都存在不确定性,且不确定性用 φ 表示,则可将每个维记为 $(x_i, \varphi(x_i))$,从而有 $X = \{(x_1, \varphi(x_1)), (x_2, \varphi(x_2)), \cdots, (x_d, \varphi(x_d))\}$。例如,一个地区通信公司可使用三维数据组来描述城市里每个移动用户的位置,但即使采用像 GPS 卫星这样的先进定位系统也无法得到用户的确切位置,因此数组的每个属性值都具有不确定性。

2．实例存在级不确定性

实例存在不确定性(Existential Uncertainty)也称元组存在不确定性或数据对象存在不

确定性,即一个数据元组存在与否具有一定的不确定性,通常用一个概率值来表示。这种不确定性又分为实例之间存在相互依赖关系和实例之间相互独立两种情况。实例存在不确定性通常简称为存在不确定性。

一个元组的存在不确定性一般可采用点概率模型(point probability model)来描述。在这种模型中,元组的属性值是确定的,而元组的存在具有不确定性,并用[0,1]之间的一个概率值来表示。

例如,在 RFID 的应用中,RFID 读卡器会存在漏读、多读的现象,所读数据的存在性并不确定,则可用点概率模型表示为:对不确定数据集中的数据对象 $X=\{x_1,x_2,\cdots,x_d\}$,其存在不确定性用 $p(X)$ 表示,则该模型表示为 $(X,p(X))$,其中 $p(X)$ 的值在[0,1]之间随机产生。比如 X 和 Y 是两个不确定数据对象,设 X 存在的概率为 80%,Y 存在的概率为 30%,则可表示为 $(X,80\%)$ 和 $(Y,30\%)$,或者表示为 $(X,0.8)$ 和 $(Y,0.3)$。存在不确定性在实际中使用比较广泛,因此,本章下一节开始所讨论的不确定数据聚类问题,都假设数据的不确定性是实例存在不确定性。

13.1.3 不确定数据的聚类

与传统数据挖掘任务相对应,不确定数据的挖掘任务也主要包括关联规则挖掘、分类规则挖掘、离群点检测和聚类分析等。本节简要介绍不确定数据聚类问题与传统确定数据聚类问题的区别,以及现有的主要不确定数据聚类方法。

1. 不确定数据聚类与确定数据聚类的区别

现有的大多数聚类算法(详见第 10 章~12 章)都是针对确定性数据集合的。它们假设数据集中各个数据对象均是确定的,因此,聚类算法仅仅考虑数据集中对象之间的相似性度量或相异性度量(距离),并将其聚类为 k 个簇即可。然而,数据对象的不确定性因素确确实实存在,并在一定程度上影响整个聚类算法的计算结果。以图 13-1 为例,假设确定性数据集 S 中的对象,按照其相互间的距离被划分为 C_1、C_2 两个簇,则在这两个簇内,各个数据对象在平面中的相对位置关系完全相同,故其簇的直径、内径、平均距离和中心距离都完全相同。

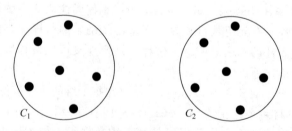

图 13-1 簇的直径、中心距离等完全相同的两个簇

如果引入对象的存在不确定性,使簇 C_1 变成簇 C',簇 C_2 变成簇 C'',即给每个对象指定一个存在概率,且让簇 C' 中数据对象的存在概率明显高于簇 C'' 中数据对象的存在概率(见图 13-2)。因此,不需要任何专业知识,读者都很容易发现簇 C' 和簇 C'' 之间是具有明显差异的,但如果仍然使用传统确定性数据对象之间的相异性度量标准,则无法准确描述簇 C'

和簇 C'' 之间的差异,因为不确定数据的聚类不仅要考虑数据对象之间的相异性度量,而且必须考虑数据对象的存在概率等不确定性因素。因此,必须针对不确定数据建立专门的相异性度量标准,并构造新的聚类算法。

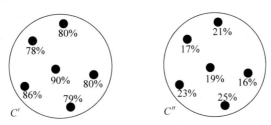

图 13-2 增加了存在概率后得到的簇 C' 和 C''

2. 基于划分的不确定数据聚类算法

鉴于不确定数据是由传统确定性数据对象增加存在不确定性或属性级不确定性而构成的,因此,现有文献提出的许多不确定数据聚类算法都是从传统确定性数据聚类算法推广或改进得到的。比如 Chau 等利用概率密度函数来表示数据的存在不确定性,将经典 k-Means 算法推广到不确定数据的聚类分析中,提出了不确定数据的 Uk-Means 聚类算法,并通过仿真实验说明,聚类过程中考虑数据的不确定性特征将显著提升聚类结果的质量。

一般来说,由于不确定数据的复杂性会导致数据信息的提取难度加大,从而使不确定数据聚类算法消耗更多的计算时间。为了减小 Uk-Means 算法在时间上的消耗,Lee 等提出了 Ck-Means 聚类算法。该算法采用了一种降低期望距离计算复杂度的新方法,从而实现了降低算法整体时间复杂度的目标。但由于这种计算期望距离的方法只适合特定形式的距离公式,因而不具有可扩展性。文献 Ngai 等针对一般距离公式,提出在聚类过程中使用 min-max 距离的计算方法达到减少距离计算次数,最终降低聚类算法的时间复杂度。

此外,Gullo 等还对传统的 k-Medoids 算法进行推广,提出了适用于不确定数据集的 Uk-Medoids 算法。

3. 基于密度的不确定数据聚类算法

类似于基于划分的不确定数据聚类算法,现有基于密度的不确定数据聚类算法也主要是 DBSCAN 和 OPTICS 等基于密度的传统聚类算法推广而来的。比如,Kriegel 等用模糊数据(Fuzzy Data)表示不确定数据,并利用 DBSCAN 算法的设计思想,在定义不确定数据集的密度、核心对象、对象之间的密度可达等概念的基础上提出了 FDBSCAN 算法。总体上说,FDBSCAN 算法的计算过程与 DBSCAN 算法基本一致。Kriegel 等提出的 FOPTICS 聚类算法,则是传统 OPTICS 算法的直接推广。

针对 FDBSCAN 和 FOPTICS 算法对聚类参数比较敏感的缺陷,Xu 等人提出了基于 DBSCAN 和概率索引的不确定数据聚类算法 p-DBSCAN。该算法利用数据对象的概率分布信息定义核心对象和密度可达等概念,通过边界矩形 MBR 选取数据对象间的最小和最大距离作为相似性度量标准。

4. 基于概率分布相似性的不确定数据聚类算法

不确定数据的聚类涉及两个关键性问题：一是如何建立恰当的不确定相似性度量标准，二是怎样设计复杂性更低的聚类算法。不确定数据聚类算法的早期研究结果大多是传统聚类算法，如 k-Means 和 DBSCAN 等算法的推广或改进。由于这些传统算法依赖数据对象之间的几何距离，所以不能很好地处理在空间上无法区分的不确定数据对象。概率分布（probability distribution）是不确定对象的本质特征。Jiang 等利用 KL 距离（也叫相对熵）来衡量连续型和离散型不确定数据对象之间的相似度，并提出了一种基于概率分布相似性的不确定数据聚类算法。该算法打破了用传统方法定义相似度的思维限制，是近几年来在不确定数据聚类算法研究中非常重要的研究成果。文章中定义了连续型和离散型不确定数据对象之间的 KL 距离，并把它结合到基于划分和基于密度的不确定数据聚类算法中。由于精确计算连续型不确定性对象的 KL 距离代价太高，算法采用核密度方法来估算 KL 距离，并采用快速高斯变换技术进一步加快计算速度，使算法具有较高的效率和可扩展性。

13.2　基于相对密度的不确定数据聚类算法

13.2.1　基于相对密度的聚类思想

基于密度的传统聚类算法，如 DBSCAN（第 10 章）等，由于其密度（ε,MinPts）在聚类计算过程中保持不变，存在将某些簇中的对象判定为离群点或将高密度簇聚类到相连的低密度簇中的问题。以图 13-3 所示的数据对象为例，如果指定的 ε 足够小且 MinPts 较大，则 DBSCAN 算法就可能把原本较为稀疏的簇 C_1 和 C_2 中所有对象都判定为离群点。然而，若指定的 ε 和 MinPts 都较大，则 DBSCAN 算法就会将高密度簇 C_3 与低密度簇 C_1 和 C_2 连接成一个簇。

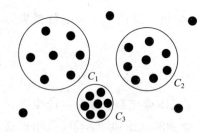

图 13-3　不同参数时的聚类结果

针对 DBSCAN 算法存在的问题，刘青宝等引入了相对密度的概念，提出了一种基于相对密度的聚类算法 RDBClustring，且该算法具有如下优点：能发现任意形状的簇；能区分不同密度等级的簇；有较强的处理噪声点的能力；密度参数的确定相对容易。

针对 DBSCAN 算法不能处理模糊数据的问题，Kriegel 等提出了基于密度的模糊数据聚类算法 FDBSCAN，其计算过程与 DBSCAN 基本一致，不仅继承了 DBSCAN 算法优点，也继承了其所有缺点。比如，不能区分不同密度等级的簇，可能将某些簇中的对象判定为离群点等等。

我们将相对密度的思想引入不确定数据的聚类之中，提出了一种基于相对密度的不确定数据聚类算法 RDBCAU（Relative Density-Based Clustering Algorithm for Uncertain data），并在下面详细介绍。该算法在不确定数据集上保持了确定性相对密度聚类算法的特性：能发现任意形状的簇，能区分不同密度等级的簇，参数较易确定。此外，该算法对确定性数据集的聚类问题同样有效。

13.2.2 不确定相异度与 k-最近邻集

定义 13-1 设 S 为不确定数据集,对于任意 $X,Y \in S$,称

$$d_u(X,Y) = \frac{\sqrt{\sum_{i=1}^{d}(x_i - y_i)^2}}{1 - |p(X) - p(Y)|} \tag{13-1}$$

为数据对象 X 与 Y 的不确定相异度,其中 x_i、y_i 分别为 X、Y 的第 i 个分量($i=1,2,\cdots,d$),而 $p(X)$、$p(Y)$ 分别为对象 X 与 Y 的存在概率。

例 13-1 设不确定数据集 S(见表 13-1)有 A_1 和 A_2 两个属性,$p(X_i)$ 为对象 X_i 的存在级不确定性。试计算 $d_u(X_1,X_2),d_u(X_1,X_3),\cdots,d_u(X_1,X_6)$。

表 13-1 存在不确定数据集 S

id	A_1	A_2	$p(X_i)$	id	A_1	A_2	$p(X_i)$
X_1	0	0	0.8	X_4	1	1	0.9
X_2	0	1	0.9	X_5	2	1	0.8
X_3	1	0	0.3	X_6	1	2	0.5

解: 由公式(13-1)定义不确定相异度 $d_u(X_1,X_2)$ 等于 X_1 与 X_2 的欧几里得距离除以 $1-|p(X_1)-p(X_2)|$,所以

$$d_u(X_1,X_2) = d(X_1,X_2)/(1-|p(X_1)-p(X_2)|)$$
$$= 1/(1-|0.8-0.9|) = 1/0.9 = 1.11$$

同理

$$d_u(X_1,X_3) = d(X_1,X_3)/(1-|p(X_1)-p(X_3)|) = 1/0.5 = 2$$

而 X_1 到其他对象的不确定相异度也可类似计算得到,其结果汇总于表 13-2。

表 13-2 对象 X_1 到 X_2、X_3 等的不确定相异度

$d_u(X_1,X_2)$	$d_u(X_1,X_3)$	$d_u(X_1,X_4)$	$d_u(X_1,X_5)$	$d_u(X_1,X_6)$
1.11	2	1.57	2.24	3.19

从不确定相异度的定义和例 13-1 可以看出,两个对象 X 和 Y 的不确定性概率差值 $|p(X)-p(Y)|$ 越大,它们的不确定相异度就越大;当概率差值无限接近于 1 时,不确定相异度趋于无穷大;反之,两个对象的不确定性概率差值越小,它们的不确定相异度就越小;当差值为 0 时,它们之间的不确定相异度等价于传统的欧氏距离。

定义 13-2 设 X 为不确定数据集 S 的一个数据对象,计算 X 到集合 $S\setminus\{X\}$ 中每一点 X_i 的不确定相异度 $d_u(X_i,X)$ 并将其按非递减方式排序。对给定的正整数 k,取前面 k 个最小不确定相异度对应的点,不妨记作 $X_1,X_2,\cdots,X_k$,则称集合

$$N_u(X,k) = \{X_1,X_2,\cdots,X_k\} \tag{13-2}$$

为 X 的不确定 k-最近邻集。

例 13-2 对表 13-1 所示的不确定数据集 S,若令 $k=3$,试计算 X_1 的不确定 3-最近邻集。

解：根据定义 13-2 和表 13-2 的计算结果，可得

$$d_u(X_1,X_2) \leqslant d_u(X_1,X_4) \leqslant d_u(X_1,X_3) \leqslant d_u(X_1,X_5) \leqslant d_u(X_1,X_6)$$

因为 $k=3$，所以取前面 3 个最小不确定相异度值对应的点 X_2、X_4、X_3，即得数据对象 X_1 的不确定 3-最近邻集 $N_u(X_1,3)=\{X_2,X_3,X_4\}$。

13.2.3 不确定 k-最近邻密度

定义 13-3 对不确定数据集 S 中的数据对象 X，称

$$\mathrm{dsty}_u(X,k) = 1 \left/ \left(\frac{\sum\limits_{Y \in N_u(X,k)} d_u(X,Y)}{\sum\limits_{Y \in N_u(X,k)} p(Y)} \right) \right. \tag{13-3}$$

为 X 的不确定 k-最近邻密度，简称 X 的 k-最近邻密度，其中 $p(Y)$ 为对象 Y 的存在概率。

例 13-3 对于表 13-1 所示的不确定数据集 S 和 $k=3$，试计算 X_1 的不确定 3-最近邻密度。

解：由于例 13-2 已经得到 $N_u(X_1,3)=\{X_2,X_3,X_4\}$，因此，直接计算

$$\sum_{Y \in N_u(X,k)} p(Y) = \sum_{Y \in N_u(X_1,3)} p(Y) = 0.9 + 0.3 + 0.9 = 2.1$$

和

$$\begin{aligned}
\sum_{Y \in N_u(X,k)} d_u(X,Y) &= \sum_{Y \in N_u(X_1,3)} d_u(X_1,Y) \\
&= d_u(X_1,X_2) + d_u(X_1,X_3) + d_u(X_1,X_4) \\
&= 1.11 + 1.57 + 2 = 4.68
\end{aligned}$$

所以 $\mathrm{dsty}_u(X_1,3) = 2.1/4.68 = 0.45$。

从不确定 k-最近邻密度和例 13-3 可以看出，对象 X 的不确定 k-最近邻密度就是对象 X 与其不确定 k-最近邻 $N_u(X,k)$ 中所有点的平均不确定相异度的倒数。特别当 $N_u(X,k)$ 中每个对象 Y 的存在概率 $p(Y)=1$，即 Y 为确定数据时，公式（13-3）就是 X 的 k-最近邻 $N(X,k)$ 的密度。因此，X 的不确定 k-最近邻密度越大，不确定 k-最近邻中数据对象之间就越紧密；反之，不确定 k-最近邻密度越小，不确定 k-最近邻中数据对象就越稀疏。

定义 13-4 对不确定数据集 S 中的对象 X，称

$$\mathrm{rdsty}_u(X,k) = \frac{\sum\limits_{Y \in N_u(X,k)} \mathrm{dsty}_u(Y,k) \left/ \mathrm{dsty}_u(X,k) \right.}{\sum\limits_{Y \in N_u(X,k)} p(Y)} \tag{13-4}$$

为 X 的不确定 k-最近邻相对密度，简称为 X 的 k-最近邻相对密度。

例 13-4 对表 13-1 所示的不确定数据集 S 和 $k=3$，试计算 X_1 的不确定 3-最近邻相对密度。

解：因为例 13-2 已经得到 $N_u(X_1,3)=\{X_2,X_3,X_4\}$，且由例 13-3 得到 $\mathrm{dsty}_u(X_1,3)=0.45$因此，只需先计算公式（13-4）中的 $\mathrm{dsty}_u(X_2,3)$、$\mathrm{dsty}_u(X_3,3)$、$\mathrm{dsty}_u(X_4,3)$。

按照例 13-2 类似计算可得 $N_u(X_2,3)=(X_1,X_4,X_5)$，并按例 13-3 类似计算得

$$\mathrm{dsty}_u(X_2,3) = 0.58$$

同理可得

$$N_u(X_3,3) = \{X_1,X_4,X_6\}, \quad \mathrm{dsty}_u(X_3,3) = 0.31;$$
$$N_u(X_4,3) = \{X_1,X_2,X_5\}, \quad \mathrm{dsty}_u(X_4,3) = 0.68$$

因此,

$$\mathrm{rdsty}_u(X_1,3)$$
$$= \{(\mathrm{dsty}_u(X_2,3) + \mathrm{dsty}_u(X_3,3) + \mathrm{dsty}_u(X_4,3))/\mathrm{dsty}_u(X_1,3)\}/(p(X_2) + p(X_3) + p(X_4))$$
$$= \{(0.58 + 0.31 + 0.68)/0.45\}/(0.9 + 0.3 + 0.9)$$
$$= 1.67$$

由例 13-4 可以看出,不确定 k-最近邻相对密度反映了对象 X 的不确定 k-最近邻密度与其近邻的不确定 k-最近邻密度之间的相对差距。显然,$\mathrm{rdsty}_u(X,k)$ 的值越接近 1,说明对象 X 与其 $N_u(X,k)$ 中的对象之间在分布上越均匀,$N_u(X,k)$ 中的对象就越有可能归入 X 所在的同一个簇。

定义 13-5 设有不确定数据集 S,对任意 $X \in S$ 和给定阈值 $0 < \delta < 1$,如果 $|\mathrm{rdsty}_u(X, k) - 1| < \delta$,则称对象 X 为 S 的一个不确定核心对象,简称 X 为核心对象。

例 13-5 对表 13-1 所示的不确定数据集 S,令 $k = 3, \delta = 0.15$,试判断 X_1 和 X_2 是否为核心对象。

解:根据例 13-4 计算结果,可知 $\mathrm{rdsty}_u(X_1,3) = 1.67$,因此 $|\mathrm{rdsty}_u(X_1,3) - 1| = |1.67 - 1| = 0.67 > 0.15$,故 X_1 不是 S 的核心对象。

按照例 13-4 类似的计算过程,可得 $\mathrm{rdsty}_u(X_2,3) = 1.08$,因此 $|\mathrm{rdsty}_u(X_2,3) - 1| = |1.08 - 1| = 0.08 < 0.15$,故 X_2 是 S 的核心对象。

定义 13-6 设 S 为不确定数据集,对任意 $X, Y \in S$,如果 X 为核心对象且 $Y \in N_u(X, k)$,则称对象 Y 关于核心对象 X 是不确定直接密度可达的,简称从 X 到 Y 是直接密度可达的。

定义 13-7 设 S 为不确定数据集,对给定阈值 $0 < \delta < 1$,如果 S 存在一个对象链 X_1,$X_2, \cdots, X_n$,其中 $X_1 = X, X_n = Y$,且从 $X_i (1 \leqslant i \leqslant n-1)$ 到 X_{i+1} 是直接密度可达的,则称从 X 到 Y 是不确定密度可达的,简称从 X 到 Y 是密度可达的。

从直接密度可达的定义可知,定义 13-7 其实已经假定 $X_1, X_2, \cdots, X_{n-1}$ 都是 S 的核心点。

13.2.4 RDBCAU 算法描述

根据传统基于密度的聚类算法思想和 13.2.2 节和 13.2.3 节推广的不确定相异度、不确定 k-最近邻密度和相对密度等概念,可得基于相对密度的不确定聚类算法 RDBCAU(见图 13-4)。

RDBCAU 聚类算法的计算过程是,首先从不确定数据集 S 中找出一个对象 X,如果 X 是一个核心对象,则创建一个以 X 为核心对象的新簇,并将从 X 密度可达的所有对象 $Y \in S$ 并入这个新簇,直到 S 中没有任何新的对象可以添加到这个簇时,才开始检查 S 中下一个对象,直到 S 中的每个对象都已经检查完毕。在这个过程中,如果后面检查的某些对象已经属于前面某个已经生成的簇,则无需对该点再生成新簇。

算法 **13-1**：RDBCAU 算法

输入：不确定数据集 $S=\{X_1,X_2,\cdots,X_n\}$、近邻个数 k 和阈值 $0<\delta<1$

输出：基于相对密度的聚类 $C=\{C_1,C_2,\cdots,C_r\}$

(1) $C=\varnothing$

(2) REPEAT

(3) 从数据集 S 中抽取一个未处理过的对象 X_v。

(4) 如果 X_v 是核心对象且 X_v 不在 C 的任何簇中,则将 X_v 连同从它出发密度可达的所有对象形成簇 C_v,并令 $C=C\cup\{C_v\}$

(5) 否则转第(2)步

(6) UNTIL 所有对象都被处理

(7) 输出聚类 $C=\{C_1,C_2,\cdots,C_r\}$

图 13-4　RDBCAU 聚类算法

从算法 13-1 的描述可以发现,RDBCAU 聚类算法的计算步骤与传统的 DBSCAN(见算法 10-7)几乎完全一样,其根本的区别在于相异度函数和核心对象的判断标准。

参考文献[34]还分析并给出了算法的时间复杂性为 $O(n^2)$,并通过仿真实验发现,当 δ 在 $[0.2,0.4]$ 区间内取值时,聚类算法 RDBCAU 有较高的准确率。

13.2.5　计算实例

例 13-6　设平面上有 12 个数据对象,其坐标位置如图 13-5 所示。为每一个数据对象增加存在概率后就得到一个不确定数据集 S(见表 13-3)。如果令不确定近邻个数 $k=3$,相对密度阈值 $\delta=0.15$,试利用 RDBCAU 算法对 S 进行聚类。

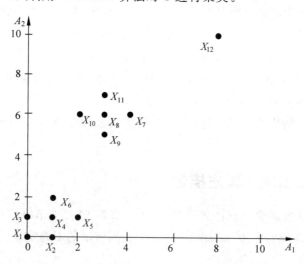

图 13-5　在平面上的 12 个数据对象

解：由于判断一个数据对象 X 是否为核心对象、计算数据对象 X 的不确定 3-最近邻密度以及 3-最近邻相对密度等,都需要计算两个对象 X 与 Y 的不确定相异度,因此,我们将算法 13-1 的计算细化为如下步骤：

(1) 根据公式(13-1)计算任两个对象 X_i 与 X_j 的不确定相异度,并得到 S 的相异度矩

阵 $D(S)$。

(2) 根据 S 的相异度矩阵 $D(S)$ 计算每个对象 $X_i(i=1,2,\cdots,12)$ 的不确定 3-最近邻(见表 13-4)。

(3) 根据公式(13-3)计算 X_i 的不确定 3-最近邻密度,由公式(13-4)得到 X_i 的不确定 3-最近邻相对密度,其值详见表 13-5 的第 3 列和第 4 列,而每个对象是否为核心点的判断详见表 13-5 的第 5 列。

表 13-3　增加存在不确定的数据集 S

id	A_1	A_2	$p(X_i)$	id	A_1	A_2	$p(X_i)$
X_1	0	0	0.8	X_7	4	6	0.8
X_2	0	1	0.9	X_8	3	6	0.9
X_3	1	0	0.3	X_9	3	5	0.4
X_4	1	1	0.9	X_{10}	2	6	0.9
X_5	2	1	0.8	X_{11}	3	7	0.8
X_6	1	2	0.5	X_{12}	8	10	0.9

$$D(S) = \begin{pmatrix}
0 & 1.11 & 2 & 1.57 & 2.24 & 3.19 & 7.21 & 7.45 & 9.72 & 7.03 & 7.62 & 14.23 \\
 & 0 & 3.54 & 1 & 2.22 & 2.36 & 7.11 & 5.83 & 10 & 5.39 & 7.45 & 12.04 \\
 & & 0 & 2.5 & 2.83 & 2.50 & 13.42 & 15.81 & 5.98 & 15.21 & 14.56 & 30.52 \\
 & & & 0 & 1.11 & 1.67 & 6.48 & 5.39 & 8.94 & 5.10 & 7.03 & 11.40 \\
 & & & & 0 & 2.02 & 5.39 & 5.67 & 6.87 & 5.56 & 6.08 & 12.02 \\
 & & & & & 0 & 7.14 & 7.45 & 4.01 & 6.87 & 7.69 & 17.72 \\
 & & & & & & 0 & 1.11 & 2.36 & 2.22 & 1.41 & 6.29 \\
 & & & & & & & 0 & 2 & 1 & 1.11 & 6.40 \\
 & & & & & & & & 0 & 2.83 & 3.33 & 14.14 \\
 & & & & & & & & & 0 & 1.57 & 7.21 \\
 & & & & & & & & & & 0 & 6.48 \\
 & & & & & & & & & & & 0
\end{pmatrix}$$

表 13-4　S 中每个对象的不确定 3-最近邻

id	$N_u(X_i,3)$	id	$N_u(X_i,3)$
X_1	$\{X_2,X_3,X_4\}$	X_7	$\{X_8,X_{10},X_{11}\}$
X_2	$\{X_1,X_4,X_5\}$	X_8	$\{X_7,X_{10},X_{11}\}$
X_3	$\{X_1,X_4,X_6\}$	X_9	$\{X_7,X_8,X_{10}\}$
X_4	$\{X_1,X_2,X_5\}$	X_{10}	$\{X_7,X_8,X_{11}\}$
X_5	$\{X_2,X_4,X_6\}$	X_{11}	$\{X_7,X_8,X_{10}\}$
X_6	$\{X_2,X_4,X_5\}$	X_{12}	$\{X_8,X_{10},X_{11}\}$

表 13-5　S 中每个对象的不确定 3-最近邻密度、相对密度($\delta=0.15$)和核心点判断

id	$N_u(X_i,3)$	$dsty_u(X_i,3)$	$rdsty_u(X_i,3)$	是否核心对象
X_1	$\{X_2,X_3,X_4\}$	0.45	1.67	否
X_2	$\{X_1,X_4,X_5\}$	0.58	**1.08**	是
X_3	$\{X_1,X_4,X_6\}$	0.31	2.29	否
X_4	$\{X_1,X_2,X_5\}$	0.68	**0.86**	是
X_5	$\{X_2,X_4,X_6\}$	0.43	1.71	否
X_6	$\{X_2,X_4,X_5\}$	0.43	1.51	否
X_7	$\{X_8,X_{10},X_{11}\}$	0.55	1.36	否
X_8	$\{X_7,X_{10},X_{11}\}$	0.78	**0.88**	是
X_9	$\{X_7,X_8,X_{10}\}$	0.36	1.98	否
X_{10}	$\{X_7,X_8,X_{11}\}$	0.52	1.52	否
X_{11}	$\{X_7,X_8,X_{10}\}$	0.64	**1.11**	是
X_{12}	$\{X_8,X_{10},X_{11}\}$	0.13	5.74	否

(4) 对每一个核心对象 $X_v(v=2,4,8,11)$，将 X_v 连同从它出发密度可达的所有对象形成簇 C_v。

① 由核心对象 X_2 密度可达的对象生成簇 $C_1=\{X_1,X_2,X_4,X_5\}$，且核心对象 X_4 已在簇 C_1 中；

② 由核心对象 X_8 密度可达的对象生成簇 $C_2=\{X_7,X_8,X_{10},X_{11}\}$，且核心对象 X_{11} 已在簇 C_2 中；

至此，S 的所有核心对象已经处理完毕，算法输出聚类 $C=\{C_1,C_2\}$ 后结束。

聚类 C 中两个簇 C_1,C_2 所包含的数据对象及其在平面上的位置关系如图 13-6 所示。

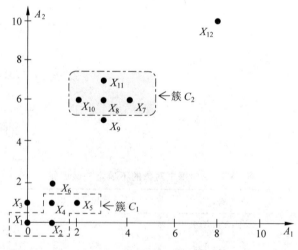

图 13-6　簇 C_1 和 C_2 所包含数据对象

从图 13-6 可以直观地看到，不确定数据集 S 最终被聚成两个簇 C_1 和 C_2，而其中的 X_3,X_6,X_9 和 X_{12} 被当作离群点而未被归入任何簇中。如果将 S 中每个对象的存在概率（不确定性）取消，则 S 为确定性数据集（相当于所有对象的存在概率等于 1），直接应用 DBSCAN 算法聚类，则对象 X_3,X_6 就会归入簇 C_1 中，对象 X_9 就会归入簇 C_2 中，且仅有

X_{12} 为离群点。因为当忽略对象的存在概率时,公式(13-1)的不确定相异度就等价于欧氏距离,这时 X_2 的 3-最近邻为 $\{X_1,X_3,X_4\}$,而在考虑对象存在不确定性的情况下,X_2 的不确定 3-最近邻为 $\{X_1,X_4,X_5\}$,这说明数据对象的不确定性的确对聚类结果有很大的影响。X_3,X_6 在不考虑存在概率的情况下,它们确实离 X_4 比较近,但由于存在概率分别为 0.3 和 0.5,相对于其他数据对象 X_1,X_2,X_4,X_5 来说,它俩的存在概率很低,也就是说明 X_3,X_6 的数据质量较低,对整个聚类影响的程度自然也较低。X_{12} 是由于它本身离其他数据点较远,导致其不确定相对密度较其他对象差异明显。

由此可知,RDBCAU 算法既保持了相对密度聚类算法的优势,又考虑了不确定因素对聚类结果的影响,不仅适用于不确定数据集的聚类问题,对确定性数据集的聚类问题也同样适用。

13.3 不确定分类属性数据聚类算法

与传统分类属性数据聚类分析类似,我们应该首先定义不确定分类属性数据的相似度,为此,我们先回顾一个传统的分类属性相似度,在分析其缺点的基础上对其进行改进,然后将其推广到不确定数据集,定义不确定分类属性数据的相似度和聚类算法框架。

13.3.1 传统分类属性相似度

对于确定性数据集,我们在 7.3.2 节已经学习了分类属性的相似度,且针对二元属性的 Jaccard 系数相似度 $S_{jc}(X,Y)$ 被学术界广泛应用。对于非二元的分类属性,

$$S_{jci}(A(X),A(Y)) = \frac{|A(X) \bigcap A(Y)|}{|A(X) \bigcup A(Y)|} \tag{13-5}$$

被认为是 S_{jc} 在多元分类属性数据集中的一种改进(Improved $S_{jc}(X,Y)$)。其中 $A(X)$,$A(Y)$ 表示 S 中任意两个数据对象 X,Y 的属性取值集合;$|A(X) \bigcap A(Y)|$ 表示集合 $A(X)$ 与 $A(Y)$ 的交集中元素个数;而 $|A(X) \bigcup A(Y)|$ 表示 $A(X)$ 与 $A(Y)$ 并集的元素个数。

例 13-7 设有 4 个数据对象的分类属性数据集 S(见表 13-6),试利用公式(13-5)计算 $S_{jci}(X_2,X_3)$ 和 $S_{jci}(X_3,X_4)$。

表 13-6 有 4 个数据对象的分类属性数据集 S

id	A_1	A_2	A_3	A_4
X_1	红	黄	绿	紫
X_2	红	黄	绿	白
X_3	红	黄	绿	黑
X_4	红	蓝	绿	黑

解:由表 13-6 可知,

$A(X_2) = \{红,黄,绿,白\}$,$A(X_3) = \{红,黄,绿,黑\}$,$A(X_4) = \{红,蓝,绿,黑\}$;

因此,

$|A(X_2) \bigcap A(X_3)| = |\{红,黄,绿\}| = 3$;$|A(X_2) \bigcup A(X_3)| = |\{红,黄,绿,白,黑\}| = 5$

$|A(X_3) \bigcap A(X_4)| = |\{红,绿,黑\}| = 3$;$|A(X_3) \bigcup A(X_4)| = |\{红,黄,蓝,绿,黑\}| = 5$

故得 $S_{jci}(X_2,X_3)=3/5$；$S_{jci}(X_3,X_4)=3/5$。

此例表明，$S_{jci}(X_2,X_3)=S_{jci}(X_3,X_4)$，即 X_2 与 X_3 的相似度等于 X_3 与 X_4 的相似度。但参考文献[35]分析表 13-6 后认为，由于属性 A_2 有黄、蓝 2 种取值，因此在该属性上取值相等的概率为 $1/2$，而属性 A_4 有紫、白、黑 3 种取值，其相等的概率为 $1/3$。因为在属性 A_4 上取相同值的条件比在属性 A_2 上更加难以满足。因此，当两个数据对象在属性 A_2 和属性 A_4 上都取相同值时，属性 A_4 对整个相似度的影响也应该高于属性 A_2，公式(13-5)定义的相似度 S_{jci} 却无法区分这种影响力。

13.3.2 分类属性加权相似度

为了克服 S_{jci} 相似度的不足，以更细致地方式刻画不同属性在相似性度量中的影响，周红英等在参考文献[35]中对确定性数据集 S 提出了属性加权(attribute weighted)相似度：

$$S_{aw}(X,Y)=\frac{\sum\limits_{A_i\in A}\varphi(X,Y,A_i)}{\sum\limits_{i=1}^{d}|V_i|} \tag{13-6}$$

其中 V_i 为 S 在属性 A_i 上的不同取值集合；A 为数据集 S 的属性集合；函数 $\varphi(X,Y,A_i)$ 的值根据数据对象 X 与 Y 在属性 A_i 上取值是否相等分两种情况计算，即

$$\varphi(X,Y,A_i)=\begin{cases}|V_i|, & f(X,A_i)=f(Y,A_i) \\ 0, & f(X,A_i)\neq f(Y,A_i)\end{cases} \tag{13-7}$$

其中 $f(X,A_i)$ 表示数据对象 X 在属性 A_i 上的取值。如果数据对象 X 与 Y 在属性 A_i 上取值相等，则 $\varphi(X,Y,A_i)$ 取值 $|V_i|$，否则取值为 0。

例 13-8 对如表 13-6 所示数据集 S，试用公式(13-6)计算 $S_{aw}(X_2,X_3)$ 和 $S_{aw}(X_3,X_4)$

解：因为 S 共有 4 个属性，所以 $A=\{A_1,A_2,A_3,A_4\}$；

而 $|V_1|=|\{红\}|=1$，$|V_2|=|\{黄,蓝\}|=2$，$|V_3|=|\{绿\}|=1$，$|V_4|=|\{紫,白,黑\}|=3$；

所以，

$$S_{aw}(X_2,X_3)=\frac{1+2+1+0}{1+2+1+3}=\frac{4}{7}, \quad S_{aw}(X_3,X_4)=\frac{1+0+1+3}{1+2+1+3}=\frac{5}{7}$$

此例表明，对象 X_3 与 X_4 相似度大于对象 X_2 与 X_3 的相似度，这符合人们的主观判断且与例 13-7 后面的分析一致。

13.3.3 分类属性双重加权相似度

从例 13-8 可以发现，属性权重相似度 S_{aw} 与 Jaccard 系数相似度 S_{jci} 相比，前者的确提高了对象之间相似性度量的分辨率。但下面的例子分析表明，属性权重相似度 S_{aw} 其实还忽略了属性值的分布概率，还有进一步改进的空间。

例 13-9 对表 13-6 增加 4 个数据对象得到如表 13-7 所示的分类属性数据集 S，试用公式(13-6)计算 $S_{aw}(X_2,X_3)$ 和 $S_{aw}(X_3,X_4)$

表 13-7 有 8 个数据对象的分类属性数据集 *S*

id	A_1	A_2	A_3	A_4	id	A_1	A_2	A_3	A_4
X_1	红	黄	绿	紫	X_5	蓝	蓝	绿	黑
X_2	红	黄	绿	白	X_6	黄	蓝	绿	黑
X_3	红	黄	绿	黑	X_7	红	蓝	红	黑
X_4	红	蓝	绿	黑	X_8	蓝	紫	绿	黑

解：因为 S 共有 4 个属性，所以 $A=\{A_1,A_2,A_3,A_4\}$；而 $|V_1|=|\{红,黄,蓝\}|=3$，$|V_2|=|\{黄,蓝,紫\}|=3$，$|V_3|=|\{绿、红\}|=2$，$|V_4|=|\{紫,白,黑\}|=3$；

类似例 13-8 的计算可得

$$S_{aw}(X_2,X_3)=\frac{3+3+2+0}{3+3+2+3}=\frac{8}{11}, \quad S_{aw}(X_3,X_4)=\frac{3+0+2+3}{3+3+2+3}=\frac{8}{11}$$

即 X_2 与 X_3 的相似度等于 X_3 与 X_4 的相似度。

但对属性 A_2，任意两个数据对象在其上取值相等的概率为：

$$p(A_2)=\frac{C_3^2+C_4^2}{C_8^2}=\frac{3+6}{28}=\frac{9}{28}$$

对属性 A_4，任意两个数据对象其上取值相等的概率为：

$$p(A_4)=\frac{C_6^2}{C_8^2}=\frac{15}{28}$$

由此可知，两个对象在属性 A_2 上取值相等的概率小于在属性 A_4 上取值相等的概率，即在属性 A_2 上取值相等的条件更加难以满足，从直觉上讲应该有 $Sim(X_2,X_3)>Sim(X_3,X_4)$。

从例 13-9 及其分析结果可以发现，在属性加权相似度的基础上，还应该考虑每个属性取值的分布频率。因此，对于任意 $X,Y \in S$，我们可以定义属性双重加权相似度公式如下：

$$S_{awp}(X,Y)=\begin{cases}1, & X=Y \\ \alpha\dfrac{\sum\limits_{A_i \in A}\varphi(X,Y,A_i)}{\sum\limits_{i=1}^{d}|V_i|}+\beta\dfrac{\sum\limits_{A_i \in A}v(X,Y,A_i)}{|S|\sum\limits_{A_i \in A}\omega(X,Y,A_i)}, & X \neq Y\end{cases} \quad (13\text{-}8)$$

其中 $\varphi(X,Y,A_i)$ 由公式(13-7)计算，而

$$v(X,Y,A_i)=\begin{cases}|S|-N_i, & f(X,A_i)=f(Y,A_i)=a_i \\ 0, & f(X,A_i) \neq f(Y,A_i)\end{cases} \quad (13\text{-}9)$$

此处 N_i 为 S 在属性 A_i 上取 a_i 值的次数。

$$\omega(X,Y,A_i)=\begin{cases}1, & f(X,A_i)=f(Y,A_i) \\ 0, & f(X,A_i) \neq f(Y,A_i)\end{cases} \quad (13\text{-}10)$$

参数 $\alpha>0$，$\beta>0$ 且满足 $\alpha+\beta=1$，通常取 $\alpha \geqslant \beta$，其目的是以 $S_{aw}(X,Y)$ 为主，并保证 $S_{awp}(X,Y)$ 的值落在 $[0,1]$ 区间之内。

例 13-10 对如表 13-7 所示的分类属性数据集 S，令 $\alpha=\beta=0.5$，试用公式(13-8)计算 $S_{awp}(X_2,X_3)$ 和 $S_{awp}(X_3,X_4)$。

解：因为 $S=\{X_1,X_2,\cdots,X_8\}$，即 $|S|=8$ 且共有 4 个属性，所以 $A=\{A_1,A_2,A_3,A_4\}$；

已知 $|V_1| = |\{红,黄,蓝\}| = 3$，$|V_2| = |\{黄,蓝,紫\}| = 3$，$|V_3| = |\{绿,红\}| = 2$，$|V_4| = |\{紫,白,黑\}| = 3$；

因为 X_2 与 X_3 在 A_1 上的取值为"红"，即取值相等，而 S 在属性 A_1 上取"红"的次数为 5，因此，$N_1 = 5$；即得 $v(X_2, X_3, A_1) = |S| - N_1 = 3$；

因为 X_2 与 X_3 在 A_2 上的取值为"黄"，即取值相等，而 S 在属性 A_2 上取"黄"的次数为 3，因此，$N_2 = 3$；即得 $v(X_2, X_3, A_2) = |S| - N_2 = 5$；

对 X_2 与 X_3 在 A_3 上进行类似分析，可得 $v(X_2, X_3, A_3) = 8 - 7 = 1$；

因为 X_2 与 X_3 在 A_4 上分别取"白"和"黑"，即取值不相等，因此 $V(X_2, X_3, A_4) = 0$；

故得

$$S_{awp}(X_2, X_3) = 0.5 \times \frac{3+3+2+0}{3+3+2+3} + 0.5 \times \frac{3+5+1+0}{8 \times 3} = 0.55$$

同理可得

$$S_{awp}(X_3, X_4) = 0.5 \times \frac{3+0+2+3}{3+3+2+3} + 0.5 \times \frac{3+0+1+2}{8 \times 3} = 0.49$$

因此有 $S_{awp}(X_2, X_3) > S_{awp}(X_3, X_4)$，与前面的分析讨论结果一致，这说明属性双重权重相似度在相似性度量方面有更高的分辨能力。当然，这种分辨能力的提高是以增加计算复杂性为代价的。

13.3.4　不确定分类属性双重加权相似度

对于不确定分类属性数据集，我们在属性加权相似度上增加不确定性因素的方式，来定义不确定分类属性双重加权相似度。

定义 13-8　设有不确定分类属性数据集 S，对于任意 $X, Y \in S$，称

$$S_{uawp}(X, Y) = S_{awp}(X, Y) \times \text{sqrt}(p(X) \times p(Y)) \tag{13-11}$$

其中 $S_{awp}(X, Y)$ 为公式(13-8)定义的确定数据分类属性双重加权相似度，$p(X)$、$p(Y)$ 分别是 X, Y 的存在概率，$\text{sqrt}(p(X) \times p(Y))$ 为概率乘积的平方根。

例 13-11　对表 13-7 所示的分类属性数据集中每个数据对象增加存在不确定性，得到不确定分类属性数据集 S(见表 13-8)。令 $\alpha = \beta = 0.5$，试用公式(13-11)计算 $S_{uawp}(X_2, X_3)$ 和 $S_{uawp}(X_3, X_4)$。

表 13-8　不确定分类属性数据集 S

id	A_1	A_2	A_3	A_4	$p(X_i)$	id	A_1	A_2	A_3	A_4	$p(X_i)$
X_1	红	黄	绿	紫	0.9	X_5	蓝	蓝	绿	黑	0.8
X_2	红	黄	绿	白	0.8	X_6	黄	蓝	绿	黑	0.5
X_3	红	黄	绿	黑	0.6	X_7	红	蓝	红	黑	0.8
X_4	红	蓝	绿	黑	0.9	X_8	蓝	紫	绿	黑	0.9

解：由例 13-7 可知 $S_{awp}(X_2, X_3) = 1/2$，$S_{uawp}(X_3, X_4) = 21/48$；

根据公式(13-11)定义可知

$$S_{uawp}(X_2, X_3) = S_{awp}(X_2, X_3) \times \text{sqrt}(p(X_2) \times p(X_3))$$

即

$$S_{\text{uawp}}(X_2, X_3) = 0.55 \times \text{sqrt}(0.8 \times 0.6) = 0.38$$

同理可得

$$S_{\text{uawp}}(X_3, X_4) = 0.49 \times \text{sqrt}(0.6 \times 0.9) = 0.36$$

13.3.5 基于连通分支的不确定分类属性聚类算法

对于给定的不确定分类属性数据集 S 和连通阈值 $0 < \delta < 1$,根据不确定分类属性双重加权相似度,利用文献[35]算法的思想,我们提出一种基于连通分支的不确定分类属性聚类算法(U2CAB2C,Uncertain Clustering Algorithm for Categorical Attributes Based on Connected Components,见图 13-7),其聚类过程主要由以下两步构成。

算法 13-2:U2CAB2C 算法

输入:不确定分类属性数据集 $S = \{X_1, X_2, \cdots, X_n\}$、阈值 $0 < \delta < 1$

输出:聚类 $C = \{C_1, C_2, \cdots, C_k\}$

(1) $C = \varnothing$

(2) FOR $i, j = 1, 2, \cdots, n, i \neq j$

(3) 计算 $S_{\text{uawp}}(X_i, X_j)$

(4) 构造无向图 G:若 $S_{\text{uawp}}(X_i, X_j) \geqslant \delta$,则将 X_i 与 X_j 用无向边相连

(5) END FOR

(6) FOR $i = 1, 2, \cdots, n$

如果 X_i 至少有一条边相连且未包含在 C 的任何簇中,则将包括 X_i 的连通子图中的结点形成簇 C_i,并令 $C = C \cup \{C_i\}$

(7) END FOR

(8) 输出聚类 $C = \{C_1, C_2, \cdots, C_k\}$

图 13-7 基于连通分支的不确定分类属性聚类算法

(1) 构造一个无向图 G:首先将 S 中的每个对象 X_i 作为图中的一个结点,然后计算任意两个结点 X_i 与 X_j 的不确定分类属性双重加权相似度 $S_{\text{uawp}}(X_i, X_j)$($i, j = 1, 2, \cdots, n, i \neq j$)。如果 $S_{\text{uawp}}(X_i, X_j) \geqslant \delta$,则将结点 X_i 与 X_j 用无向边相连,否则该两个结点没有边相连。

(2) 生成 S 的聚类 C:将包含 X_i 的非平凡连通子图(连通分支)中的所有结点作为 S 的一个簇 C_i。

例 13-12 对如表 13-8 所示不确定分类属性数据集 S,设阈值 $\delta = 0.45$,试用 U2CAB2C 算法对其进行聚类。

解:根据算法,首先计算 $S_{\text{uawp}}(X_i, X_j)$ 得 S 的不确定相似度矩阵

$$\mathbf{S}_{\text{uawp}}(X, Y) = \begin{pmatrix} 1 & 0.47 & 0.41 & 0.32 & 0.13 & 0.10 & 0.27 & 0.14 \\ & 1 & 0.38 & 0.30 & 0.12 & 0.10 & 0.26 & 0.13 \\ & & 1 & 0.36 & 0.22 & 0.18 & 0.30 & 0.24 \\ & & & 1 & 0.43 & 0.34 & 0.51 & 0.29 \\ & & & & 1 & 0.32 & 0.37 & 0.47 \\ & & & & & 1 & 0.29 & 0.22 \\ & & & & & & 1 & 0.22 \\ & & & & & & & 1 \end{pmatrix}$$

因为阈值 $\delta = 0.45$，并构造 S 为结点的图 $G = <S,E>$，其中 $E = \{(X_1,X_2),(X_3,X_4),(X_4,X_7),(X_5,X_8)\}$；

所以，S 的聚类 $C = \{C_1, C_2, C_3\}$，其中 $C_1 = \{X_1, X_2\}$，$C_2 = \{X_3, X_4, X_7\}$，$C_3 = \{X_5, X_8\}$，而 X_6 为离群点。

不确定数据的聚类问题与确定数据的聚类一样，其研究十分活跃，内容非常丰富。比如，对于不确定数据集，自然会提出混合属性不确定数据的聚类问题、不确定数据流聚类问题等。此外，数据的不确定性并非必须用属性值概率或对象存在概率来表示，还可以用区间数、三角模糊数等其他方法直接表示数据的不确定性，限于篇幅，此处不再赘述，有兴趣的读者可查阅相关学术论文。

习题 13

1. 给出下列英文短语或缩写的中文名称，并简述其含义。

(1) Uncertain Data

(2) Existential Uncertainty

(3) Attribute Level Uncertainty

(4) Point Probability

(5) Attribute Weighted

2. 设有 8 个数据对象的不确定数据集 S（见表 13-9）。

表 13-9　有 8 个数据对象的不确定数据集 S

id	A_1	A_2	$p(X_i)$	id	A_1	A_2	$p(X_i)$
X_1	1	1	0.8	X_5	4	3	0.5
X_2	2	1	0.9	X_6	5	3	0.9
X_3	1	2	0.9	X_7	4	4	0.9
X_4	2	2	0.5	X_8	5	4	0.8

若取 $k = 3$，试计算 $d_u(X_1,X_2)$，$d_u(X_1,X_3)$，$d_u(X_1,X_4)$，$d_u(X_1,X_5)$ 以及 $N_u(X_1,k)$，$N_u(X_4,k)$。

3. 对如表 13-9 所示的不确定数据集 S，若 $k = 3$，试分别计算 X_1 和 X_5 的不确定 k-最近邻密度以及不确定 k-最近邻相对密度。

4. 对如表 13-9 所示的不确定数据集 S，请使用 RDBCAU 算法进行聚类。

5. 对如表 13-10 所示的不确定分类属性数据集 S，试计算 $S_{uawp}(X_1,X_2)$，$S_{uawp}(X_1,X_3)$，$S_{uawp}(X_1,X_5)$。

表 13-10　有 10 个数据对象的不确定分类属性数据集 S

id	A_1	A_2	A_3	$p(X_i)$	id	A_1	A_2	A_3	$p(X_i)$
X_1	晴	蓝	中	0.9	X_1	雨	红	高	0.9
X_2	晴	蓝	低	0.8	X_2	阴	绿	中	0.7
X_3	雨	红	高	0.9	X_3	晴	蓝	中	0.5
X_4	晴	蓝	低	0.8	X_4	阴	绿	中	0.8
X_5	阴	绿	中	0.8	X_5	晴	蓝	低	0.7

6. 对如表 13-10 所示的不确定分类属性数据集 S，请使用 U2CAB2C 算法对其进行聚类。

7. 对如表 13-7 所示分类属性数据集 S，请利用任意两个数据对象在属性 A_2 上取值相等的概率

$$p(A_2) = \frac{C_3^2 + C_4^2}{C_8^2} = \frac{3 + 6}{28} = \frac{9}{28}$$

的思路，重新构造一个分类属性数据集的相似度公式。

第14章 量子计算与量子遗传聚类算法

量子(Quantum)是物质构成的基本单元,能量的最基本携带者。一个物理量如果存在最小的不可分割的基本单位,则称这个物理量是可量子化的。正是由于量子概念的提出,才诞生了量子力学、量子通信和量子光学等许多新的研究领域。正是因为量子具有不可分割和不可克隆(被精确复制)两个基本特性,才从理论上保证了量子通信的加密内容具有不可破译的安全性。

量子计算(Quantum Computing)是建立在量子力学基础上的理论,不仅奠定了研发新一代量子计算机的理论基础,也为满足人们日益增长的高效计算需求带来了新的曙光。量子世界特有的内在并行性、相干性、叠加性、纠缠性等特性相比于经典计算产生了前所未有的计算新模式,将彻底突破图灵机模式的计算限制,指数效率地提高计算性能。虽然目前还没有商品化的量子计算机,但量子计算理论、量子算法及其相关应用问题已成为国内外研究的热点。

本章主要内容来源于参考文献[36]和[37],并根据教学需要做了适当调整和补充。首先介绍了量子计算与数据挖掘,量子计算原理和经典量子算法。其次介绍基于 3D 角度编码的量子遗传算法[36]和量子遗传聚类算法[37]。最后对本章内容进行了简单总结,并推荐了若干关于量子计算和量子聚类算法的参考文献。

14.1 量子计算与数据挖掘

14.1.1 量子计算的诞生

尽管现代计算机的性能从最初每秒千次级的运算提升到目前每秒万亿次级的运算,但在当今数据量指数增长的大数据时代,计算机的计算能力仍然无法满足人们对数据进行快速高效处理的需求。然而,建立在量子力学基础上的量子计算理论,不仅奠定了研发新一代量子计算机的理论基础,也为满足人们日益增长的高效计算需求带来了新的希望。由于量子世界特有的内在并行性、相干性、叠加性、纠缠性等特性,使得量子计算成为了一种前所未有的新模式。未来的量子计算机将彻底突破现有图灵机计算模式的限制,与现有的计算机相比,其计算性能将得到指数级的提高。

1985 年,David Deutsch 第一次利用量子效应提出了 Deutsch 量子算法,可认为是量子计算理论的开篇之作,并展示了量子计算对有些问题确实能够在计算性能上远远超越传统计算,但真正引起国内外学者对量子计算广泛关注的突破性成果是 Shor 算法,即由 Peter Shor 于 1994 年提出的大数质因子分解的量子算法。因为该算法能够在多项式时间内完成,令人震惊的对传统算法真正实现了指数级加速。另一个引起人们关注的成果是 Grover 于 1997 年针对未排序数据库提出的量子搜索算法(简称 Grover 算法)。该算法搜索数据库中指定元组只需 $O(\sqrt{N})$ 次运算,而采用传统算法解决同样问题却需要 $O(N)$ 次运算。这两个研究成果显示了量子计算有可能在多项式时间内求解传统 NP 难题的能力。正因为量子计算展示了传统计算无可比拟的优势,才在世界范围内引发了量子计算的研究热潮。量子计算理论和量子算法的研究成果,如量子进化算法、量子绝热演化、量子漫步、量子学习、量子图像识别、量子博弈、量子数据挖掘等,像雨后春笋般地不断涌现。

14.1.2　量子计算研究

量子计算作为一种崭新的高性能计算模型,自 1995 年提出才短短二十来年,但无论是量子计算理论与量子算法的创新,还是量子计算的物理实现都取得了丰硕的成果。

在量子计算理论与量子算法的创新方面,除了前面已经提到 Deutsch 算法、Shor 大数质因子分解算法、Grover 量子搜索算法以及它们的许多改进算法之外,量子搜索、量子遗传算法、量子粒子群算法、量子绝热演化算法等优秀的量子算法也不断地被提出。2002 年 Kuk-Hyun Han 等[38]用量子位编码来表示染色体(也叫基因串),用量子旋转门构造酉变换实现了染色体的进化过程,并将普通遗传算法和量子计算理论结合,提出了量子遗传算法。此后,国内外很多学者在 Han 的研究成果基础上,分别从量子染色体的编码方式、种群进化的模式、旋转门的选择等各个方面提出了更多新的量子遗传算法。另外,模拟传统随机游走并具有更高效率的量子漫步理论,能够使量子策略摆脱困境的量子博弈理论、量子演化博弈等一些新的量子理论方法也不断地被提出。

为了能够真正体现量子计算的强大威力,量子计算机的物理实现同样是不可或缺的。在量子计算的物理实现方面,主要有以下几种量子计算机系统实现方案:

(1) 利用光子来代表量子比特的光量子计算机系统;

(2) 采用质子、声子进行耦合自旋来实现量子门运算的离子阱量子计算机系统;

(3) 利用核自旋来表示量子位的 NMR(Nuclear Magnetic Resonance,核磁共振)量子计算机系统;

(4) 通过调节光子和原子的强相互作用来实现的 CQED(Cavity Quantum Electro Dynamics,腔量子电动力学)量子计算机系统等。

在这些方案研究过程中,双光子的量子漫步系统原型已经于 2009 年在英国的布鲁斯托大学取得成功。2010 年奥地利的学者更是进一步地实现了高达 23 步的量子漫步物理过程。这些研究成果的获得,为真正商品化的量子计算机研制奠定了基础,也将使量子算法真正发挥强大威力成为可能。

14.1.3　量子数据挖掘算法

在数据挖掘领域,利用量子计算来改进传统数据挖掘算法或者设计新的量子数据挖掘算法,特别是在聚类分析与量子算法相结合的领域,已在很多方面取得了令人满意研究成果。

David Horn 将量子机制引入聚类分析中,将数据映射到量子空间并建立波函数,通过测量势能方程来获取最终的聚类中心,提出了一种量子聚类算法;赵正天等为解决分类属性数据聚类问题,在聚类算法中引入量子力学粒子分布和量子势能概念,提出了分类属性数据的量子聚类算法。

曾成等采用量子遗传算法将聚类问题转化成聚类中心的寻优问题,通过量子遗传算法的进化计算实现聚类中心优化,提出一种基于量子遗传算法的聚类方法。冯林结合量子遗传算法和粗糙集理论,提出一种新的属性约减方法来解决多属性数据挖掘问题。此外,基于量子遗传算法、量子群智能算法与聚类分析相结合的研究也取得了不少研究成果。

李强等利用 Grover 搜索算法和 Shor 质因数分解算法,并结合传统的 k-最近邻算法,提出了一种量子 k-最近邻算法,降低了传统 k-最近邻算法的时间复杂度。

尽管量子计算已经取得了不少研究成果,但是量子计算与数据挖掘集成创新研究仍然处在初始阶段,许多计算模型与算法理论都不够完善,因此,利用优秀的量子计算新模型,并与数据挖掘问题进行融合的研究还有很大拓展空间。

14.2　量子计算原理

14.2.1　量子态与量子比特

量子态是量子计算中最基本的概念,它描述了微观粒子的一种运动状态。任何量子态都可以由希尔伯特(Hilbert)空间中的向量描述。

量子比特(quantum bit,q-bit)是量子计算中最基本的信息单位,它可以表示为两个互相独立的基向量$|0>$和$|1>$的线性叠加,其中"$|>$"在量子力学中被称为 Dirac 符号,或者称为右矢。量子比特与传统比特的最大不同之处在于,传统比特只能表示 0 或者 1 两种状态中的一种,而量子比特由于量子独有的纠缠特性,除了可以表示$|0>$或$|1>$两种量子态之外,还可以表示两者的线性叠加态$|\psi>$,即任意一个量子态

$$|\psi> = \alpha|0> + \beta|1> \tag{14-1}$$

还可以表示为复数向量与基向量的内积

$$|\psi> = (\alpha, \beta)(|0>, |1>)^{\mathrm{T}} \tag{14-2}$$

其中α和β都是复数,分别称为$|0>$和$|1>$的概率幅(amplitude),且α和β满足归一化条件:

$$|\alpha|^2 + |\beta|^2 = 1 \tag{14-3}$$

量子力学告诉我们,在测量量子比特时得到$|0>$的概率为$|\alpha|^2$,得到$|1>$的概率为$|\beta|^2$。因此,由公式(14-1)和公式(14-3)表示的量子比特的状态$|\psi>$,可以看作二维复平面中的一个单位向量。

由公式(14-1)表示的量子态是单个量子比特(1 q-bit)的性质,其中$|0>$和$|1>$也称为量子基态。对于多量子比特也具有同样的叠加性质。为了方便,下面首先采用双量子比特(2 q-bit)来做简要说明,而一般的 n 个量子比特(n q-bit),需要按双量子比特表示方式进行推广。两个量子比特可以用四个正交基态$|00>$、$|01>$、$|10>$与$|11>$张成的希尔伯特空间

来表示。因此，一个双量子态就是这 4 个基态的线性叠加态，即

$$| \psi >= \alpha_{00} | 00 >+ \alpha_{01} | 01 >+ \alpha_{10} | 10 >+ \alpha_{11} | 11 > \qquad (14\text{-}4)$$

其中，概率幅 α_{00}、α_{01}、α_{10} 和 α_{11} 也同样满足归一化条件：

$$| \alpha_{00} |^2 +| \alpha_{01} |^2 +| \alpha_{10} |^2 +| \alpha_{11} |^2 = 1 \qquad (14\text{-}5)$$

类似地，如果一个量子系统有 $N = 2^n$ 个量子基态 $|\psi_0>,\cdots,|\psi_{N-1}>$，则系统的任一量子态 $|\psi>$ 可以表示为这些基态的叠加，即

$$| \psi >= \sum_{j=0}^{N-1} \alpha_j | \psi_j > \qquad (14\text{-}6)$$

其中 α_j 表示量子基态 $|\psi_j>$ 的概率幅，其模平方示 $|\alpha_j|^2$ 为测量该量子系统时结果为量子基态 $|\psi_j>$ 的概率，并满足归一化条件 $\sum_{j=0}^{N-1} |\alpha_j|^2 = 1$ 。

在量子系统中可以仅用一个 n 位的量子寄存器同时表示上述 2^n 个量子基态。量子计算机对量子寄存器操作时，相当于对上述叠加态中的每一个量子基态同时进行计算，得到的结果是一个新的叠加态。这就是量子系统的并行处理，也称量子系统的内在并行性。它极大地提高了计算效率，可以完成一些传统计算机无法完成的工作。

14.2.2 量子门与基本运算

量子信息的处理过程与传统逻辑运算不同。量子态的基本运算或者说对量子比特的操作都是由一系列的酉变换来实现的。每一个酉变换均对应一个量子门矩阵 U，称为酉矩阵。酉性，即酉矩阵必须满足 $U^+U = I$ 是对量子门矩阵的唯一限制。因此，量子运算是可逆的，且量子计算的可逆运算过程无需损耗能量。

量子比特门按照所操作比特的位数分为单量子比特门、双量子比特门、三量子比特门和多量子比特门等。下面分别列举几个具有代表性的量子比特门及其基本运算。

1. 单量子比特门

单量子比特门可用 2×2 的矩阵表示，主要有以下六种：

(1) Hadamard 门：$H=\dfrac{1}{\sqrt{2}}\begin{bmatrix}1 & 1 \\ 1 & -1\end{bmatrix}$

(2) Paoli-X 门：$X=\begin{bmatrix}0 & 1 \\ 1 & 0\end{bmatrix}$

(3) Paoli-Y 门：$Y=\begin{bmatrix}0 & -i \\ i & 0\end{bmatrix}$

(4) Paoli-Z 门：$Z=\begin{bmatrix}1 & 0 \\ 0 & -1\end{bmatrix}$

(5) 相位门：$S=\begin{bmatrix}1 & 0 \\ 0 & i\end{bmatrix}$

(6) T 门：$T=\begin{bmatrix}1 & 0 \\ 0 & e^{i\pi/4}\end{bmatrix}$

并分别称为量子运算的 H 门、X 门、Y 门、Z 门、S 门和 T 门。

将以上六种量子门分别作用于单量子叠加态 $|\psi> = \alpha|0> + \beta|1>$ 上，其运算结果如下：

(1) $H|\psi> = \alpha \dfrac{|0> + |1>}{\sqrt{2}} + \beta \dfrac{|0> - |1>}{\sqrt{2}}$

(2) $X|\psi> = \alpha|1> + \beta|0>$

(3) $Y|\psi> = i(\alpha|1> - \beta|0>)$

(4) $Z|\psi> = \alpha|0> - \beta|1>)$

(5) $S|\psi> = \alpha|0> + i\beta|1>$

(6) $T|\psi> = \alpha|0> + e^{i\pi/4}\beta|1>$

2. 双量子比特门

双量子比特门中最主要的是受控非门（Cnot）。由于任意的多个量子比特门均可以由受控非门和单量子比特门组合而成，受控非门就如同传统逻辑线路中的与非门那样，在量子运算线路中有着非常重要的地位。受控非门可用矩阵表示如下：

$$C_{\text{not}} = \begin{bmatrix} 1 & 0 & 0 & 0 \\ 0 & 1 & 0 & 0 \\ 0 & 0 & 0 & 1 \\ 0 & 0 & 1 & 0 \end{bmatrix} \tag{14-7}$$

受控非门 C_{not} 矩阵的每一列均代表作用于基态 $|00>$、$|01>$、$|10>$ 与 $|11>$ 的操作。每个基态的第 1 位量子比特是控制位，第 2 位称为目标位。C_{not} 的作用是，当基态控制位为 1 时，目标位比特发生翻转，即将 0 变为 1，将 1 变为 0。否则，目标位量子比特保持不变。

设两个量子比特叠加态 $|\psi> = \alpha_{00}|00> + \alpha_{01}|01> + \alpha_{10}|10> + \alpha_{11}|11>$，则有

$$C_{\text{not}}|\psi> = \alpha_{00}|00> + \alpha_{01}|01> + \alpha_{10}|11> + \alpha_{11}|10>$$

14.2.3 量子纠缠特性

量子的相干性、叠加性、量子纠缠与量子失谐等特性是量子计算不同于传统计算的关键因素，也是量子计算内在并行性的基础。

量子关联在量子计算中具有极端重要的作用，而量子纠缠作为一种特殊的量子关联，在量子计算过程中更是有着无可取代的作用。直观地说，量子纠缠表征着两个或者多个量子粒子相互之间存在密切联系，无论它们相差多远，都有一种特殊的力量把它们联系在一起，它们互相影响且都处于不确定的状态。如果其中一个量子粒子的状态变化或者被测量，必然在同一时间引起另一个量子粒子的状态变化。

在数学上，量子纠缠具有明确的定义。如果两个粒子 x_1 与 x_2 组成的量子系统，其状态 $\psi(x_1, x_2)$ 不能分解成它们各自子系统纯态 $\varphi(x_1)$ 和 $\varphi(x_2)$ 的张量积表示，那么这两个粒子系统的状态 $\psi(x_1, x_2)$ 称为纠缠态（Entangled State），其公式表述如下：

$$\psi(x_1, x_2) \neq \varphi(x_1) \otimes \varphi(x_2) \tag{14-8}$$

如果 $\psi(x_1, x_2)$ 能够表示成两个子系统纯态的张量积，即公式（14-8）中的不等号变为等号，则它们就不存在纠缠，这时两个粒子系统的状态就不是纠缠态。

此外，纠缠度，即量子系统纠缠特性的定量表示，在量子计算中也扮演着十分重要的角色。尽管人们还没有找到物理意义上更加鲜明、简洁、易于求解的纠缠度描述，但纠缠度对

量子算法性能的评估具有十分重要的意义。量子系统纠缠度越高,则量子特性越明显,量子算法就越能显示出比传统算法更高效的计算特性。

14.3 经典量子算法

14.3.1 量子傅里叶变换

量子傅里叶变换(Quantum Fourier Translation,QFT)是许多其他量子算法的关键步骤,它是在 $N=2^n$ 个标准正交基 $|0>,\cdots,|N-1>$ 上的一个算子。如果将任意一个量子态 $|\psi>$ 记作

$$|\psi> = \sum_{j=0}^{N-1} x_j \mid j >$$

则 QFT 对量子态 $|\psi>$ 的作用为

$$\text{QFT} \mid \psi > = \sum_{j=0}^{N-1} y_j \mid j > \tag{14-9}$$

且量子傅里叶变换能够对输入向量为 $(x_1,x_2,\cdots,x_{N-1})$ 在同一时间计算并输出 $(y_1,y_2,\cdots,y_{N-1})$,而不必迭代输出 $y_1,y_2,\cdots,y_{N-1}$。

采用传统的离散傅里叶变换求解 2^n 个计算单元的时间复杂度为 $O(n2^n)$,而采用量子傅里叶变换只需要 n 个量子比特即可同时存储 2^n 个状态,且其时间复杂度为 $O(n^2)$,即可将指数时间降低为多项式时间。遗憾的是量子傅里叶变换无法直接进行测量,即傅里叶变换本身并不能对传统算法产生任何加速,但其优势在于能够完成相位估计任务,近似于酉算子在某些场合的特征值。所以人们往往间接利用量子傅里叶变换的优势来构造其他量子算法,如 Shor 因子分解、隐含子群、相位估计等问题的量子算法。

14.3.2 Shor 因子分解算法

大数质因子分解的目的就是将一个很大的整数 N 分解为其所有质数因子的乘积。如果整数 N 有 n 位数字,则在传统的图灵机模型中,大数质因子分解问题的计算复杂度为 $O(2^n)$,即大数质因子分解问题在传统计算模型中属于 NP 难题,当 n 很大的时候,传统计算机几乎无法在可接受的时间内求解。因此,大数的质数因子被广泛地运用于密码学中。

由数论相关理论可以知道,大数 N 的质因子分解问题可以转化为求如下函数 $f(x)$ 的周期问题。

$$f(x) = a^x(\text{mod } N) \tag{14-10}$$

其中 a 是与 N 互质的自然数,该函数显而易见是一个周期函数。

由于量子计算的内在并行性,可以利用量子傅里叶变换在多项式时间内求解上述函数的周期,再通过数论知识即可很快地得到 N 的所有质因子。Shor 大数质因子分解算法的基本思路也是采用量子傅里叶变换求解上述函数 $f(x)$ 的周期。

14.3.3 Grover 算法

在数据挖掘过程中常常需要对无序的数据库进行搜索。如果数据库有 $N=2^n$ 个元组,

则采用传统算法求解该搜索问题的时间复杂性为 $O(N)$。在 N 很大时,传统算法的搜索效率往往难以接受。Grover 于 1996 年提出量子搜索算法将该搜索问题的时间复杂性降低到 $O(\sqrt{N})$。由此可见量子算法的惊人效率。

Grover 迭代过程是 Grover 算法的关键步骤。与 Shor 因子分解算法相似,Grover 搜索算法同样是概率算法,每进行一次 Grover 迭代运算得到所求问题的解的概率是 50%,且在 $O(\sqrt{N})$ 的计算时间内完成迭代。因此,只要多次执行 Grover 迭代过程,则算法得到搜索问题解的概率将无限得接近 1。

Grover 算法的计算步骤如下:

(1) 从初态 $|\psi_0\rangle = |0\rangle^{\otimes n}$ 开始,利用 n 次 Hadamard 变换 $H^{\otimes n}$ 得均衡叠加态 $|\psi\rangle = H^{\otimes n}|\psi_0\rangle$。

(2) 反复执行 Grover 迭代过程

- 采用 Oracle 酉变换 O 对目标态 $|\psi\rangle$ 取反,即 $|\psi_1\rangle = O|\psi\rangle$。
- 对 $|\psi_1\rangle$ 进行 n 次 Hadamard 变换,即 $|\psi_2\rangle = H^{\otimes n}|\psi_1\rangle$。
- 对 $|\psi_2\rangle$ 进行条件相移,使 $|0\rangle$ 以外每个状态进行 -1 的相位变换得 $|\psi_3\rangle$。
- 对 $|\psi_3\rangle$ 再次施加 n 次 Hadamard 变换 $H^{\otimes n}$,即 $|\psi\rangle = H^{\otimes n}|\psi_3\rangle$。

因此,Grover 算法的搜索过程相对简单,开始只需要制备一个均衡的量子叠加初态 $|\psi_0\rangle = |0\rangle^{\otimes n}$,并对其施加 n 次 H 变换,即

$$|\psi\rangle = H^{\otimes n}|\psi_0\rangle = \frac{1}{2^{n-1}}\sum_{j=0}^{n-1}|j\rangle \tag{14-11}$$

然后对变换结果多次执行 Grover 迭代过程。对于容量为 N 搜索其中 M 个解的搜索问题来说,在一定的迭代次数之后,解空间对应的概率幅不低于 0.5,最后通过测量可获得搜索问题的解。

14.4　基于 3D 角度编码的量子遗传算法

14.4.1　量子遗传算法

1. 最优化问题

设 R 为实数集合,$\boldsymbol{X} = (x_1, x_2, \cdots, x_d) \in R^d$ 是一个 d 维向量,函数 $f(\boldsymbol{X}), g_1(\boldsymbol{X}), g_2(\boldsymbol{X}), \cdots, g_n(\boldsymbol{X}) \in R$ 都是 d 元函数,$\boldsymbol{B} \subseteq R^n$,如果令 $\boldsymbol{G}(\boldsymbol{X}) = (g_1(\boldsymbol{X}), g_2(\boldsymbol{X}), \cdots, g_n(\boldsymbol{X}))^T$,则求函数最小值的约束最优化问题可描述为:

$$\min f(\boldsymbol{X}) \tag{14-12}$$
$$\text{st. } \boldsymbol{G}(\boldsymbol{X}) \in \boldsymbol{B} \tag{14-13}$$

其中 $f(\boldsymbol{X})$ 称为目标函数,$\min f(\boldsymbol{X})$ 称为优化目标,而 $\boldsymbol{G}(\boldsymbol{X}) \in \boldsymbol{B}$ 称为约束条件。

如果将优化目标改为 $\max f(\boldsymbol{X})$,则称为求函数最大值的约束最优化问题。此外,如果仅有 $\min f(\boldsymbol{X})$ 或 $\max f(\boldsymbol{X})$ 优化目标,而没有如公式(14-13)所示的约束条件,则称为无约束最优化问题。

不管是有约束或是无约束的函数最优化问题都简称为优化问题,并具有如下几个常用

的概念。

（1）可行解：若 $X \in R^d$ 且满足 $G(X) \in B$，则称 X 为最优化问题的一个可行解，简称可行解；

（2）可行解集：$A = \{X | G(X) \in B\}$，即所有可行解 X 的集合 A 称为最优化问题的可行解集，简称可行集，也可称为解空间；

（3）最优解 X^*：若 $X^* \in R^d$、$G(X^*) \in B$，且对任意 $X \in A$ 有 $f(X^*) \leqslant f(X)$（对应最小化问题），即 X^* 是使目标函数 $f(X)$ 取最小值的一个可行解 X^*。若是最大化问题，则最优解 X^* 满足 $f(X^*) \geqslant f(X)$。

2. 遗传算法

遗传算法（Genetic Algorithm，GA）是一种模仿生物进化机制的自适应随机搜索算法，由美国 Michigan 大学的 John Holland 教授于 20 世纪 60 年代提出，现在也被称为普通遗传算法（Common Genetic Algorithm，CGA）。其实，遗传算法只是一个在优化问题可行集中进行随机搜索的算法框架，它由可行解的编码与解码、适度函数、初始种群、交叉操作、变异操作等诸多遗传算法关键要素组成。为了求解任何一个具体的优化问题，原则上都必须针对该具体问题重新设计以上所述的全部或部分遗传算法关键要素，从而构造出求解这个具体问题的遗传算法。

遗传算法因其具有智能性、本质并行性等许多优点，不仅在优化问题求解方面，而且在机器学习、智能控制、模式识别和人工生命等领域都得到了广泛的应用。

3. 量子遗传算法

量子遗传算法（Quantum Genetic Algorithm，QGA）是量子计算和遗传算法结合的概率搜索优化算法，由韩国学者 Kuk-Hyun Han 等于 20 世纪末提出[38]，也称为普通量子遗传算法（Common Quantum Genetic Algorithm，CQGA）。与普通遗传算法（CGA）相比，CQGA 具有很多优点，比如算法简单、实现容易；小种群也不影响搜索性能；具有种群多样性和更好的全局寻优能力。在进化过程中，能够利用量子的多态性扩展解空间，用量子旋转门和量子非门实现更新和变异操作，并利用量子塌缩原理实现量子态到定态的映射来得到最优解。

14.4.2 量子 3D 角度编码

通过前面几节的学习已经知道，量子比特不仅可以处于 $|0>$ 态和 $|1>$ 态，而且还可以处于 $|0>$ 和 $|1>$ 的线性叠加态，并可将量子比特看作二维空间中的点。但与二维空间相比，3D 空间更加自然地体现量子运动的物理意义，更加充分地体现了量子的动态运动规律与行为。因此，可选择 3D 空间球面上的点来表示一个量子比特 $|\psi>$，即令

$$|\psi> = \cos\frac{\theta}{2}|0> + e^{i\varphi}\sin\frac{\theta}{2}|1> \tag{14-14}$$

其中 $\cos\dfrac{\theta}{2}$ 与 $e^{i\varphi}\sin\dfrac{\theta}{2}$ 是一对复数，而 $\left|\cos\dfrac{\theta}{2}\right|^2$ 和 $\left|e^{i\varphi}\sin\dfrac{\theta}{2}\right|^2$ 表示 $|0>$ 和 $|1>$ 在叠加态中的概率，并满足归一化条件：

$$\left|\cos\frac{\theta}{2}\right|^2 + \left|e^{i\varphi}\sin\frac{\theta}{2}\right|^2 = 1 \tag{14-15}$$

因此,公式(14-12)定义的量子比特能够由概率幅向量$\left[\cos\dfrac{\theta}{2},\mathrm{e}^{i\varphi}\sin\dfrac{\theta}{2}\right]^{\mathrm{T}}$唯一确定。

在 3D 球坐标下,量子比特可以直观地表示为如图 14-1 所示的三维球面上的点 $P=|\psi>$。

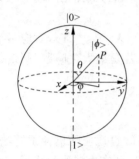

图 14-1　量子比特的球面坐标表示

从图 14-1 可以看出,每一个量子状态都与 3D 球面坐标中的一个点相对应,因此,一个量子比特状态可以由球坐标上相应点 P 的一对相位角(θ,φ)表示,并构造一种基于 3D 角度的量子染色体编码方案,简称量子 3D 角度编码(Quantum 3D Angle Coding,Q3DAC),其具体表现形式如下:

$$q_i^t = \begin{bmatrix} \theta_{i1}^t \\ \varphi_{i1}^t \end{bmatrix} \cdots \begin{bmatrix} \theta_{ij}^t \\ \varphi_{ij}^t \end{bmatrix} \cdots \begin{bmatrix} \theta_{id}^t \\ \varphi_{id}^t \end{bmatrix} \tag{14-16}$$

公式(14-16)的右端表示第 t 代种群的第 i 条染色体($i=1,2,\cdots,m,j=1,2,\cdots,d$),其中 m 是种群规模,d 是量子位数,即每条染色体基因链的长度,它与优化问题解空间的维数一致。而 θ_{ij}^t 和 φ_{ij}^t 分别表示第 t 代种群的第 i 条染色体中第 j 个量子位上的一对相位角大小。

在 $t=0$,即第 0 代初始种群时,采用随机赋值的方式初始化种群中的每一条染色体。在球面坐标下,由于 θ 与 φ 的取值范围分别为 $\theta\in(0,\pi)$,$\varphi\in(0,2\pi)$,所以可按如下方式对染色体进行初始化:

$$\begin{cases} \theta_{ij}^0 = \pi * \mathrm{rand} \\ \varphi_{ij}^0 = 2\pi * \mathrm{rand} \end{cases} \quad \forall i\in(1,2,\cdots,m),j\in(1,2,\cdots,d) \tag{14-17}$$

其中 rand 是$(0,1)$之间的随机数。

为了在量子遗传算法中计算方便,将一对相位角表示的量子位看成一对并列的基因,所以公式(14-16)表示的量子染色体可以看成公式(14-18)和公式(14-19)表示的两条并列量子基因链(分别称为 θ 链和 φ 链),而每一条量子基因链都代表希尔伯特搜索空间中的一个解。

$$q_{i\theta}^t = (\theta_{i1}^t,\theta_{i2}^t,\cdots,\theta_{ij}^t,\cdots,\theta_{id}^t) \tag{14-18}$$

$$q_{i\varphi}^t = (\varphi_{i1}^t,\varphi_{i2}^t,\cdots,\varphi_{ij}^t,\cdots,\varphi_{id}^t) \tag{14-19}$$

其中 $q_{i\theta}^t$ 与 $q_{i\varphi}^t$ 分别称为第 t 代种群中第 i 条量子染色体对应的 θ 链和 φ 链。有时为了描述方便默认当前为第 t 代,因此可在公式(14-18)和公式(14-19)表示的 θ 链和 φ 链中省略字母 t。

至此,公式(14-16)至公式(14-19)完整地描述了一种量子染色体的遗传编码方法——量子 3D 角度编码(Q3DAC)。这种编码方法不仅可以有效地避免因测量二进制解而导致优化结果的随机性,避免求解优化问题过程中频繁地进行编码、解码操作与查表过程,而且充分利用了量子空间的运动特性,采用 θ 与 φ 双链进行优化,扩展了算法对解空间的搜索能力,提高了获得全局最优解的概率。此外,Q3DAC 编码方案也简化了种群更新与变异操作,节省了计算过程中的存储开销。

14.4.3　解空间的映射

由于函数优化问题的可行解 X 都是 d 维向量,与两条量子基因 θ 链与 φ 链所在的相位空间并不相同,因此需要将两者的变量空间进行一对一映射。如果函数优化问题可行解 X 的第 j 个分量 x_j 的取值空间为 $[a_j, b_j]$,则与 x_j 对应于每条量子染色体 P_i 的第 j 个量子位记作 $\begin{bmatrix} \theta_{ij} \\ \varphi_{ij} \end{bmatrix}$,而 θ 与 φ 分别属于尺度空间 $[0, \pi]^n$ 与 $[0, 2\pi]^n$,所以从量子尺度空间到可行解 X 的第 j 个分量 x_j 的映射可表示为

$$x_{ij}^{\theta} = a_j + \frac{(b_j - a_j) * \theta_{ij}}{\pi} \tag{14-20}$$

$$x_{ij}^{\varphi} = a_j + \frac{(b_j - a_j) * \varphi_{ij}}{2\pi} \tag{14-21}$$

其中 $i = 1, 2, \cdots, m, j = 1, 2, \cdots, n$。

通过公式(14-20)和公式(14-21)的映射,使量子 3D 角度编码的每条量子染色体能够对应优化问题的两个可行解 X_θ 和 X_φ,即首先分别得到属于相位空间 $[0, \pi]^n$ 与 $[0, 2\pi]^n$ 的量子染色体对应的 θ 链和 φ 链,然后采用公式(14-20)与公式(14-21)进行解空间的变换,得到最终函数优化问题的两个可行解 X_θ 和 X_φ。因此,本节的解空间映射方法可以将相位空间的任意一个量子基因串,映射为优化问题的两个可行解,具有良好的适应性。

14.4.4　量子染色体更新

量子染色体的更新(相当于普通遗传算法的交叉操作)是量子遗传算法中量子种群进化中最重要的一个环节。因此,能否设计优秀的量子染色体更新机制是决定量子遗传算法能否成功的关键问题之一。基于量子 3D 角度编码的染色体更新机制最重要的任务是如何确定转角大小与旋转方向。张葛祥等在文献[39]中给出了转角大小的一个经验取值范围 $(0.005\pi, 0.1\pi)$,但却没有给出确定转角大小的具体方法。李士勇等给出了一种充分利用目标函数变化趋势的转角步长梯度函数来确定转角的大小,但是梯度函数的形式比较复杂,计算量比较大。

为了充分利用量子 3D 角度编码的独特优势,并考虑当代染色体与最优染色体的相关度,算法采用了一种自适应的旋转角大小动态调整策略。其基本调整思路是:在经验取值范围 $(0.005\pi, 0.1\pi)$ 的基础上,如果当前基因链的适应度与暂时保留的全局最优解的适应度相差较大时,将转角大小取值增大;反之将转角大小取值减小。

具体的转角大小调整方案由以下方程给出:

$$\Delta\theta = \frac{w}{|w|}\theta_{\min} + w * (\theta_{\max} - \theta_{\min}) \tag{14-22}$$

$$w = \frac{f_{\max}^{\theta} - f_x^{\theta}}{f_{\max}^{\theta}} \tag{14-23}$$

$$\Delta\varphi = \frac{v}{|v|}\varphi_{\min} + v * (\varphi_{\max} - \varphi_{\min}) \tag{14-24}$$

$$v = \frac{f_{\max}^{\varphi} - f_x^{\varphi}}{f_{\max}^{\varphi}} \tag{14-25}$$

其中,$\theta_{\min} = 0.005\pi$ 是文献[39]给定的 $\Delta\theta$ 的经验取值区间的最小值,$\theta_{\max} = 0.1\pi$,是 $\Delta\theta$ 经验取值区间的最大值;同样,$\varphi_{\min}$ 与 $\varphi_{\max}$ 也分别是 $\Delta\varphi$ 经验取值区间的最小值与最大值。而 $f_{\max}^{\varphi}$ 是目前为止搜索得到的最优个体的适应度,f_x^{φ} 是当前需要确定转角大小的个体的适应

度。因此，w 是由公式(14-23)给定的，由 θ 链确定的一个无量纲的旋转角跨度系数。显然，w 描述了当前 θ 链与目前为止搜索到全局最优 θ 解的差异。从公式可以看出，如果差异大，那么由公式(14-22)获得的 $\Delta\theta$ 绝对值大，能够更快地向全局最优解靠拢；反之，则由公式(14-22)获得的 $\Delta\theta$ 绝对值小，能够防止跨过全局最优解。这样就能很好地体现出"平坦处迈大步，陡峭处迈小步"的效果，有利于算法的收敛效率与全局寻优能力。同样，公式(14-24)和公式(14-25)中 v、$\Delta\varphi$ 等的含义类似，此处不再赘述。

通过前面的分析可知，公式(14-22)和公式(14-24)给出了转角大小的确定方法，而 $w/|w|$ 的符号则确定了转角方向。当 $w/|w|>0$ 时 θ 角旋转为正向，而当 $w/|w|<0$ 时旋转方向为反向。φ 角的旋转方向也由 $v/|v|$ 的符号确定。

确定了旋转角的大小和方向，并结合量子 3D 角度编码方法，可以将量子种群更新进化的过程用如下公式表示。

$$\theta'_{ij} = \theta_{ij} + \Delta\theta_{ij} \tag{14-26}$$

$$\varphi'_{ij} = \varphi_{ij} + \Delta\varphi_{ij} \tag{14-27}$$

其中 $i=1,2,\cdots,m$，$j=1,2,\cdots,n$。m 是种群规模，n 是量子位数。θ'_{ij} 与 φ'_{ij} 是更新后第 i 条染色体、第 j 个量子位的角度，而 θ_{ij} 与 φ_{ij} 则是更新前第 j 个量子位的角度，$\Delta\theta_{ij}$ 与 $\Delta\varphi_{ij}$ 是旋转角大小。正是利用了量子 3D 角度编码技术，才实现了将原来量子染色体更新需要的矩阵乘法简化为相位角度的加法运算，大大减少了染色体更新的计算量以及存储空间。

14.4.5　量子位的变异

为了避免量子种群的进化过程陷入局部最优和早熟收敛，同时保持量子种群进化过程中的多样性，提高获得全局最优解的概率，需要为量子遗传算法设计量子染色体的变异操作。为了变异的多样性，采用单量子位变异方式，而不是对整个基因链进行变异。

量子位的变异策略是根据事先选定的变异概率 p_m 随机地选择基因链中的量子位，对选中的量子位采用最常用的量子非门变异。由于采用了量子 3D 角度编码，其量子位变异式也简化为加减操作，即

$$\theta'_{ik} = \pi/2 - \theta_{ik} \tag{14-28}$$

$$\varphi'_{ik} = \pi/2 - \varphi_{ik} \tag{14-29}$$

其中 k 表示由变异概率选中的量子基因所在的位置。

14.4.6　QGAB3DC 算法

通过 14.4.2 节至 14.4.5 节的分析讨论，已经完成了量子 3D 角度编码、解空间映射、量子染色体更新和量子位变异等遗传算法关键要素的设计，至此，可以根据传统遗传算法框架构造基于 3D 角度编码的量子遗传算法（Quantum Genetic Algorithm Based on quantum 3D angle Coding，QGAB3DC），其详细计算步骤如图 14-2 所示。

文献[36]还证明了基于 3D 角度编码的量子遗传算法（QGAB3DC）以概率 1 收敛到全局最优解，并针对 Shaffer's F6 函数和 Rastrigin 函数的最优化问题进行了仿真实验，结果表明 QGAB3DC 在解的平均值、算法的收敛速度和算法执行时间等方面上都明显优于 CGA 和 CQGA 算法。

> **算法 14-1** QGAB3DC算法：基于3D角度编码的量子遗传算法
>
> 输入：函数 $f(X), G(X)$，优化目标 min，种群数量 m(偶数)，变异概率 p_m，
>   最大迭代次数 g，染色体长度 d(即 X 的维度)
>
> 输出：最优解 X^* 和函数值 $f(X^*)$
>
> (1) 初始化全局最优解：任取一个可行解记作全局最优解 X^*
>
> (2) 初始化种群：令 $i=0$，分别随机产生 $m/2$ 个长度为 d 的 3D 角度编码染色体 θ 链和 φ 链，并标记当前种群为第 i 代
>
> (3) 解空间映射：将当前种群中每条染色体 θ 链和 φ 链分别解码为优化问题的可行解 X_θ 和 X_φ
>
> (4) 计算适应度：计算每个染色体 θ 链和 φ 链对应可行解 X_θ 和 X_φ 的函数值，找到当前 $G(X^\#)\in B$ 的最优解 $X^\#$，如果 $f(X^\#)<f(X^*)$，则令 $X^*=X^\#$
>
> (5) 种群进化：对当前种群的染色体 θ 链和 φ 链进行量子染色体更新和量子变异后作为新一代种群，并令 $i=i+1$
>
> (6) 判断收敛条件：如果 $i>g$ 则转第(7)步，否则转第(3)步
>
> (7) 结束算法：输出最优解 X^* 和它的函数值 $f(X^*)$，算法结束

图 14-2　QGAB3DC算法

14.5　量子遗传聚类算法

14.5.1　属性值 q 分位数与极差

设有数据集 $S=\{X_1, X_2, \cdots, X_n\}$，其中 X_i 为 d 维向量 $(i=1, 2, \cdots, n)$，则数据集 S 还可以用一个 $n\times d$ 的数据矩阵来表示，即

$$S = \begin{bmatrix} x_{11} & x_{12} & \cdots & x_{1d} \\ x_{21} & x_{22} & \cdots & x_{2d} \\ \vdots & \vdots & & \vdots \\ x_{n1} & x_{n2} & \cdots & x_{nd} \end{bmatrix} \tag{14-30}$$

其中第 i 行为 S 的第 i 个数据对象 X_i，第 j 列对应于 S 的第 j 个属性。

定义 14-1　对于数据集 S 和给定实数 $q\in(0,0.5)$，将所有对象的第 j 个属性值 $(x_{1j}, x_{2j}, \cdots, x_{nj})$ 进行排序，得到 $x'_{1j}\leqslant x'_{2j}\leqslant \cdots \leqslant x'_{nj}$。如果令 $k=\lfloor n*q \rfloor$，即 k 为不超过 $n*q$ 的整数(其中 $n=|S|$)，则称

$$r^j_q = x'_{kj} \tag{14-31}$$

为第 j 个属性值的 q 分位数。

定义 14-2　对于给定数据集 S 和实数 $q\in(0,0.5)$，设 r^j_q 与 r^j_{1-q} 分别是第 j 个属性值的 q 分位数与 $1-q$ 分位数，则称

$$\mathrm{dif}^j_q = |r^j_q - r^j_{1-q}| \tag{14-32}$$

为第 j 个属性值的 q 极差。

显然，q 极差满足对称性，即

$$\mathrm{dif}^j_q = \mathrm{dif}^j_{1-q} \tag{14-33}$$

定义 14-3　设有 d 个实数组成的向量 $\boldsymbol{\omega}=(w_1,w_2,\cdots,w_d)$，如果对所有 $j=1,2,\cdots,d$ 都满足 $w_j>0$，则称 $w_j(j=1,2,\cdots,d)$ 为广义权(general weight)值，而称 ω 为广义权值向量。

ω 之所以称为广义权值向量，是因为定义中没有要求 $w_1+w_2+\cdots+w_d=1$，也没有规定 w_j 是否为无量纲的数值。

14.5.2　基于极差的广义加权距离

通过第 10 章的学习可知，聚类质量不仅需要优良的聚类算法，更需要恰当的相异度函数。针对传统欧几里得距离等相异度存在的不足，下面给出一种简单有效的距离度量定义。

定义 14-4　对于给定数据集 S 和实数 $q\in(0,0.5)$，设 dif_q^j 是 S 中第 j 个属性值的 q 极差，则对任意 $X=(x_1,x_2,\cdots,x_d)$，$Y=(y_1,y_2,\cdots,y_d)\in S$，称

$$d_S(X,Y)=\left(\sum_{j=1\wedge \mathrm{dif}_q^j\neq 0}^{d}\frac{1}{\mathrm{dif}_q^j}\mid x_j-y_j\mid^p\right)^{\frac{1}{p}} \tag{14-34}$$

为基于 q 极差的广义距离。

可以证明，由公式(14-34)定义的距离函数满足距离函数的对称性、非负性、三角不等式等性质，同时还具有以下特点：

(1) 权值之和不必等于 1。因为第 j 个权值为第 j 个属性极差的倒数，且没有进行归一化处理，所以，权值之和不一定等于 1，故该距离是一种广义的加权距离。

(2) 距离度量包含 S 的全局信息。因为距离函数中包含每个属性的 q 分位极差，即每个属性的 q 分位数与 $1-q$ 分位数，且这两个分位数都是从整个数据集 S 中选择而得，因此它能够体现整个数据集的全局特性。

(3) 各个属性对距离的贡献更加合理。正因为距离函数中包含了每个属性的 q 分位极差，因此，它消除各个属性之间的不和谐差异性，即如果数据集某个属性的取值跨度很大，极差倒数权值正好能够消除距离度量中单个属性影响过大的问题。

(4) 自动进行属性约简。当某个属性的极差为 0 时，表明该属性值对类别区分不起作用，因此公式(14-34)剔除了该属性对距离函数的影响，等价于对该属性进行了自动约简。

(5) 可提高算法的鲁棒性。如果能够选择恰当的属性值 q 分位数而不是最大值可以在一定程度上避免离群点或者噪声数据的影响，提高算法的鲁棒性。

14.5.3　量子遗传聚类算法

1. 指定原型的聚类算法

原型就是簇中最具代表性的点或质心，也称为簇中心。对于具有连续属性的数据，簇中心可以是簇中所有对象的平均值，或者簇中最具代表性的某个点，或者以某种方式给定的虚拟点。

设 S 为数值属性数据集，如果欲将其聚类为 k 个簇 $C_1,C_2,\cdots,C_k$，给定簇 C_i 的中心 $Z_i(i=1,2,\cdots,k)$ 且 Z_i 可以不是 S 中的元素，则指定原型的聚类算法步骤可由图 14-3

给出。

算法 14-2　指定原型的聚类算法

输入：数值型数据集 S，给定的 k 个簇中心 $Z_1, Z_2, \cdots, Z_k$

输出：$C = \{C_1, C_2, \cdots, C_k\}$

(1) 初始化 $C_1 = \varnothing, C_2 = \varnothing, \cdots, C_k = \varnothing$

(2) Repeat

(3) 取 S 中数据对象 X_j 且 $S = S - \{X_j\}$

(4) $d(X_j, Z_i) = \min\{d(X_j, Z_1), d(X_j, Z_2), \cdots, d(X_j, Z_k)\}$

(5) $C_i = C_i \bigcup \{X_j\}$

(6) Until $S = \varnothing$

(7) 输出 $C = \{C_1, C_2, \cdots, C_k\}$

图 14-3　指定原型的聚类算法

2. 量子遗传聚类的思想

量子遗传聚类的基本思想是将数据聚类问题转换成簇中心对应的最优化问题，因为绝大多数聚类的簇中心问题都可以采用基于函数最优方法来求解，即采用一个代价函数来进行迭代优化聚类中心并获得最终聚类结果。

设数值属性数据集 $S = \{X_1, X_2, \cdots, X_n\}$ 的聚类 $C = \{C_1, C_2, \cdots, C_k\}$，其中簇 $C_i \in S$ 的中心记作 $Z_i \in S$ $(i = 1, 2, \cdots, k)$。因此可称 $Z = (Z_1, Z_2, \cdots, Z_k)$ 为聚类 C 的中心，简称聚类中心。根据聚类直观上簇内紧凑与簇间分离的原则，可以要求聚类 C 关于聚类中心 Z 满足条件：

$$\min \sum_{i=1}^{k} \sum_{X \in C_i} d_s(X, Z_i) \ \bigwedge\ \max \sum_{\substack{i,j=1 \\ i \neq j}}^{k} d_s(Z_i, Z_j) \tag{14-35}$$

因此，可以构造一个以聚类中心 Z 为变量的最优化目标函数：

$$f(Z) = f(Z_1, Z_2, \cdots, Z_k) = \frac{\displaystyle\sum_{i=1}^{k} \sum_{X \in C_i} d_s(X, Z_i)}{\displaystyle\sum_{\substack{i,j=1 \\ i \neq j}}^{k} d_s(Z_i, Z_j)} \tag{14-36}$$

作为描述一个聚类 C 的质量评价函数，并利用 QGAB3DC 算法来构造量子遗传聚类算法。

3. 量子遗传聚类算法步骤

基于 3D 角度编码的量子遗传聚类算法（Quantum Genetic Clustering Algorithm Based on quantum 3D angle Coding，QGCAB3DC）以公式(14-36)作为聚类质量的优化目标，并以 QGAB3DC 算法为核心计算，其主要计算步骤包括产生初始聚类中心 Z^* 以及基于该中心的聚类质量 $f(Z^*)$；分别产生 $m/2 = r^* k/2$ 个 3D 角度编码染色体 θ 链和 φ 链形成当前初始种群；将当前种群中每条染色体 θ 链和 φ 链解码映射为 r 个聚类中心 $Z^{(1)}, Z^{(2)}, \cdots, Z^{(r)}$；对 S 中的对象，分别以 $Z^{(1)}, Z^{(2)}, \cdots, Z^{(r)}$ 为聚类中心，产生 r 个聚类 $C^{(1)}, C^{(2)}, \cdots, C^{(r)}$；计算每个聚类 $C^{(j)}$ 关于聚类中心 $Z^{(j)}$ 的聚类质量 $f(Z^{(j)})$，并找出 $f(Z^{(j)})$ $(j = 1, 2, \cdots, r)$ 中最小

函数值对应的聚类中心 $Z^{(\#)}$；如果 $f(Z^{(\#)}) < f(Z^*)$，则令 $Z^* = Z^{(\#)}$，$C^* = C^{(\#)}$；对当前种群的染色体 θ 链和 φ 链进行更新与量子变异作为新的种群；如果迭代步数超过预定值 g 则输出 C^*，否则由当前种群重新生成 r 个聚类中心，r 个聚类，并找出聚类质量最小值对应的聚类中心等计算步骤，直到迭代次数超过预定值，输出最优聚类 C^* 并结束算法。其详细步骤如图 14-4 所示。

算法 14-3　QGCAB3DC 算法：基于 3D 角度编码的量子遗传聚类算法

输入：数值属性数据集 $S = \{X_1, X_2, \cdots, X_n\}$，聚类的簇数 k、变异概率 p_m；
　　　种群中聚类中心数 r（偶数），最大迭代次数 g

输出：最优聚类 $C^* = \{C_1, C_2, \cdots, C_k\}$

(1) 产生初始聚类中心：在 S 中随机选择 k 个点作为当前全局最优聚类中心 Z^*

(2) 求最优聚类质量：以 Z^* 为类中心，对 S 调用算法 14-2，将所得聚类记作当前最优聚类 C^*；按照公式(14-36)计算 C^* 关于 Z^* 的质量 $f(Z^*)$

(3) 初始化种群：令 $i = 0$，分别产生 $m/2 = r^* k/2$ 个 3D 角度编码染色体 θ 链和 φ 链，并标记当前种群为第 i 代

(4) 聚类中心映射：将当前种群中每条染色体 θ 链和 φ 链，按其先后顺序分别解码并映射为 r 个聚类中心 $Z^{(1)}, Z^{(2)}, \cdots, Z^{(r)}$

(5) 获得新的聚类：对 S 中的对象，分别以 $Z^{(1)}, Z^{(2)}, \cdots, Z^{(r)}$ 为聚类中心调用算法 14-2，并将聚类结果记作新的聚类 $C^{(1)}, C^{(2)}, \cdots, C^{(r)}$

(6) 计算聚类质量：对每个聚类 $C^{(j)}$ 和聚类中心 $Z^{(j)}$，按公式(14-36)计算 $f(Z^{(j)})$ 的适度函数($j = 1, 2, \cdots, r$)，并找出 $f(Z^{(j)})$ ($j = 1, 2, \cdots, r$)中最小函数值对应的聚类中心 $Z^{(\#)}$

(7) 更新最优聚类中心：如果 $f(Z^{(\#)}) < f(Z^*)$，则令 $Z^* = Z^{(\#)}$，$C^* = C^{(\#)}$

(8) 种群进化：对当前种群的染色体 θ 链和 φ 链进行量子染色体更新与量子变异作为新的种群，并令 $i = i + 1$

(9) 判断收敛条件：如果 $i > g$ 则转第(10)步，否则转第(4)步

(10) 结束算法：输出最优聚类 C^*，算法结束

图 14-4　量子遗传聚类算法 QGCAB3DC

参考文献[37]对 UCI 数据库中的三个典型数据集 Iris、Wine 和 glass 进行了仿真分析。实验表明，无论是在正确率、类精度，还是在召回率方面，QGCAB3DC 都明显优于传统 k-means 算法，以及利用广义加权距离的改进 k-means 算法。

本章介绍量子遗传聚类算法，仅为读者展示了量子数据挖掘研究的一个窗口，读者可查阅相关学术论文，以进一步了解量子计算和量子数据挖掘的最新研究成果。

习题 14

1. 给出下列英文短语或缩写的中文名称，并简述其含义。

(1) Quantum Computing

(2) Quantum Bit

(3) Entangled State

(4) Quantum Genetic Algorithm

（5）Quantum 3dAngle Coding

（6）Quantum Genetic Clustering Algorithm Based On Quantum 3d Angle Coding

2. 设有如表 14-1 所示的数据集 S 且令 $q=0.23$，试分别计算 A_1 和 A_2 的 q 分位数。

表 14-1　有 8 个数据对象的数据集 S

id	A_1	A_2	id	A_1	A_2
X_1	1	0	X_5	4	4
X_2	0	1	X_6	4	5
X_3	1	1	X_7	5	4
X_4	0	0	X_8	5	5

3. 对如表 14-1 所示的数据集 S 和 $q=0.23$，试分别计算 A_1 和 A_2 的 q 极差。

4. 假设条件如习题 3，试用基于极差的广义距离公式（14-35）计算 $d_s(X_1,X_2)$、$d_s(X_2,X_3)$ 和 $d_s(X_3,X_7)$。

5. 如果令 $Z_1=(0,0)$，$Z_2=(4.5,4.5)$ 为聚类中心，试用算法 9-1 求表 14-1 中 S 以 Z_1 和 Z_2 为类中心的聚类 $C=\{C_1,C_2\}$，并利用公式（14-36）计算其聚类质量。

参 考 文 献

[1] 黄德才,许芸,王文娟.数据库原理及其应用教程[M].北京:科学出版社,2010.

[2] 黄德才.数据仓库与数据挖掘讲义[M].杭州:浙江工业大学,2015.

[3] 陈欢,黄德才.基于广义马氏距离的缺损数据补值算法[J].计算机科学,2011,38(5):149-153.

[4] Jianwei Han,Micheline Kamber,Jian Pei.数据挖掘——概念与技术[M].范明,孟小峰,译.北京:机械工业出版社,2012.

[5] Pan-Ning Tan,Michael Steinbach,Vipin Kumar.数据挖掘导论(完整版)[M].范明,范宏建,译.北京:人民邮电出版社,2011.

[6] 张兴会,等.数据仓库与数据挖掘[M].北京:清华大学出版社,2011.

[7] 陈明,吴国文,施伯乐.数据仓库概念模型的设计[J].小型微型计算机系统,2002,32(12):1453-1458.

[8] 王珊,等.数据仓库技术与联机分析处理[M].北京:科学出版社,1998.

[9] 陈京民.数据仓库原理,设计与应用[M].北京:中国水利水电出版社,2004.

[10] William H. Inmon.数据仓库[M].王志海,等,译.北京:机械工业出版社,2014.

[11] 李雄飞,杜钦生,吴昊.数据仓库与数据挖掘[M].北京:机械工业出版社,2013.

[12] 夏火松.数据仓库与数据挖掘技术[M].北京:科学出版社,2011.

[13] 陈文伟,黄金才.数据仓库与数据挖掘[M].北京:人民邮电出版社,2004.

[14] 张海藩,等.软件工程导论[M].北京:清华大学出版社,2013.

[15] 武森,高学东,M.巴斯蒂安.数据仓库与数据挖掘[M].北京:冶金工业出版社,2009.

[16] 雷舜东,吴帮华,黄海,等.Cach6数据库在医院信息系统中的优势[J].实用医院临床杂志,2012,9(1):162-165.

[17] 刘莉,徐玉生,马志新.数据挖掘中的数据预处理技术综述[J].甘肃科学学报,2003,15(1):117-119.

[18] 赵宇,李兵,李秀,等.混合属性数据聚类融合算法[J].清华大学学报:自然科学版,2006,46(10):1673-1676.

[19] 李於洪.数据仓库与数据挖掘导论[M].北京:经济科学出版社,2012.

[20] 毛国君,段立娟,王石,等.数据挖掘原理与算法[M].北京:清华大学出版社,2007.

[21] 秦亮曦,史忠植.关联规则研究综述[J].广西大学学报:自然科学版,2005,30(4):330-337.

[22] 冯山,游晋峰.含负项的关联规则挖掘研究综述[J].四川师范大学学报:自然科学版,2011,34(5):746-750.

[23] 王乐,冯林,王水.不产生子树TOP-K高效用模式挖掘算法[J].计算机研究与发展,2015,52(2):445-455.

[24] 陈格.人工神经网络技术发展综述[J].中国科技信息,2009,(17):88-89.

[25] 李恒嵬.模糊神经网络研究现状综述[J].辽宁科技学院学报,2010,(2):15-1.

[26] 蒋盛益,李霞,郑琪.数据挖掘原理与实践[M].北京:电子工业出版社,2011.

[27] 刘燕池,高学东,国宏伟,等.聚类有效性的组合评价方法[J].计算机工程与应用,2011,47(19):15-17.

[28] 周涛,陆惠玲.数据挖掘中聚类算法研究进展[J].计算机工程与应用,2012,48(12):100-111.

[29] 钱潮恺,黄德才.基于维度频率相异度和强连通融合的聚类算法[J].模式识别与人工智能,2016,29(1):89-92.

［30］ Huang Zhexue. Clustering large data sets with mixed numeric and categorical values［C］. The First Pacific-Asia Conference on Knowledge Discovery and Data Mining, 1997, Singapore：World Scientific, p21-35.

［31］ Hand D J, Vinciotti V. Choosing k for two-class nearest neighbour classifiers with unbalanced classes ［J］. Pattern Recognition Letters, 2003, 24(9)：1555-1562.

［32］ 沈仙桥, 黄德才, 陆亿红. 三层流数据聚类框架与最优 $2k$-近邻聚类算法［J］. 小型微型计算机系统, 2013, 34(11)：2451-2455.

［33］ Aggarwal C, Han J, Wang J, et al. A Framework for Clustering Evolving Data Streams［C］. Proceedings of 29th Very Large Data Bases Conference, 2003, Berlin, Germany：Elsevier, p81-92.

［34］ 潘冬明, 黄德才. 基于相对密度的不确定数据聚类算法［J］. 计算机科学, 2015, 42(11A)：72-74, 88.

［35］ 周红芳, 周扬, 张晓鹏, 等. 基于连通分量的分类变量聚类算法［J］. 控制与决策, 2015, 30(1)：39-45.

［36］ 钱国红, 黄德才. 基于 3D 角度编码的量子遗传算法［J］. 计算机科学, 2012, 39(8)：242-245.

［37］ 钱国红, 黄德才, 陆亿红. 广义加权 Minkowski 距离及量子遗传聚类算法［J］. 计算机科学, 2013, 40(5)：224-228.

［38］ HAN K, KIM J. Quantum-inspired evolutionary algorithm for a class of combinatorial optimization ［J］. IEEE Transactions on Evolutionary Computation, 2002, 16(6)：580-593.

［39］ 张葛祥, 李娜, 金炜东, 等. 一种新量子遗传算法及其应用［J］. 电子学报, 2004, 32(3)：476-479.

图书资源支持

感谢您一直以来对清华版图书的支持和爱护。为了配合本书的使用，本书提供配套的素材，有需求的用户请到清华大学出版社主页(http://www.tup.com.cn)上查询和下载，也可以拨打电话或发送电子邮件咨询。

如果您在使用本书的过程中遇到了什么问题，或者有相关图书出版计划，也请您发邮件告诉我们，以便我们更好地为您服务。

我们的联系方式：

地　　址：北京海淀区双清路学研大厦 A 座 707

邮　　编：100084

电　　话：010－62770175－4604

资源下载：http://www.tup.com.cn

电子邮件：weijj@tup.tsinghua.edu.cn

QQ：883604(请写明您的单位和姓名)

扫一扫
资源下载、样书申请
新书推荐、技术交流

用微信扫一扫右边的二维码，即可关注清华大学出版社公众号"书圈"。